Marco Einhaus
Florian Lugauer
Christina Häußinger

Arbeitsschutz und Sicherheitstechnik

Der Schnelleinstieg für (angehende) Führungskräfte:
Basiswissen, Haftung, Gefährdungen, Rechtslage

Praxisreihe Qualitätswissen
Herausgegeben von Kurt Matyas

HANSER

Die Autoren:
Prof. Dr.-Ing. Marco Einhaus, DGUV Deutsche Gesetzliche Unfallversicherung e.V., Fachbereich Bauwesen, Leiter des Sachgebiets Hochbau, München
M. Sc. Dipl.-Ing. (FH) Florian Lugauer, Teamleiter Anlagenoptimierung/Betriebssicherheit, Schreiner Group GmbH & Co. KG, Lehrbeauftragter Arbeitssicherheit/Ergonomie Hochschule München
M. Sc. Christina Häußinger

Bibliografische Information der deutschen Nationalbibliothek:
Die Deutsche Nationalbibliothek verzeichnet diese Publikation in der Deutschen Nationalbibliografie; detaillierte bibliografische Daten sind im Internet unter *http://dnb.d-nb.de* abrufbar.

www.hanser-fachbuch.de
Lektorat: Dipl.-Ing. Volker Herzberg
Herstellung: Melanie Zinsler
Coverrealisation: Max Kostopoulos
Satz: M. Sc. Dipl.-Ing. (FH) Florian Lugauer, M. Sc. Christina Häußinger
Druck und Bindung: CPI books GmbH, Leck
Printed in Germany

Print-ISBN: 978-3-446-47185-6
E-Book-ISBN: 978-3-446-47324-9

Vorwort

Vorwort zur ersten Auflage

Sehr geehrte Damen und Herren,

die Inhalte der vorliegenden Erstauflage haben bereits eine mehrjährige Historie im Hinblick auf ihre Zusammenstellung und Strukturierung hinter sich:

Aufgenommen und gesammelt wurden sie, als der Stoff für die seit dem Wintersemester 1997/98 an der Technischen Universität München angebotene Vorlesung „Arbeitsschutz und Betriebssicherheit" im Wintersemester 2014/15 grundlegend überarbeitet wurde.

So wurden die bis dato behandelten Themen als Fließtext aufbereitet, vollständig an aktuelle Richtlinien angepasst und in Form eines Skripts an die Hörer verteilt. In den folgenden zwei Semestern erfolgte eine kritische Überarbeitung des Werkes, so dass Anfang 2017 eine vollständig redigierte Fassung zur Verfügung stand und eine kompakte Einführung in die Grundlagen des Arbeitsschutzes geschaffen war.

Zeitgleich damit folgte die Erkenntnis, dass ein vergleichbares Werk auf dem Markt derzeit nicht erhältlich ist. Bei den verfügbaren Veröffentlichungen zum Thema Arbeitsschutz handelt es sich entweder um einen Gesetzestext mit Kommentaren, um die tiefgehende Durchdringung eines Spezialthemas oder um Literatur für das Fachpersonal der Arbeitssicherheit.

Aus diesem Grund fiel die Entscheidung, das vorher als Lehrunterlage verwendete Skript nun in Buchform als praxisgerechtes interdisziplinäres Lehr- und Nachschlagewerk zu veröffentlichen und es so einem breiteren Publikum zugänglich zu machen. Ermöglicht wurde dies durch die beiden Leiter des *iwb* – Institut für Werkzeugmaschinen und Betriebswissenschaften der Technischen Universität München, Herrn Prof. Dr.-Ing. Michael F. Zäh, der die Vorlesung unter seiner Schirmherrschaft abhalten lässt und sie stets wohlwollend unterstützt sowie Herrn Prof. Dr.-Ing. Gunther Reinhart, der den wegweisenden Kontakt zum Hanser-Verlag herstellte. Des Weiteren spielte Herr Volker Herzberg (Hanser-Verlag) eine wesentliche Rolle, da er die Umsetzung in Buchform stark unterstützte. Schlussendlich leistete der Verein der Freunde und Förderer des Instituts für Werkzeugmaschinen und Betriebswissenschaften der TU München (*iwb* e. V.) durch die finanzielle Unterstützung des Vorhabens einen essenziellen Beitrag zum Erscheinen des vorliegenden Buches. Allen vorstehenden Personen und Einrichtungen sei hiermit herzlich gedankt.

Sozialethische und moralische Wertevorstellungen dem jeweiligen Kulturkreis angemessen am Arbeitsplatz umzusetzen und vorzuleben, ist die Pflicht eines jeden Vorgesetzten. Die Herausforderung sowohl beim Schreiben dieses Buches als auch in der Lehre bestand daher darin, all den einschlägigen Gesetzen und Verordnungen Anwendbarkeit zu verleihen und deren unabdingbare Relevanz für die tägliche Arbeitswelt aufzuzeigen. Menschen benötigen lebenswichtige Regeln – auch und vor allem für einen sicheren und wirtschaftlich erfolgreichen Arbeitsprozess.

Das Ergebnis der hier aufgelisteten Anstrengungen halten Sie nun in Händen und wir hoffen, dass es bei Ihnen, wie bei unseren Studierenden gut angenommen wird. Auf dass es Ihnen einen grundlegenden Einblick in die komplexe Welt des Arbeitsschutzes gewährt, sowie ein treuer und effektiver Wegbegleiter in Ihrer betrieblichen Praxis als „Hilfe zur Selbsthilfe" sein wird.

Wir wünschen Ihnen viel Freude bei der Lektüre; auf ein unfallfreies und gesundes Arbeitsleben.

Sollten Sie inhaltliche Anmerkungen haben, nehmen wir diese selbstverständlich gerne entgegen.

Garching im September 2017

M. E. Einhaus, F. P. Lugauer, C. B. Häußinger

Vorwort zur zweiten Auflage

Sehr geehrte Damen und Herren,

nachdem seit der Erstveröffentlichung des vorliegenden Buches nun nahezu ein halbes Jahrzehnt vergangen ist, war es an der Zeit, die Inhalte auf ihre Aktualität hin zu überprüfen. Weiterhin galt es einzelne Aspekte, welche wir als damalige unerfahrene Erst-Buchautoren im Nachhinein als unschön oder unglücklich empfanden, zu verbessern und zu ändern. Ein Dritter Gesichtspunkt für eine Neuauflage war die Emanzipation vom Ursprung als Buchumsetzung eines Skriptes: Der Text wird zwar weiterhin erfolgreich in der Vorlesung „Arbeitsschutz und Betriebssicherheit" an der Technischen Universität München verwendet, um seinen Wert als Übersichtswerk zu erhalten musste aber eine Erweiterung und Anpassung an aktuelle Entwicklungen erfolgen.

Konkret bedeutet das, dass die Quellen auf Ihre Aktualität und Gültigkeit hin überprüft sowie ggf. ersetzt und die Inhalte der Kapitel daraufhin angepasst wurden. Des Weiteren erfolgte eine Ergänzung um zwei vollständig neue Kapitel: Das Kapitel 8, welches den anwenderseitigen Umgang mit Gefahrstoffen beleuchtet und das Kapitel 12, welches den betrieblichen Umgang mit psychischen Belastungen fokussiert.

Wir bedanken uns wiederum bei Herrn Volker Herzberg, der das Projekt von Verlagsseite her betreut hat, für die gewohnt gute Zusammenarbeit sowie seine Flexibilität und Offenheit.

Ihnen als Leser dürfen wir erneut viel Freude bei der Lektüre wünschen – auf ein unfallfreies und gesundes Arbeitsleben.

Sollten Sie inhaltliche Anmerkungen haben, nehmen wir diese weiterhin selbstverständlich gerne entgegen.

Dinkelsbühl, Eching und Wessling im April 2022

M. E. Einhaus, F. P. Lugauer, C. B. Häußinger

Kontakt

DGUV Fachbereich Bauwesen
Berufsgenossenschaft der Bauwirtschaft
c/o BG Bau – Prävention

Dr.-Ing. Marco Einhaus
Leiter des Sachgebiets Hochbau
Landsberger Straße 309
80687 München

Tel.: +49 89 8897-874
Fax: +49 800 6686688-38999
Mobil: +49 173 5741633
marco.einhaus@bgbau.de
www.dguv.de

Inhalt

1 Einführung in die Grundlagen des Arbeitsschutzes

Nach Abschluss dieses Kapitels sollten Sie in der Lage sein, die gesellschaftliche Bedeutung des Arbeitsschutzes zu erläutern. Sie sollten die Hierarchie des Rechtssystems beschreiben können. Sie können die Rechtsquellen des Arbeitsschutzes inklusive deren Beziehungen zueinander angeben und kennen das Anwendungsgebiet der jeweiligen Schrift. Sie sollten die Strukturen des Arbeitsschutzes erklären, die für den Arbeitsschutz verantwortlichen Personen und deren Funktionen benennen und die Aufgaben der Berufsgenossenschaft aufzählen können.

1.1 Zahlen, Daten und Fakten zum Arbeitsschutz

In Tabelle 1.1 ist die Anzahl meldepflichtiger Unfälle der Versicherten aller Unfallversicherungsträger aufgeführt. Es ist erkennbar, dass diese im Vergleich zur vorherigen Erhebung gesunken ist. Dennoch ereigneten sich im Jahr 2019 1.126.283 meldepflichtige Unfälle.

Tabelle 1.1 Meldepflichtige Unfälle von Versicherten aller Unfallversicherungsträger (Bundesministerium für Arbeit und Soziales (BMAS); Bundesanstalt für Arbeitsschutz und Arbeitsmedizin (BAuA) 2020a, S. 9; Bundesministerium für Arbeit und Soziales (BMAS); Bundesanstalt für Arbeitsschutz und Arbeitsmedizin (BAuA) 2020b, S. 9)

meldepflichtige Unfälle	2018	2019	Abweichung in %
meldepflichtige Arbeitsunfälle	949.309	937.456	–1,2
Wegeunfälle	190.602	188.827	0,9
Unfälle zusammen	1.139.911	1.126.283	–1,2

Bild 1.1 zeigt den Verlauf aller meldepflichtigen Arbeitsunfälle in Deutschland seit dem Jahr 1960. Bei der Betrachtung über diesem Zeitraum fällt auf, dass die Unfallzahlen rückläufig sind.

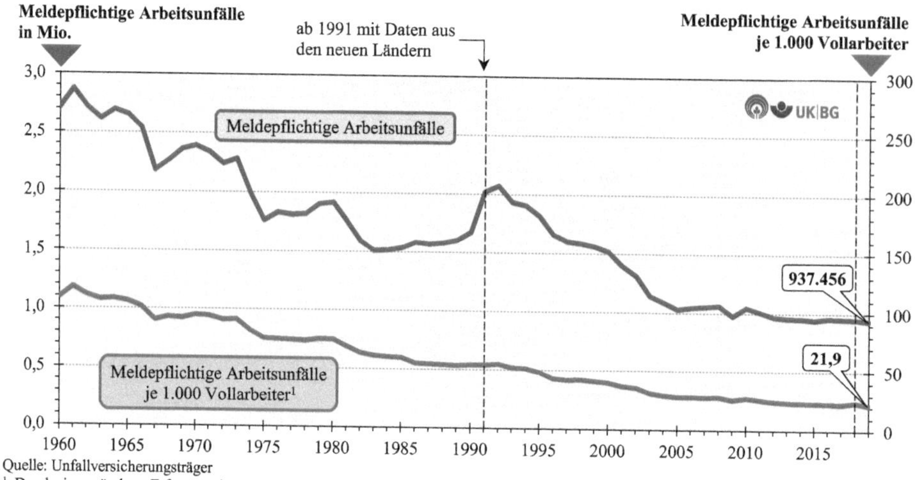

Quelle: Unfallversicherungsträger

[1] Durch eine geänderte Erfassung der Arbeitsstunden ab 2018 und der Versicherungsverhältnisse ab 2019 bei gewerblichen Berufsgenossenschaften und Unfallversicherungsträgern der öffentlichen Hand sind auch Vollarbeiterzahlen und Arbeitsstunden sowie auf diesen Größen basierende Unfallquoten nicht mit den Vorjahren vergleichbar. Dadurch kommt es in einzelnen Bereichen zu deutlichen Veränderungen.

Bild 1.1 Verlauf der meldepflichtigen Arbeitsunfälle aller Versicherten in Deutschland von 1960 bis 2019 (Bundesministerium für Arbeit und Soziales (BMAS); Bundesanstalt für Arbeitsschutz und Arbeitsmedizin (BAuA) 2020b, S. 38)

Tabelle 1.2 Unfälle mit Todesfolge von Versicherten aller Unfallversicherungsträger (Bundesministerium für Arbeit und Soziales (BMAS); Bundesanstalt für Arbeitsschutz und Arbeitsmedizin (BAuA) 2020a, S. 9; Bundesministerium für Arbeit und Soziales (BMAS); Bundesanstalt für Arbeitsschutz und Arbeitsmedizin (BAuA) 2020b, S. 9)

Unfälle mit Todesfolge	2018	2019	Abweichung in %
tödliche Arbeitsunfälle	541	626	15,7
tödliche Wegeunfälle	314	312	-0,6
tödliche Unfälle zusammen	855	938	9,7
Berufskrankheiten mit Todesfolge	2457	2581	5,0

In Tabelle 1.2 sind die Unfälle mit Todesfolge, die allen Unfallversicherungsträgern gemeldet wurden, aufgeführt. Aus dieser Tabelle wird deutlich, dass die Wegeunfälle mit Todesfolge zwar geringfügig abgenommen haben, die Arbeitsunfälle mit Todesfolge und Todesfälle, bei denen Berufskrankheiten die Ursache waren, jedoch signifikant zugenommen haben.

In Bild 1.2 ist der Verlauf aller tödlichen Arbeitsunfälle in Deutschland von 1960 bis 2019 dargestellt. Auch hier ist ein starker Rückgang erkennbar.

Bei der Auswertung des Unfallgeschehens wird zwischen Unfall und Berufskrankheit unterschieden. Ein Arbeitsunfall ist nach § 8 SGB VII ein Unfall, den eine versicherte Person infolge der versicherten Tätigkeit erleidet. Das kann ein Schüler sein, der sich beim Schulsport ein Bein bricht oder ein Koch, der sich in der Küche die Hand verbrennt. Zu den Arbeitsunfällen zählen auch Wegeunfälle. Das sind Unfälle, die sich auf dem Weg von oder zur Arbeit ereignen. In der Regel ist dabei der direkte Weg gemeint, Umwege sind jedoch ebenfalls versichert, wenn es sich um Fahrgemeinschaften, Umleitungen etc. handelt (§ 8 SGB VII).

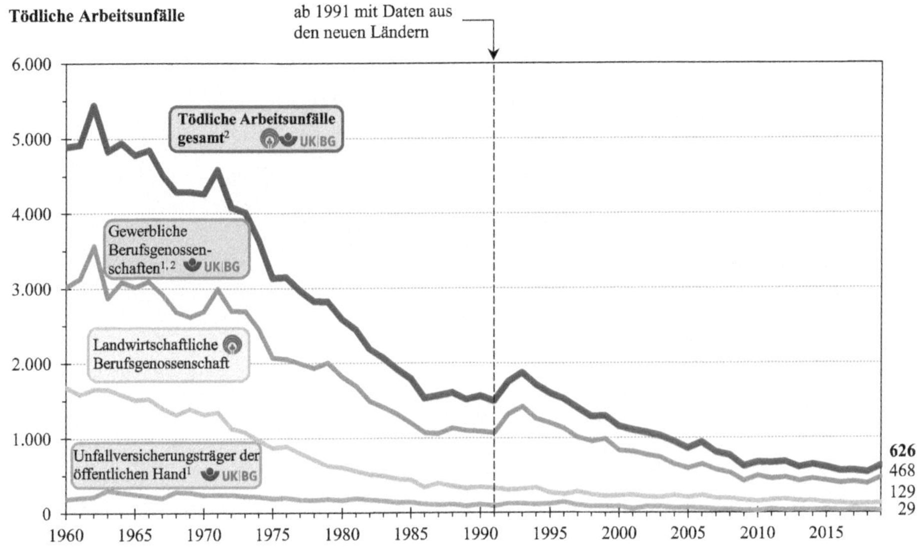

Quelle: Unfallversicherungsträger

[1] Im Jahr 2016 hat die Unfallkasse Post und Telekom (früher Unfallversicherungsträger der öffentlichen Hand) mit der Berufsgenossenschaft für Transport und Verkehrswirtschaft (gewerbliche Berufsgenossenschaft) zur Berufsgenossenschaft Verkehrswirtschaft Post-Logistik Telekommunikation (kurz BG Verkehr) fusioniert. Die hier dargestellten Zahlen für die Unfallversicherungsträger der öffentlichen Hand und die gewerblichen Berufsgenossenschaften wurden ab dem Jahr 1973 rückwirkend angepasst.

[2] Im Jahr 2019 einschließlich 84 Fälle aus den Jahren 2000 bis 2005, die erst nach Abschluss von Strafprozessen aufgenommen werden konnten.

Bild 1.2 Verlauf der tödlichen Arbeitsunfälle aller Versicherten in Deutschland von 1960 bis 2019 (Bundesministerium für Arbeit und Soziales (BMAS); Bundesanstalt für Arbeitsschutz und Arbeitsmedizin (BAuA) 2020b, S. 40)

Berufskrankheiten sind nach § 9 SGB VII Krankheiten, die in der sogenannten Berufskrankheiten-Liste (BK-Liste), der Anlage 1 zur Berufskrankheitenverordnung (BKV), aufgeführt sind. Dabei handelt es sich um Krankheiten, denen nach medizinischen Vorgaben vor allem Menschen ausgesetzt sind, die einer besonderen Arbeit nachgehen. In diesen beiden Fällen, Arbeitsunfall und Berufskrankheit, kommt prinzipiell die gesetzliche Unfallversicherung mit allen geeigneten Mitteln für die Kosten auf.

Ein Unfall ist nach § 8 SGB VII wie folgt definiert: Zu einer Gefährdung kommt es, wenn ein Mensch (oder mehrere Menschen) und ein Gefährdungsfaktor (oder mehrere Gefährdungsfaktoren bzw. Einwirkungen) unter (vorhersehbaren) gefahrbringenden Bedingungen zeitlich und räumlich zusammentreffen. Unter begünstigenden (zufälligen) Bedingungen erfolgt daraus ein Unfall. Ein Arbeitsunfall unterscheidet sich von einem Unfall dadurch, dass es sich bei dem Geschädigten um eine versicherte Person handelt, die bei einer versicherten Tätigkeit verunfallt. Der Kriterien eines Arbeitsunfalls sind in Bild 1.3 dargestellt.

Die jeweiligen Häufigkeiten des Auftretens von Unfällen, Beinaheunfällen und deren Folgen lassen sich in einer Unfallpyramide (Bild 1.4) darstellen. Dabei wird eine Unterscheidung in tödliche Unfälle, Unfälle mit Ausfallzeiten (neue Unfallrenten), medizinische Behandlungen (meldepflichtige Unfälle), Erste-Hilfe-Leistungen (Beinahe Unfälle) und unsichere Handlungen/Zustände (sicherheitswidrige Verhaltensweisen) vorgenommen. Sicherheitswidrige Verhaltensweise meint dabei, dass ein Regelverstoß gegen Arbeitsschutzmaßnahmen vor-

Ein Arbeitsunfall liegt vor, wenn eine...

versicherte Person → alle Arbeitnehmer

bei einer versicherten Tätigkeit → betriebliche Tätigkeit, Weg von einem Ort der Tätigkeit und zurück

einen Unfall → zeitlich begrenztes, von außen auf den Körper einwirkendes Ereignis (z. B. Sturz/ Schlag)

mit Gesundheitsschaden erleidet → z. B. Prellung, Quetschungen, Schnitt, Bruch

Bild 1.3 Kriterien eines Arbeitsunfalls nach § 8 SGB VII

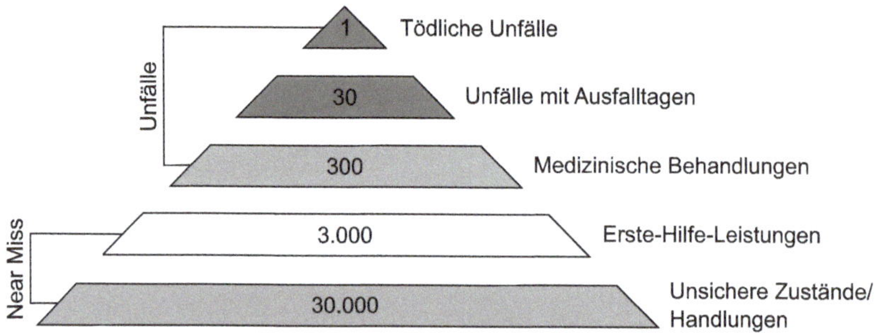

Bild 1.4 Unfallpyramide in Deutschland und Österreich nach AUSTRIAN NEARMISS ASSOCIATION (2012)

gelegen hat, der zu keinem Unfall geführt hat. Die Unfallpyramide zeigt, dass aus einer Summe von 30.000 unsicheren Handlungen bzw. unsicheren Zuständen 3000 Erste-Hilfe-Leistungen, 300 medizinische Behandlungen, 30 Unfälle mit Ausfallzeiten und 1 Unfall mit Todesfolge resultieren. Near Miss bezeichnet einen Beinahezusammenstoß (LEO 2015).

In Bild 1.5 ist das Arbeitsunfallgeschehen im Jahr 2019 aufgeteilt nach Berufsgruppen dargestellt. Dabei ist erkennbar, dass sich die meisten Unfälle in Handwerksberufen ereignen. Die geringste Unfallwahrscheinlichkeit weist die Gruppe der Führungskräfte auf.

In Bild 1.6 ist das Arbeitsunfallgeschehen nach Altersklassen im Jahr 2019 dargestellt. Zwischen 20 und 60 Jahren ist die Unfallwahrscheinlichkeit etwa gleichbleibend hoch. Dies hat vor allem den Grund, dass sich in dieser Altersklasse der höchste Anteil an Arbeitnehmern befindet.

In Bild 1.7 ist das Arbeitsunfallgeschehen des Jahres 2019 unterschieden nach der Art der Verletzung dargestellt. Bei den meldepflichtigen Unfällen stellen die Wunden oder Zerreißungen den größten Anteil dar. Luxationen haben den geringsten Anteil. Eine Luxation ist eine Verrenkung, bei der ruckartig Knochen aus den Gelenken springen (PSCHYREMBEL 2013, S. 993). Bei den neuen Unfallrenten entfällt der größte Anteil auf geschlossene Frakturen, der geringste Anteil auf Verbrennungen, Erfrierungen und Stromeinwirkungen. Bei den tödlichen Unfällen stellen Quetschungen den größten Anteil dar, während (Dis-)Torsionen in keinem Fall zu einem tödlichen Unfall geführt haben.

Berufshauptgruppe	Meldepflichtige Unfälle		Neue Unfallrenten		Tödliche Unfälle	
	Anzahl	%	Anzahl	%	Anzahl	%
Führungskräfte (Betriebsleiter u. a.)	3.701	0,5	116	1,0	4	1,8
Akademische Berufe	12.512	1,6	201	1,7	3	1,4
Techniker und gleichrangige nichttechnische Berufe	70.424	9,0	1.490	13,0	7	3,2
Bürokräfte, kaufmännische Angestellte	72.381	9,3	872	7,6	7	3,2
Dienstleistungsberufe, Verkäufer in Geschäften und auf Märkten	122.081	15,6	1.106	9,6	11	5,0
Fachkräfte in der Land-/Forstwirtschaft und Fischerei	6.224	0,8	84	0,7	3	1,4
Handwerks- und verwandte Berufe	257.038	32,9	3.812	33,2	86	39,4
Anlagen- und Maschinenbediener sowie Montierer	107.761	13,8	1.935	16.8	53	24,3
Hilfsarbeitskräfte	118.969	15,2	1.763	15,3	40	18,3
Keine Angabe und Sonstige	9.490	1,2	108	0,9	2	0,9
Gesamt	**780.581**	**100,0**	**11.487**	**100,0**	**218**	**100,0**

Bild 1.5 Arbeitsunfallgeschehen 2019 gegliedert nach Beruf und bezogen auf alle Versicherten in Deutschland (Deutsche Gesetzliche Unfallversicherung e.V. (DGUV) 2020, S. 33)

Altersklasse	Meldepflichtige Unfälle		Neue Unfallrenten		Tödliche Unfälle	
	Anzahl	%	Anzahl	%	Anzahl	%
bis 19 Jahre	33.591	4,3	170	1,5	5	2,3
20 bis unter 25 Jahre	89.482	11,5	518	4,5	8	3,7
25 bis unter 30 Jahre	85.748	11,0	637	5,5	14	6,4
30 bis unter 35 Jahre	84.323	10,8	684	6,0	14	6,4
35 bis unter 40 Jahre	78.533	10,1	785	6,8	14	6,4
40 bis unter 45 Jahre	73.927	9,5	954	8,3	17	7,8
45 bis unter 50 Jahre	78.344	10,0	1.376	12,0	20	9,2
50 bis unter 55 Jahre	97.330	12,5	1.972	17,2	41	18,8
55 bis unter 60 Jahre	92.334	11,8	2.156	18,8	43	19,7
60 bis unter 65 Jahre	55.322	7,1	1.564	13,6	22	10,1
65 Jahre und älter	10.959	1,4	671	5,8	20	9,2
keine Angabe	689	0,1	0	0,0	0	0,0
Gesamt	**780.581**	**100,0**	**11.487**	**100,0**	**218**	**100,0**

Bild 1.6 Arbeitsunfallgeschehen 2019 gegliedert nach Altersklassen und bezogen auf alle Versicherten in Deutschland (Deutsche Gesetzliche Unfallversicherung e.V. (DGUV) 2020, S. 39)

Art der Verletzung	Meldepflichtige Unfälle		Neue Unfallrenten		Tödliche Unfälle	
	Anzahl	%	Anzahl	%	Anzahl	%
Wunde, Zerreißung	259.688	33,3	2.745	23,9	36	16,5
darunter: oberflächliche Zerreißung	*159.207*	*20,4*	*140*	*1,2*	*4*	*1,8*
Erschütterung, Oberflächenprellung	191.050	24,5	264	2,3	4	1,8
(Dis-)Torsion	148.655	19,0	340	3,0	0	0,0
Geschlossene Fraktur	88.921	11,4	6.290	54,8	27	12,4
Quetschung (Contusio)	37.202	4,8	381	3,3	115	52,8
Verbrennungen, Erfrierungen, Verätzungen, Strom etc.	22.000	2,8	138	1,2	10	4,6
Nicht näher bez. Verletzungsart	13.183	1,7	110	1,0	0	0,0
Infektion, Vergiftung, Schock etc.	8.677	1,1	245	2,1	10	4,6
Offene Fraktur	6.109	0,8	615	5,4	14	6,4
Luxation	5.014	0,6	359	3,1	2	0,9
Gesamt	**780.581**	**100,0**	**11.487**	**100,0**	**218**	**100,0**

Bild 1.7 Arbeitsunfallgeschehen 2012 gegliedert nach der Art der Verletzung und bezogen auf alle Versicherten in Deutschland (Deutsche Gesetzliche Unfallversicherung e.V. (DGUV) 2020, S. 55)

Tabelle 1.3 Aufwendungen aller Unfallversicherungsträger nach Bundesministerium für Arbeit und Soziales (BMAS); Bundesanstalt für Arbeitsschutz und Arbeitsmedizin (BAuA) (2020a, S. 9), Bundesministerium für Arbeit und Soziales (BMAS); Bundesanstalt für Arbeitsschutz und Arbeitsmedizin (BAuA) (2020b, S. 9)

Aufwendungen in Mio. €	2018	2019
Kosten der gesetzlichen Unfallversicherung	15.476	16.103
Renten an Verletzte und Hinterbliebene	5912	5995
Prävention und Erste Hilfe	1291	1352

Unfälle fügen der Gesellschaft unter anderem durch die notwendigen finanziellen Aufwendungen für die Verunfallten einen hohen Schaden zu. In Tabelle 1.3 sind die Kosten, die durch Arbeitsunfälle und Berufskrankheiten verursacht wurden, aufgelistet. Dabei ist zu erkennen, dass die Kosten für alle Positionen zugenommen haben. In Summe wurden bei allen Unfallversicherungsträgern im Jahr 2019 ca. 16 Milliarden € aufgebracht. Zum Vergleich: Das deutsche Bruttoinlandsprodukt im Jahr 2020 betrug laut Statistischem Bundesamt (2021) 3368 Milliarden €.

1.2 Rechtliche Einordnung des Arbeitsschutzes

Bild 1.8 zeigt eine Übersicht über das deutsche Vorschriften- und Regelwerk zum Arbeitsschutz. An oberster Stelle der nationalen Gesetzgebung, welche dem europäischen Recht

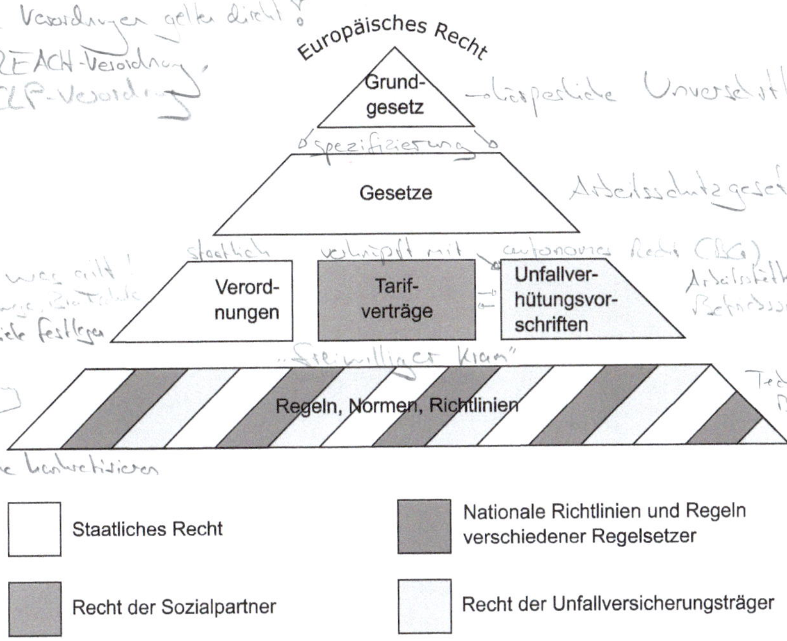

Bild 1.8 Übersicht des europäischen Rechts nach Institut für Arbeitsschutz der Deutschen Gesetzlichen Unfallversicherung (2022)

unterliegt, steht das Grundgesetz (GG). Die im GG festgeschriebenen Paragraphen werden in weiteren Gesetzen spezifiziert. Auf Basis der Gesetze gibt es Verordnungen, Tarifverträge und Unfallverhütungsvorschriften (UVVen), in denen Schutzziele festgelegt werden. In Regeln, Normen und Richtlinien werden diese Schutzziele konkretisiert und detailliert. Demnach untersteht der Arbeitsschutz, repräsentiert durch das Arbeitsschutzgesetz (ArbSchG) und das Arbeitssicherheitsgesetz (ASiG), in Deutschland dem GG. Gesetze werden generell durch Verordnungen, Tarifverträge und Vorschriften ergänzt. Im Falle des Arbeitsschutzes gehören zu dieser Stufe des Rechts z. B. die Strahlenschutzverordnung und die UVVen DGUV Vorschrift 1 (Grudsätze der Prävention). Zu den Verordnungen zählen zudem die Arbeitsstättenverordnung, die Baustellenverordnung, die Betriebssicherheitsverordnung, die Gefahrstoffverordnung etc. Die Verordnungen werden durch Technische Regeln, beispielsweise die Technische Regel Gefahrstoffe (TRGS) konkretisiert. Die Technischen Regeln besitzen Vermutungswirkung, d. h. die Umsetzung der in den Technischen Regeln geforderten Maßnahmen hat die Vermutung zur Folge, dass die Schutzziele der übergeordneten Gesetze und Verordnungen eingehalten sind. Eine Abweichung von den Technischen Regeln ist zulässig, sofern nachgewiesen werden kann, dass durch die getroffenen Schutzmaßnahmen mindestens die selbe Sicherheit wie bei Umsetzung der Technischen Regeln gewährt werden kann. (TRBS 1001)

Das nationale Vorschriften- und Regelwerk ist eine Umsetzung der europäischen Richtlinien über Binnenmarkt und der Sozialcharta. Die Binnenmarktrichtlinie hat einen Angleich von nationalen Vorschriften des technischen Arbeitsschutzes und den Abbau von Handelshemmnissen zum Ziel. Sie ist in Artikel 114 des Vertrags über die Arbeitsweise der Europäischen Union AEUV festgelegt. Aus ihr resultieren beispielsweise auf europäischer

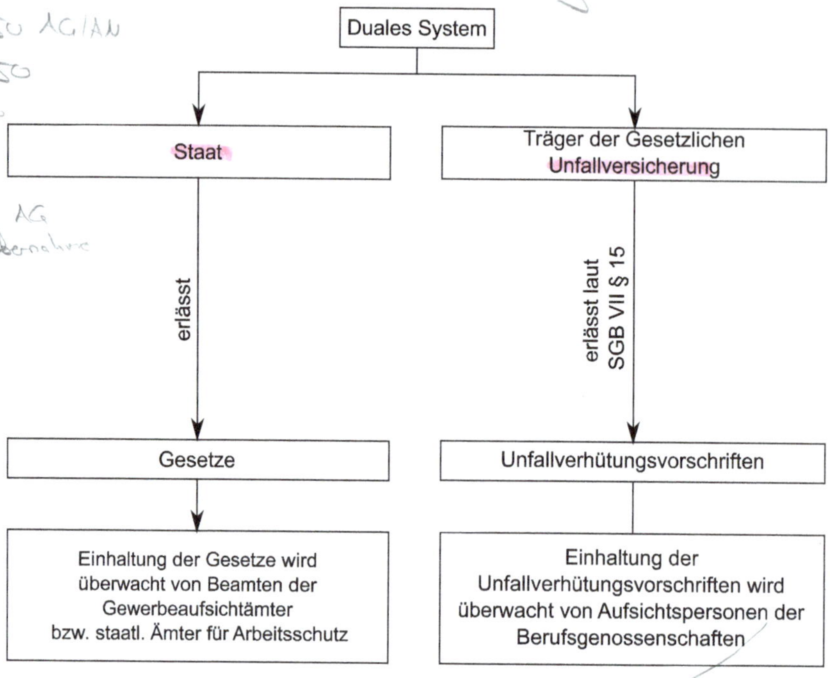

Bild 1.9 Darstellung des dualen Systems

Ebene die Maschinenrichtlinie (MRL) und auf nationaler Ebene das deutsche Produktsicherheitsgesetz (ProdSG) sowie zugehörige Rechtsverordnungen wie die Maschinenverordnung (9. ProdSV). Die Sozialcharta ist in Artikel 153 des AEUV festgelegt. Sie soll für eine Verbesserung der Sicherheit und des Gesundheitsschutzes bei der Arbeit sorgen und bildet einen Mindeststandard. Aus ihr resultieren das Arbeitsschutzgesetz und das Arbeitssicherheitsgesetz. Um das europäische Regelwerk umzusetzen, existiert in Deutschland ein duales System, welches in Bild 1.9 dargestellt ist. Auf der einen Seite steht der Staat, der die Gesetze erlässt und zur Überwachung der Einhaltung der Gesetze Beamte der Gewerbeaufsichtsämter oder staatlicher Ämter für Arbeitsschutz stellt. Auf der anderen Seite stehen die Träger der gesetzlichen Unfallversicherung. Diese Unfallversicherungsträger erlassen gemäß § 15 SGB VII UVVen, deren Einhaltung von Aufsichtspersonen der BGs und der Unfallversicherungsträger der öffentlichen Hand überwacht wird. Die UVVen sind verbindliche autonome Rechtsnormen. Sie enthalten Schutzziele, Methoden zur Gefahrenabwehr und Mindestanforderungen über den sicheren Betrieb von Einrichtungen und Arbeitsverfahren, sichere Schutzmittel und das sichere Verhalten von Unternehmern und Versicherten. Zusätzlich existieren Durchführungsanweisungen (bei älteren Unfallverhütungsvorschriften). Die Durchführungsanweisungen zeigen, wie Forderungen der UVVen erreicht werden können. Des Weiteren enthalten sie Hinweise auf anerkannte Regeln der Technik.

1.3 Strukturen des betrieblichen Arbeitsschutzes

Der Arbeitsschutz wird in Betrieben durch unterschiedliche Personen verwirklicht. Zu diesen Personen zählen der Unternehmer selbst, Delegierte des Betriebsrats, der Betriebsarzt, die Fachkraft für Arbeitssicherheit (SiFa), alle Sicherheitsbeauftragten sowie die sonstigen Beauftragten. Aus den genannten Personen formiert sich der Arbeitsschutzausschuss. Dieser ist ab einer Unternehmensgröße von 20 Personen Pflicht (§ 11 ASiG). Er tritt mindestens einmal vierteljährlich zusammen. Die Aufgabe des Arbeitsschutzausschusses ist es, über die Belange des Arbeitsschutzes und der Unfallverhütung zu beraten und das weitere Vorgehen festzulegen. (ASiG) In Bild 1.10 ist die Zusammensetzung des Arbeitsschutzausschusses, die in § 11 des ASiG festgeschrieben ist, dargestellt.

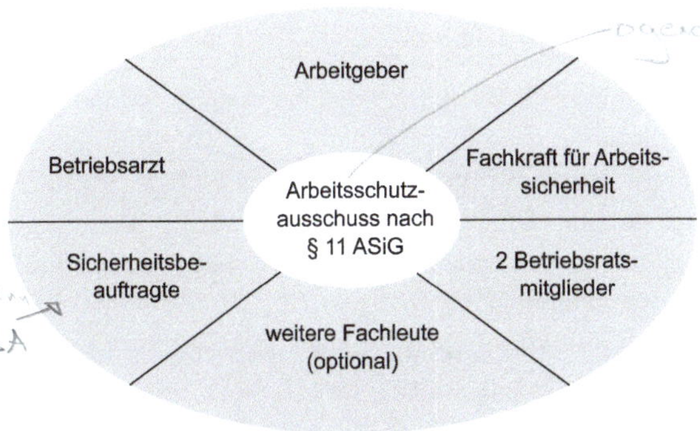

Bild 1.10 Zusammensetzung des Arbeitsschutzausschusses nach § 11 ASiG

Bei den relevanten Personen ist stets zwischen den Qualifikationen fachkundiger und sachkundiger Personen zu unterscheiden. Fachkunde bedeutet, dass die entsprechende Person die Befähigung zur Ausübung einer bestimmten Aufgabe besitzt. Diese kann durch eine Berufsausbildung, die Berufsausübung, eine zeitnahe berufliche Tätigkeit oder die Teilnahme an speziellen Fortbildungen erreicht werden. Sachkundig ist eine Person erst dann, wenn sie einen speziellen, behördlich anerkannten Sachkundelehrgang mit entsprechender Prüfung erfolgreich absolviert hat. Unter welchen Voraussetzungen Fach- bzw. Sachkunde erreicht ist, wird in den entsprechenden Verordnungen (z. B. § 2 GefStoffV) und den Technischen Regeln (z. B. TRGS 400) definiert.

Die Struktur des betrieblichen Arbeitsschutzes kann in Linien- und Stabsfunktionen unterschieden werden. Dies ist in Bild 1.11 dargestellt. Die Akteure des Arbeitsschutzes, Betriebsrat, Betriebsarzt, SiFa und die Sicherheitsbeauftragten, übernehmen die Stabsfunktion. Das bedeutet, dass sie eine höhere Instanz (den Unternehmer) bei der Lösung eines Problems (der Sicherstellung des Arbeitsschutzes) unterstützen (Gabler Wirtschaftslexikon 2018). Sie haben die Aufgabe, die in einer Linienfunktion gegliederten Mitarbeiter samt Unternehmer in Belangen des Arbeitsschutzes zu beraten, zu unterstützen und mitzubestimmen. Eine Linienfunktion ist eine hierarchische Anordnung. In diesem Falle bedeutet das, dass der Unternehmer über allem steht, gefolgt vom Werksleiter usw. (Gabler Wirtschaftslexikon 2018).

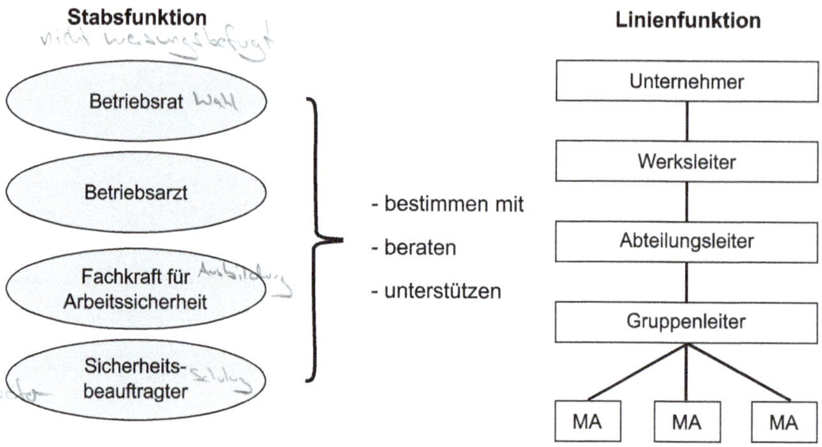

Bild 1.11 Darstellung der betrieblichen Stabs- und Linienfunktion (nach Gabler Wirtschafts-lexikon (2018))

Der **Betriebsrat** hat zum einen darüber zu **wachen**, dass die zugunsten der Arbeitnehmer geltenden Bestimmungen eingehalten werden. Zum anderen hat er die Aufgabe, Maßnahmen, die dem Betrieb und der Belegschaft dabei helfen, für den Arbeitsschutz zu sorgen, beim Arbeitgeber zu **beantragen**. (BetrVG)

Die **SiFa** hat die Aufgabe, den Arbeitsschutz zu **organisieren**. Für die Qualifikation zur SiFa ist eine sechswöchige Ausbildung bei der BG oder bei privaten Institutionen wie beispielsweise TÜV oder DEKRA notwendig. Danach muss die SiFa einen gewissen Mindeststundensatz an Arbeitszeit für die sicherheitstechnische Betreuung des Unternehmens aufweisen. Der Mindeststundensatz richtet sich nach der Anzahl der Beschäftigten und nach der Art der Gefährdung (DGUV Vorschrift 2). Ihre Aufgabenschwerpunkte lassen sich wie folgt zusammenfassen:

- **Beratung** des Unternehmens in Fragen des Arbeitsschutzes
- Sicherheitstechnische **Überprüfung** von Anlagen und Arbeitsmitteln
- Beobachtung der **Durchführung** des Arbeitsschutzes in Betrieben
- **Einwirkung** auf alle Beschäftigten, sich sicherheitsgerecht zu verhalten

(DGUV Vorschrift 2)(ASiG)

Der **Sicherheitsbeauftragte** hat die Aufgabe, Verstöße gegen Vorschriften und Regeln zu **melden** und die Mitarbeiter zum richtigen Verhalten zu **motivieren**. Das heißt, er hat den Unternehmer bei der Durchführung von Maßnahmen zur Vermeidung von Arbeitsunfällen und Berufskrankheiten zu unterstützen. Des Weiteren hat er die Versicherten auf Unfall- und Gesundheitsgefahren aufmerksam zu machen. Sicherheitsbeauftragte sind ab regelmäßig mehr als 20 Mitarbeitern zu bestellen. Die Anzahl an Sicherheitsbeauftragten richtete sich nach der zeitlichen, räumlichen und fachlichen Nähe sowie der Anzahl an Beschäftigten und der im Unternehmen vorhandenen Unfall- und Gesundheitsgefahren. (DGUV Vorschrift 1)

1.4 Aufgaben und Leistungen der BG

Das deutsche Sozialversicherungssystem ruht auf fünf Säulen. Diese sind in Bild 1.12 dargestellt. Es handelt sich dabei um die gesetzliche Kranken-, die Unfall-, die Renten-, die Arbeitslosen-, und die Pflegeversicherung. Mit Ausnahme der gesetzlichen Unfallversicherung werden die Beiträge paritätisch von Arbeitgebern und Arbeitnehmern getragen. Die gesetzliche Unfallversicherung wird nur aus Arbeitgeberbeiträgen finanziert.

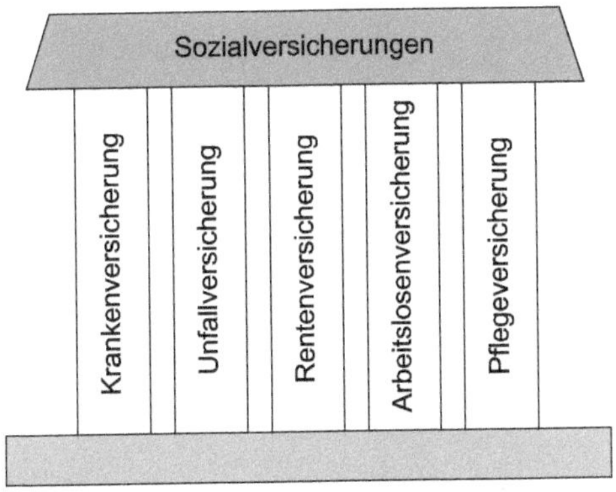

Bild 1.12 Die fünf Säulen der Sozialversicherung nach SGB I

Die BGs sind die Träger der gesetzlichen Unfallversicherung für Unternehmen der deutschen Privatwirtschaft und deren Beschäftigte. Das bedeutet, dass im Versicherungsfall (Arbeitsunfall und Berufskrankheit) die BG für die Entschädigung des Verunfallten aufkommt. Das kann sowohl auf finanzielle Art (Rente) als auch in Form von Heilbehandlungen (Krankenhaus, Reha) geschehen. Finanziert werden die Entschädigungen aus den Beiträgen, welche die Arbeitgeber für jeden Beschäftigten einzahlen. Neben den gewerblichen BGs gibt es die Unfallversicherungsträger der öffentlichen Hand (z. B. Landesunfallkassen und komunale Unfallversicherungen), die die Träger der gesetzlichen Unfallversicherung für die öffentliche Hand (z. B. Schulen, Gemeinden, Universitäten) bildet.
(SGB VII)

Die BG selbst ist von den zwei Prinzipien Selbstverwaltung und paritätische Mitbestimmung geprägt und gliedert sich nach Bild 1.13 wie folgt: Das Fundament der BG bilden auf der einen Seite die Beschäftigten und auf der anderen Seite die Unternehmer. Beide Gruppen wählen im Rahmen der Sozialwahlen die Vertreterversammlung, welche paritätisch besetzt ist. Aus der Vertreterversammlung wird der Vorstand gewählt. Dieser ist ebenfalls paritätisch besetzt. (SGB VII)

Die BG löst nach § 104 SGB VII einen möglichen Haftungsanspruch der Mitarbeiter an den Unternehmer ab. Das bedeutet, dass die Beschäftigten einen Leistungsanspruch an die BG haben, der Anspruch gegen den Unternehmer in der Regel entfällt. Als Gegenleistung zur Haftungsablösung zahlt der Unternehmer Beiträge an die BG.

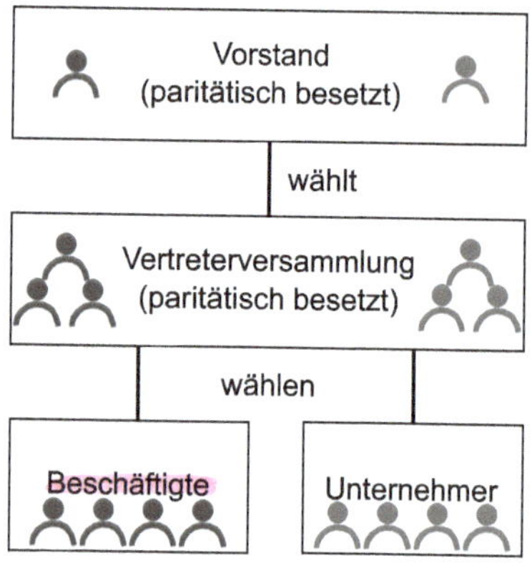

Bild 1.13 Aufbau der Gremien der BG

Die BGs haben nach § 1 SGB VII den gesetzlichen Auftrag **mit allen geeigneten Mitteln**

- Arbeitsunfälle, Berufskrankheiten und arbeitsbedingte Gesundheitsgefahren zu verhüten,
- der Ursache von Arbeitsunfällen, Berufskrankheiten und arbeitsbedingten Gesundheitsgefahren nachzugehen,
- für eine wirksame Erste Hilfe zu sorgen
- und die Folgen von Arbeitsunfällen und Berufskrankheiten zu mindern.

Daraus ergibt sich für die Unfallversicherungsträger nach §§ 1, 14 SGB VII der Auftrag, mit allen geeigneten Mitteln für

- **Prävention**, also die Verhütung von Berufskrankheiten, Unfällen und Gesundheitsgefahren,
- **Rehabilitation**, also Heilbehandlungen und berufliche Förderung,
- und **Entschädigung**, also Geldleistung bei Arbeitsunfall oder Berufskrankheiten

zu sorgen.

Des Weiteren haben die BGs einen umfangreichen Maßnahmenkatalog für Sicherheit und Gesundheit bei der Arbeit entwickelt. Dieser umfasst unter anderem: Forschung, Aus- und Fortbildungsmaßnahmen, Messungen am Arbeitsplatz, Ermittlung arbeitsbedingter Gesundheitsgefahren, Beratung und Überwachung, die Erstellung von Vorschriften und Regelwerken und die Durchführung arbeitsmedizinischer Vorsorgeuntersuchungen (Deutsche Gesetzliche Unfallversicherung e. V. (DGUV) 2016). Der Versicherungsschutz betrifft alle Personen und Ereignisse, die gesetzlich versichert sind. Zu den versicherten Personen zählen nach §§ 2, 3, 6 SGB VII

- alle Beschäftigten und den Beschäftigten gleichgestellte Personen, sie sind pflichtversichert,
- Personen, die im Rahmen der Satzungen der einzelnen Unfallversicherungsträger festgelegt sind
- und die Unternehmer, falls sie sich freiwillig durch einen Antrag versichert haben.

Zu den versicherten Ereignissen zählen nach § 7 SGB VII

- Arbeitsunfälle inkl. Wegeunfälle
- und Berufskrankheiten.

Kommt es trotz der Prävention zu einem Versicherungsfall, so kommt die BG unter anderem für die Kosten der folgenden Heilbehandlungen auf (SGB VII):

- Ärztliche und zahnärztliche Behandlung
- Arznei- und Verbandmittel
- Heilmittel einschließlich Krankengymnastik
- Ausstattung mit Körperersatzstücken, orthopädischer und anderer Mittel
- Belastungserprobung und Arbeitstherapie
- Berufsfindung und Arbeitserprobung
- Gewährung von Pflege

Des Weiteren kommt die BG für folgende Geldleistungen auf:

- Verletztengeld (bei Arbeitsunfähigkeit)
- Übergangsgeld (während der Berufshilfe)
- Verletztenrente (bei Minderung der Erwerbsfähigkeit (MdE) von mindestens 20 v. H. und länger als 26 Wochen)
- Hinterbliebenenrente an Witwen und Waisen

1.5 Mein Arbeitsschutz-Logbuch: Kapitel Grundlagen

In der abgeschlossenen Einheit ging es um:

Meine wichtigste Erkenntnis daraus ist:

Das möchte ich mir noch einmal genauer anschauen:

Das wollte ich noch fragen:

2 Verantwortung und Haftung

Nach Abschluss dieses Kapitels sollten Sie in der Lage sein, die unterschiedlichen Schuldformen zu erläutern. Sie können erklären, was Verantwortung im arbeitsschutztechnischen Sinne bedeutet und welcher Position welche Verantwortung zukommt. Des Weiteren können Sie haftungstechnische Folgen benennen. Sie sind außerdem in der Lage, einfache Fallkonstellationen des Arbeitsschutzes nach den Gesichtspunkten „Verantwortung" und „Haftung" zu bewerten.

2.1 Fallbeispiele

Um einen Einblick in die rechtlichen Grundlagen zu erhalten, werden im Folgenden zunächst einige Fallbeispiele betrachtet.

2.1.1 Anerkennung als Arbeitsunfall nach Flucht vor Gummispritztier

Die Sachlage: *„Ein 27-jähriger Mann befand sich im Rahmen einer beruflichen Umschulungsmaßnahme im 1. OG des Unterrichtsgebäudes. Während einer – nicht beaufsichtigten – Unterrichtszeit versuchte eine der sechs Mitschülerinnen ihn mit einem Gummispritztier nass zu spritzen. Der Mann stand direkt an dem Fenster und versuchte sich dem Wasserstrahl zu entziehen, indem er über die Fensterbrüstung sprang. Hierdurch gelangte er auf ein vor dem Fenster befindliches Welldach, durch welches er hindurchstürzte. Dabei verletzte er sich an Fuß und Wirbelsäule."*

Wie wird die BG darauf reagiert haben? Zahlt sie eine Entschädigung oder nicht? Und welche Begründung hat die BG für ihr Handeln?

Reaktion der BG: *„Die Berufsgenossenschaft lehnte eine Anerkennung als Arbeitsunfall ab. Der Mann sei im Rahmen einer Rangelei bzw. Neckerei aus dem Fenster gesprungen. Eine betriebsdienliche Tätigkeit liege nicht vor. Der verletzte Mann führte hingegen an, dass er sich an der Rangelei nicht beteiligt habe. Beim Ausweichen habe er sich so unglücklich bewegt, dass er aus dem Fenster gefallen sei."*

Können Sie sich vorstellen, wie das Gericht entschieden hat? Zu welchem Urteil sind die Richter gekommen?

Das Urteil: *„Die Richter des Hessischen Landessozialgerichts gaben der Berufsgenossenschaft Recht. Ein Arbeitsunfall liege nur dann vor, wenn die Verrichtung des Versicherten zur Zeit des Unfalls der versicherten Tätigkeit zuzurechnen sei, so das Urteil (AZ. L 3 U 47/13). Höchstpersönliche Verrichtungen seien hingegen in der Regel nicht gesetzlich unfallversichert. Hierzu gehörten auch Neckereien und Spielereien, die grundsätzlich als ein den Interessen des Betriebes zuwiderlaufendes Verhalten anzusehen seien. Anders sei dies lediglich bei Schülern und pubertierenden Jugendlichen. Insoweit seien die Gefahren zu berücksichtigen, die sich aus unzureichender Beaufsichtigung oder aus dem typischen Gruppenverhalten innerhalb des organisatorischen Verantwortungsbereichs der Schule ergeben würden. Der zum Unfallzeitpunkt 27-jährige Umschüler sei jedoch nicht anders zu beurteilen als ein 27-jähriger Beschäftigter in einem Großraumbüro. Zudem sei keineswegs von einem Sturz, sondern vielmehr von einem gezielten Sprung aus dem Fenster auszugehen. Dies ergebe sich aus dem Geschehensablauf sowie den Angaben des Verletzten und dessen Mitschülerinnen."*

Das Gericht: *„Hessisches Landessozialgericht, Urteil vom 07.07.2015 – L 3 U 47/13"* (RECHTSINDEX 2015)

2.1.2 Versicherungsschutz beim Weg zur Toilette?

Die Sachlage: *„Die Klägerin wollte bei der Heimfahrt von ihrer Arbeitsstelle von der U-Bahn kommend ein WC aufsuchen. Im Toilettenbereich rutschte sie auf nassem Fliesenboden aus, stürzte und verletzte sich an der linken Schulter. Der zuständige Unfallversicherungsträger lehnte die Feststellung eines Arbeitsunfalls ab. Durch den Gang zur Toilette sei der Nachhauseweg unterbrochen worden. Bereits das Durchschreiten der Toilettentür sei nicht mehr als versicherte Tätigkeit anzusehen. Das Sozialgericht München hat der Klägerin Recht gegeben und einen Arbeitsunfall anerkannt. Das Ereignis im Toilettenvorraum sei in den Unfallversicherungsschutz einbezogen."*

Zu welchem Schluss sind die Richter in diesem Fall gekommen? Hat die Dame Recht bekommen oder nicht?

Das Urteil: *„Demgegenüber hat das Landessozialgericht (Urteil, Az. L 2 U 204/13) entschieden, dass kein versicherter Wegeunfall vorliege. Unstreitig sei, dass grundsätzlich ein versicherter Weg von der Arbeitsstätte nach Hause vorgelegen habe. Auch der Weg zum Aufsuchen einer Toilette stehe unter Versicherungsschutz. Eine (vorläufige) Beendigung des Versicherungsschutzes sei hier aber spätestens beim Durchschreiten der Außentür der Toilettenanlage gegeben, da die Handlungstendenz der Klägerin erkennbar auf eine eigenwirtschaftliche Tätigkeit gerichtet gewesen sei. Ein ausnahmsweise bestehender Versicherungsschutz unter dem Gesichtspunkt ‚besondere Gefahrenmomente einer Betriebseinrichtung' liege nicht vor. Auf die Benutzung einer öffentlichen Bahnhofstoilette sei diese Ausnahme nicht anwendbar."*

Die Rechtsgrundlage: *„§ 8 Abs. 2 Nr. 1 SGB VII"*

Das Gericht: *„Bayerisches Landessozialgericht, Urteil vom 15.01.2014 – L 2 U 204/13 Bundessozialgericht, Revision, erledigt durch Klagerücknahme am 18.03.2015 – B 2 U 3/14"* (RECHTSINDEX 2014)

Die Klägerin bekommt also keine Entschädigung für ihren Unfall, kein Wegeunfall vorliegt. Wie in Abschnitt 1.1 bereits erwähnt wurde, handelt es sich bei einem Unfall auf dem Weg zur Arbeit oder zurück nur dann um einen versicherten Wegeunfall, wenn sich dieser auf direktem Weg ereignet. Wäre die Dame also auf der Rolltreppe des Bahnhofs ausgerutscht, dann hätte sie eine Entschädigung erhalten. Da der Umweg über die Toilette allerdings privatdienlich ist, entfällt der Entschädigungsanspruch.

2.1.3 Tod eines Auszubildenden

Die Sachlage: *Weniger Arbeitssicherheit für mehr Profit: Besonders drastisch zeigt das der tödliche Arbeitsunfall eines Auszubildenden. Dem Landgericht (LG) Osnabrück zufolge starb der junge Mann, weil die Geschäftsleitung Sicherheitsvorrichtungen an einer Maschine abbauen ließ, damit diese weniger Ausschuss produzierte. (...) Der Betrieb, in dem sich der Unfall ereignete, veredelt Glas für den Gebäude- und Schiffsbau. Zum Einsatz kommen dabei unter anderem CNC-gesteuerte Kantenschleifmaschinen. Diese verfügen normalerweise über Lichtschranken, die, sobald jemand in den Gefahrenbereich gerät, die Maschinen abschalten. Eine solche Notabschaltung bedeutet aber auch jedes Mal, dass das gerade bearbeitete Werkstück unbrauchbar wird. Aus Kostengründen sollen die Maschinen daher Zeugen zufolge bereits seit 2006 auf Anordnung der Geschäftsleitung ohne die herstellerseits vorgesehene Sicherheitsvorrichtung im Unternehmen gelaufen sein. Im Juli 2010 wurde ein 19-jähriger Lehrling an Kopf und Schultern in einer der Maschinen eingequetscht und starb später an den Verletzungen. Dem LG Osnabrück zufolge hätte eine vorhandene Sicherheitsvorrichtung den tödlichen Arbeitsunfall mit Sicherheit verhindert.*

Zu welchem Urteil wird das Gericht in diesem Fall gekommen sein? Wie wird es dieses begründen?

Das Urteil und die Begründung: *Zwei Geschäftsführer, der Produktionsleiter, ein Instandhalter und ein Mitarbeiter der Gewerbeaufsicht erhielten (...) Haft- sowie Geldstrafen. Ein dritter Geschäftsführer muss ein Bußgeld zahlen. (...) Wegen fahrlässiger Tötung erhielten die beiden Firmenchefs je sechs Monate Freiheitsstrafe auf Bewährung verbunden mit einer Geldauflage von 100.000 Euro. Ein weiterer Geschäftsführer muss 10.000 Euro Bußgeld zahlen. Denn er hatte als Mitbetriebsinhaber seine Aufsichtspflicht verletzt. Eine Geldstrafe wegen fahrlässiger Tötung erhält voraussichtlich auch der Produktionsleiter. Er hatte den Azubi alleine an der Maschine arbeiten lassen, obwohl er von der Gefahr wusste. Bei einem für die Instandhaltung der Maschine zuständigen Mitarbeiter steht sie mit 3600 Euro bereits fest. Er soll die Vorrichtung ausgebaut haben. Nicht zuletzt muss ein Mitarbeiter des Gewerbeaufsichtsamtes 9000 Euro zahlen. Er hatte versucht, die wahren Hintergründe zu vertuschen. Weil er falsche Angaben gegenüber der Polizei und der Berufsgenossenschaft gemacht hatte, wurde er wegen versuchter Strafvereitelung verurteilt.*

Detaillierte Informationen zu den Hintergründen sowie der Urteilsbegründung finden sich bei OPENJUR GUG (HAFTUNGSBESCHRÄNKT) (2013).

Die Rechtsgrundlage: *LG Osnabrück, Urteil v. 20.09.2013, Az.: 10 KLs 16/13*

(GÜNTHER 2013)

2.2 Verantwortung im Arbeitsschutz

2.2.1 Definition der Verantwortung

Im letzten Fallbeispiel (siehe Abschnitt 2.1.3) wurden verschiedenen Personen eine Verantwortung am Tode eines Menschen zugesprochen. Doch was genau ist damit gemeint? Der Begriff Verantwortung wird in Abhängigkeit des Anwendungsbereichs unterschiedlich definiert. Im Sinne des Arbeitsschutzes gilt jedoch der juristische Begriff der Verantwortung. Die Verantwortung ist einerseits die Verpflichtung, einen Auftrag richtig und ordnungsgemäß auszuführen und vor allem auch die Zuständigkeit für etwaige Folgen und Nebenfolgen des Handelns. Andererseits kann es auch den Aspekt der Rechenschaft beinhalten, also die Antwort auf eine Frage wegen angeblicher Vernachlässigung von Zuständigkeiten. Weiterhin beinhaltet die Verantwortung auch die Komponente des Geradestehenmüssens für Verfehlungen oder Vernachlässigungen, etwa im Hinblick auf Haftung, Schadensersatz oder Strafe (FREEDE 2021). Die Verantwortung ist – wie das obige Fallbeispiel eindrucksvoll zeigt – u. a. abhängig vom individuellen Wissen und Können der jeweiligen Person. Wissen meint, dass die Person die nötigen Kenntnisse besitzt, um eine Beurteilung der Umstände zu ermöglichen. Können bedeutet, dass die Person in der Lage ist, Entscheidungen zu treffen.

2.2.2 Verantwortungsbereich

Im Arbeitsschutz liegt die Verantwortung grundsätzlich stets beim Arbeitgeber (§§ 3, 4 ArbSchG). Da dieser jedoch insbesondere bei größeren Betrieben nicht für alle Beschäftigten gleichermaßen sorgen kann, kann er seine Verantwortung in Teilen an Beschäftigte delegieren (§ 7 ArbSchG). In der Regel wird in größeren Betrieben der nächste Vorgesetzte für den unterstellten Mitarbeiter verantwortlich (siehe Abschnitt 1.3) sein. Am Schluss dieser Kette steht jedoch immer der Arbeitgeber. Neben den Führungskräften wird der Arbeitgeber bei der Wahrnehmung seiner Verantwortung von Betriebsärzten, Fachkräften für Arbeitssicherheit, weiterem Fachpersonal in Stabsfunktion sowie jedem einzelnen Mitarbeiter unterstützt. (§§ 15, 16 ArbSchG). Der Unternehmer kann zuverlässige und sachkundige Personen schriftlich damit beauftragen, einen Teil der Unternehmerpflichten zu übernehmen (§ 13 ArbSchG und § 13 DGUV Vorschrift 1). Dies ist dann in der Regel im Arbeitsvertrag festgelegt. Dabei kann es sich sowohl um eine Einzelanweisung handeln, als auch um eine Stabsfunktion des Mitarbeiters (siehe Abschnitt 1.3). Wichtig ist, dass eine klare Abgrenzung von Aufgaben und Kompetenzen vorliegt. Somit besitzt jeder Vorgesetzte Verantwortung für seinen Teilbereich. Auf Grund der Verantwortung hat ein Vorgesetzter in seinem Bereich die Macht aber auch die Pflicht Weisungen zu erteilen und Maßnahmen durchzuführen, um Gefahren abzuwenden, ansonsten kann er sich strafbar machen. Dies ist die sogenannte Erfolgsabwendungspflicht, die aus dem Paragraphen „Begehen durch Unterlassen" des Strafgesetzbuchs (StGBs) resultiert (siehe Abschnitt 2.3.4, § 13 StGB). Die Grenzen zwischen Verantwortung und Haftung sind hier fließend, weswegen die rechtliche Grundlage der Erfolgsabwendungspflicht und die aus der Erfolgsabwendungspflicht resultierende Strafbarkeit eher der Haftung zugeordnet sind (siehe Abschnitt 2.3.4).

2.3 Haftung im Falle eines Arbeitsunfalls

2.3.1 Definition des Begriffes Haftung

Haftung ist im wörtlichen Sinne definiert als *„das rechtliche ‚Dafür-Geradestehen-Müssen', dass ein eigener oder ein fremder Fehler oder auch ein ohne einen solchen Fehler entstandenes Ereignis einer anderen Person einen Schaden verursacht hat"* (GABLER WIRTSCHAFTSLEXIKON ca. 2014). Somit kann jeder haftbar gemacht werden, auf den diese Definition zutrifft. Der Begriff Haftung findet sich in nahezu allen rechtlichen Bereichen. Er ist im Bürgerlichen Recht, im Steuerrecht, im Arbeitsrecht, im Wettbewerbsrecht, im Zollrecht, im Handelsrecht, im Insolvenzrecht und in der Wirtschaftstheorie anzutreffen (GABLER WIRTSCHAFTSLEXIKON ca. 2014). Relevant für den Arbeitsschutz ist das Arbeitsrecht. Nach GABLER WIRTSCHAFTSLEXIKON (ca. 2014) ergibt sich zusammengefasst:

1. Haftung des Arbeitgebers:
   - Haftung für Personenschäden beim Arbeitnehmer: Der Arbeitgeber haftet für Personenschäden bei Arbeitsunfällen nur bei grober Fahrlässigkeit und bei Unfällen im allgemeinen Verkehr, da er allein die Beiträge zur Unfallversicherung trägt und deshalb von jedem Risiko befreit sein soll (Unternehmerprivileg, Haftungsablösung) (§ 253 BGB).
   - Haftung für Sachschäden beim Arbeitnehmer: Werden bei einem Arbeitsunfall eingebrachte Sachen des Arbeitnehmers beschädigt, richtet sich die Ersatzpflicht des Arbeitgebers nach der allgemeinen Verschuldungshaftung aus der Vertragsverletzung und der unerlaubten Handlung.
2. Haftung des Arbeitnehmers:
   - Gegenüber dem Arbeitgeber: Fügt der Arbeitnehmer dem Arbeitgeber schuldhaft einen Schaden zu, haftet er nach den Grundsätzen über die positive Vertragsverletzung (§ 280 BGB) und unter Umständen bei Eigentumsverletzung wegen unerlaubter Handlung nach Maßgaben der §§ 823 ff. BGB. Im Arbeitsverhältnis wird die Verschuldungshaftung des BGB den modernen Verhältnissen nicht gerecht. Durch geringes Verschulden können Arbeitnehmer, die mit immer höheren Vermögenswerten zu tun haben, einen sehr großen Schaden verursachen. Nach der Rechtsprechung ist die Haftung wegen der Fürsorgepflicht des Arbeitgebers bzw. des Betriebsrisikos des Arbeitgebers beschränkt, wenn der Schaden bei einer betrieblichen Tätigkeit verursacht wurde: a) leichteste Fahrlässigkeit: keine Haftung, b) Vorsatz und grobe Fahrlässigkeit: grundsätzliche volle Haftung, c) mittlere Fahrlässigkeit: Schadensteilung unter Abwägung von Verschulden des Arbeitnehmers und Betriebsrisiko des Arbeitgebers. Die Beweislast für Pflichtverletzungen und Verschulden trägt der Arbeitgeber (§ 619a BGB siehe Abschnitt 2.3.3).
   - Haftung unter Arbeitskollegen: Ist ein Arbeitsunfall durch einen im gleichen Betrieb tätigen Arbeitnehmer bei betrieblicher Tätigkeit verursacht worden, haftet er für einen Personenschaden nur, wenn er den Unfall vorsätzlich herbeigeführt hat (§ 105 SGB VII).
   - Haftung gegenüber Dritten (= Nicht-Angehörige des Betriebs): Der Arbeitgeber haftet gegenüber diesen nach den allg. Vorschriften über die unerlaubten Handlungen. Im Innenverhältnis von Arbeitgeber und Arbeitnehmer können die Schäden Dritter

nicht anders behandelt werden als Schäden des Arbeitgebers. Das heißt, dass der Dritte im gleichen Maße für die von ihm verursachten Schäden haften muss, wie der Arbeitgeber. Der Arbeitnehmer hat daher einen Freistellungsanspruch gegen einen Dritten bei betrieblicher Arbeit und leichter Fahrlässigkeit.

2.3.2 Haftbarkeit der Akteure im Arbeitsschutz

In Abschnitt 1.3 wurden die für den Arbeitsschutz relevanten Personen erläutert. Ihr Verantwortungsbereich wird in diesem Kapitel erklärt. Der Unternehmer selbst trägt die ganze Verantwortung, kann diese aber an geeignete Personen delegieren. Trotz der Delegationsmöglichkeit hat der Unternehmer die Aufsichtspflicht (§ 130 (1) OWiG). Diese kann er nicht delegieren und muss die Erfüllung der übertragenen Aufgaben selbst kontrollieren. Unterlässt der Unternehmer vorsätzlich oder fahrlässig die Aufsichtsmaßnahmen, also lässt er zu, dass unqualifiziertes Personal gefährliche Aufgaben ausführt oder, dass Arbeitsschutzmaßnahmen nicht durchgeführt oder eingehalten werden, handelt er ordnungswidrig. Im Gegensatz zum Unternehmer kann der Sicherheitsbeauftragte für seine Handlungen nicht belangt werden, es sei denn, ihm wird fahrlässiges Handeln unterstellt. Auch die SiFa hat nur beratende Tätigkeit und keine Weisungsbefugnis. Der Betriebsrat besitzt kein eigenes Delegations- und Dispositionsrecht. Das heißt, dass der Betriebsrat keine Aufgaben an SiFas, Sicherheitsbeauftrage oder an dritte Personen übertragen kann. Genauso kann dem Betriebsrat keine Aufgabe übertragen werden.

2.3.3 Schuldformen

Was passiert nun, wenn ein Arbeitgeber oder Arbeitnehmer für einen Arbeitsunfall haften muss? Nach welchen Kriterien wird seine Schuld bemessen und was für Konsequenzen folgen daraus?

1. **Fahrlässigkeit:** Fahrlässigkeit wird in unbewusste und bewusste Fahrlässigkeit unterschieden. Bei unbewusster Fahrlässigkeit wird davon ausgegangen, dass die Person an einen Erfolg (Unfall) nicht denkt, den sie aber bei pflichtgemäßer Sorgfalt hätte voraussehen können. **Ein Beispiel für unbewusste Fahrlässigkeit:** *Herr M. fährt mit überhöhter Geschwindigkeit auf einer Landstraße. Er kommt von der Straße ab und prallt gegen einen Baum, wobei sein Beifahrer getötet wird. Herr M. kann unbewusste Fahrlässigkeit vorgeworfen werden, da er bewusst zu schnell fährt und der Unfall eine vorhersehbare Folge sein kann.* Bei bewusster Fahrlässigkeit wird davon ausgegangen, dass die Person einen Erfolg (Unfall) für möglich hält, aber darauf vertraut, dass er nicht eintritt. **Ein Beispiel für bewusste Fahrlässigkeit:** *Infolge eines Ehestreites schießt Herr M. durch die Badezimmertüre, um seine Frau, die sich im Badezimmer befindet, zu erschrecken und verletzt dabei seine Frau. Herr M. handelt bewusst fahrlässig, da er seine Frau nicht verletzen sondern nur erschrecken möchte und darauf vertraut, dass kein Unfall passiert.* (Rechtslexikon *2014)*

2. **Grobe Fahrlässigkeit**: Die Steigerung der Fahrlässigkeit ist die Grobe Fahrlässigkeit. Dabei wird davon ausgegangen, dass die erforderliche Sorgfalt in besonders schwerem Maße verletzt und außer Acht gelassen wurde. Das heißt, dass einfachste, naheliegende

Überlegungen nicht angestellt wurden und dass das, was im gegebenen Fall jedem hätte einleuchten müssen, nicht beachtet wurde (§ 110 StGB VII). Auch das passiv billigende Inkaufnehmen eines Unfalls mit Körperschaden kann als grobe Fahrlässigkeit eingestuft werden. **Ein Beispiel für grobe Fahrlässigkeit:** *A. ist als Staplerfahrer bei der Firma X angestellt. Er kommt betrunken zur Arbeit und rammt mit seinem Stapler einen anderen Mitarbeiter der Firma X. Dabei wird dieser Mitarbeiter von der Staplergabel in die Ferse getroffen, sodass durch die Wucht des Aufpralls seine Achillessehne anreißt. A. handelt grob fahrlässig, da er trotz seines Alkoholpegels Stapler fährt und einen Unfall verursacht bei dem ein Kollege zu Schaden kommt.*

3. **Vorsatz**: BOCK (2018, S. 217) sagt aus, „*(…) dass Vorsatz Wissen (kognitives Element) und Wollen (voluntatives Element) der den objektiven Tatbestand verwirklichenden Umstände ist.*" Dies bedeutet gemäß OBERLIES (2013, S. 31), „*(…) dass der Handelnde wusste und wollte, was er tat (…)*". Es wird dabei üblicherweise in Absicht, Wissentlichkeit sowie Eventualvorsatz unterschieden.
   Absicht (dolus directus 1. Grades):
   Hier kommt es darauf an, dass der Täter den tatbestandsmäßigen Erfolg (auchh wenn dies nur ein Zwischenziel ist) oder einen bestimmten Umstand verwirklichen will. Er handelt zielgerichtet.
   Beispiel: *B tötete seine Frau, um von der Lebensversicherung zu profitieren* (BOCK 2018, S. 225).
   Wissentlichkeit (dolus directus 2. Grades):
   Der Täter weiß oder kann mit an Sicherheit grenzender Wahrscheinlichkeit davon ausgehen, dass der tatbestandsmäßige Erfolg eintritt. Die Folgen sind für den Täter vorhersehbar, sie sind aber nicht sein eigentliches Ziel. Für die Verwirklichung seiner Ziele nimmt er den Erfolg aber in Kauf.
   Beispiel: *B zündete seine Scheune an, damit er die Versicherungssumme kassieren konnte. Hierbei wusste er, dass in der Scheune ein Landstreicher schlief, der dann auch in den Flammen verbrannte* (BOCK 2018, S. 226).
   Eventualvorsatz (dolus eventualis, bedingter Vorsatz):
   Dieser stellt den Randbereich des Vorsatzes zur Fahrlässigkeit dar. Der Täter geht (bewusst) ein Risiko ein, von dem er weiß, dass es sich realisieren kann. Die beiden Komponenten Willen und Können sind schwach ausgeprägt und der Übergang zum (bewussten) Vorsatz sind fließend. Beispiel: *B1 kaufte von dem B2 Waren, die dieser durch Betrugstaten zum Nachteil seiner Lieferanten erlangt hatte. B1 rechnete bei dem Erwerb der Sachen zumindest mit der Möglichkeit, dass B2 sie aus einer rechtswidrigen Tat erlangt hatte* (BOCK 2018, S. 227). (BOCK (2018, S. 217 ff.); OBERLIES (2013, S. 31))

2.3.4 Rechtswidriges Handeln

Beim rechtswidrigen Handeln wird zwischen Zivilrecht und Strafrecht differenziert. Das Zivil- bzw. Privatrecht ist das Rechtsgebiet, welches die Beziehungen zwischen rechtlich gleichgestellten Rechtssubjekten (natürliche Personen, juristische Personen) regelt (RECHTSWÖRTERBUCH 2015). Das Straf- oder Kriminalrecht beinhaltet die Rechtsnormen, durch die bestimmte Verhaltensweisen verboten und mit einer Strafe als Rechtsfolge verknüpft werden. Das Ziel des Strafrechts ist es, bestimmte Rechtsgüter wie Leben, Gesundheit und Eigentum von Personen, Sicherheit und der Integrität des Staates sowie elementare Gemeinschaftswerte zu schützen. Im Strafrecht ist eine Rechtswidrigkeit eine Handlung, die den Tatbestand einer Rechtsnorm erfüllt, entweder gerechtfertigt und damit straflos oder rechtswidrig und damit als Unrecht grundsätzlich strafbar. Dabei geht der Staat gegen Bürger, Firmen o. Ä. vor. Im Zivilrecht ist die Rechtswidrigkeit der Handlung Voraussetzung für Schadensansprüche. Rechtswidriges Handeln kann sich entweder aus aktivem Tun oder aus Unterlassen ergeben. Das Unterlassen ist in § 13 StGB und § 8 OWiG geregelt. (RECHTSLEXIKON 2015)

Das Begehen durch Unterlassen, wird, wie in Abschnitt 2.2.2 erwähnt durch die Erfolgsabwendungspflicht umgesetzt. Im § 13 StGB heißt es

*„**Begehen durch Unterlassen:***

1. *Wer es unterlässt, einen Erfolg abzuwenden, der zum Tatbestand eines Strafgesetzes gehört, ist nach diesem Gesetz nur dann strafbar, wenn er rechtlich dafür einzustehen hat, dass der Erfolg nicht eintritt, und wenn das Unterlassen der Verwirklichung des gesetzlichen Tatbestandes durch ein Tun entspricht.*
2. *Die Strafe kann nach § 49 Abs. 1 gemildert werden.“*

Aktives Tun und Unterlassen lassen sich am besten durch ein Beispiel erklären.

Aktives Tun: *Ein Meister lässt eine Absperrung im Verkehrsbereich entfernen. An der Gefahrenstelle, die keine ausreichende Tragfähigkeit besitzt, bricht ein Stapler ein, dessen Fahrer sich verletzt.* Der Meister handelt rechtswidrig durch aktives Tun, da er die Kennzeichnung der Gefahrenstelle entfernt. Im Gegensatz dazu das **Unterlassen:** *Bei einer Sachkundigenprüfung am Flurförderzeug wird ein Haarriss im Bereich der Gabelzinke festgestellt. Das Fahrzeug wird mit Einverständnis des Meisters vorläufig weiter eingesetzt. Während der Ladearbeiten bricht die defekte Gabelzinke ab und verletzt einen Beschäftigten.* Hier liegt die Rechtswidrigkeit darin, dass der Meister das Flurförderfahrzeug vor dem Wiedereinsatz hätte reparieren lassen müssen. In beiden Fällen kommt es zum Arbeitsunfall.

2.3.5 Definition der Garantenstellung

Als Garantenstellung wird im Arbeitsschutz eine rechtliche Handlungspflicht, *eine fest umrissene Rechtspflicht zur Unfallverhütung, also zum Tätigwerden,* verstanden (BERUFSGENOSSENSCHAFT ROHSTOFFE UND CHEMISCHE INDUSTRIE (BG RCI) 2016, S. 13). Für den Unternehmer ergibt sich eine Garantenstellung aus der Schutzpflicht gegenüber seinen Beschäftigten. Das heißt, dass er dafür Sorge zu tragen hat, dass der Arbeitnehmer keinen Gefahren ausgesetzt ist (§ 13 ArbSchG). Die Garantenstellung kann sich aber auch aus einer vertraglichen oder auf andere Weise übernommenen Aufgabe ergeben. Das heißt, dass ein Arbeitnehmer zum Beispiel in seinem Arbeitsvertrag eine Garantenstellung für einen bestimmten Teilbereich übernehmen kann. Außerdem kann sie sich aus vorhergegangenem gefährdendem Tun ergeben. Das heißt, dass beispielsweise ein Arbeitnehmer durch fahrlässiges Handeln, wie zum Beispiel das Heben einer Person auf Gabelstaplerzinken, auffällig geworden ist und somit das Unterlassen solcher Aktionen vom Unternehmer oder einer beauftragten Person überwacht werden muss. Die dritte Möglichkeit, aus der sich eine Garantenstellung ergibt, ist eine Rechtsvorschrift. Missachtet eine Person ihre Garantenstellung, so begeht sie eine Straftat. Ein Beispiel für ein fahrlässiges Handeln des Vorgesetzten unter Missachtung der Garantenstellung: *Ein Vorgesetzter wird von der Fachkraft für Arbeitssicherheit auf den mangelhaften Zustand des Gabelstaplers hingewiesen. Er duldet trotzdem die Weiterarbeit und geht davon aus, dass nichts passieren wird.*(BERUFSGENOSSENSCHAFT ROHSTOFFE UND CHEMISCHE INDUSTRIE (BG RCI) 2016)

2.3.6 Strafmaß

Das Strafmaß ist die konkrete, der Schuld des Täters angemessene Einzelstrafe, die der Richter zu finden hat. Dabei müssen die Auswirkungen der Strafe, die für das künftige Leben des Täters in der Gesellschaft zu erwarten sind, berücksichtigt werden. Das Gericht wägt die Umstände, die für und gegen den Täter sprechen, gegeneinander ab (§ 46 StGB). Zu den relevanten Umständen zählen nach § 46 StGB für und gegen Täter zu verwenden

- die Beweggründe und die Ziele des Täters, besonders auch rassistische, fremdenfeindliche oder sonstige menschenverachtende,
- die Gesinnung, die aus der Tat spricht, und der bei der Tat aufgewendete Wille,
- das Maß der Pflichtwidrigkeit,
- die Art der Ausführung und die verschuldeten Auswirkungen der Tat,
- das Vorleben des Täters, seine persönlichen und wirtschaftlichen Verhältnisse sowie
- sein Verhalten nach der Tat, besonders sein Bemühen, den Schaden wiedergutzumachen, sowie das Bemühen des Täters, einen Ausgleich mit dem Verletzten zu erreichen.

Die konkrete Strafe ergibt sich aus der Strafzumessung. Aus der Strafzumessung entstehen Rechtsfolgen für den Verurteilten. Falls es zu einem Arbeitsunfall kommt und dem Unfallverursacher rechtswidriges Handeln in einer der Schuldformen nachgewiesen werden kann, kommt es zu situationsbezogenen Rechtsfolgen. Rechtsfolgen ergeben sich im Strafrecht aus der Schuld des Täters (siehe § 46 StGB). Bei fahrlässiger Körperverletzung folgen nach § 229 StGB maximal 3 Jahre Freiheitsstrafe. Bei fahrlässiger Tötung kommt es nach § 222 StGB zu maximal 5 Jahren Freiheitsstrafe. Wird eine Aufgabe nicht erfüllt, so kommt es zur Einstellung des Verfahrens nach Erfüllung der Aufgabe. Daraus folgt eine Geldbuße ohne Vorbestrafung nach § 153 StPO. Es kann auch zu einem Strafbefehl nach § 12 StGB kommen. Dieser wird dann mit einer Geldstrafe oder Ähnlichem nach § 407 StPO bestraft. Ein Gerichtsverfahren folgt nicht. Eine letzte Möglichkeit ist das Strafverfahren nach StGB. Hierbei kommt es zur Strafverhandlung vor Gericht. Diese Aufteilung des Strafrechts gilt auch bei Vergehen gegen den Arbeitsschutz. Die Strafzumessung kann unter bestimmten Voraussetzungen, zu denen das Vorleben, das Tatmotiv, die Tatausführung, die Folgen der Tat und das Verhalten nach der Tat zählen abgemildert werden. Die Milderungsfolgen sind in § 49 StGB festgelegt. Sie lauten:

1. An die Stelle von lebenslanger Freiheitsstrafe tritt Freiheitsstrafe nicht unter drei Jahren.
2. Bei zeitlich beschränkter Freiheitsstrafe, z. B. 3 oder 5 Jahre, darf höchstens auf drei Viertel des angedrohten Höchstmaßes erkannt werden. Bei Geldstrafe gilt dasselbe für die Höchstzahl der Tagessätze.
3. Das erhöhte Mindestmaß einer Freiheitsstrafe ermäßigt sich
   a) im Falle eines Mindestmaßes von zehn oder fünf Jahren auf zwei Jahre,
   b) im Falle eines Mindestmaßes von drei oder zwei Jahren auf sechs Monate,
   c) im Falle eines Mindestmaßes von einem Jahr auf drei Monate,
   d) im Übrigen auf das gesetzliche Mindestmaß.

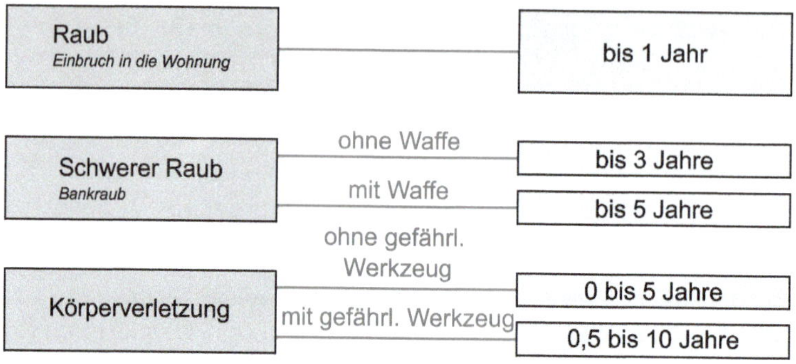

Bild 2.1 Vergleich von Raub und Körperverletzung im Strafrecht

In Bild 2.1 sind die strafrechtlichen Folgen von Raub und Körperverletzung gegenübergestellt. Fügt ein Arbeitgeber oder Arbeitnehmer sich oder Dritten Schaden zu, so ist das Körperverletzung. Die beiden Formen des Raubes stellen Vergleichswerte dar. Dabei ist erkennbar, dass Körperverletzung deutlich schwerer geahndet wird als Raub. Während ein Raub selbst mit Waffe (ohne Verletzte) maximal 5 Jahre Gefängnis zur Folge hat, wird Körperverletzung mit bis zu 10 Jahren bestraft.

2.4 Resultierende Pflichten

2.4.1 Pflichten des Unternehmers

Die Grundpflichten des Unternehmers sind in § 2 Abs. 1 DGUV Vorschrift 1 beschrieben. Hier heißt es: *„Der Unternehmer hat die erforderlichen Maßnahmen zur Verhütung von Arbeitsunfällen, Berufskrankheiten und arbeitsbedingten Gesundheitsgefahren sowie für eine wirksame Erste Hilfe zu treffen.“* Die Maßnahmen werden in verschiedenen Rechtsquellen konkretisiert. Die wichtigsten Vorschriften befinden sich in Tabelle 2.1.

Tabelle 2.1 Rechtsgrundlagen der Unternehmerverantwortung

Art der Verantwortung	Rechtsquelle
Gefahren an der Quelle bekämpfen und den Stand der Technik berücksichtigen	§4 ArbSchG
Wirksame Erste Hilfe gewährleisten	§ 21 Abs. 1 SGB VII
Gegen Gefährdung der Gesundheit schützen und Aufrechterhaltung der guten Sitten und des Anstandes	§ 62 HGB
Gegen Gefahr für Leben und Gesundheit soweit schützen, als die Natur der Dienstleistung es gestattet	§ 618 BGB

2.4.2 Pflichten der Versicherten

Eine versicherte Person, also jeder Arbeitnehmer, hat gewisse Pflichten zu erfüllen. Zum einen muss sie Maßnahmen zur Verhütung von Arbeitsunfällen unterstützen und befolgen. Das heißt unter anderem, dass der Versicherte die Anweisungen des Unternehmers zu befolgen hat. Trägt er beispielsweise keine Sicherheitsschuhe trotz Tragepflicht muss er, wenn der Unternehmer ihn darauf hinweist, dass er Sicherheitsschuhe zu tragen hat oder den Bereich verlassen muss, dies befolgen. Zum anderen hat der Versicherte dafür zu sorgen, dass es durch den Konsum von Alkohol, Drogen und Medikamenten zu keiner Gefährdung kommt. Wenn der Versicherte zum Beispiel auf Grund starker Kopfschmerzen Schmerzmittel zu sich nimmt, sodass er nicht mehr in der Lage ist, seine Anlage zu bedienen, hat er davon abzulassen. Die dritte und letzte Verpflichtung des Versicherten besagt, dass er eine Unterstützungspflicht für die Erste Hilfe hat. Das heißt, dass der Versicherte im Falle, dass ein Kollege einen Unfall erleidet, sofort Erste Hilfe leisten muss. Widersetzt sich der Versicherte diesen Pflichten, macht er sich gegebenenfalls strafbar, oder es kann dazu kommen, dass die Unfallversicherung nicht für die Entschädigung aufkommt. Die Pflichten des Versicherten sind in Tabelle 2.2 zusammengefasst.

Tabelle 2.2 Rechtsgrundlagen der Arbeitnehmerpflichten

Pflicht des Versicherten	Rechtsquelle
Versicherte müssen nach ihren Möglichkeiten für ihre Sicherheit und Gesundheit sowie derer, die von ihrem Handeln oder Unterlassen betroffen sind, sorgen	§ 15 ArbSchG und §15 (1) DGUV Vorschrift 1
Versicherte müssen Maßnahmen zur Prävention von Arbeitsunfällen und Berufskrankheiten sowie Erste-Hilfe Leistungen unterstützen	§ 15 ArbSchG und §15 (1) DGUV Vorschrift 1
Versicherte haben den Anweisungen des Unternehmers Folge zu leisten und dürfen keine gegen Sicherheit und Gesundheit gerichteten Weisungen unterstützten	§ 15 Abs. 1 DGUV Vorschrift 1
Versicherte dürfen sich nicht durch Drogen Alkohol oder Medikamente in einen Zustand versetzen, in dem sie sich oder andere verletzen	§ 15 Abs. 2 DGUV Vorschrift 1
Sicherheitsrisiken müssen vom Arbeitnehmer je nach persönlichen Fähigkeiten entweder beseitigt oder dem Arbeitgeber gemeldet werden	§ 16 ArbSchG und §16 (1) DGUV Vorschrift 1
Versicherte haben Einrichtungen, Arbeitsmittel, Arbeitsstoffe und Schutzvorrichtungen bestimmungsgemäß und im Rahmen der ihnen übertragenen Aufgaben zu benutzen	§ 15 ArbSchG und § 17 DGUV Vorschrift 1
Versicherte dürfen sich an gefährlichen Orten nur im Rahmen ihrer Arbeitsaufgabe aufhalten	§ 18 DGUV Vorschrift 1

2.5 Aufbau der Legislative und Judikative in Deutschland

2.5.1 Einordnung und Definition einer Ordnungswidrigkeit

Liegt eine Ordnungswidrigkeit, also ein Verstoß gegen eine Regel, vor, kommt das Ordnungswidrigkeitenrecht zum Tragen. In Tabelle 2.3 sind beispielhaft verschiedene für den Arbeitsschutz relevante Ordnungswidrigkeiten aufgelistet. Es ist zu beachten, dass es zu keiner gleichzeitigen Ahndung im Ordnungswidrigkeitenrecht und im Strafrecht kommen kann.

Tabelle 2.3 Ordnungswidrigkeiten im Arbeitsschutz

Art der Ordnungswidrigkeit	Rechtsquelle
Verletzung der Aufsichtspflicht	§ 130 OWiG
Verstoß gegen bußgeldbewährte UVV	§ 209 SGB VII
Verweigerung der Betriebsbesichtigung	§ 209 SGB VII
Nichterstattung einer Unfallanzeige	§ 209 SGB VII Verstoß gegen Einzelanordnung §§ 17, 19 SGB VII

2.5.2 Zusammenfassung der Gesetze und Rechtsfolgen

Die Gesetze und ihre Rechtsfolgen sind in Tabelle 2.4 zusammengefasst. Dabei werden die in diesem Kapitel behandelten Rechtsgebiete, das heißt, nach welchem Gesetz gehandelt wird, der Anlass, also das Vergehen und die Folge für den Angeklagten sowie für die Unfallversicherungsträger (UVT) aufgezeigt. Wenn ein Arbeitnehmer gegen seinen Arbeitsvertrag verstößt, so wird ein Urteil nach dem Arbeitsrecht gefällt. Die Folge für den Arbeitnehmer ist eine Abmahnung oder Kündigung. Ereignet sich in diesem Zusammenhang ein Unfall, so haftet der UVT. Verstößt ein Versicherter gegen eine UVV oder eine Anordnung, so wird ein Urteil nach dem Ordnungswidrigkeitsrecht (OWiR) gefällt. Der Angeklagte kann ein Bußgeld von bis zu 10.000 € erhalten. Auch in diesem Fall kommt der UVT für den Schaden auf. Begeht ein Versicherter eine Tötung oder eine Körperverletzung, so wird nach dem Straf- und nach dem Zivilrecht geurteilt. Fällt das Urteil nach dem Zivilrecht, so bestehen Schadenersatzansprüche für den Geschädigten. In diesem Fall übernimmt der UVT die Haftung für Körperschäden. Fällt das Urteil nach dem Strafrecht, so ist die Rechtsfolge eine Geld- oder Freiheitsstrafe In diesem Fall übernimmt der UVT keine Haftung.

Tabelle 2.4 Darstellung der einzelnen Gesetze und deren Rechtsfolgen bei Verstößen im Arbeitsschutz

Rechtsgebiet	Anlass	Folge	Haftung
Arbeitsrecht	Verstoß gegen Arbeitsvertrag	Abmahnung, Kündigung	UVT
OWiR	Verstoß gegen UVV/Anordnung	Bußgeld bis zu 10.000 €	UVT
Zivilrecht	Tötung, Körperverletzung	Schadenersatzansprüche bei Körperschäden	UVT
Strafrecht	Tötung, Körperverletzung	Freiheitsstrafe, Geldstrafe	–

2.6 Mein Arbeitsschutz-Logbuch: Kapitel Verantwortung und Haftung

In der abgeschlossenen Einheit ging es um:

Meine wichtigste Erkenntnis daraus ist:

Das möchte ich mir noch einmal genauer anschauen:

Das wollte ich noch fragen:

3 Gefährdungsbeurteilung

Nach Abschluss dieses Kapitels sollten Sie in der Lage sein, die Rechtsgrundlagen und die Rahmenbedingungen bei der Anwendung der Gefährdungsbeurteilung zu erläutern. Außerdem kennen Sie verschiedene Werkzeuge und Hilfsmittel zur Risikobeurteilung und können mit deren Hilfe selbstständig eine Gefährdungsbeurteilung durchführen.

3.1 Wichtige Begriffe und Definitionen

3.1.1 Definition der Gefährdungsbeurteilung

Eine Gefährdungsbeurteilung ist eine Beurteilung der für die Beschäftigten mit ihrer Arbeit verbundenen Gefährdungen inklusive der Ableitung von Arbeitsschutzmaßnahmen. Sie muss vom Arbeitgeber durchgeführt werden. Hierzu müssen alle voraussehbaren Tätigkeiten und Arbeitsabläufe in Betrieben betrachtet und dokumentiert werden. In der Dokumentation müssen folgende Inhalte enthalten sein:

- Auflistung und Beurteilung der Gefährdungen
- Festlegung konkreter Arbeitsschutzmaßnahmen einschließlich Terminen und Verantwortlichen
- Durchführung der Arbeitsschutzmaßnahmen und Überprüfung der Wirksamkeit
- Datum der Erstellung/ Aktualisierung

(Gemeinsame Deutsche Arbeitsschutzstrategie – Leitlinien Gefährdungsbeurteilung und Dokumentation 2017, S. 11)

3.1.2 Definition der Gefährdung

Eine Gefährdung bezeichnet die Möglichkeit eines Schadens oder einer gesundheitlichen Beeinträchtigung ohne bestimmte Anforderungen an deren Ausmaß oder Eintrittswahrscheinlichkeit (Gemeinsame Deutsche Arbeitsschutzstrategie – Leitlinien Gefährdungsbeurteilung und Dokumentation 2017, S. 10). In Anhang Anhang A.1 sind beispielhaft einige Gefährdungsfaktoren aufgelistet.

3.1.3 Definition des Risikos

Das Risiko bildet den Grad der Gefährdung ab. Es gilt nach Berufsgenossenschaft Energie Textil Elektro Medienerzeugnisse (BG ETEM) (2022c, S. 8):

$$\text{Risiko} = \text{Schadensausmaß} \cdot \text{Eintrittswahrscheinlichkeit} \tag{3.1}$$

Es lassen sich u. a. Restrisiko, Grenzrisiko und Risiko ohne Arbeitsschutzmaßnahmen unterscheiden. Das Risiko ohne Arbeitsschutzmaßnahmen muss mindestens auf das Grenzrisiko reduziert werden. Das Grenzrisiko ist das höchste akzeptable Risiko. Optimalerweise wird das Risiko ohne Arbeitsschutzmaßnahmen bis auf das Restrisiko reduziert. Unterhalb des Restrisikos herrscht auf jeden Fall Sicherheit. Bei einer Überschreitung des höchsten akzeptablen Grenzrisikos wird das Risiko zur Gefahr. Dies ist in Bild 3.1 dargestellt. Unterhalb des Grenzriskos herrscht also relative Sicherheit. Gefahr bedeutet, dass das höchste akzeptable Grenzrisiko deutlich überschritten wurde.

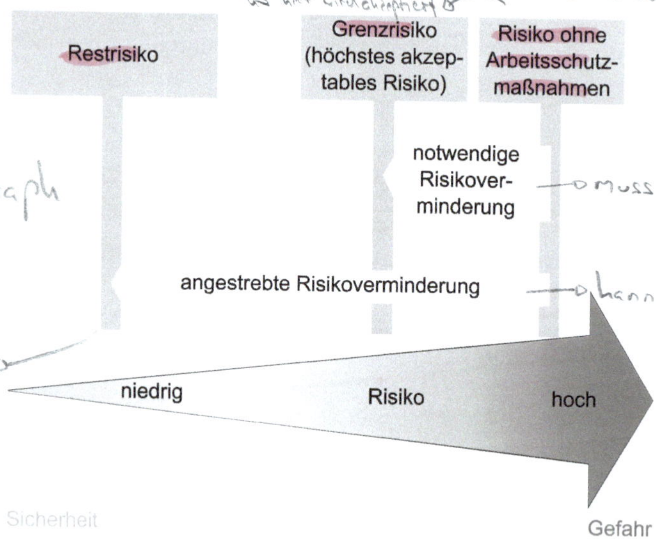

Bild 3.1 Definition des Risikos nach Berufsgenossenschaft Energie Textil Elektro Medienerzeugnisse (BG ETEM) (2022c, S. 76)

3.2 Rechtliche Grundlagen

Eine Gefährdungsbeurteilung durchzuführen ist für jeden Arbeitgeber Pflicht. Dies ist in § 5 ArbSchG festgelegt. Dort heißt es bei der Beurteilung der Arbeitsbedingungen: *„(1) Der Arbeitgeber hat durch eine Beurteilung der für die Beschäftigten mit ihrer Arbeit verbundenen Gefährdung zu ermitteln, welche Maßnahmen des Arbeitsschutzes erforderlich sind. (2) Der Arbeitgeber hat die Beurteilung je nach Art der Tätigkeiten vorzunehmen. Bei gleichartigen Arbeitsbedingungen ist die Beurteilung eines Arbeitsplatzes oder einer Tätigkeit ausreichend.“*

Des Weiteren muss nach § 6 ArbSchG die Gefährdungsbeurteilung dokumentiert werden. Dort heißt es: „*(1) Der Arbeitgeber muss über die je nach Art der Tätigkeiten und der Zahl der Beschäftigten erforderlichen Unterlagen verfügen, aus denen das Ergebnis der Gefährdungsbeurteilung, die von ihm festgelegten Maßnahmen des Arbeitsschutzes und das Ergebnis ihrer Überprüfung ersichtlich sind. Bei gleichartiger Gefährdungssituation ist es ausreichend, wenn die Unterlagen zusammengefasste Angaben enthalten.*" Das heißt, dass für jede Tätigkeit eine Gefährdungsbeurteilung erstellt werden muss. Diese muss dokumentiert werden, in welcher Form ist jedoch nicht festgelegt und somit dem Arbeitgeber überlassen. Daher können die Unterlagen sowohl in Papier, als auch in elektronischer Form vorhanden sein. Es muss aber aus der Dokumentation hervorgehen, dass die Gefährdungsbeurteilung effektiv durchgeführt wurde. Das bedeutet, dass Angaben zum Ergebnis der jeweiligen Gefährdungsbeurteilung, zur Festlegung der erforderlichen Schutzmaßnahmen, sowie zu den Ergebnissen der Überprüfung der durchgeführten Maßnahmen enthalten sein müssen. (Gemeinsame Deutsche Arbeitsschutzstrategie – Leitlinien Gefährdungsbeurteilung und Dokumentation 2017, S. 11) Laut ArbSchG ist der Arbeitgeber für die Durchführung und Dokumentation der Gefährdungsbeurteilung verantwortlich. Dieser kann die Durchführung auch an einen Mitarbeiter übertragen, sofern dieser die nötige Kompetenz besitzt (§ 7 ArbSchG). Nach § 3 Abs. 3 BetrSichV muss es sich um fachkundiges Personal handeln. Verfügt der Arbeitgeber selbst nicht über die entsprechenden Kenntnisse, so muss er sich fachkundig beraten lassen.

3.3 Geltungsbereich einer Gefährdungsbeurteilung

Eine Gefährdungsbeurteilung muss für jede Tätigkeit in jedem Betrieb individuell erstellt und dokumentiert werden, es sei denn, im selben Betrieb werden mehrere gleichartige Arbeiten durchgeführt. Bei der Dokumentation hat die Nationale Arbeitsschutzkonferenz (NAK) am 19. Mai 2011 eine Möglichkeit für eine vereinfachte Dokumentation der Gefährdungsbeurteilung geschaffen. Diese kann in Betrieben mit weniger als zehn Beschäftigten angewandt werden, wenn der Arbeitgeber (Gemeinsame Deutsche Arbeitsschutzstrategie – Leitlinien Gefährdungsbeurteilung und Dokumentation 2017, S. 14):

1. *(...) zur Erfüllung seiner Pflicht zur Gefährdungsbeurteilung zumindest eine Hilfe zur Gefährdungsbeurteilung nutzt, die sein Unfallversicherungsträger oder die zuständige staatliche Arbeitsschutzbehörde zur Verfügung stellt, oder*
2. *in Erfüllung seiner Pflichten nach dem ASiG und den dieses Gesetz konkretisierenden Unfallverhütungsvorschriften*
   - *an der Regelbetreuung teilnimmt und die ihn beratenden Fachkräfte für Arbeitssicherheit, Betriebsärzte oder überbetriebliche Dienste ihm Unterlagen zur Gefährdungsbeurteilung überlassen, oder*
   - *an einem alternativen Betreuungsmodell (z. B. einem Unternehmermodell) seines Unfallversicherungsträgers teilnimmt und er die im Rahmen dieses Modells vorgesehenen Instrumente für die Gefährdungsbeurteilung anwendet.*

Bei instationären Arbeitsplätzen, wie z. B. bei Baustellen, sollte der Arbeitgeber sowohl eine Dokumentation der grundlegenden Gefährdungsbeurteilung als auch die Dokumentation der örtlichen Bedingungen berücksichtigen (GEMEINSAME DEUTSCHE ARBEITSSCHUTZSTRATEGIE – LEITLINIEN GEFÄHRDUNGSBEURTEILUNG UND DOKUMENTATION 2017, S. 11).

3.4 Prozessschritte einer Gefährdungsbeurteilung

Wichtig!

Nach GEMEINSAME DEUTSCHE ARBEITSSCHUTZSTRATEGIE – LEITLINIEN GEFÄHRDUNGSBEURTEILUNG UND DOKUMENTATION (2017, S. 10) sind bei einer Gefährdungsbeurteilung folgende Prozessschritte zu durchlaufen:

- Festlegung von Arbeitsbereichen und Tätigkeiten
- Ermitteln der Gefährdungen
- Beurteilen der Gefährdungen
- Festlegen konkreter Arbeitsschutzmaßnahmen nach dem Stand der Technik unter Beachtung der Reihenfolge der Schutzmaßnahmen nach § 4 ArbSchG: Technisch, Organisatorisch, Persönlich (TOP)
- Durchführung von Maßnahmen
- Überprüfung der Wirksamkeit der Maßnahmen
- Fortschreiben der Gefährdungsbeurteilung

Dieser Ablauf ist in Bild 3.2 dargestellt.

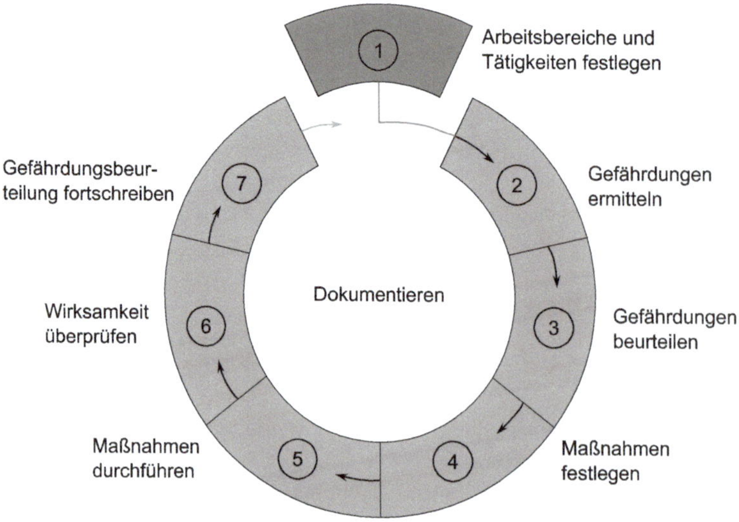

Bild 3.2 Ablauf einer Gefährdungsbeurteilung nach BERUFSGENOSSENSCHAFT ENERGIE TEXTIL ELEKTRO MEDIENERZEUGNISSE (BG ETEM) (2022c, S. 5)

Um die Inhalte einer Gefährdungsbeurteilung im Detail zu erklären, wird im Folgenden ein Beispiel herangezogen. Dieses ist *kursiv* gedruckt. Zunächst müssen der Arbeitsbereich und die Tätigkeit des Mitarbeiters ermittelt werden. Dabei wird zwischen arbeitsbereichsbezogener, tätigkeitsbezogener und personenbezogener Gefährdung unterschieden. Bei einer arbeitsbereichsbezogenen Gefährdungsbeurteilung müssen die Arbeitsbereiche innerhalb der Betriebsorganisation systematisch festgelegt werden und die Gefährdungen pro Arbeitsbereich aufgelistet werden. Bei der tätigkeitsbezogenen Gefährdungsbeurteilung werden alle Tätigkeiten einzeln mit den jeweiligen Gefährdungen erfasst. Bei personenbezogenen Gefährdungsbeurteilungen werden die Gefährdungen erfasst, denen eine bestimmte Person ausgesetzt ist. Bei werdenden und stillenden Müttern und Jugendlichen ist zwingend eine personenbezogene Gefährdungsbeurteilung zu erstellen (§ 1 MuSchG und JArbSchG).

Herr M. arbeitet bei der Firma Q als Programmierer. Seine Aufgabe ist es, Programme für einen Anlagenhersteller zu erstellen. Für die Arbeitsaufgabe von Herrn M. soll eine Gefährdungsbeurteilung erstellt werden.

Im zweiten Schritt müssen die Gefährdungen ermittelt werden. Dabei sind auch Gesundheitsbelastungen für die Mitarbeiter zu betrachten. Eine Belastung liegt nach beispielsweise vor, wenn äußere Bedingungen und Anforderungen physische oder psychische Beeinträchtigungen verursachen: beispielsweise langes Sitzen, lang dauernde Bildschirmarbeit, ergonomisch ungünstige Körperhaltungen beziehungsweise übermäßiger Zeitdruck, Überforderung oder auch Monotonie. Dabei sollen alle möglichen Gefährdungen und Belastungen betrachtet werden. Bewertet werden diese in einem späteren Stadium. (Berufsgenossenschaft Energie Textil Elektro Medienerzeugnisse (BG ETEM) 2022c)

Im Falle von Herrn M. besteht eine Belastung darin, dass er permanent sitzt. Dazu kommt, dass er lange auf den Bildschirm schauen muss. Neben diesen offensichtlichen Belastungen kann es auch an Herrn M.s Büroarbeitsplatz zu Gefahren kommen. Handelt es sich beim Büro der Firma Q. um einen Raum, der mit einem rutschigen Bodenbelag ausgestattet ist, so besteht Rutschgefahr. Steht im Büro der Firma ein häufig genutzter Drucker, so geht auch von diesem eine Gefährdung aus, da gesundheitsschädliche Emissionen vom Drucker verursacht werden können.

Im nächsten Schritt werden die Gefährdungen beurteilt. Das heißt, dass das Ausmaß der Gefährdungen und die Eintrittswahrscheinlichkeiten bewertet werden. Die Werkzeuge dazu sind in Abschnitt 3.5 erklärt. Hier wird die Risikomatrix nach Nohl verwendet. Die Gefährdungen werden dabei in Risikoklassen eingeteilt. **Risikoklasse 3** bedeutet, dass ein Eintritt der Unfälle sehr unwahrscheinlich ist oder es sich um Bagatellunfälle handelt. Man spricht von allgemeinen Lebensrisiken (Berufsgenossenschaft Energie Textil Elektro Medienerzeugnisse (BG ETEM) 2022c). Diese sind allgemein akzeptabel, es besteht also kein Handlungsbedarf. **Risikoklasse 2** bedeutet, dass es sich um langfristig nicht tolerable Risiken handelt. Dabei haben die Belastungen meistens keine unmittelbaren gesundheitlichen Folgen, schaden aber eventuell mittelfristig der Gesundheit. Es besteht Handlungsbedarf. Bei Risiken der **Risikoklasse 1** handelt es sich um inakzeptable Risiken. Darunter fallen Unfälle oder Erkrankungen mit gravierenden Folgen, selbst wenn deren Eintrittswahrscheinlichkeit gering ist. Es muss sofort gehandelt werden, ohne Schutzmaßnahmen oder Schutzausrüstung darf nicht weiter gearbeitet werden.

Im Fall von Herrn M. teilen sich die Gefährdungen in zwei Gruppen auf. Auf der einen Seite stehen die Gefährdungen mit geringer oder mittlerer Eintrittswahrscheinlichkeit und geringen Folgen wie z. B. die Rutschgefahr. Auf der anderen Seite stehen die folgenschwereren Belastun-

gen wie das lange Sitzen, die Druckeremission oder das lange in den Bildschirm Sehen. Diese Belastungen sind permanent vorhanden und gehören einer höheren Risikoklasse an, da die Folgen schwerwiegender sind als die der Rutschgefahr (Rückenschmerzen, Kurzsichtigkeit, Atemprobleme).

Zudem müssen in diesem Schritt Schutzziele formuliert werden. Schutzziele sind Ziele, die das Erreichen eines gewissen Schutzes garantieren sollen (BERUFSGENOSSENSCHAFT ENERGIE TEXTIL ELEKTRO MEDIENERZEUGNISSE (BG ETEM) 2022c).

Für Herrn M. heißt das, dass hier der Schutz des Rückens, der Augen und des Atmungssystems nötig sind.

Im nächsten Schritt müssen Maßnahmen festgelegt werden. Diese sollten nach dem TOP-Prinzip beschlossen werden. Das heißt, zuerst sollen auf technischer Ebene Maßnahmen ergriffen werden. Reicht dies nicht aus, um das Risiko ausreichend zu mindern, müssen auch organisatorische Maßnahmen ergriffen werden. Falls diese ebenfalls nicht genug sind, bleiben die persönlichen Schutzmaßnahmen.

Um diese beispielhafte Gefährdungsbeurteilung kurz und überschaubar zu halten, werden im Folgenden nur noch die Belastungen Bildschirm, Rücken und Drucker betrachtet. Die Firma Q. kann die Gefährdung durch den Drucker im Büro mindern, indem der Drucker in den Flur gestellt wird, vorausgesetzt, es befinden sich Türen zwischen Büro und Flur (technische Maßnahme). Ist das aus Platzgründen nicht möglich, kann auf organisatorischer Ebene dafür gesorgt werden, dass das Büro regelmäßig gelüftet wird. Um die Belastung für Herrn M.'s Rücken zu verringern kann ein höhenverstellbarer Schreibtisch verwendet werden. Dadurch kann Herr M. auch im Stehen arbeiten und so seinen Rücken trainieren. Um die Belastung der Augen zu verringern, sollten ergonomische Vorgaben eingehalten werden. Der Bildschirm sollte groß sein und vor allem eine sehr gute Auflösung haben.

Im nächsten Schritt müssen die **Maßnahmen zur Risikominderung durchgeführt** werden. Dazu ist in der Gefährdungsbeurteilung eine verantwortliche Person und ein Endtermin, bis zu dem die Maßnahmen durchgeführt sein sollen, festzulegen. Nach Abschluss der Maßnahmen ist nach einiger Zeit die Wirksamkeit der Schutzmaßnahmen zu überprüfen. Dazu müssen die folgenden Fragen geklärt werden: Sind die Maßnahmen termingerecht umgesetzt worden? Wurden die Ziele mit den Maßnahmen erreicht? Haben die Maßnahmen vielleicht neue Gefährdungen oder Belastungen hervorgerufen? Den letzten Schritt bildet die Fortschreibung der Gefährdungsbeurteilung durch eine fachkundige Person. Eine Gefährdungsbeurteilung ist ein iterativer Prozess, der durch regelmäßige Wiederholung die Sicherheit erhöht. (BERUFSGENOSSENSCHAFT ENERGIE TEXTIL ELEKTRO MEDIENERZEUGNISSE (BG ETEM) 2022c)

3.5 Verschiedene Werkzeuge zur Risikobeurteilung

Bei einer Gefährdungsbeurteilung werden Werkzeuge benötigt, um das vorhandene Risiko abschätzen und somit die Dringlichkeit der Maßnahmen beurteilen zu können. Zur Einordnung des Risikos existieren sowohl qualitative, als auch quantitative sowie kombinierte

Verfahren. Quantitative Verfahren sind deutlich aufwändiger als qualitative, da eine analytische Methode bei der Ermittlung der Gefährdung vorausgesetzt wird. Deswegen werden sie nahezu nur bei Maschinen bzw. Anlagen mit sehr hohem Gefährdungspotential eingesetzt (MÖSSNER 2012, S. 14).

3.5.1 Qualitative Verfahren zur Risikobeurteilung

Risikomatrix nach Nohl

Die Risikomatrix nach Nohl setzt das Schadensausmaß in Abhängigkeit zur Eintrittswahrscheinlichkeit. Dabei wird das Risiko in die drei Risikoklassen aufgeteilt. Die Risikomatrix ist in Bild 3.3 dargestellt. In Bild 3.4 sind die einzelnen Risikoklassen definiert. Zunächst wird die Eintrittswahrscheinlichkeit bestimmt. Diese ist in Kategorien von praktisch unmöglich bis häufig unterteilt. Im zweiten Schritt wird das Schadensausmaß bestimmt. Dieses ist in Auswirkungen von leichter Verletzung bis hin zum Tod unterteilt. Sowohl bei der Eintrittswahrscheinlichkeit als auch beim Schadensausmaß muss das zutreffendste Feld gewählt

Eintrittswahrscheinlichkeit \ Schadensausmaß	leichte Verletzung ohne Arbeitsausfall	heilbare Verletzung mit Arbeitsausfall	bleibende Körperschäden Weiterarbeit möglich	bleibende Körperschäden Weiterarbeit nicht möglich	Tod
häufig	3	2	1	1	1
gelegentlich	3	2	1	1	1
selten	3	2	2	1	1
unwahrscheinlich	3	2	2	2	1
praktisch unmöglich	3	3	3	2	2

Bild 3.3 Risikomatrix nach Nohl nach MÖSSNER (2012)

Risikogruppe	Risiko	Maßnahmen
1	groß	Maßnahmen mit erhöhter Schutzwirkung
2	mittel	Maßnahmen mit normaler Schutzwirkung
3	klein	Maßnahmen organisatorisch und personenbezogen ausreichend

Bild 3.4 Einordnung der Risikoklassen nach MÖSSNER (2012)

werden. Daraus erfolgt die Einordnung in die jeweilige Risikogruppe. Diese gibt das Ausmaß des Risikos und die Art der Maßnahmen an.

Risikobeurteilung nach DIN EN 62061

Die DIN EN 62061 wird bei der Kategorisierung von sicherheitsbezogenen Teilen von Steuerungen im Prozess der Risikominderung angewandt. Aus einer Risikomatrix wird dabei ein Sicherheitsintegritätslevel (SIL) abgeleitet, welches die Anforderungen an Steuerungen und Steuerungsteile angibt, die eine Sicherheitsfunktion zu erfüllen haben. Diese können z. B. ein Not-Halt, eine Verriegelung oder die Zuhaltung trennender Schutzeinrichtungen sein. Die DIN EN 62061 gilt für elektrische, elektronische, programmierbar elektronische und elektromechanische Steuerungen. Für andere, nicht-elektrische Steuerungen gilt die DIN EN ISO 13849-1 (siehe Abschnitt 3.5.1). Das SIL wird über die Einschätzung der Risikoparameter Schadensausmaß und Eintrittswahrscheinlichkeit bestimmt, wobei das Schadensausmaß (S) durch die Verletzungsschwere bestimmt wird. Die dazugehörige Unterteilung findet sich in Bild 3.5.

Schwere des Schadens (S)	Auswirkungen	Beschreibung
4	Irreversibel: Tod, Verlust eines Auges oder eines Arms	Eine tödliche oder bedeutende irreversible Verletzung bedeutet, dass es sehr schwierig sein wird, die gleiche Arbeit nach Heilung beizubehalten, wenn Heilung überhaupt möglich ist.
3	Irreversibel: Gebrochene Gliedmaßen, Verlust (eines) mehrerer Finger(s)	Eine größere oder irreversible Verletzung bedeutet, die derart ausfällt, dass es möglich ist, die gleiche Arbeit nach Heilung beizubehalten. Dies kann auch eine schwere größere, jedoch reversible Verletzung, wie z. B. gebrochene Gliedmaßen einschließen.
2	Reversibel: Behandlung durch einen Mediziner erforderlich	Eine reversible Verletzung einschließlich schwerer Fleischwunden, Stichwunden und schwerer Quetschungen bedeutet, dass es der Behandlung durch einen Mediziner bedarf.
1	Reversibel: Erste Hilfe erforderlich	Eine kleinere Verletzung einschließlich Schrammen und kleiner Quetschungen bedeutet, dass es der Behandlung im Rahmen Erster Hilfe bedarf.

Bild 3.5 Aufteilung der Schadensschwere nach DIN EN 62061 nach Mössner (2012, S. 59)

Der Parameter Schadenswahrscheinlichkeit (K) wird über die Untergruppen Häufigkeit und Dauer der Exposition (F), Wahrscheinlichkeit des Auftretens des gefährdenden Ereignisses (W) und Möglichkeit der Vermeidung oder Begrenzung des Schadens (P) festgelegt. Die Beurteilung von Häufigkeit und Dauer der Exposition erfolgt in fünf Klassen (siehe Bild 3.6). Die niedrigste Klasse betrifft Ereignisse, die mehr als oder gleich einmal pro Stunde auftreten, die höchste Klasse ein Auftreten weniger als einem Ereignis pro Jahr.

Häufigkeit der Exposition	Dauer > 10 min (F)
≥ 1 pro Stunde	5
< 1 pro Stunde bis ≥ 1 pro Tag	5
< 1 pro Tag bis ≥ 1 pro 2 Wochen	4
< 1 pro 2 Wochen bis ≥ 1 pro Jahr	3
< 1 pro Jahr	2

Bild 3.6 Aufteilung der Häufigkeit und der Dauer der Exposition nach DIN EN 62061 nach MÖSSNER (2012, S. 59)

Wahrscheinlichkeit des Auftretens	Wahrscheinlichkeit (W)
sehr hoch	5
wahrscheinlich	4
möglich	3
selten	2
vernachlässigbar	1

Bild 3.7 Aufteilung der Auftrittswahrscheinlichkeit nach DIN EN 62061 nach MÖSSNER (2012, S. 60)

Die Auftretenswahrscheinlichkeit ist ebenfalls in fünf Klassen eingeteilt. Diese sind in Bild 3.7 dargestellt.

Die Schadensvermeidung bzw. -begrenzung besitzt nur drei Klassen, sie reichen von „Abwendung ist unmöglich" hin zu „Abwendung ist wahrscheinlich" (siehe Bild 3.8).

Die Schadenswahrscheinlichkeit ergibt sich aus der Summe der Einzelparameter:

$$K = F + W + P \tag{3.2}$$

Möglichkeiten der Vermeidung oder Begrenzung des Schadens (P)	
unmöglich	5
selten	3
wahrscheinlich	1

Bild 3.8 Aufteilung der Vermeidungsmöglichkeiten nach DIN EN 62061 nach MÖSSNER (2012, S. 60)

	Wahrscheinlichkeit (K)				
Schwere (S)	4	5 bis 7	8 bis 10	11 bis 13	14 bis 15
4	SIL 2	SIL 2	SIL 2	SIL 3	SIL 3
3		(AM)	SIL 1	SIL 2	SIL 3
2			(AM)	SIL 1	SIL 2
1				(AM)	SIL 1

Bild 3.9 Risikomatrix nach DIN EN 62061 nach Mössner (2012, S. 61)

Aus der so berechneten Schadenswahrscheinlichkeit und der Schadensschwere kann aus der zugehörigen Risikomatrix das SIL abgelesen werden. Die Risikomatrix nach DIN EN 62061 ist in Bild 3.9 dargestellt. (Mössner 2012, S. 58–61)

Risikobeurteilung von sicherheitsbezogenen Teilen von Steuerungen mittels Risikograph nach DIN EN ISO 13849-1

Neben den Risikomatrizen besteht die Möglichkeit, das Risiko über den Risikographen nach DIN EN ISO 13849-1 zu beurteilen. Die DIN EN ISO 13849-11 ist die erweiterte Version der DIN V 19250 und der DIN EN 954-1. Sowohl die DIN V 19250 als auch die DIN EN 954-1 wurden von der DIN EN ISO 13849-1 abgelöst. Der Risikograph gilt für sicherheitsbezogene Teile von Steuerungen. Er ist in Bild 3.10 dargestellt. Ziel des Risikographen ist es, das Risiko einer Gefährdung zu ermitteln und einen Performance Level (PL) anzugeben. Der PL korreliert mit dem Beitrag, den die entsprechende Steuerung zur Risikominderung zu leisten hat (siehe Tabelle 3.2).

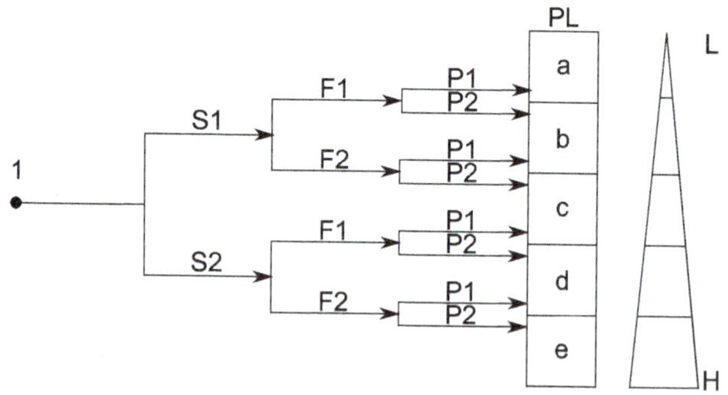

Bild 3.10 Risikograph nach DIN EN ISO 13849-1

Die Äste des Graphen sind in Tabelle 3.1 erklärt.

Das PL wird mit Kleinbuchstaben von a bis e angegeben. Laut Definition gibt es die durchschnittliche Wahrscheinlichkeit eines gefährlichen Ausfalls je Stunde wieder. Die genaue Bedeutung der Buchstaben ist in Tabelle 3.2 erläutert. Ein PL von a dient der Absicherung niedriger Risiken, ein PL von e dient der Absicherung hoher Risiken.

Tabelle 3.1 Erklärung des Risikographen

Abkürzung	Bedeutung	Benennung Ast	Bedeutung Ast
S	Schadensschwere	S1	leichte (üblicherweise) reversible Verletzung
		S2	schwere (üblicherweise) irreversible Verletzung
F	Eintritts-wahrscheinlichkeit	F1	selten bis öfter und / oder kurze Dauer der Exposition
		F2	häufig bis dauernd und / oder lange Dauer der Exposition
P	Vermeidbarkeit des Eintritts	P1	möglich unter bestimmten Bedingungen
		P2	kaum möglich

Tabelle 3.2 Definition der Performance Level nach DIN EN ISO 13849-1

Performance Level	Durchschnittliche Wahrscheinlichkeit eines gefährlichen Ausfalls in h^{-1}
a	$\geq 10^{-5}$ bis $< 10^{-4}$
b	$\geq 3 \cdot 10^{-6}$ bis $< 10^{-5}$
c	$\geq 10^{-6}$ bis $< 3 \cdot 10^{-6}$
d	$\geq 10^{-7}$ bis $< 10^{-6}$
e	≥ -8 bis $< 10^{-7}$

Failure Mode and Effects Analysis (FMEA)

Eine weitere Möglichkeit zur qualitativen Risikobeurteilung ist die FMEA (Fehlermöglichkeits und -einflussanalyse). Diese ist für die Anwendung in der Qualitätssicherung und im Sicherheitsmanagement in der DIN EN 60812 definiert. Ziel der FMEA ist es, Fehler bei der Konstruktion, dem Prozess selbst oder dem Produkt zu vermeiden und die Zuverlässigkeit der Konstruktion, des Prozesses oder des Produktes zu erhöhen. Dabei wird die sogenannte Risikoprioritätszahl (RPZ) ermittelt, die eine Priorisierung der vorhandenen Risiken zur Folge hat. Die FMEA wird in System-, Konstruktions-, Prozess- und Produkt-FMEA unterteilt. Die System-FMEA analysiert die Komponenten und deren Zusammenwirken zur Erfüllung der Funktion des Gesamtsystems. Mit Hilfe der Konstruktions-FMEA werden die einzelnen Komponenten hinsichtlich der Erfüllung ihrer Funktion untersucht. Bei der Prozess-FMEA wird der Herstellungsprozess auf mögliche Fehler/Schwachstellen geprüft. Die Produkt-FMEA ist eine Kombination aus System-FMEA und Prozess-FMEA.

Bei der FMEA werden prinzipiell folgende Schritte durchlaufen:

1. Festlegung der Grenzen des Systems
2. Ermittlung der Systemstruktur und der Funktionen der Systemelemente
3. Ermittlung der Fehlerarten, Fehlerursachen und Fehlerfolgen
4. Risikoeinschätzung

Allgemeine Bewertungskriterien	Häufigkeit	Bewertungspunkte
Hoch Allgemeine Bewertungskriterien Es ist nahezu sicher, dass Fehler in größerem Umfang auftreten werden	1/2 1/10	10 9
Mäßig Konstruktion entspricht generell Entwürfen, die in der Vergangenheit immer wieder Schwierigkeiten verursachten	1/20 1/100	8 7
Gering Konstruktion entspricht generell früheren Entwürfen, bei denen gelegentlich Fehler auftraten	1/100 1/1000 1/2000	6 5 4
Sehr gering Konstruktion entspricht generell früheren Entwürfen, für die verhältnismäßig geringe Fehlerraten gemeldet wurden	1/5000 1/10000	3 2
Unwahrscheinlich Es ist unwahrscheinlich, dass ein Fehler auftritt	0	1

Bild 3.11 Einteilung der Auftretenswahrscheinlichkeit (A) nach Mössner (2012, S. 94)

5. Risikobewertung
6. Risikominderung

Die RPZ ist das Produkt aus der Kennzahl der Bedeutung (B), der Kennzahl der Auftretenswahrscheinlichkeit (A) und der Entdeckungswahrscheinlichkeit (E).

$$RPZ = B \cdot A \cdot E \tag{3.3}$$

Um die Kennzahlen für B, A und E zu ermitteln, existieren Tabellen mit Richtwerten. Bild 3.11 bis 3.13 zeigen die Einteilung der Auftretenswahrscheinlichkeit, der Fehlerbedeutung und der Entdeckungswahrscheinlichkeit. In Bild 3.14 ist das Formblatt für die FMEA dargestellt.

Weitere qualitative Verfahren zur Risikobeurteilung

Neben Risikomatrizen, Risikograph und FMEA existieren Methoden der numerischen Klassifizierung, z. B. der Nomograph bzw. das Nomogramm (Mössner 2012, S. 14). Bei Nomogrammen handelt es sich um Diagramme, aus denen Ergebnisse für diffizile, nichtlineare Funktionen abgelesen werden können (Reiter 2006). Nomogramme müssen jedoch für jede Gefährdung exklusiv und sehr aufwändig erstellt werden, weswegen sie nur in Sonderfällen zum Einsatz kommen. Des Weiteren existiert die Risikoeinschätzung mittels Risikozahlen nach Reudenbach (Reudenbach & Kälble 2014). Diese wird vor allem für die Einschätzung des Risikos beim Inverkehrbringen von Maschinen verwendet. Das Risiko ist hier das Produkt aus Schadensschwere (S) und Eintrittswahrscheinlichkeit (W). Wie bei der Risikobeurteilung nach DIN EN 62061 wird die Eintrittswahrscheinlichkeit in Häufigkeit und Dauer

Allgemeine Bewertungskriterien	Bewertungspunkte
Es tritt ein äußerst schwerwiegender Fehler auf, der darüber hinaus die Sicherheit und/oder die Einhaltung gesetzlicher Vorschriften beeinträchtigt.	10 9
Es tritt ein schwerer Fehler auf, der eine Verärgerung beim Kunden auslöst (z. B. nicht fahrbereites Auto, Fehlfunktionen). Sicherheitsaspekte oder das Nichteinhalten gesetzlicher Vorschriften werden hierdurch nicht berührt bzw. treffen nicht zu.	8 7
Es tritt ein mittelschwerer Fehler auf, der beim Kunden Unzufriedenheit auslöst. Der Kunde fühlt sich durch den Fehler belästigt oder ist verärgert- Mittelschwere Fehler sind z. B. "Lautsprecher brummt", "zu hohe Pedalkräfte", u. ä. Der Kunde wird diese Beeinträchtigungen wahrnehmen bzw. bemerken.	6 5 4
Der Fehler ist unbedeutend und der Kunde wird nur geringfügig belästigt. Der Kunde wird wahrscheinlich nur geringe Beeinträchtigungen am Untersuchungsgegenstand bemerken.	3 2
Es ist unwahrscheinlich, dass der Fehler irgendwie wahrnehmbare Auswirkungen auf das Verhalten des Untersuchungsgegenstandes haben könnte. Der Kunde wird den Fehler wahrscheinlich nicht bemerken.	1

Bild 3.12 Einteilung der Fehlerbedeutung (B) nach Mössner (2012, S. 94)

der Exposition, Eintrittswahrscheinlichkeit des Gefährdungsereignisses und Möglichkeit zur Vermeidung oder Begrenzung des Schadens aufgeteilt. Daraus ergibt sich eine Kennzahl für die Höhe des Risikos, welche in einem Risikograph oder einer Risikomatrix abgelesen werden kann. Zusätzlich gibt es die Risikoeinschätzung nach DIN EN ISO 14798:2011. Dieses Verfahren kommt in der Produktentwicklung, vor allem bei Aufzügen, Fahrtreppen und Fahrsteigen, zum Einsatz. Bei diesem Verfahren wird das Risiko ebenfalls mit Kennzahlen für Eintrittswahrscheinlichkeit und Schadensausmaß sowie einer Risikomatrix bewertet. (Mössner 2012, S. 71–73)

3.5.2 Quantitative Verfahren zur Risikobeurteilung

Grundlage für quantitative Verfahren zu Risikobeurteilung sind Fehlerbaumanalysen oder Ereignisablaufanalysen. Dabei werden mittels statistischer Kennwerte Wahrscheinlichkeiten für Ursachen und Ereignisse ermittelt. Als Beispiel für ein quantitatives Verfahren zur Risikobeurteilung kann die Gefährdungsbaumanalyse genannt werden.

Allgemeine Bewertungskriterien	Häufigkeit	Bewertungspunkte
Unwahrscheinlich Das Merkmal wird nicht geprüft, bzw. kann nicht geprüft werden. Verdeckter Fehler, der in der Fertigung oder Montage nicht entdeckt wird.	< 90 %	10
Sehr gering Nicht leicht zu erkennendes Fehlermerkmal. Erkennung durch visuelle oder manuelle 100 % Prüfung möglich.	> 90 %	9
Gering Leicht zu erkennendes, messbares Fehlermerkmal. Erkennung durch eine 100 % Prüfung (automatisch) möglich.	> 98 %	6–8
Mäßig Es handelt sich um ein augenscheinliches Fehlermerkmal. Erkennung durch eine 100% Prüfung (automatisch) möglich.	> 99,7 %	2–5
Hoch Funktioneller Fehler, der bei den nachfolgenden Arbeitsschritten bemerkt wird.	> 99,99 %	1

Bild 3.13 Einteilung der Entdeckungswahrscheinlichkeit (E) nach Mössner (2012, S. 95)

Funktion/ Bauteil	Fehler	Fehl-erfolge	Fehler-ursache	Entdeckungs-maßnahme	A	B	E	RPZ	empf. Maß-nahme	Verant-wortlich

Bild 3.14 Formblatt zur FMEA nach Mössner (2012, S. 96)

Gefährdungsbaumanalyse

Die Gefährdungsbaumanalyse wird im betrieblichen Arbeitsschutz zur Bewertung von Arbeitsplätzen und zur Untersuchung von Unfällen angewandt. Sie ist die Adaptierung der Fehlerbaummethode auf das Gebiet des Arbeitsschutzes. Bei der Gefährdungsbaumanalyse wird der gesamte (potentielle) Unfall betrachtet. Sie eignet sich vor allem für Ereignisse mit kompliziertem Ursachengefüge und zum Vergleichen von Arbeitsplätzen und Tätigkeiten hinsichtlich der Wirksamkeit von Schutzmaßnahmen (Mössner 2012, S. 45–48). Die Gefährdungsbaumanalyse wird mit entsprechender Software durchgeführt. Dabei werden

Bedeutung	Symbol
PRIMÄREREIGNIS: Ereignis, das nicht weiter untergliedert wird.	A
UND-Gatter: A ist nur erfüllt, wenn E1 und E2 gleichzeitig zutreffen (logischer Durchschnitt).	A & E_1 E_2
ODER-Gatter: A ist erfüllt, wenn entweder E1 oder E2 oder beide zutreffen (logische Vereinigung); dies ist das überwiegend vorkommende ODER-Gatter.	A ≥ 1 E_1 E_2
Exklusives ODER-Gatter: A ist nur erfüllt, wenn entweder E1 oder E2 zutrifft.	A = 1 E_1 E_2
Übertragungseingang und –ausgang: Das Bildzeichen wird benutzt, wenn ein Baum an einer Stelle abgebrochen und an anderer Stelle fortgesetzt wird.	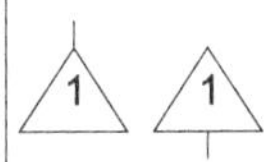
Bemerkung: Für mehr als zwei Eingänge gelten die obigen Ausführungen entsprechend	

Bild 3.15 Auflistung der logischen Funktionen bei der Gefährdungsbaumanalyse nach Mössner (2012, S. 45)

Felder über logische Funktionen miteinander verknüpft. Den Ausgangspunkt bildet der Arbeitsunfall. Die logischen Funktionen, in der Regel Boolesche Operatoren, sind in Bild 3.15 dargestellt.

Ziel der Gefährdungsbaumanalyse ist es, alle möglichen Kombinationen von Eingangsereignissen (Schnitten) zu finden, die zum Arbeitsunfall führen können und daraus die Schnitte mit der größten Eintrittswahrscheinlichkeit herauszufinden. Daraus lassen sich die wirksamsten Ansatzpunkte für Maßnahmen zur Verbesserung des Systems und damit zur Senkung der Eintrittswahrscheinlichkeit des Ausgangsereignisses (Arbeitsunfall) ableiten. Bei der Gefährdungsbaumanalyse wird nur die Gefährdung betrachtet und das Schadensausmaß außer Acht gelassen. Deswegen können daraus keine Maßnahmen zur Minderung des Risikos abgeleitet werden, sehr wohl aber Maßnahmen, die das Auftreten von Arbeitsunfällen verringern können. Eine Gefährdungsbaumanalyse lässt sich anschaulich an einem Beispiel erklären. Ein solches findet sich in Bild 3.16. Ein Arbeitsunfall entsteht dann, wenn ein Gefährdungsfaktor wirksam ist **und gleichzeitig** ein Mensch in dessen Wirkungsbereich anwesend ist **und** Persönliche Schutzausrüstung (PSA) fehlt oder ungeeignet ist. Ein Gefährdungsfaktor ist dann wirksam, wenn gefährdungsrelevante Faktoren vorhanden sind **und** gleichzeitig die sekundären Schutzmaßnahmen (Schutzeinrichtungen) versagen. Gefährdungsrelevante Faktoren können betrieblicher Art (technisch erforderlich, wird nicht weiter aufgeteilt) **oder** ungewollt sein. Ein ungewolltes Ereignis setzt eine Gefährdungsquelle **und** gleichzeitig Mängel an primären Schutzmaßnahmen im Rahmen der inhärent sicheren Konstruktion voraus. Die bewegungsauslösenden bzw. beeinflussenden

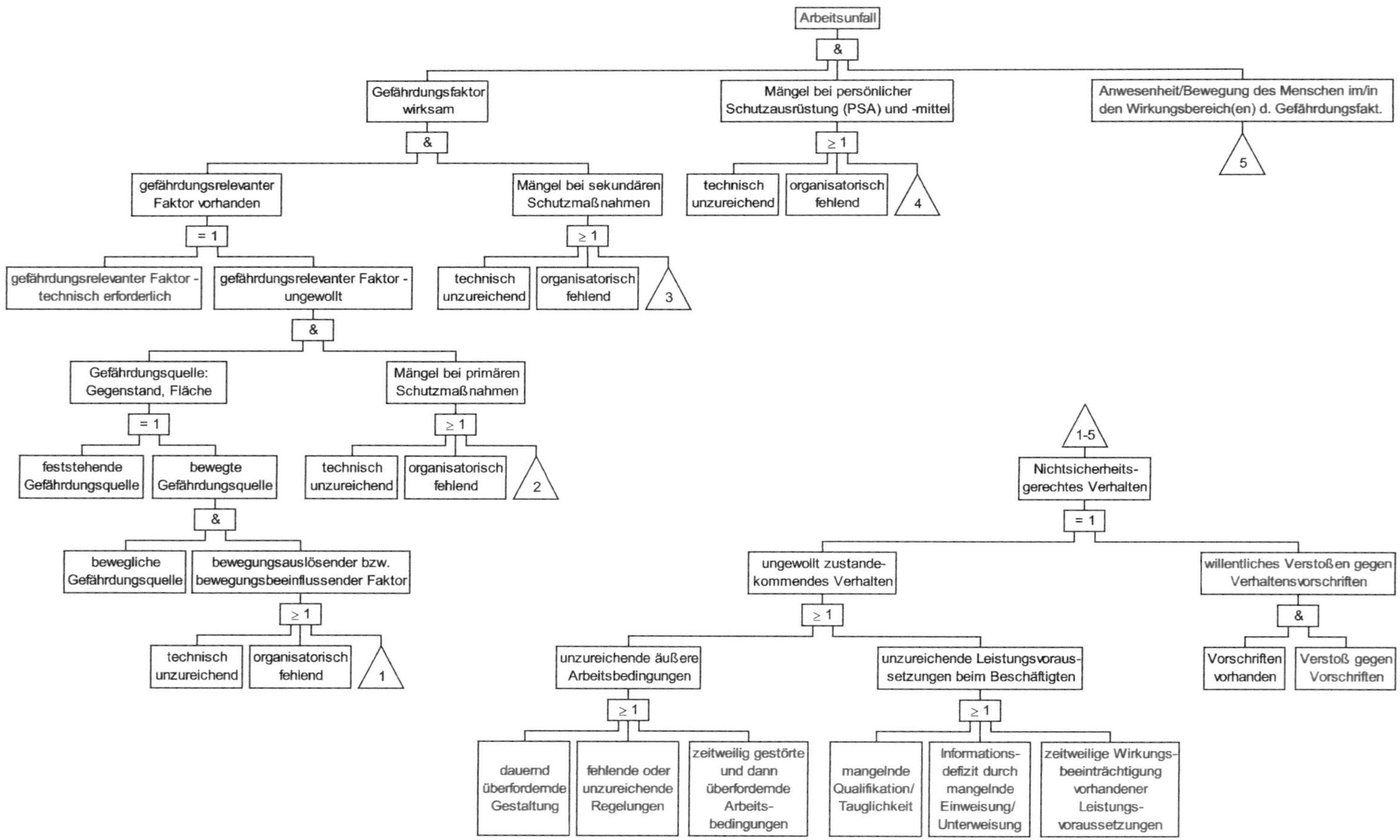

Bild 3.16 Beispiel einer Gefährdungsbaumanalyse (nach MÖSSNER (2012, S. 48))

Sprachlicher Qualifikator	Wahrscheinlichkeit/ Wahrscheinlichkeitsband	
	untere Grenze a	obere Grenze b
Unmöglich / nie	0	0
Unwahrscheinlich / selten	0	0,1
Wahrscheinlich / mitunter	0,1	0,6
Sehr wahrscheinlich / häufig	0,6	1
Mit Gewissheit / immer zutreffend	1	1

Bild 3.17 Wahrscheinlichkeitsverteilung für die Gefährdungsbaumanalyse nach MÖSSNER (2012, S. 47)

Faktoren bzw. Mängel der primären und sekundären Schutzmaßnahmen sowie der PSA können nur dann wirksam sein, wenn sie technisch unzureichend **oder** organisatorisch fehlend **oder** durch nicht sicherheitsgerechtes Verhalten außer Kraft gesetzt wurden. Das nicht sicherheitstechnische Verhalten stellt einen weiteren Eingang für die Anwesenheit des Menschen im Bereich der Gefährdung dar. Es kann weiter untersucht werden. (MÖSSNER 2012, S. 46) Es gibt Wahrscheinlichkeitsbänder, denen die einzelnen Ereignisse zugeordnet werden können. Diese sind in Bild 3.17 aufgelistet.

3.6 Anwendungsbeispiele zur Gefährdungsbeurteilung

3.6.1 Anwendungsbeispiel Gefährdungsbeurteilung: für das Laser-Strahlschmelzen

Firma X hat sich eine Laser-Strahlschmelzanlage angeschafft, um auf dieser Bauteile additiv zu fertigen. Zur Erstellung und Dokumentation der Gefährdungsbeurteilung stellen die UVT Checklisten und Vorlagen, die dem Unternehmer die Arbeit reduzieren sollen. In diesem Fall wird beispielhaft die Checkliste zum Laser-Strahlschmelzen aufgezeigt. Hier werden zunächst die Gefährdungen und Belastungen genannt. sofern diese vorhanden sind, sind mögliche Maßnahmen aufgelistet. Der Unternehmer kann diese Maßnahmen übernehmen. Die übrigen Spalten dienen der Wirksamkeitskontrolle und Aktualisierung, sodass alle Schritt der Gefährdungsbeurteilung erfüllt sind. Die Checkliste ist in Auszügen in den Bildern 3.18 und 3.19 dargestellt.

3 Gefährdungsbeurteilung Additive Fertigungsverfahren – Laserstrahlschmelzen/Laserstrahlsintern, Checkliste

MÖGLICHE GEFÄHRDUNGEN UND BELASTUNGEN	MASSNAHMEN ZUM ARBEITS- UND GESUNDHEITSSCHUTZ	ÜBER-PRÜFUNG: IN ORDNUNG	HANDLUNGS-BEDARF, MÄNGEL	MÄNGEL-BESEITIGUNG BIS/VON	BERATUNGS-BEDARF WENN JA, X	BEMERKUNGEN KONTROLLE DER WIRKSAMKEIT DER GETROFFENEN MASSNAHMEN
Allgemeine Schutzmaßnahmen						
Verletzungsgefahr des Fußes durch um- oder herabfallende Gegenstände	1. Allen Mitarbeitern, bei denen die Gefahr von Fußverletzungen durch um- oder herabfallende Gegenstände besteht, sind Sicherheitsschuhe kostenlos zur Verfügung zu stellen					
Stolpern und Stürzen	2. Verkehrswege und Fußböden dürfen keine Stolperstellen haben. Schäden sind sofort zu reparieren, Verkehrswege und insbesondere Fluchtwege sind stets freizuhalten.					
Belastung des Wirbelsäulensystems	3. An allen Arbeitsplätzen, an denen regelmäßig größere Gewichte transportiert und/oder gehoben werden, ist zu überprüfen, ob eine Hebehilfe einsetzbar ist. Insbesondere wenn Bücken erforderlich ist, wird empfohlen, eine Hebehilfe zur Verfügung zu stellen.					
Elektrische Gefährdungen	4. Es muss gewährleistet sein, dass alle elektrischen Anlagen und Betriebsmittel vor Inbetriebnahmen, nach Reparaturen und in regelmäßigen Zeitabständen gemäß DGUV Vorschrift 3 geprüft werden. Reparaturen dürfen nur von Elektrofachkräften durchgeführt werden. Ein schriftlicher Nachweis über die vorschriftengerechte Ausführung ist von den beauftragten Fachfirmen zu fordern.					
Unfall- und Gesundheitsgefahren durch Maschinen	5. Für Maschinen benötigen Sie auf jeden Fall eine Konformitätserklärung (Herstellererklärung) darüber, dass die Maschine den gültigen Vorschriften entspricht. Die Konformitätserklärung, die lediglich eine Zusicherung des Herstellers ist, ersetzt die eigene Gefährdungsbeurteilung nicht. Empfehlenswert ist der Kauf von Maschinen mit GS-Zeichen und zugehörigem Prüfzeugnis.					

Seite 8 von 16
Bestell.-Nr. S282

Bild 3.18 Beispiel einer Checkliste zur Gefährdungsbeurteilung (Teil 1) nach Berufsgenossenschaft Energie Textil Elektro Medienerzeugnisse (BG ETEM) (2021a, S. 8)

MÖGLICHE GEFÄHRDUNGEN UND BELASTUNGEN	MASSNAHMEN ZUM ARBEITS- UND GESUNDHEITSSCHUTZ	ÜBER-PRÜFUNG: IN ORDNUNG	HANDLUNGS-BEDARF, MÄNGEL	MÄNGEL-BESEITIGUNG BIS/VON	BERATUNGS-BEDARF WENN JA, X	BEMERKUNGEN KONTROLLE DER WIRKSAMKEIT DER GETROFFENEN MASSNAHMEN
Unfall- und Gesundheits-gefahren durch Maschinen	6. Es muss festgelegt werden, dass Arbeitsmittel nach Reparaturen und Instandsetzungsarbeiten auf sicheren Zustand überprüft werden. Wenn Arbeitsmittel schädigenden Einflüssen (z. B. Verschleiß) ausgesetzt sind, die zu sicherheitswidrigen Zuständen führen können, ist es erforderlich, Art, Umfang und Fristen von regelmäßigen Prüfungen festzulegen und die Prüfungen von einer befähigten Person durchführen zu lassen.					
Mechanische Gefährdungen						
Verletzungs-gefahr durch bewegte Maschinenteile	7. An allen Maschinen und Geräten sind die Schutzeinrichtungen und Maschinenverkleidungen regelmäßig auf Vollständigkeit und Funktionssicherheit zu überprüfen.					
Verletzungs-gefahr durch bewegte Maschinenteile	8. Es ist sicherzustellen, dass bei Störungen, Wartung und Instandhaltung nicht an der laufenden Maschine gearbeitet wird und anschließend abnehmbare Schutzeinrichtungen wieder angebracht werden.					
Verletzungs-gefahr durch bewegte Maschinenteile	9. Bewegte Maschinenteile, wie Bauplattform und Antriebsteile können Quetsch-, Scher- und Einzugsstellen darstellen. Gefahrstellen müssen durch Schutzeinrichtungen gesichert werden. Hinweis: In der Regel sind die Anlagen gekapselt. Somit ist eine Gefährdung durch Quetsch- und Scherstellen nahezu ausgeschlossen. Im Einricht-Betrieb allerdings muss diese Gefährdung gesondert geprüft werden und die Beschäftigten sind dann darüber speziell zu unterweisen.					
Verletzungs-gefahr durch bewegte Maschinenteile	10. Maschinenverkleidungen müssen fest verschraubt sein. Schutzeinrichtungen müssen montiert und funktionsfähig sein; im Zweifelsfall anhand der Bedienungsanleitung überprüfen.					

Seite 9 von 16
Bestell.-Nr. S282

Bild 3.19 Beispiel einer Gefährdungsbeurteilung (Teil 2) nach Berufsgenossenschaft Energie Textil Elektro Medienerzeugnisse (BG ETEM) (2021a, S. 9)

3.6.2 Anwendungsbeispiel Gefährdungsbeurteilung: Draht- und Senkerodiermaschine

In den Bildern 3.20 bis 3.22 ist eine Vorlage für die Gefährdungsbeurteilung einer Draht- und Senkerodiermaschine dargestellt. In der in Bildern 3.20 bis 3.22 gezeigten Gefährdungsbeurteilung ist offengehalten, ob Handlungsbedarf herrscht und wie groß das Risiko ist. Auch die Maßnahmenliste ist noch nicht ausgefüllt, da das für jede Maschine individuell gemacht werden muss.

Arbeitsblatt: Gefährdungen und Schutzziele

Betriebsstätte:			
Betriebsbereich:		**Stand:**	11.06.2020
Arbeitsplatz:	Draht- und Senkerodiermaschine	**Blatt-Nr.**	

Ermittelte Gefährdungen *(Beschreibung)*	Risiko ☺ ☺ ☹	Schutzmaßnahme	Handlungsbedarf		Wirksamkeit	
			Wer	Bis wann	Wirksam ab	Wer
Brennbare Feststoffe, Flüssigkeiten, Gase	☺ ☺ ☹	☐ Auf richtigen Pegelstand des Dielektrikums achten ☐ Automatische Löscheinrichtung (z. B. mit Löschpulver oder Löschschaum, kein Wasser!) bei unbeaufsichtigtem Betrieb vorsehen ☐ Brennbare und entzündliche Stoffe im Umkreis von mindestens fünf Metern der Erodiermaschine entfernen ☐ Brennpunkt des Dielektrikums muss über 60° C liegen ☐				
Einatmen von Gefahrstoffen	☺ ☺ ☹	☐ Ggf. beim Senkerodieren Absaugung einsetzen ☐				
Elektrischer Schlag und Störlichtbogen	☺ ☺ ☹	☐ Nur Maschinenleuchten mit Schutzkleinspannung oder in Schutzart IP 54 verwenden ☐ Regelmäßige Prüfung der elektrischen Betriebsmittel auf ihren ordnungsgemäßen Zustand durch eine Elektrofachkraft oder unter Anleitung einer Elektrofachkraft veranlassen				

Beurteilen Sie das Risiko mit den Schutzmaßnahmen, die zum Zeitpunkt der Beurteilung wirksam sind. Einstufung gem. Gefährdungsmatrix in „klein" „Symbol Smiley grün" (Stufe 1), „mittel" „Symbol Smiley gelb" (Stufe 2) und „groß" „Symbol Smiley rot" (Stufe 3/ Stufe 4) 11.06.2020

Seite 1 von 3

BGHM Berufsgenossenschaft Holz und Metall

Bild 3.20 Vorlage für eine allgemeine Gefährdungsbeurteilung Seite 1 (nach Berufsgenossenschaft Holz Metall (BGHM) (2020))

Arbeitsblatt: Gefährdungen und Schutzziele

Ermittelte Gefährdungen (Beschreibung)	Risiko ☺ ☹	Schutzmaßnahme	Handlungsbedarf		Wirksamkeit	
			Wer	Bis wann	Wirksam ab	Wer
Elektrischer Schlag und Störlichtbogen	☺ ☹	☐ Spannungsführende Teile möglichst abdecken ☐				
Elektromagnetische Felder	☺ ☹	☐ Hinweis und Verbot des Aufenthalts in der Nähe der Erodiermaschine für Implantatträger ☐				
Hautkontakt mit Gefahrstoffen	☺ ☹	☐ Hautschutzplan erstellen ☐ Hautkontakt vermeiden ☐ Hautschutz- und Hautpflegemittel regelmäßig verwenden ☐ Schutzhandschuhe verwenden ☐				
Kontrolliert bewegte ungeschützte Teile	☺ ☹	☐ Ein Unterspannungsauslöser ist nachzurüsten ☐ Festgestellte Manipulationen umgehend rückgängig machen. Beachten Sie die entsprechenden Vorschriften und Hinweise ☐ Not-Halt-Einrichtung nachrüsten ☐ Schutzeinrichtungen im Rahmen der regelmäßigen Prüfungen auf ordnungsgemäße Funktion prüfen ☐				

Beurteilen Sie das Risiko mit den Schutzmaßnahmen, die zum Zeitpunkt der Beurteilung wirksam sind. Einstufung gem. Gefährdungsmatrix in „klein" „Symbol Smiley grün" (Stufe 1), „mittel" „Symbol Smiley gelb" (Stufe 2) und „groß" „Symbol Smiley rot" (Stufe 3/ Stufe 4) 11.06.2020

Seite 2 von 3

BGHM Berufsgenossenschaft Holz und Metall

Bild 3.21 Vorlage für eine allgemeine Gefährdungsbeurteilung Seite 2 (nach Berufsgenossenschaft Holz Metall (BGHM) (2020))

Arbeitsblatt: Gefährdungen und Schutzziele

Ermittelte Gefährdungen (Beschreibung)	Risiko ☺😐☹	Schutzmaßnahme	Handlungsbedarf		Wirksamkeit	
			Wer	Bis wann	Wirksam ab	Wer
Unzureichende Organisation	☺😐☹	☐ Beschäftigte regelmäßig unterweisen, mindestens einmal jährlich, Unterweisung dokumentieren ☐ Betriebsanweisung mit Hilfe der Betriebsanleitung des Herstellers erstellen ☐ Regelmäßige Prüfung des Arbeitsmittels durch eine zur Prüfung befähigte Person durchführen; Prüfintervalle, Prüfumfänge, Qualifikation des Prüfpersonals festlegen; Prüfungen dokumentieren ☐				
....	☺😐☹	☐				

Mitgeltende Unterlagen: ☐ Betriebsanweisung ☐ Bedienungsanleitung Wo befinden sich diese: ....

Seite 3 von 3

BGHM Berufsgenossenschaft Holz und Metall

Beurteilen Sie das Risiko mit den Schutzmaßnahmen, die zum Zeitpunkt der Beurteilung wirksam sind. Einstufung gem. Gefährdungsmatrix in „klein" „Symbol Smiley grün" (Stufe 1), „mittel" „Symbol Smiley gelb" (Stufe 2) und „groß" „Symbol Smiley rot" (Stufe 3/ Stufe 4) 11.06.2020

Bild 3.22 Vorlage für eine allgemeine Gefährdungsbeurteilung Seite 3 (nach Berufsgenossenschaft Holz Metall (BGHM) (2020))

3.7 Mein Arbeitsschutz-Logbuch: Kapitel Gefährdungsbeurteilung

In der abgeschlossenen Einheit ging es um:

Meine wichtigste Erkenntnis daraus ist:

Das möchte ich mir noch einmal genauer anschauen:

Das wollte ich noch fragen:

4 Maschinenrichtlinie

Wann Richtlinie, wann Verordnung
↳ EU ↳ Staat

Nach dem Abschluss dieses Kapitels sollten Sie in der Lage sein, die Stellung der Maschinenrichtlinie im europäischen Rechtssystem zu benennen sowie zu wissen, wann und auf welche Einrichtungen die Maschinenrichtlinie anzuwenden ist. Sie können außerdem die Auswirkungen der Maschinenrichtlinie auf die Konstruktion und den Vertrieb von Maschinen erläutern.

4.1 Einführung in die Maschinenrichtlinie

Wer in Europa eine Maschine in Verkehr bringen oder in Betrieb nehmen möchte, muss sicherstellen, dass diese die grundlegenden Gesundheits- und Sicherheitsanforderungen nach 2006/42/EG („Maschinenrichtlinie“, MRL) erfüllt und ein festgelegtes Bewertungsverfahren durchlaufen wurde. Das trifft nach Art. 1 MRL grundsätzlich neben Maschinen auch auf auswechselbare Ausrüstungen, Sicherheitsbauteile, Lastaufnahmemittel, Ketten, Seile und Gurte, abnehmbare Gelenkwellen sowie unvollständige Maschinen zu, die im Europäischen Wirtschaftsraum (EWR) Inverkehrgebracht oder Inbetriebgenommen werden. Der EWR ist eine Freihandelszone, bestehend aus der Europäischen Union (EU) und der Europäischen Freihandelsassoziation (EFTA) (Island, Norwegen, Schweiz und Liechtenstein). Die Schweiz ist von der MRL jedoch ausgeschlossen (GABLER WIRTSCHAFTSLEXIKON 2015). Die MRL ist europäisches Recht. Sie steht, wie in Abschnitt 1.2 beschrieben wurde, als übergeordnete Richtlinie über dem deutschen Recht und wurde in Form der 9.ProdSV in nationales Recht überführt.

Gemäß SCHMITT (2022) wird im Laufe des Jahres 2022 die am 21.04.2021 im Entwurfsstadium veröffentlichte EU-Maschinenverordnung verabschiedet werden. Nach einem Übergangszeitraum von 30 Monaten wird Sie die bisher gültige MRL vollständig ablösen und ohne nationale Umsetzung Geltung haben. Die Basiselemente, wie grundlegende Anforderungen an Sicherheit und Gesundheitsschutz, Konformitätsbewertungsverfahren etc. werden sich nach heutigem Stand in ihrem Kern nicht signifikant ändern, sondert es wird überwiegend Anpassungen geben, welche neuen rechtlichen bzw. technischen Rahmenbedingungen Rechnung tragen.

4.2 Inhalte der Maschinenrichtlinie

Die MRL beinhaltet neben der Definition, welche Maschinen unter die MRL fallen, eine Reihe von Hilfsmitteln zur Einordnung der Maschinen und Methoden zur Erfüllung der Anforderungen der MRL. In Anhang I 2006/42/EG befinden sich die grundlegenden Sicherheits- und Gesundheitsanforderungen für die Konstruktion und den Bau von Maschinen. Dort steht in Anhang I, 1.5.12 2006/42/EG z. B. für den Gebrauch von Laserstrahlung: *„Bei Verwendung von Lasereinrichtungen ist Folgendes zu beachten:*

- *Lasereinrichtungen an Maschinen müssen so konstruiert und gebaut sein, dass sie keine unbeabsichtigte Strahlung abgeben können.*
- *Lasereinrichtungen an Maschinen müssen so abgeschirmt sein, dass weder durch die Nutzstrahlung noch durch reflektierte oder gestreute Strahlung noch durch Sekundärstrahlung Gesundheitsschäden verursacht werden.*
- *Optische Einrichtungen zur Beobachtung oder Einstellung von Lasereinrichtungen an Maschinen müssen so beschaffen sein, dass durch die Laserstrahlung kein Gesundheitsrisiko verursacht wird."*

In Anhang II ist die Europäische Gemeinschaft (EG)-Konformitätserklärung geregelt. Anhang III definiert die Communauté Européenne (CE)-Kennzeichnung (siehe auch Kapitel 5). In Anhang IV sind gefährliche Maschinen gelistet, für die nach Art. 12 2006/42/EG entweder eine Konformitätsbewertung, eine EG-Baumusterprüfung oder eine Qualitätssicherung nach Anhang X der (2006/42/EG) durchgeführt werden kann, sofern sie unter der Berücksichtigung von harmonisierten Normen hergestellt wurden. In Anhang V der 2006/42/EG sind Sicherheitsbauteile gelistet. Die Anhänge VI und VII beschäftigen sich mit den technischen Unterlagen, die einer Maschine beigelegt werden müssen. In Anhang VIII wird die Konformitätsbewertung erklärt, Anhang IX beinhaltet die EG-Baumusterprüfung und Anhang X behandelt die Qualitätssicherung. In der MRL wird die Forderung nach harmonisierten Normen gestellt, die den Herstellern bei der Erfüllung der Anforderungen der MRL helfen sollen ((18) 2006/42/EG). Diese harmonisierten Normen sollen der Vermeidung und Minderung von Risiken, die sich aus dem Bau und der Konstruktion von Maschinen ergeben, dienen. Sie werden von privatrechtlichen Institutionen, wie dem Comité Européen de Normalisation (CEN), erstellt, da sie einen nicht rechtsverbindlichen Charakter besitzen, welcher gewahrt werden soll. Im Falle der Laserstrahlung beispielsweise heißt das, dass es weitere Normen gibt, die Ergänzungen und Erweiterungen zur MRL darstellen. Das ist z. B. die DIN EN 60825-1, in der Einhausungen von Laseranlagen beschrieben sind.

4.3 Produkte im Anwendungsbereich der Maschinenrichtlinie

Was ist eine Maschine im Sinne der MRL? *„Als Maschine gilt generell eine Gesamtheit miteinander verbundener Teile oder Vorrichtungen, von denen mindestens eines bzw. eine beweglich ist und die für eine bestimmte Anwendung zusammengefügt sind. Ein Antriebssystem muss vorhanden sein (oder die Maschine hierfür vorgesehen sein), das nicht die unmittelbar einge-*

setzte menschliche oder tierische Kraft ist. Eine Ausnahme gilt für Produkte für Hebevorgänge: Hier kann auch die unmittelbar eingesetzte menschliche Kraft die einzige Antriebsquelle sein, um eine Maschine zu bilden." (Deutsche Gesetzliche Unfallversicherung e. V. (DGUV) ca. 2017)

Des Weiteren fallen unter die MRL Art. 1 (2006/42/EG)

- auswechselbare Ausrüstungen,
- Sicherheitsbauteile,
- Lastaufnahmemittel,
- Ketten, Seile und Gurte und
- abnehmbare Gelenkwellen.

Auch unvollständige Maschinen fallen unter die EG-Maschinenrichtlinie. Unvollständige Maschinen sind *„Produkte, die fast eine Maschine bilden, aber für sich genommen keine bestimmte Funktionen erfüllen können. Eine unvollständige Maschine ist nur dazu bestimmt, in eine andere Maschine eingebaut zu werden und mit anderen unvollständigen Maschinen zusammen eine Maschinenanlage zu bilden.*" (Deutsche Gesetzliche Unfallversicherung e. V. (DGUV) ca. 2017) Des Weiteren erstreckt sich der Anwendungsbereich der MRL auch auf eine sog. „Gesamtheit von Maschinen", d. h. Maschinen bzw. unvollständige Maschinen *„die, damit sie zusammenwirken, so angeordnet sind und betätigt werden, dass sie als Gesamtheit funktionieren (Art. 2 2006/42/EG)*". Dazu muss nach Bundesministerium für Arbeit und Soziales (BMAS) (2011) sowohl ein produktions- als auch ein sicherheitstechnischer Zusammenhang gegeben sein. Außerdem gelten die Anforderungen der Maschinenrichtlinie gemäß Art. 2 i) 2006/42/EG auch für Maschinen, die ausschließlich für den Eigengebrauch konstruiert und gefertigt wurden.

4.4 Definition der EG-Konformitätserklärung

Die EG-Konformitätserklärung muss vom Hersteller bzw. demjenigen, der die Maschine in Verkehr bringt, gestellt werden. Sie ist die Bestätigung dafür, dass eine Maschine die Anforderungen der MRL erfüllt und somit auf dem europäischen Markt in Verkehr gebracht oder in Betrieb genommen werden kann. Als Voraussetzung für die EG-Konformitätserklärung dient nach (24) 2006/42/EG eine technische Dokumentation der Maschine. Diese ist auf Verlangen nachzuweisen. Wird für eine Maschine eine Konformitätserklärung erstellt, so hat diese in der Betriebsanleitung vorhanden zu sein. Alternativ kann es auch ein Dokument sein, welches den Inhalt der Konformitätserklärung in allen Einzelheiten wiedergibt, aber weder Seriennummer noch Unterschrift enthalten muss (Art. 1 2006/42/EG). Des Weiteren muss der Hersteller die Konformitätsbewertung 10 Jahre lang im Original aufbewahren (Anhang II.2. 2006/42/EG). In Anhang II 2006/42/EG sind die verpflichteten Inhalte der Konformitätserklärung aufgelistet. Hier heißt es:

Die EG-Konformitätserklärung muss folgende Angaben enthalten:

1. *Firmenbezeichnung und vollständige Anschrift des Herstellers und gegebenenfalls seines Bevollmächtigten;*

2. *Name und Anschrift der Person, die bevollmächtigt ist, die technischen Unterlagen zusammenzustellen; diese Person muss in der Gemeinschaft ansässig sein;*
3. *Beschreibung und Identifizierung der Maschine, einschließlich allgemeiner Bezeichnung, Funktion, Modell, Typ, Seriennummer und Handelsbezeichnung;*
4. *einen Satz, in dem ausdrücklich erklärt wird, dass die Maschine allen einschlägigen Bestimmungen dieser Richtlinie entspricht, und gegebenenfalls einen ähnlichen Satz, in dem die Übereinstimmung mit anderen Richtlinien und/oder einschlägigen Bestimmungen, denen die Maschine entspricht, erklärt wird. Anzugeben sind die Referenzen laut Veröffentlichung im Amtsblatt der Europäischen Union;*
5. *gegebenenfalls Name, Anschrift und Kennnummer der benannten Stelle, die das in Anhang IX genannte EG- Baumusterprüfverfahren durchgeführt hat, sowie die Nummer der EG-Baumusterprüfbescheinigung;*
6. *gegebenenfalls Name, Anschrift und Kennnummer der benannten Stelle, die das in Anhang X genannte umfassende Qualitätssicherungssystem genehmigt hat;*
7. *gegebenenfalls die Fundstellen der angewandten harmonisierten Normen nach Artikel 7 Absatz 2;*
8. *gegebenenfalls die Fundstellen der angewandten sonstigen technischen Normen und Spezifikationen;*
9. *Ort und Datum der Erklärung;*
10. *Angaben zur Person, die zur Ausstellung dieser Erklärung im Namen des Herstellers oder seines Bevollmächtigten bevollmächtigt ist, sowie Unterschrift dieser Person.*

Bei unvollständigen Maschinen müssen eine Montageanleitung und eine Einbauerklärung bis zur Integration der unvollständigen Maschine in eine Maschine bzw. eine Gesamtheit von Maschinen bei den technischen Unterlagen der unvollständigen Maschine mitgeführt werden (Art. 13 Abs. 1 2006/42/EG). Die Einbauerklärung muss nach der Integration der unvollständigen Maschine in eine verkettete Anlage ebenfalls 10 Jahre aufgehoben werden (Anhang II.2. 2006/42/EG).

4.5 Definition der CE-Kennzeichnung

Wenn eine Maschine eine Konformitätserklärung erhalten hat, kann sie mit einer CE-Kennzeichnung versehen werden. Das heißt, dass sie nach der MRL und den daraus abgeleiteten Gesetzen und Vorschriften geprüft wurde und den Sicherheitsanforderungen der MRL entspricht (Art. 16 2006/42/EG). Die CE-Kennzeichnung ist einheitlich und muss gut sichtbar an der Maschine angebracht werden. Zudem ist sie geschützt, sodass sie weder unrechtmäßig angebracht werden darf, noch ähnliche Kennzeichnungen geduldet werden. In Bild 4.1 ist das Schriftbild der CE-Kennzeichnung dargestellt.

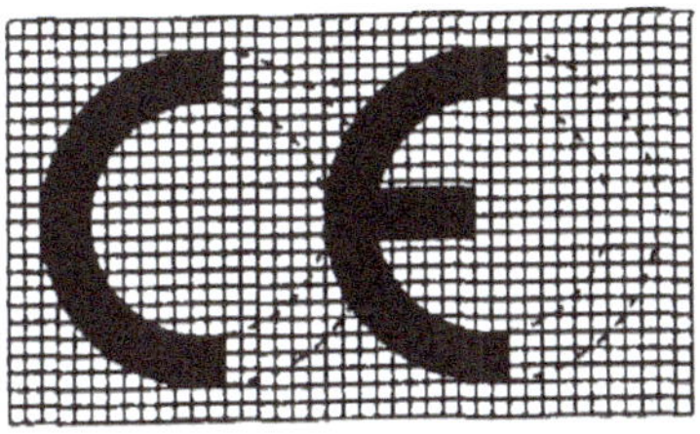

Bild 4.1 CE-Kennzeichen nach Anhang III 2006/42/EG

4.6 Verfahren für gefährliche Maschinen nach Anhang IV EG Maschinenrichtlinie 2006/42/EG

In Anhang IV 2006/42/EG sind besonders gefährliche Maschinen aufgeführt. Diese können eine CE-Kennzeichnung erhalten, sofern sie eine Konformitätserklärung erhalten haben. Alternativ gibt es für diese Anhang IV-Maschinen, sofern sie nach harmonisierten Normen hergestellt wurden und diese Normen alle relevanten grundlegenden Sicherheits- und Gesundheitsschutzanforderungen berücksichtigen, die Möglichkeit eine EG-Baumusterprüfung oder eine umfassende Qualitätssicherung durchzuführen.

4.6.1 Definition der EG-Baumusterprüfung

Die EG-Baumusterprüfung kann bei allen Maschinen, die in Anhang IV 2006/42/EG genannt werden, durchgeführt werden. Zu diesen besonders gefährliche Maschinen zählen

1. *Sägemaschinen mit während des Arbeitsvorgangs feststehendem Sägeblatt, mit feststehendem Arbeitstisch oder Werkstückhalter, mit Vorschub des Sägeguts von Hand oder durch einen abnehmbaren Vorschubapparat*
2. *Sägemaschinen mit während des Arbeitsvorgangs feststehendem Sägeblatt, mit manuell betätigtem Pendelbock oder -schlitten*
3. *Sägemaschinen mit während des Arbeitsvorgangs feststehendem Sägeblatt, mit eingebauter mechanischer Vorschubeinrichtung für das Sägegut und Handbeschickung und/oder Handentnahme*
4. *Sägemaschinen mit während des Arbeitsvorgangs beweglichem Sägeblatt, mit eingebauter mechanischer Vorschubeinrichtung für das Sägeblatt und Handbeschickung und/oder Handentnahme*
5. *Abrichthobelmaschinen mit Handvorschub für die Holzbearbeitung*
6. *Hobelmaschinen für einseitige Bearbeitung von Holz, mit eingebauter maschineller Vorschubeinrichtung und Handbeschickung und/oder Handentnahme*
7. *Sägemaschinen mit während des Arbeitsvorgangs feststehendem Sägeblatt und feststehendem oder hin- und her beweglichem Arbeitstisch oder Werkstückhalter*

8. *Sägemaschinen, deren Sägeblatt auf einem hin- und her beweglichen Schlitten montiert ist*
9. *Mehrspindel-Zapfenfräsmaschinen mit Handvorschub für die Holzbearbeitung*
10. *Senkrechte Tischfräsmaschinen mit Handvorschub für die Bearbeitung von Holz und von Werkstoffen mit ähnlichen physikalischen Eigenschaften*
11. *Handkettensägen für die Holzbearbeitung*
12. *Pressen, einschließlich Biegepressen, für die Kaltbearbeitung von Metall mit Handbeschickung und/oder Handentnahme, deren beim Arbeitsvorgang bewegliche Teile einen Hub von mehr als 6 mm und eine Geschwindigkeit von mehr als 30 mm/s haben können*
13. *Kunststoffspritzgieß- und -formpressmaschinen mit Handbeschickung oder Handentnahme*
14. *Gummispritzgieß- und -formpressmaschinen mit Handbeschickung oder Handentnahme*
15. *Lokomotiven und Bremswagen*
16. *hydraulischer Schreitausbau*
17. *Hausmüllsammelwagen für manuelle Beschickung mit Pressvorrichtung*
18. *Abnehmbare Gelenkwellen einschließlich ihrer Schutzeinrichtungen*
19. *Schutzeinrichtungen für abnehmbare Gelenkwellen*
20. *Hebebühnen für Fahrzeuge*
21. *Maschinen zum Heben von Personen oder von Personen und Gütern, bei denen die Gefährdung eines Absturzes aus einer Höhe von mehr als 3 m besteht*
22. *Tragbare Befestigungsgeräte mit Treibladung und andere Schussgeräte*
23. *Schutzeinrichtungen zur Personendetektion*
24. *Kraftbetriebene, bewegliche trennende Schutzeinrichtungen mit Verriegelung*
25. *Logikeinheiten für Sicherheitsfunktionen*
26. *Überrollschutzaufbau (ROPS)*
27. *Schutzaufbau gegen herabfallende Gegenstände (FOPS)*

Im Folgenden werden die genannten Maschinen als Baumuster bezeichnet. Für jedes Baumuster müssen technische Unterlagen nach Anhang VII 2006/42/EG vom Hersteller erstellt werden. Daraufhin kann der Hersteller einen Antrag auf Baumusterprüfung stellen. Dieser Antrag muss den Namen und die Anschrift des Herstellers, eine schriftliche Stellungnahme, dass der Antrag bei keiner anderen Stelle eingereicht wurde, sowie die technischen Unterlagen enthalten. Zudem muss ein Baumuster an eine benannte Stelle übergeben werden. Hier wird das Baumuster geprüft. Falls es die Prüfung besteht, erhält der Hersteller eine Baumusterprüfbescheinigung. Diese muss 15 Jahre lang aufbewahrt werden. Die Baumusterprüfung muss wiederholt werden, sobald Änderungen am Baumuster entstehen. Der Antragsteller muss dabei die zuständige Behörde informieren. Diese entscheidet, ob die Baumusterprüfbescheinigung ihre Gültigkeit behält oder wiederholt werden muss (Anhang IX 2006/42/EG).

4.6.2 Definition der umfassenden Qualitätssicherung

Wie in Abschnitt 4.6.1 beschrieben wurde, kann für Maschinen, die in Anhang IV 2006/42/EG gelistet sind, auch eine umfassende Qualitätssicherung durchgeführt werden. Dabei muss der Hersteller ein Qualitätssicherungssystem für die Konstruktion, den Bau, die Endabnahme und die Prüfung unterhalten, welches der Prüfung einer benannten Stelle unterliegt. Das Qualitätssicherungssystem muss die Umsetzung der Anforderungen der MRL gewährleisten. Der genaue Ablauf des umfassenden Qualitätssicherungssystems ist in Anhang X 2006/42/EG beschrieben. In Bild 4.2 ist der Zusammenhang der einzelnen Verfahren grafisch dargestellt.

4.7 Produkte, die von der Maschinenrichtlinie ausgeschlossen sind

Es gibt Maschinen und Anlagen, die von der MRL ausgeschlossen sind. Das sind zum einen bestimmte „*Waffen, einschließlich Feuerwaffen, die der Richtlinie 91/477/EWG des Rates vom 18. Juni 1991 über die Kontrolle des Erwerbs und des Besitzes von Waffen unterliegen (Erwägungsgründe Abs. 6 2006/42/EG)*“. Das sind z. B. militärische Waffen und Abschussgeräte mit Sprengwirkung, vollautomatische Feuerwaffen sowie panzerbrechende Munition, Munition mit Spreng- und Brandsätzen sowie Geschosse für diese Munition (Anhang II Richtlinie 91/477/EWG). In Art. 1 Abs. 2 2006/42/EG sind alle ausgeschlossenen Maschinen aufgelistet. Neben den bereits genannten sind das: Sicherheitsbauteile, wenn sie vom Hersteller der Maschine stammen und nur als Ersatzteile dienen, Einrichtungen auf Jahrmärkten und in Vergnügungsparks, Maschinen, die speziell für eine nukleare Verwendung konstruiert wurden und deren Ausfall eine Emission von Radioaktivität zur Folge hätte, einige Fahrzeuge (Rennfahrzeuge, bestimmte Landmaschinen etc.), Seeschiffe und Offshore-Anlagen, Maschinen speziell für militärische Zwecke, Schachtbeförderungsanlagen, Maschinen für Forschungszwecke, Maschinen zur Beförderung und Darstellung während künstlerischer Vorstellungen, Maschinen, die unter bestimmte Spannungsgrenzen fallen, z. B. Haushaltsgeräte, Audio- und Videogeräte etc. und Schalt- und Steuergeräte sowie Transformatoren. Weiterhin gibt es Ausnahmen in Bezug auf für den häuslichen Gebrauch bestimmter Haushaltsgeräte, Audio- und Videogeräte, informationstechnische Geräte, gewöhnliche Büromaschinen, Niederstpannungsschaltgeräte und -steuergeräte sowie Elektromotoren, soweit diese unter die Richtlinie 2014/35/EU fallen. Eine weitere Sonderregelung besteht für gebrauchte Maschinen. Wurden diese vor Inkrafttreten der MRL bereits betrieben, müssen sie, solange sie innerhalb des EWR bleiben, keine Nachrüstung erhalten, um die Anforderungen der MRL zu erfüllen. Handelt es sich jedoch um Maschinen, die von außerhalb des EWR importiert werden, müssen sie nachgerüstet werden. Besitzt eine Firma z. B. eine Presse von 1960, welche die Anforderungen der MRL nicht erfüllt, kann diese weiter verwendet werden, auch wenn die Firma sie innereuropäisch verkauft. Zudem dürfen Änderungen an Maschinen vorgenommen werden, solange diese keine wesentliche Änderung erfahren (siehe Abschnitt 4.8). Bei einer wesentlichen Änderung einer Maschine, gilt diese als neue Maschine und muss somit auch die MRL erfüllen (Deutsche Gesetzliche Unfallversicherung e. V. (DGUV) 2015).

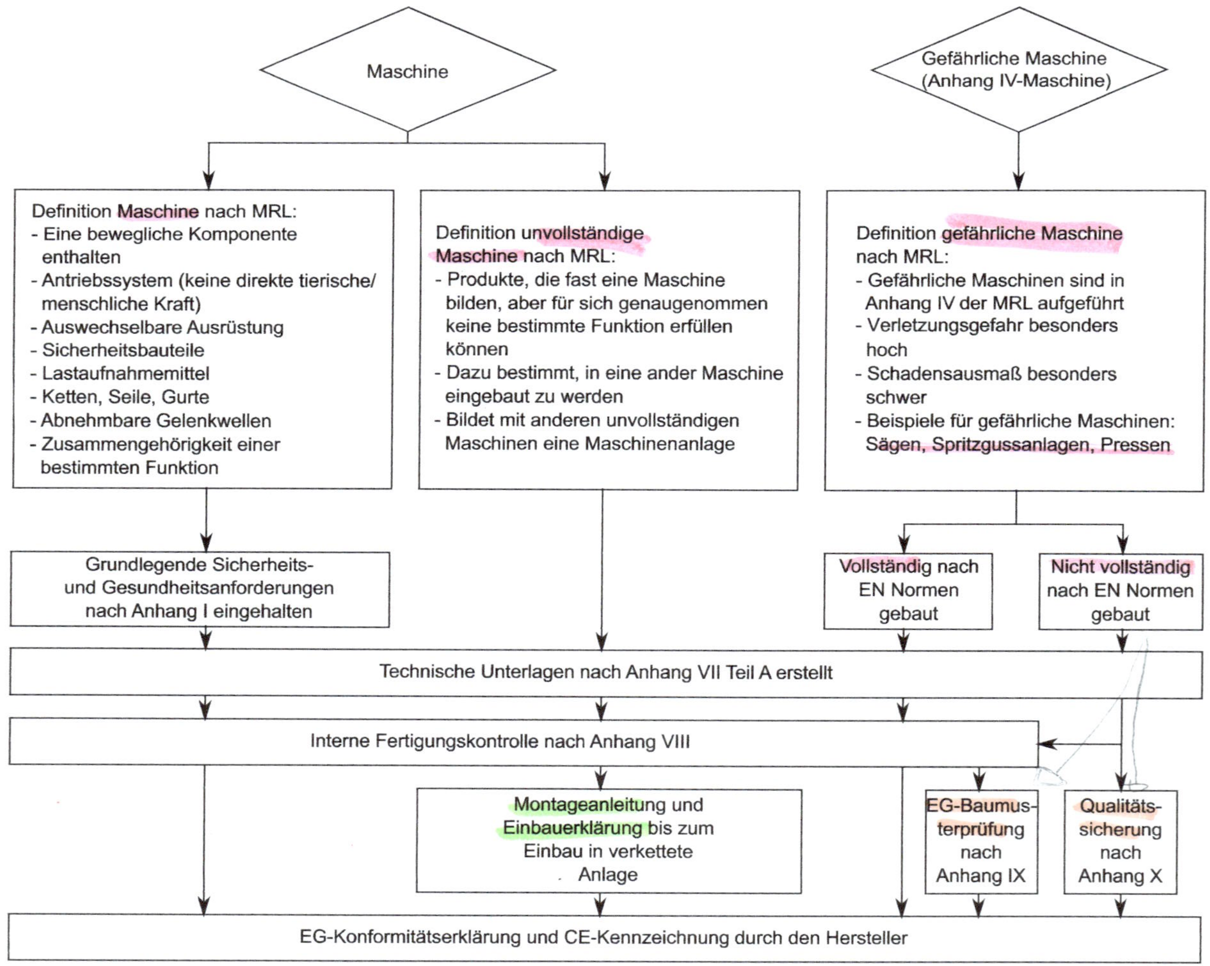

Bild 4.2 Zusammenfassung der verschiedenen Maschinen und der verschiedenen in der Maschinenrichtlinie vorkommenden Verfahren

4.8 Wesentliche Veränderung einer Maschine

Wann eine Maschine eine wesentliche Veränderung erfahren hat, muss für jeden Fall individuell bewertet werden. Das geschieht durch das Erstellen einer neuen Gefährdungsbeurteilung. Das heißt, dass die Punkte Gefährdung, Risiko und Schutzmaßnahmen betrachtet werden. Zunächst muss geprüft werden, ob eine neue Gefährdung vorliegt. Ist das nicht der Fall, so muss geklärt werden, ob sich durch den Umbau das Risiko erhöht. Ist das auch nicht der Fall, so liegt keine wesentliche Änderung vor. Kommt es aber zu einer neuen Gefährdung, muss geklärt werden, ob diese neue Gefährdung zu einem neuen Risiko führt. Wenn nicht, so liegt keine wesentliche Veränderung vor. Falls aber doch, so muss überprüft werden, ob die vorhandenen Schutzmaßnahmen das Risiko minimieren. Trifft dies zu, so liegt keine wesentliche Änderung vor. Ist das nicht der Fall, so muss geklärt werden, ob das Risiko mit einfachen Schutzmaßnahmen reduziert werden kann. Wenn das möglich ist, so liegt ebenfalls keine wesentliche Änderung vor. Zusammengefasst heißt das also: Eine wesentliche Änderung einer Maschine liegt dann vor, wenn durch die Änderung eine Gefährdung entsteht, aus der ein Risiko resultiert, welches weder durch vorhandene Schutzmaßnahmen, noch durch neue einfache Schutzmaßnahmen minimiert werden kann (DGUV TEST 2015). Das Ablaufschema der wesentlichen Änderung von Maschinen ist in Bild 4.3 dargestellt.

4.9 Nationale Umsetzung

Die Umsetzung und Kontrolle der MRL unterliegt nach Art. 4 2006/42/EG den Mitgliedsstaaten. Diese haben Behörden zu bestimmen, welche die Umsetzung der Richtlinie und die Kontrolle über deren Einhaltung handhaben. In Deutschland ist die MRL durch das ProdSG und die 9.ProdSV – Maschinenverordnung (9. Verordnung zum ProdSG) in nationales Recht umgesetzt worden (DEUTSCHE GESETZLICHE UNFALLVERSICHERUNG E. V. (DGUV) ca. 2017). Das ProdSG beinhaltet die Voraussetzungen für eine Bereitstellung von Produkten auf dem Markt, Regeln zur Überprüfung dieser Voraussetzungen sowie Folgen bei Be- und Missachtung (ProdSG). Somit hat derjenige, der eine Maschine nach MRL in Deutschland in Verkehr bringt, das deutsche Recht und damit das ProdSG zu befolgen.

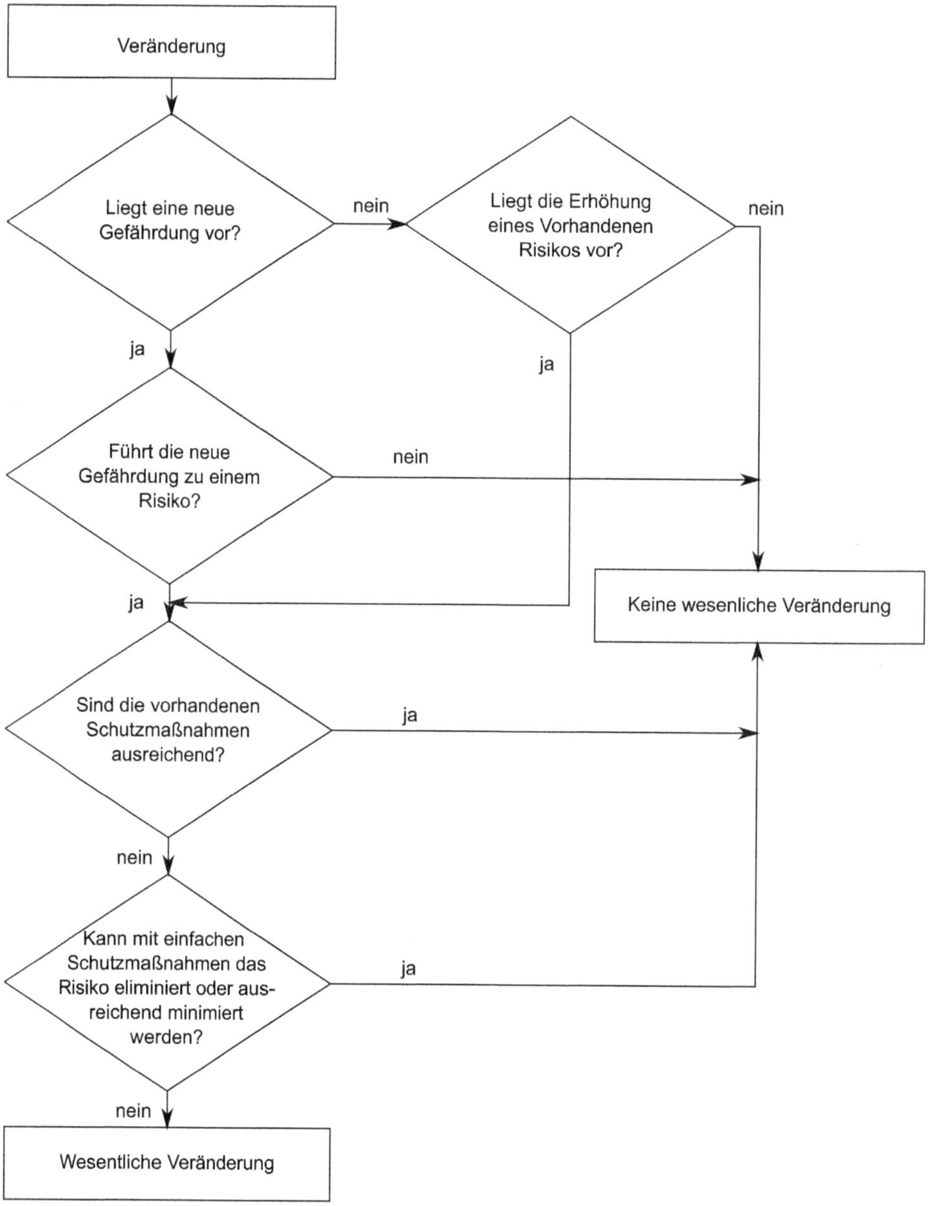

Bild 4.3 Ablaufschema einer Überprüfung auf eine wesentliche Änderung von Maschinen nach Bundesministerium für Arbeit und Soziales (BMAS) (2015)

4.10 (Rechts-)Folgen bei Be- oder Missachtung der Maschinenrichtlinie

Ob die Anforderungen der MRL an das Produkt (Maschine) erfüllt worden sind, überprüft nach Art. 4 2006/42/EG die Marktaufsicht. Für die Marktaufsicht wurde ein spezielles Risikobeurteilungsverfahren, das RAPEX-Verfahren, entwickelt (MÖSSNER 2012, S. 74). Dieses ist in Anhang A.2 im Detail erklärt. Werden die Anforderungen der MRL vollständig erfüllt, erhält die Maschine bzw. Anlage eine EG-Konformitätserklärung und eine CE-Kennzeichnung. Konformitätserklärung und CE-Kennzeichnung sind notwendig, um ein Produkt, welches der MRL unterliegt, auf dem europäischen Markt zu betreiben. Der Umgang mit Verstößen liegt nach Art. 23 2006/42/EG bei den Mitgliedsstaaten: „*Die Mitgliedstaaten legen für Verstöße gegen die aufgrund dieser Richtlinie erlassenen innerstaatlichen Vorschriften Sanktionen fest und treffen die zu ihrer Anwendung erforderlichen Maßnahmen. Die Sanktionen müssen wirksam, verhältnismäßig und abschreckend sein.*“ Verstöße gegen die MRL sind auf nationaler Ebene im ProdSG geregelt (siehe Abschnitt 5.4).

4.11 Mein Arbeitsschutz-Logbuch: Kapitel Maschinenrichtlinie

In der abgeschlossenen Einheit ging es um:

Meine wichtigste Erkenntnis daraus ist:

Das möchte ich mir noch einmal genauer anschauen:

Das wollte ich noch fragen:

5 Produktsicherheitsgesetz

Nach Abschluss des Kapitels sollten Sie in der Lage sein, die Stellung des Produktsicherheitsgesetzes im europäischen Rechtssystem zu benennen und die grundlegenden Inhalte der Rechtsquelle zu kennen. Sie können weiterhin den Ablauf eines CE-Konformitätsbewertungsverfahrens und die Auswirkungen des Produktsicherheitsgesetzes auf die Konstruktion und den Vertrieb von Maschinen erläutern.

5.1 Definitionen des Produktsicherheitsgesetzes

Das Produktsicherheitsgesetz (ProdSG) enthält Anforderungen an die Sicherheit von Produkten und regelt die Überwachung der Produktkontrolle und -kennzeichnung. Es ist am 1.12.2011 in Kraft getreten und ersetzt das vorherige „Geräte- und Produktsicherheitsgesetz (GPSG)“. Das ProdSG enthält zentrale Vermarktungs- und Sicherheitsvorschriften. Diese betreffen sowohl Produkte, die auf dem Markt bereitgestellt werden, als auch Produkte für den Eigengebrauch (Brock 2012). Es beinhaltet außerdem Voraussetzungen für die Bereitstellung von Produkten auf dem Markt sowie für das Ausstellen von Produkten. Des Weiteren beinhaltet es Bestimmungen über die Befugnis erteilende Behörde, Angaben zur Notifizierung von Konformitätsbewertungsstellen, zur Geprüften Sicherheit (GS-) Kennzeichnung, zur Marktüberwachung, zur Informations- und Meldepflicht, besondere Vorschriften, Angaben zu überwachungspflichtigen Anlagen sowie Straf- und Bußgeldvorschriften (ProdSG). Zur Erläuterung des ProdSG existieren Verordnungen (Verordnung zum Produktsicherheitsgesetz (ProdSV)).

5.2 Rechtliche Grundlagen des Produktsicherheitsgesetzes

Das ProdSG ist neben der 9. ProdSV (Maschinenverordnung) die nationale Umsetzung der MRL. In der 9. ProdSV wird im Anwendungsbereich aufgelistet, welche Produkte ihr unterliegen und welche nicht (Bundesanstalt für Arbeitsschutz und Arbeitsmedizin (BAuA) ca. 2015). Neben der MRL werden durch das ProdSG weitere Richtlinien, wie z. B. die Niederspannungsrichtlinie (NspRL) umgesetzt.

5.3 Inhalt des Produktsicherheitsgesetzes

5.3.1 Geltungsbereich des Produktsicherheitsgesetzes

Beim ProdSG handelt es sich um nationales, deutsches Recht. Es ist anzuwenden, wenn im Rahmen einer Geschäftstätigkeit Produkte auf dem (deutschen) Markt bereitgestellt, ausgestellt oder erstmals verwendet werden (§ 1 Abs. 1 ProdSG). Überwachungsbedürftige Anlagen fallen in der aktuellen Ausgabe – im Gegensatz zur Vergangenheit – nicht mehr in den Anwedungsbereich des ProdSG. Nach § 1 Abs. 3 ProdSG sind vom ProdSG außerdem ausgeschlossen:

1. *Antiquitäten,*
2. *gebrauchte Produkte, die vor ihrer Verwendung instandgesetzt oder wiederaufgearbeitet werden müssen, sofern der Wirtschaftsakteur denjenigen, an den sie abgegeben werden, darüber ausreichend unterrichtet,*
3. *Produkte, die ihrer Bauart nach ausschließlich zur Verwendung für militärische Zwecke bestimmt sind,*
4. *Lebensmittel, Futtermittel, lebende Pflanzen und Tiere, Erzeugnisse menschlichen Ursprungs und Erzeugnisse von Pflanzen und Tieren, die unmittelbar mit ihrer künftigen Reproduktion zusammenhängen,*
5. *Medizinprodukte im Sinne von Artikel 2 Nummer 1 der Verordnung (EU) 2017/745 des EuropäischenParlaments und des Rates vom 5. April 2017 über Medizinprodukte, zur Änderung der Richtlinie 2001/83/EG, der Verordnung (EG) Nr. 178/2002 und der Verordnung (EG) Nr. 1223/2009 und zur Aufhebung derRichtlinien 90/385/EWG und 93/42/EWG des Rates (ABl. L 117 vom 5.5.2017, S. 1; L 117 vom 3.5.2019,S. 9; L 334 vom 27.12.2019, S. 165), die durch die Verordnung (EU) 2020/561 (ABl. L 130 vom 24.4.2020,S. 18) geändert worden ist, in der jeweils geltenden Fassung und im Sinne des §3 Nummer 4 des Medizinproduktegesetzes in der bis einschließlich 25. Mai 2021 geltenden Fassung,*
6. *Umschließungen (wie ortsbewegliche Druckgeräte, Verpackungen und Tanks) für die Beförderung gefährlicher Güter, soweit diese verkehrsrechtlichen Vorschriften unterliegen, und*
7. *Pflanzenschutzmittel im Sinne des Artikels 2 Absatz 1 der Verordnung (EG) Nr. 1107/2009 des Europäischen Parlaments und des Rates vom 21. Oktober 2009 über das Inverkehrbringen von Pflanzenschutzmitteln und zur Aufhebung der Richtlinien 79/117/EWG und 91/414/EWG des Rates (ABl. L 309 vom 24.11.2009, S. 1; L45 vom 18.2.2020, S. 81), die zuletzt durch die Verordnung (EU) 2019/1009 (ABl. L 170 vom 25.6.2019, S.1) geändert worden ist.*

5.3.2 Allgemeine Anforderungen an die Bereitstellung von Produkten auf dem Markt

Ein Produkt, welches einer oder mehreren Rechtsverordnungen nach § 8 Abs. 1 ProdSG unterliegt, darf nach § 3 Abs. 1 ProdSG nur dann auf dem deutschen Markt bereitgestellt werden, wenn es die darin vorgesehenen Anforderungen erfüllt und die Sicherheit und die Gesundheit von Personen oder sonstige in den Rechtsverordnungen nach § 8 Abs. 1 ProdSG aufgeführten Rechtsgüter bei bestimmungsgemäßer oder vorhersehbarer Verwendung nicht gefährdet. Bereitstellung auf dem Markt bedeutet nach § 2 ProdSG „*(...) jede entgeltliche oder unentgeltliche Abgabe eines Produkts zum Vertrieb, zum Verbrauch oder zur Verwendung auf dem Unionsmarkt der im Rahmen einer Geschäftstätigkeit*". In § 8 Abs. 1 ProdSG werden verschiedene Bundesministerien dazu ermächtigt, in ihrem Zuständigkeitsbereich Rechtsverordnungen zum Schutz der Sicherheit und Gesundheit von Personen, zum Schutz der Umwelt, sowie sonstiger Risiken, die von Produkten ausgehen, zu erlassen. Durch diese Rechtsverordnungen können geregelt werden:

1. *Anforderungen an*
   a) *die Beschaffenheit von Produkten,*
   b) *die Bereitstellung von Produkten auf dem Markt,*
   c) *das Ausstellen von Produkten,*
   d) *die erstmalige Verwendung von Produkten,*
   e) *die Kennzeichnung von Produkten,*
   f) *Konformitätsbewertungsstellen,*
2. *produktbezogene Aufbewahrungs- und Mitteilungspflichten und*
3. *Handlungspflichten von Konformitätsbewertungsstellen.*

5.3.3 Bestimmungen über die Befugnis erteilende Behörde

Die Befugnis erteilende Behörde teilt laut §§ 9 bis 11 ProdSG den Konformitätsbewertungsstellen auf Antrag die Befugnis zu, bestimmte Konformitätsbewertungstätigkeiten durchzuführen. Sie ist zuständig für die Einrichtung und die Durchführung der dazu benötigten Verfahren sowie für die Überwachung der Konformitätsbewertungsstellen. Des Weiteren führt sie die Notifizierung von Konformitätsbewertungsstellen durch. Dabei müssen die Bundesländer für eine Befugnis erteilende Behörde sorgen. Diese darf die Aufgaben der Konformitätsbewertungsstelle nicht anbieten oder übernehmen.

5.3.4 Notifizierung von Konformitätsbewertungsstellen

Die Notifizierung von Konformitätsbewertungsstellen ist in §§ 12 bis 19 ProdSG geregelt. Sind Konformitätsbewertungsstellen notifiziert (benannt), so haben sie die Befugnis Produkte zu zertifizieren, also die Konformitätserklärung zu billigen, sodass diese Produkte auf den Markt gebracht werden können. Um den Status einer notifizierten Konformitätsbewertungsstelle zu erhalten, müssen die Voraussetzungen nach §§ 12 bis 19 ProdSG erfüllt sein. Unter anderem ist dort festgesetzt, dass die betreffende Konformitätsbewertungsstelle ein unabhängiger Dritter sein muss, der mit dem Produkt in keinerlei Zusammenhang steht. Dies ist vor allem für den Hersteller des entsprechenden Produktes bei der Auswahl der Konformitätsbewertungsstelle wichtig. Die Konformitätsbewertungsstelle kann einem Hersteller, der die Anforderungen an die Konformitätserklärung nicht erfüllt, die Konformitätsbescheinigung verweigern, sofern er geforderte Korrekturmaßnahmen nicht erfüllt. Des Weiteren kann sie dem Hersteller, falls bereits eine Konformitätsbescheinigung ausgestellt wurde und im Nachhinein festgestellt wird, dass der Hersteller die Anforderungen nicht mehr erfüllt, Korrekturmaßnahmen anfordern und falls diese nicht erfüllt werden die Konformitätsbescheinigung entziehen.

5.3.5 Das GS-Zeichen

Neben der CE-Kennzeichnung existiert das Geprüfte Sicherheit (GS)-Zeichen. Der wesentliche Unterschied besteht darin, dass die CE-Kennzeichnung auf europäischem Recht basiert. Wie in Kapitel 4 erläutert wurde, ist das CE-Kennzeichen das Kennzeichen für eine Maschine, die eine Konformitätsbescheinigung erhalten hat und somit die Anforderungen der MRL erfüllt. Es kann auch eine anderweitige Übereinstimmung mit einer europäischen Richtlinie anzeigen und es ist verpflichtend, sofern die Richtlinie dies vorschreibt. Das GS-Zeichen hingegen ist eine freiwillige, rein nationale (deutsche) Kennzeichnung, welche nach § 20 ProdSG dann angebracht werden darf, wenn das GS-Zeichen von einer GS-Stelle zuerkannt wurde und das zu prüfende Baumuster den Anforderungen des § 3 ProdSG und anderer Rechtsvorschriften hinsichtlich der Gewährleistung des Schutzes der Sicherheit und Gesundheit von Personen entspricht. Die Gestaltung des GS-Zeichens ist in der Anlage des ProdSG festgelegt. Es wird in Bild 5.1 gezeigt.

Bild 5.1 Darstellung des GS-Kennzeichens (BGBl. I 2021, 3161)

5.3.6 Die Marktüberwachung

Die Aufgaben der Marktüberwachungsbehörde waren bis zur Vorgängerausgabe des aktuellen ProdSG in diesem (teilweise) beschrieben und festgelegt. Auf Grund der neuen und unmittlbar gültigen Verordnung (EU) 2019/1020 sowie der darauf folgenden Gestaltung des MüG wurden diese Inhalte im ProdSG obsolet und verschoben.

5.4 (Rechts-)Folgen bei Be- oder Missachtung des Produktsicherheitsgesetzes

Handelt der Hersteller wie es das Recht verlangt, so darf er seine Produkte auf dem deutschen bzw. europäischen Markt betreiben (in Verkehr bringen). In § 28 ProdSG sind verschiedene Bußgeldvorschriften aufgelistet. Ordnungswidrig handelt, wer:

1. *entgegen § 3 Absatz 3 einen Hinweis nicht, nicht richtig, nicht vollständig oder nicht rechtzeitig gibt,*
2. *entgegen § 3 Absatz 4 eine Gebrauchsanleitung nicht, nicht richtig, nicht vollständig, nicht in der vorgeschriebenen Weise oder nicht rechtzeitig mitliefert,*
3. *entgegen § 6 Absatz 1 Satz 1 Nummer 2 einen Namen oder eine Kontaktanschrift nicht, nicht richtig, nicht vollständig oder nicht rechtzeitig anbringt,*
4. *entgegen § 6 Absatz 4 Satz 1 die zuständige Marktüberwachungsbehörde nicht, nicht richtig, nicht vollständig oder nicht rechtzeitig unterrichtet,*
5. *entgegen § 7 Absatz 1 in Verbindung mit Artikel 30 Absatz 5 Satz 1 der Verordnung (EG) Nr. 765/2008 des Europäischen Parlaments und des Rats vom 9. Juli 2008 über die Vorschriften für die Akkreditierungund zur Aufhebung der Verordnung (EWG) Nr. 339/93 (ABl. L 218 vom 13.8.2008, S. 30), die durch dieVerordnung (EU) 2019/1020 (ABl. L 169 vom 25.6.2019, S. 1) geändert worden ist, eine Kennzeichnung,ein Zeichen oder eine Aufschrift auf einem Produkt anbringt,*
6. *entgegen § 7 Absatz 2 ein Produkt auf dem Markt bereitstellt,*
7. *einer Rechtsverordnung nach*
   a) *§ 8 Absatz 1 Satz 4 Nummer 1 oder 3 oder Absatz 2,*
   b) *§ 8 Absatz 1 Satz 4 Nummer 2,*

   oder einer vollziehbaren Anordnung auf Grund einer solchen Rechtsverordnung zuwiderhandelt, soweit die Rechtsverordnung für einen bestimmten Tatbestand auf diese Bußgeldvorschrift verweist,
8. *einer vollziehbaren Anordnung nach § 11 Absatz 1 Satz 1 oder § 25 Absatz 5 oder 7 zuwiderhandelt,*
9. *entgegen § 22 Absatz 2 Satz 2 oder Absatz 4 ein dort genanntes Zeichen verwendet oder mit ihm wirbt,*
10. *entgegen § 24 Absatz 3 eine Vorgabe der Anlage Nummer 1, 2, 3, 4, 7, 8 Satz 1, Nummer 9 Satz 2 oder Satz 3 oder Nummer 10 nicht beachtet,*
11. *entgegen § 24 Absatz 5 Satz 2 eine Prüfung nicht, nicht richtig, nicht vollständig oder nicht rechtzeitig dokumentiert,*
12. *einer unmittelbar geltenden Vorschrift in Rechtsakten der Europäischen Gemeinschaft oder der Europäischen Union zuwiderhandelt, die inhaltlich einem in Nummer 1 bis 6, 8 oder 11 bezeichneten Gebot oder Verbot entspricht, soweit eine Rechtsverordnung nach Absatz 3 für einen bestimmten Tatbestand auf diese Bußgeldvorschrift verweist, oder*

13. *einer unmittelbar geltenden Vorschrift in Rechtsakten der Europäischen Gemeinschaft oder der Europäischen Union zuwiderhandelt, die inhaltlich einer Regelung entspricht, zu der die in*

   a) *Nummer 7 Buchstabe a oder*

   b) *Nummer 7 Buchstabe b*

   genannten Vorschriften ermächtigen, soweit eine Rechtsverordnung nach Absatz 3 für einen bestimmten Tatbestand auf diese Bußgeldvorschrift verweist.

In Tabelle 5.1 sind die Bußgelder im Hinblick auf dies Ordnungswidrigkeiten zusammengefasst. Weiterhin wird mit Freiheitsstrafe bis zu einem Jahr oder mit Geldstrafe *bestraft, wer eine in § 28 Absatz 1 Nummer 7 Buchstabe a, Nummer 9 oder Nummer 13 Buchstabe a bezeichnete vorsätzliche Handlung beharrlich wiederholt oder durch eine solche vorsätzliche Handlung Leben oder Gesundheit eines anderen oder fremde Sachen vonbedeutendem Wert gefährdet* (§ 29 ProdSG).

Tabelle 5.1 Bußgelder bei Ordnungswidrigkeiten im Sinne des § 28 (ProdSG)

Einordnung	Höhe des Bußgelds	Rechtsquelle
Bußgeldvorschrift	bis 100.000 €	7a, 9, 13a
Bußgeldvorschrift	bis 10.000 €	alle übrigen

5.5 Mein Arbeitsschutz-Logbuch: Kapitel Produktsicherheitsgesetz

In der abgeschlossenen Einheit ging es um:

Meine wichtigste Erkenntnis daraus ist:

Das möchte ich mir noch einmal genauer anschauen:

Das wollte ich noch fragen:

6 Betriebssicherheitsverordnung

Nach Abschluss des Kapitels sollten Sie in der Lage sein, die Stellung der Betriebssicherheitsverordnung im deutschen Rechtssystem zu benennen, anzugeben, wann die Betriebssicherheitsverordnung anzuwenden ist und grundlegende Anforderungen, welche an die Betriebssicherheit gestellt werden, aufzuzählen.

6.1 Betriebssicherheitsverordnung – Anwendungsbereich und Definitionen

Die Betriebssicherheitsverordnung (BetrSichV) ist die nationale Umsetzung der Richtlinie 2009/104/EG. Sie beinhaltet Vorschriften für die Verwendung von Arbeitsmitteln. Das „*Ziel dieser Verordnung ist es, die Sicherheit und den Schutz der Gesundheit von Beschäftigten bei der Verwendung von Arbeitsmitteln zu gewährleisten. Dies soll insbesondere durch (...)*

1. *die Auswahl geeigneter Arbeitsmittel und deren sichere Verwendung,*
2. *die für den vorgesehenen Verwendungszweck geeignete Gestaltung von Arbeits- und Fertigungsverfahren sowie*
3. *die Qualifikation und Unterweisung der Beschäftigten*

[erreicht werden]“ (§ 1 (1) BetrSichV). Zudem regelt die BetrSichV die hinsichtlich der in Anhang 2 BetrSichV aufgezählten überwachungsbedürftigen Anlagen Maßnahmen zum Schutz der Personen im Gefahrenbereich, der von den überwachungsbedürftigen Anlagen ausgeht. D. h., sie gibt spezielle Schutzmaßnahmen für Personen vor, die sich im Gefahrenbereich einer überwachungsbedürftigen Anlage aufhalten. Der Gefahrenbereich wird als der Bereich gesehen, in dem eine von der Anlage ausgehende Gefährdung für einen Menschen möglich ist. Innerhalb der BetrSichV werden für den weiteren Verlauf der Verordnung notwendige Begriffe definiert. Neben den bereits bekannten Begriffsbestimmungen ergeben sich nach § 2 BetrSichV die Definitionen für:

- **Arbeitsmittel**: „*[Sind] Werkzeuge, Geräte, Maschinen oder Anlagen, die für die Arbeit verwendet werden, sowie überwachungsbedürftige Anlagen.*“ (§ 2 (1) BetrSichV)
- **Verwendung von Arbeitsmitteln**: „*(...) umfasst jegliche Tätigkeit mit diesen [Arbeitsmitteln]. Hierzu gehören insbesondere das Montieren und Installieren, Bedienen, An-*

oder Abschalten oder Einstellen, Gebrauch, Betreiben, Instandhalten, Reinigen, Prüfen, Umbauen, Erproben, Demontieren, Transportieren und Überwachen.“ (§ 2 (3) BetrSichV)

6.2 Rechtliche Grundlagen der Betriebssicherheitsverordnung

Der Gültigkeitsbereich der BetrSichV erstreckt sich über alle Betriebe, es sei denn, sie sind explizit von der Verordnung ausgenommen. Zu den ausgenommenen Betrieben zählen nach §§ 1 (2)–(5) BetrSichV:

- Betriebe, die dem Bundesberggesetz unterliegen
- Seeschiffe unter fremder Flagge und Seeschiffen, die aufgrund ihrer Überführung in einen anderen Hafen eine Bundesflagge erhalten haben
- Gasfüllanlagen, die Energieanlagen darstellen und auf einem Betriebsgelände von Unternehmen der öffentlichen Gasversorgung errichtet und betrieben werden
- Betriebe, die explizit vom Verteidigungsministerium aufgrund von zwingenden Gründen der Verteidigung oder der Erfüllung zwischenstaatlicher Verpflichtungen ausgenommen wurden

6.3 Inhalt der Betriebssicherheitsverordnung

6.3.1 Regeln für den Umgang mit Arbeitsmitteln

Die Regelung des Umgangs mit Arbeitsmitteln im Betrieb bildet den Hauptbestandteil der BetrSichV. Elementar wichtig ist vor allem das Erstellen einer Gefährdungsbeurteilung von Seiten des Arbeitgebers für jedes einzelne verwendete Arbeitsmittel. Dabei ist darauf zu achten, dass die Gefährdungsbeurteilung vor Aufnahme der Arbeit am ausgewählten Arbeitsmittel durchgeführt werden muss. Der Arbeitgeber muss gegebenenfalls die nötigen Schutzmaßnahmen treffen, um eine sichere Arbeit mit dem Arbeitsmittel zu gewährleisten. Zudem muss die Gefährdungsbeurteilung dokumentiert werden und regelmäßig auf ihre Aktualität hin überprüft werden. Des Weiteren wird vom Arbeitgeber gefordert, dass er Prüffristen für die Arbeitsmittel definiert und für die Einhaltung der Fristen sorgt. Bei wesentlichen Änderungen am Arbeitsmittel muss die Gefährdungsbeurteilung sofort aktualisiert werden (§ 3 BetrSichV). Für die Beurteilung der Gefährdung durch das Arbeitsmittel sind nach § 3 (2) BetrSichV alle Gefährdungen mit einzubeziehen, die von:

1. *den Arbeitsmitteln selbst,*
2. *der Arbeitsumgebung und*
3. *den Arbeitsgegenständen, an denen Tätigkeiten mit Arbeitsmitteln durchgeführt werden*

ausgehen. Zudem ist nach §3 (2) BetrSichV bei der Gefährdungsbeurteilung folgendes besonders zu berücksichtigen:

1. *die Gebrauchstauglichkeit von Arbeitsmitteln einschließlich der ergonomischen, alters- und alternsgerechten Gestaltung,*
2. *die sicherheitsrelevanten einschließlich der ergonomischen Zusammenhänge zwischen Arbeitsplatz, Arbeitsmittel, Arbeitsverfahren, Arbeitsorganisation, Arbeitsablauf, Arbeitszeit und Arbeitsaufgabe,*
3. *die physischen und psychischen Belastungen der Beschäftigten, die bei der Verwendung von Arbeitsmitteln auftreten,*
4. *vorhersehbare Betriebsstörungen und die Gefährdung bei Maßnahmen zu deren Beseitigung.*

Das Erstellen einer Gefährdungsbeurteilung beinhaltet auch die regelmäßige, mindestens jährlich stattfindende Unterweisung der Arbeitnehmer in die Arbeitsmittel seitens des Arbeitgebers. Inhalt der Unterweisung, welche in verständlicher Sprache durchgeführt werden soll, sind mögliche Gefährdungen, die vom jeweiligen Arbeitsmittel ausgehen, erforderliche Schutzmaßnahmen und Verhaltensregeln, Maßnahmen bei Betriebsstörungen und Notfällen sowie Informationen zu Erster Hilfe. Der Arbeitnehmer hat die erfolgte Unterweisung mit seiner Unterschrift zu bestätigen. Zu jedem Arbeitsmittel muss eine Betriebsanweisung schriftlich angefertigt werden. Diese hat der Arbeitgeber dem Arbeitnehmer vor der erstmaligen Benutzung des Arbeitsmittels vorzulegen. (§ 12 BetrSichV) In Bild 6.1 ist beispielhaft eine Betriebsanweisung das Arbeiten an einer Laserschweißanlage dargestellt.

Grundpflichten des Arbeitgebers

Der Arbeitgeber darf die Verwendung von Arbeitsmitteln erst dann gestatten, wenn er eine Gefährdungsbeurteilung durchgeführt hat, die aus der Gefährdungsbeurteilung abgeleiteten Schutzmaßnahmen umgesetzt wurden und das Arbeitsmittel nach dem aktuellen Stand der Technik als sicher angesehen werden kann (§4 (1) BetrSichV). Kann ein Arbeitsmittel diese Anforderungen nicht erfüllen, so hat der Arbeitgeber geeignete Schutzmaßnahmen nach dem TOP-Prinzip zu treffen und diese zu überprüfen. Nach §6 BetrSichV müssen bei den Schutzmaßnahmen auch ergonomische Aspekte beachtet werden. Der Arbeitgeber hat dafür zu sorgen, dass die Schutzmaßnahmen eingehalten werden. Des Weiteren unterliegt es seiner Pflicht, bei Arbeitsmitteln, die nach BetrSichV eine Prüfung erfordern, diese durchzuführen und zu dokumentieren. (§ 4 BetrSichV)

Anforderungen an die Arbeitsmittel

Vom Arbeitgeber dürfen nach § 5 BetrSichV nur Arbeitsmittel zur Verfügung gestellt werden, die sicher sind. Nach § 5 (1) BetrSichV müssen Arbeitsmittel

1. *für die Art der auszuführenden Arbeiten geeignet sein,*
2. *den gegebenen Einsatzbedingungen und den vorhersehbaren Beanspruchungen angepasst sein und*
3. *über die erforderlichen sicherheitsrelevanten Ausrüstungen verfügen,*

sodass eine Gefährdung durch ihre Verwendung so gering wie möglich gehalten wird.

Firma: _____

Arbeitsbereich:

Verantwortlich: ______________________
Unterschrift

BETRIEBSANWEISUNG

Arbeitsplatz: Laserschweißanlage

Tätigkeit: Schweißen von Gestellen

BG ETEM
Energie Textil Elektro Medienerzeugnisse

Stand: _____

B201

Anwendungsbereich

Arbeiten mit Laserstrahlung

Gefahren für Mensch und Umwelt

Bei Lasern der Klassen 1M und 2M in Verbindung mit optischen Instrumenten sind Schäden des Auges möglich!

Laser der Klassen 3R, 3B und 4 sind sehr gefährlich für Augen und Haut!

Durch das Einwirken des Strahls auf gewisse Materialien können gesundheitsschädliche Stoffe freigesetzt werden, Explosionen ausgelöst und Brände entfacht werden!

Schutzmaßnahmen und Verhaltensregeln

- Das Bedienpersonal muss im Umgang mit dem Laser unterwiesen sein!
- Wenn die Strahlung nicht benötigt wird, Laser in "Standby"-Modus bringen oder ausschalten!
- Nur mit eingeschalteter interner Absaugung arbeiten.
- Die Abschirmungen der Eingriffsöffnungen nicht verändern.
- Hände nicht unmittelbar in den Laserstrahl halten.
- Wer nicht direkt mit dem Laser arbeitet, hält Abstand zur Laserschweißanlage!
- Reflexionen vermeiden, Hilfsmittel und Instrumente mit mattierter Oberfläche verwenden oder diese mit schwarzer Folie bekleben!
- Filter sind gemäß den Wartungsintervallen vom Hersteller zu wechseln!
- Regelmäßige Elektrische Prüfung durch eine Elektrofachkraft durchführen lassen.
- Auf den festen Sitz der Befestigung der Gasflasche zur Inertisierung achten.

Verhalten bei Störungen und im Gefahrfall

Bei Störungen sofort den Laser abschalten.
- Der Laserschutzbeauftragte ist umgehend zu informieren.
- Arbeiten an der Laserschweißanlage oder Teilen dürfen nur durch Fachpersonal durchgeführt werden!

Brandfall: Ruhe bewahren! Feuerwehr über 112 rufen!
- Mitarbeiter warnen! Vorgesetzten informieren, ggf. Feueralarm auslösen!
- Brand mit CO2- oder Schaumlöscher bekämpfen! Auf Selbstschutz achten!

Verhalten bei Unfällen, Erste Hilfe

Laser abschalten! Verletzten bergen

Erste Hilfe leisten

Notruf: _____ Ersthelfer: _____

Unfall melden, Tel.-Nr.: __________

Instandhaltung, Entsorgung

Wartungsarbeiten dürfen nur von befähigten Personen durchgeführt werden!
Die Wartungsunterlagen des Herstellers sind zu beachten!

Bild 6.1 Beispielhafte Betriebsanweisung für Arbeiten an einer Laserschweißanlage (Berufsgenossenschaft Energie Textil Elektro Medienerzeugnisse (BG ETEM) 2022a)

Des Weiteren hat er dafür zu sorgen, dass keine mangelhaften Arbeitsmittel verwendet werden und die Angestellten nur solche Arbeitsmittel verwenden, die er ihnen zur Verfügung gestellt hat.

Besondere Betriebszustände, Betriebsstörungen und Unfälle

Grundsätzlich hat der Arbeitgeber Schutzmaßnahmen zu treffen, durch die instabile oder unzulässige Betriebszustände von Arbeitsmitteln ausgeschlossen werden. Lassen sich die unsicheren Betriebszustände jedoch nicht verhindern, so muss der Arbeitgeber für Maßnahmen zur Beherrschung der Arbeitsmittel sorgen. Im Fall von Prüf- und Wartungs- und Instandsetzungsarbeiten hat der Arbeitgeber dafür zu sorgen, dass die Schutzmaßnahmen den Umständen angepasst werden (§ 11 BetrSichV). Wenn beispielsweise aufgrund von Wartungsarbeiten an einer Bandsäge das gesamte Sägeblatt frei liegt, so muss der Arbeitgeber für die Bandsäge neue Schutzmaßnahmen erstellen. Der Mitarbeiter, welcher für die Wartung der Säge zuständig ist, hat dann beispielsweise Schnittschutzhandschuhe zu tragen, was im normalen Betrieb der Säge nicht der Fall ist. Kommt es dennoch zu einem Unfall, so hat der Arbeitgeber dafür zu sorgen, dass das Arbeitsmittel in einen sicheren Zustand versetzt werden kann. Des Weiteren muss die verunfallte Person sofort gerettet und ärztlich versorgt werden können. Das beinhaltet, dass der Arbeitgeber den Rettungsdienst sowohl über Rettungswege als auch über eventuelle Gefahren an der Unfallstelle informiert hat, sodass der Rettungsdienst den Verunfallten problemlos und ohne sich selbst dabei in Gefahr zu bringen erreichen kann. (§ 11 BetrSichV)

Prüfung von Arbeitsmitteln

In bestimmten Fällen müssen Arbeitsmittel einer Prüfung unterzogen werden. Diese Prüfung kann nur von einer zur Prüfung befähigten Person durchgeführt werden. Eine Person ist dann zur Prüfung befähigt, wenn sie *„(...) durch ihre Berufsausbildung, ihre Berufserfahrung und ihre zeitnahe berufliche Tätigkeit über die erforderlichen Kenntnisse zur Prüfung von Arbeitsmitteln verfügt“* (§ 2 (6) BetrSichV). Zusätzlich zu diesen Anforderungen existieren für bestimmte Arbeitsmittel, wie beispielsweise Druckbehälter oder Krane, weitere Qualifikationen, die eine zur Prüfung dieser besonderen Arbeitsmittel befähigte Person vorzuweisen hat (siehe jeweiliger Anhang 1 und 2 BetrSichV). Zu Arbeitsmitteln, die eine Prüfung benötigen, zählen nach § 14 BetrSichV

- Arbeitsmittel, deren Sicherheit von den Montagebedingungen abhängig ist,
- Arbeitsmittel, die Schäden verursachenden Einflüssen ausgesetzt sind,
- Arbeitsmittel, die von Änderungen oder außergewöhnlichen Ereignissen betroffen sind, die schädigende Auswirkungen auf ihre Sicherheit haben können und
- Arbeitsmittel, die in Anhang 3 BetrSichV gelistet sind.

Die Prüfung muss in regelmäßigen Abständen wiederholt werden und der Arbeitgeber hat dafür zu sorgen, dass Informationen über Art, Umfang und Ergebnis der Prüfung dokumentiert werden. Die Dokumentation muss mindestens bis zur nächsten Prüfung aufgehoben werden (§ 14 BetrSichV).

6.3.2 Sonderregelungen für überwachungsbedürftige Anlagen

„Überwachungsbedürftige Anlagen sind Anlagen nach § 2 Nummer 30 des Produktsicherheitsgesetzes, soweit sie in Anhang 2 genannt sind" (§ 2 (13) BetrSichV). Zu den überwachungsbedürftigen Anlagen zählen Aufzugsanlagen, Arbeitsmittel mit Explosionsgefährdung und Druckanlagen (Anhang 2 BetrSichV). Für diese Anlagen gelten neben der regelmäßig wiederkehrenden Prüfung eine Prüfung vor der Erst- und der Wiederinbetriebnahme. Dabei ist zu beachten, dass die Prüfaufzeichnung im Vergleich zu herkömmlichen Arbeitsmitteln deutlich umfangreicher ist. Zudem müssen die Prüfungsaufzeichnungen für die gesamte Betriebsdauer der überwachungsbedürftigen Anlage aufbewahrt werden. Der Arbeitgeber hat nach § 17 BetrSichV dafür zu sorgen, dass das Prüfprotokoll mindestens

1. *[die] Anlagenidentifikation,*
2. *[das] Prüfdatum,*
3. *[die] Art der Prüfung,*
4. *[die] Prüfungsgrundlagen,*
5. *[den] Prüfumfang,*
6. *[die] Wirksamkeit und Funktion der getroffenen Schutzmaßnahmen,*
7. *[das] Ergebnis der Prüfung und*
8. *[die] Frist bis zur nächsten wiederkehrenden Prüfung* beinhaltet.

In Tabelle 6.1 werden die Unterschiede der Dokumentation zwischen Arbeitsmitteln und überwachungsbedürftigen Anlagen gegenübergestellt.

Tabelle 6.1 Unterschied zwischen der Prüfdokumentation von Arbeitsmitteln und überwachungsbedürftigen Anlagen nach § 14 und § 17 BetrSichV

Arbeitsmittel	überwachungsbedürftige Anlagen
–	Anlagenidentifikation
–	Prüfdatum
Art der Prüfung	Art der Prüfung
–	Prüfungsgrundlagen
Prüfumfang	Prüfumfang
–	Wirksamkeit und Funktion der getroffenen Schutzmaßnahmen
Ergebnis der Prüfung	Ergebnis der Prüfung
–	Frist bis zur nächsten Prüfung
Aufbewahrung der Prüfunterlagen bis zur nächsten Prüfung	Aufbewahrung der Prüfunterlagen über gesamte Betriebsdauer

Eine weitere Eigenschaft besonders überwachungsbedürftiger Anlagen ist die Erlaubnispflicht, d. h., dass die Errichtung, der Betrieb sowie Änderungen der Bauart und der Bauweise solcher Anlagen von der zuständigen Behörde genehmigt werden müssen (§ 18 BetrSichV). Die Erlaubnispflicht ist nach § 18 BetrSichV für folgende Anlagen schriftlich bei der zuständigen Behörde zu beantragen, eine genauere Klassifizierung findet sich in Anhang 1 und Anhang 2 BetrSichV:

- Dampfkesselanlagen,
- Anlagen mit Druckgeräten,
- Gasfüllanlagen,
- Lageranlagen,
- Füllanlagen,
- Tankstellen,
- Flugfeldbetankungsanlagen,
- und Betankungsanlagen.

6.3.3 Vollzugsregelungen, Ausschuss für Betriebssicherheit, Technische Regeln für Betriebssicherheit und Empfehlungen zur Betriebssicherheit

Der Arbeitgeber hat nach § 19 BetrSichV eine Mitteilungspflicht, d. h., dass bei Anlagen nach Anhang 2 und Anhang 3 BetrSichV (überwachungsbedürftige Anlagen und zusätzlich Krane, Flüssiggasanlagen und maschinentechnische Arbeitsmittel der Veranstaltungstechnik) jeder Unfall, bei dem ein Mensch getötet oder schwer verletzt wird, und jeder Schadensfall, bei dem Bauteile oder sicherheitstechnische Einrichtungen versagt haben, der zuständigen Behörde gemeldet werden muss.

Um die Unternehmen bei der Einhaltung der BetrSichV zu unterstützen, gibt es den Ausschuss für Betriebssicherheit. Der Ausschuss für Betriebssicherheit besteht aus fachkundigen Vertretern der Arbeitgeber, der Gewerkschaften, der Länderbehörden, der gesetzlichen Unfallversicherung und der zugelassenen Überwachungsstellen, sowie aus weiteren fachkundigen Personen, speziell aus der Wissenschaft (siehe Bild 6.2). Er hat eine maximale Gesamtzahl von 21 Personen und agiert national. (§ 21 BetrSichV) Zu den Aufgaben des Ausschusses zählen nach § 21 BetrSichV:

1. *den Stand von Wissenschaft und Technik, Arbeitsmedizin und Arbeitshygiene sowie sonstiger gesicherter arbeitswissenschaftlicher Erkenntnisse bei der Verwendung von Arbeitsmitteln zu ermitteln und dazu Empfehlungen auszusprechen,*
2. *zu ermitteln, wie die in dieser Verordnung gestellten Anforderungen erfüllt werden können, und dazu die dem jeweiligen Stand der Technik und der Arbeitsmedizin entsprechenden Regeln und Erkenntnisse zu erarbeiten,*
3. *das Bundesministerium für Arbeit und Soziales in Fragen von Sicherheit und Gesundheitsschutz bei der Verwendung von Arbeitsmitteln zu beraten und*
4. *die von den zugelassenen Überwachungsstellen nach § 37 Absatz 5 Nummer 8 des Produktsicherheitsgesetzes gewonnenen Erkenntnisse auszuwerten und bei den Aufgaben nach den Nummern 1 bis 3 zu berücksichtigen.*

Aus den Ergebnissen des Stands der Technik, den Regeln für die Arbeitsmedizin und die Hygiene sowie den Regeln für weitere arbeitswissenschaftliche Bereiche formuliert der Ausschuss für Betriebssicherheit die Technischen Regeln für Betriebssicherheit (TRBS). In den TRBS werden die in der BetrSichV getroffenen technischen Vorgaben hinsichtlich der Ermittlung und der Bewertung der Gefährdungen sowie der Ableitung von Schutzmaßnahmen für verschiedenste Arbeitsmittel konkretisiert (TRBS 1001). Hält sich ein Arbeitgeber

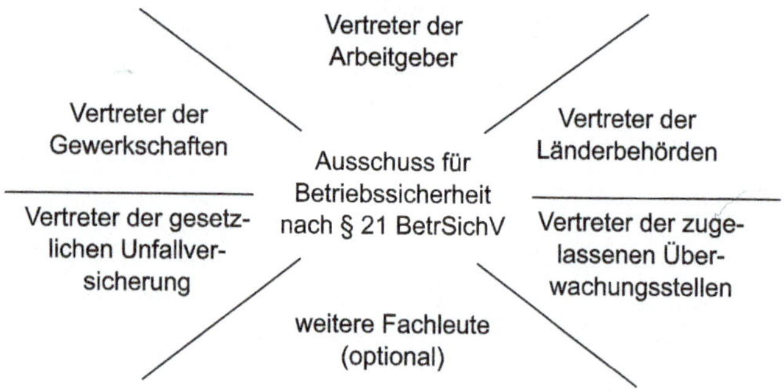

Bild 6.2 Zusammensetzung des Ausschusses für Betriebssicherheit nach § 21 BetrSichV

an die in den TRBS beschriebenen Schutzmaßnahmen, so wird die Vermutung aufgestellt, dass die Anforderungen der BetrSichV erfüllt sind, es kommt zu einer Vermutungswirkung. Verwendet der Arbeitgeber andere Schutzmaßnahmen, um eine sichere Verwendung der Arbeitsmittel zu gewährleisten, so muss die Einhaltung der BetrSichV vom Arbeitgeber schriftlich nachgewiesen werden. (TRBS 1001)

Zusätzlich zu den TRBS gibt es die Empfehlungen zur Betriebssicherheit (EmpfBS). Hierbei handelt es sich um Empfehlungen zum Umgang mit bestimmten Arbeitsmitteln. Ein oftmals relevantes Beispiel für die EmpfBS sind die EmpfBS1114. Diese beinhalten Empfehlungen mit Arbeitsmitteln (z. B. Altmaschinen), die nicht mehr dem Stand der Technik entsprechen. Im Sinne der Rechtspyramide sind diese EmpfBS nicht rechtsverbindlich und verursachen im Gegensatz zu den TRBS auch keine Vermutungswirkung. Dennoch ist es ratsam diese als Unterstützungshilfe mit aufzunehmen.

→ für Vermutungswirkung: an TRBS halten, denn Vermutung, dass BetrSichV erfüllt

6.4 (Rechts-)Folgen bei Missachtung der Betriebssicherheitsverordnung

Da die BetrSichV durch das ProdSG und das ArbSchG eine Verordnungsermächtigung besitzt, handelt derjenige, der gegen die BetrSichV verstößt, auch im Sinne der beiden Gesetze ordnungswidrig. Dies ist der Fall, wenn beispielsweise fahrlässig oder vorsätzlich keine Gefährdungsbeurteilung erstellt wird, diese bei Änderungen an den Arbeitsmitteln nicht aktualisiert wird oder der Angestellte nicht in das jeweilige Arbeitsmittel unterwiesen wird. Wird durch die Ordnungswidrigkeit vorsätzlich das Leben oder die Gesundheit eines Beschäftigten gefährdet, so haftet der Täter nach dem ArbSchG. Wiederholt der Täter eine vorsätzliche Handlung beharrlich oder wird durch eine vorsätzliche Handlung das Leben oder die Gesundheit eines Dritten oder eine fremde Sache von bedeutendem Wert gefährdet, so haftet der Täter nach dem ProdSG. (§§ 22,23 BetrSichV)

6.5 Mein Arbeitsschutz-Logbuch: Kapitel Betriebssicherheitsverordnung

In der abgeschlossenen Einheit ging es um:

Meine wichtigste Erkenntnis daraus ist:

Das möchte ich mir noch einmal genauer anschauen:

Das wollte ich noch fragen:

7 Vorgaben zur Herstellung von chemischen Stoffen in der Europäischen Union

Nach Abschluss des Kapitels sollten Sie in der Lage sein, zu benennen, wer von REACH betroffen ist und das darin beschreibene Verfahren beachten muss. Sie können außerdem die Auswirkungen von REACH auf die Hersteller angeben und die Gefahrstoffe mit Hilfe des Globalisiert Harmonisierten Systems (GHS) identifizieren.

7.1 Europäische Verordnungen für die Herstellung von chemischen Stoffen und nationale Umsetzung

In der Europäische Union (EU) wurden zwei Verordnungen zum europäischen Chemikalienrecht erlassen. Dies ist zum einen die Registrierung, Evaluierung und Autorisierung von Chemikalien (REACH)-Verordnung und zum anderen die Classification, Labelling and Packaging (CLP)-Verordnung. Ziel der beiden Verordnungen ist es, eine Vereinheitlichung des Chemikalienrechts auf europäischer Ebene zu erreichen (BUNDESANSTALT FÜR ARBEITSSCHUTZ UND ARBEITSMEDIZIN (BAUA) 2008). Während europäische Richtlinien zunächst in nationales Recht umgesetzt werden müssen, gelten Verordnungen direkt für alle Mitgliedsstaaten der EU. Dies hat zur Folge, dass es beim europäischen Chemikalienrecht keine direkte nationale Umsetzung analog zu der MRL gibt.

Die Grundsätze von REACH sind in der Verordnung 1907/2006/EG umgesetzt. Diese ist für den Europäischen Wirtschaftsraum (EWR) gültig. REACH trat zum 01.06.2007 in Kraft. Betroffen von REACH sind prinzipiell alle (Gefahr-)Stoffe die in einer Menge ab einer Tonne pro Jahr in die EU eingeführt oder in der EU hergestellt werden. Jeder Stoff muss dabei einmal registriert werden. Welche Gefahrstoffe von REACH ausgeschlossen sind und welche eine besondere Zulassung benötigen, ist in diesem Kapitel in den Abschnitten 7.4.1 und 7.3 beschrieben. Während durch REACH die Registrierung, Evaluierung und Authorisierung der chemischen Stoffe geregelt ist, werden die Kennzeichnung, die Einstufung und die Verpackung von Gefahrstoffen bzw. chemischen Stoffen über die CLP-Verordnung (1272/2008/EG) definiert. Diese trat am 20.01.2009 in Kraft und stellt die Umsetzung des Globalisiert Harmonisiertes System (GHS) in der EU dar. (1272/2008/EG)

Beide Verordnungen richten sich an Hersteller (und Importeure) von chemischen Stoffen in der EU. Im Folgenden wird nun zunächst der Registrierungsprozess erklärt werden. Anschließend werden die Vorgaben zur Kennzeichnung, Einstufung und Verpackung von chemischen Stoffen erläutert.

7.2 Registrierung von chemischen Stoffen

Die Registrierung erfolgt bei der ECHA (Europäische Chemikalien Agentur) in Helsinki. Um einen Stoff registrieren zu können, muss der ECHA ein technisches Dossier vorgelegt werden. Dieses beinhaltet Daten über den chemischen Stoff und Informationen über das Risikomanagement. Nach Artikel 10 1907/2006/EG und Anhang VI 1907/2006/EG muss das technische Dossier mindestens folgende Punkte beinhalten:

- *Identität des Herstellers oder Importeurs,*
- *allgemeine Angaben über den Registrierungspflichtigen,*
- *Identifizierung des Stoffes,*
- *Angaben zu Herstellung und Verwendung,*
- *Einstufung und Kennzeichnung,*
- *Leitlinien für die sichere Verwendung,*
- *Studienzusammenfassungen.*

Neben diesen Daten werden nach 1907/2006/EG zusätzliche Angaben zur Verwendung des Stoffes benötigt. Alle weiteren Angaben richten sich nach der produzierten bzw. importierten Jahresmenge. Die zugehörigen Rechtsquellen finden sich in Tabelle 7.1

Tabelle 7.1 Rechtsquellen der Angaben von Stoffen in Abhängigkeit der jährlich produzierten Menge nach 1907/2006/EG

importierte bzw. produzierte Menge des Stoffes pro Jahr	Rechtsquelle
1 Tonne oder mehr	Anhang VII 1907/2006/EG
10 Tonnen oder mehr	Anhang VIII 1907/2006/EG
100 Tonnen oder mehr	Anhang IX 1907/2006/EG
1000 Tonnen oder mehr	Anhang X 1907/2006/EG

Nach Art. 7 1907/2006/EG muss der Produzent oder Importeur eines Erzeugnisses ein Registrierungsdossier für die im Erzeugnis enthaltenen Stoffe bei der ECHA einreichen, wenn ein Stoff in diesen Erzeugnissen in einer Menge von insgesamt mehr als einer Tonne pro Jahr und pro Produzent oder Importeur enthalten ist und der Stoff unter normalen oder vernünftigerweise vorhersehbaren Verwendungsbedingungen freigesetzt werden soll. Das Registrierungsdossier soll dabei denselben Inhalt besitzen wie das technische Dossier bei der Registrierung (siehe Abschnitt 7.2). Enthält ein Erzeugnis einen zulassungspflichtigen Stoff (siehe Abschnitt 7.4.1), so hat der Produzent oder Importeur des Erzeugnisses die ECHA zu unterrichten, wenn der Stoff in diesen Erzeugnissen in einer Menge von insgesamt mehr als einer Tonne pro Jahr und pro Produzent oder Importeur enthalten ist und

KMR ≙ krebserzeugend, mutagen, reproduktionstoxisch

der Stoff in diesen Erzeugnissen in einer Konzentration von mehr als 0,1 Masseprozent enthalten ist. Dies ist nicht nötig, wenn der Produzent oder Importeur bei normaler oder vernünftigerweise vorhersehbarer Verwendung einschließlich Entsorgung eine Exposition von Mensch und Umwelt ausschließen kann. Die ECHA bietet eine Software zur Unterstützung bei der Erstellung des Registrierungsdossiers. (Bundesanstalt für Arbeitsschutz und Arbeitsmedizin (BAuA) 2021b)

In den Anhängen VII bis X 1907/2006/EG finden sich diverse notwendige Prüfverfahren, auf die hier nicht weiter eingegangen werden soll. Werden chemische Stoffe in einer Menge über einer Tonne pro Jahr nicht registriert, ist die Verwendung in der EU verboten (Bundesanstalt für Arbeitsschutz und Arbeitsmedizin (BAuA) 2008). Die ECHA evaluiert den chemischen Stoff und prüft die Zulassungsvoraussetzungen. Sind diese erfüllt, wird dieser chemische Stoff zugelassen und auch in die digitale Datenbank der ECHA aufgenommen. Mit Aufnahme des Stoffes in die Datenbank erhält der Stoff eine EG-Nummer zur Identifikation. (Bundesanstalt für Arbeitsschutz und Arbeitsmedizin (BAuA) 2021a)

7.3 Chemische Stoffe, die von REACH ausgeschlossen sind

Nach Artikel 2 1907/2006/EG und Anhang V 1907/2006/EG gibt es einige Stoffe, die von REACH ausgeschlossen sind. Dazu gehören

- *radioaktive Stoffe im Anwendungsbereich der Richtlinie 96/29/Euratom des Rates vom 13. Mai 1996 zur Festlegung der grundlegenden Sicherheitsnormen für den Schutz der Gesundheit der Arbeitskräfte und der Bevölkerung gegen die Gefahren durch ionisierende Strahlungen;*
- *Stoffe als solche, in Zubereitungen oder in Erzeugnissen, die der zollamtlichen Überwachung unterliegen, sofern sie weder behandelt noch verarbeitet werden, und die sich in vorübergehender Verwahrung oder in Freizonen oder in Freilagern zur Wiederausfuhr oder im Transitverkehr befinden;*
- *nicht-isolierte Zwischenprodukte;*
- *die Beförderung gefährlicher Stoffe und gefährlicher Stoffe in gefährlichen Zubereitungen im Eisenbahn-, Straßen-, Binnenschiffs-, See- oder Luftverkehr.*
- *Abfall im Sinne der Richtlinie 2006/12/EG des Europäischen Parlaments und des Rates gilt nicht als Stoff, Zubereitung oder Erzeugnis im Sinne des Artikels 3 der vorliegenden Verordnung.*
- *Die Mitgliedstaaten dürfen in besonderen Fällen für bestimmte Stoffe als solche, in Zubereitungen oder in Erzeugnissen Ausnahmen von dieser Verordnung zulassen, wenn das im Interesse der Landesverteidigung erforderlich ist.*

Zudem gibt es einige Stoffe, für die bestimmte Bestandteile von REACH nicht erforderlich sind. So ist beispielsweise bei einer Stoffmenge von unter einer Tonne pro Jahr keine Registrierung des Stoffes erforderlich. Da diese Ausnahmen sehr spezifisch sind, sei an dieser Stelle auf die Verordnung 1907/2006/EG verwiesen.

7.4 Zulassungspflicht von Stoffen nach REACH

7.4.1 Stoffe, die nach REACH eine besondere Zulassung benötigen

Besonders gefährliche Stoffe benötigen nach Artikel 57 1907/2006/EG ein gesondertes Zulassungsverfahren. Zu den besonders gefährliche Stoffen zählen nach Artikel 57 1907/2006/EG

- krebserzeugende, erbgutverändernde oder fortpflanzungsgefährdende (KMR-)Stoffe der Kategorien 1 und 2, Stoffe der Kategorie 1 wirken beim Menschen bekanntermaßen KMR-erzeugend, Stoffe der Kategorie 2 wirken beim Menschen vermutlich KMR-erzeugend (UMWELTBUNDESAMT 2009)
- persistente, bioakkumulierbare und toxische Stoffe (PBT)
- sehr persistente und sehr bioakkumulierbare Stoffe (vPvB)
- Stoffe, die nach wissenschaftlichen Erkenntnissen wahrscheinlich schwerwiegende Wirkungen auf die menschliche Gesundheit oder die Umwelt haben, die ebenso besorgniserregend sind wie die der anderen aufgeführten Stoffe (z. B. Stoffe mit endokrinen Wirkungen).

7.4.2 Ablauf eines Zulassungsverfahrens

In Anhang XIV 1907/2006/EG sind alle zulassungspflichtigen Stoffe mit einem Datum aufgeführt. Nach Ablauf des Datums darf der betreffende Stoff nicht ohne erneute Zulassung in Verkehr gebracht oder verwendet werden. Dabei gibt es evtl. Ausnahmen bei bestimmten Anwendungen der zulassungspflichtigen Stoffe. Bis zum Ablauf des Datums kann ein Antrag auf Zulassung für einen Stoff beantragt werden. Dieser sollte mindestens 18 Monate vor Ablauf des Datums eingereicht werden. Ein Antrag auf Zulassung kann sich nur auf einen oder auf mehrere Verwendungszwecke beziehen. Ein nachgeschalteter Anwender, eine *„(...) natürliche oder juristische Person mit Sitz in der Gemeinschaft, die im Rahmen ihrer industriellen oder gewerblichen Tätigkeit einen Stoff als solchen oder in einer Zubereitung verwendet, mit Ausnahme des Herstellers oder Importeurs“* (§ 3 1907/2006/EG) kann nach erteilter Zulassung den betreffenden Stoff nur unter den Bedingungen verwenden, für die er die Zulassung erhalten hat. Der nachgeschaltete Anwender teilt der ECHA innerhalb von drei Monaten nach der ersten Lieferung des Stoffes seine Verwendung des Stoffes mit. Soll ein neuer Stoff im Anhang XIV 1907/2006/EG aufgenommen werden, so muss er zunächst in einer Kandidatenliste bei der ECHA aufgenommen werden. Ausgenommen von der Zulassung sind nach Artikel 2 1907/2006/EG Stoffe in:

- Human- oder Tierarzneimitteln,
- Kosmetikprodukten,
- Lebensmitteln oder Futtermitteln, einschließlich der Verwendung als Lebensmittelzusatzstoff, als Aromastoff in Lebensmitteln, als Zusatzstoff für die Tierernährung.

7.5 Das Sicherheitsdatenblatt

Ein Sicherheitsdatenblatt (SDB) ist nach Artikel 31 1907/2006/EG zu erstellen, wenn

- *der Stoff oder das Gemisch gefährlich ist*
- *der Stoff persistent, bioakkumulierbar und toxisch (PBT) oder*
- *sehr persistent und sehr bioakkumulierbar (vPvB) ist*
- *oder der Stoff zulassungspflichtig nach REACH ist.*

Es muss spätestens an dem Tag, an dem der Stoff das erste Mal geliefert wird, in elektronischer Form oder Papierform kostenlos zur Verfügung gestellt werden. (§ 31 1907/2006/EG)

Der Abnehmer eines Stoffes kann vom Lieferanten verlangen ein SDB zur Verfügung gestellt zu bekommen, wenn ein Gemisch die Kriterien für die Einstufung als gefährlich nicht erfüllt, aber

- *mindestens einen gesundheitsgefährdenden oder umweltgefährlichen Stoff enthält ≥ 1 Gewichtsprozent (nicht gasförmige Gemische) ≥ 0,2 Volumenprozent (gasförmige Gemische),*
- *mindestens einen PBT- oder vPvB-Stoff oder zulassungspflichtigen Stoff enthält ≥ 0,1 Gewichtsprozent (nicht gasförmig),*
- *einen Stoff enthält, für den es gemeinschaftliche Grenzwerte für die Exposition am Arbeitsplatz gibt.*

(§ 31 1907/2006/EG)

Die Aktualisierung der SDB ist Aufgabe des Lieferanten. Er hat sie unverzüglich zu aktualisieren, sobald

- *neue Informationen, die Auswirkungen auf die Risikomanagementmaßnahmen haben können, oder neue Informationen über Gefährdungen verfügbar werden,*
- *eine Zulassung erteilt oder versagt wurde,*
- *eine Beschränkung erlassen wurde.*

(§ 31 1907/2006/EG)

Die neue Version des SDB muss als mit „Überarbeitet am … (Datum)" gekennzeichnet sein und allen früheren Abnehmern, denen der Stoff oder das Gemisch in den vorausgegangenen 12 Monaten geliefert wurde, kostenlos zur Verfügung gestellt werden. Bei Aktualisierung nach Registrierung muss die Registrierungsnummer angegeben werden. (§ 31 1907/2006/EG)

Weitere Informationen zur Erstellung eines SDB finden sich in der TRGS 220. Diese beinhaltet auch nationale Aspekte, die es zu beachten gilt.

7.6 Stoffsicherheitsbericht und Stoffsicherheitsbeurteilung

Ein Stoffsicherheitsbericht ist für alle registrierungspflichtigen Stoffe ab einer produzierten oder importierten Jahresmenge von 10 Tonnen oder mehr notwendig. Der Stoffsicherheitsbericht beinhaltet Expositionsszenarien, die für eine identifizierte Verwendung, das sind alle dem Hersteller oder Importeur bekannten Verwendungen des Stoffes oder Gemisches, empfohlen werden. Dazu zählen Risikomanagementmaßnahmen, die Importeur oder Hersteller getroffen haben und die dem nachgeschalteten Anwender empfohlen werden. Der Stoffsicherheitsbericht wird vom nachgeschalteten Anwender erstellt. Eine Stoffsicherheitsbeurteilung muss für jeden Stoff oder jedes Stoffgemisch erstellt werden. Bei Gemischen reicht es aus, die Stoffsicherheitsbeurteilung für das gesamte Gemisch zu erstellen. (§ 37 1907/2006/EG, Anhang XII 1907/2006/EG)

Eine Stoffsicherheitsbeurteilung muss durchgeführt werden, falls es sich bei der registrierten Stoffmenge um mehr als 10 Tonnen pro Jahr handelt. Er umfasst nach §§ 14 1907/2006/EG folgende Schritte:

- *Ermittlung schädlicher Wirkungen auf die menschliche Gesundheit*
- *Beurteilung der Gefährlichkeit der physikalisch-chemischen Eigenschaften für die menschliche Gesundheit*
- *Ermittlung schädlicher Wirkungen auf die Umwelt*
- *Ermittlung der persitenten, bioakkumulativen und toxischen (PBT-) und sehr persistent und sehr bioakkumulativen (vPvB-)Eigenschaften.*

Falls es sich nach der Meinung des Herstellers oder Importeurs um einen gefährlichen Stoff oder einen PBT- bzw. vPvB-Stoff handelt, so muss er eine Expositionsbeurteilung sowie eine Risikobeschreibung in die Stoffsicherheitsbeurteilung integrieren. Falls ein nachgeschalteter Anwender einen Stoff auf eine Weise verwendet, die nicht durch den Stoffsicherheitsbericht abgedeckt ist, so muss er für Verwendungsmengen von über einer Tonne pro Jahr entweder einen eigenen Stoffsicherheitsbericht erstellen oder diesen beim Hersteller bzw. Importeur anfordern. Der Zulieferer ist nicht verpflichtet einen solchen auszustellen, wenn er die Verwendung nicht billigen kann. (Artikel 14 1907/2006/EG)

7.7 Definition von Erzeugnissen und Umgang mit diesen

Nach Artikel 3 1907/2006/EG ist ein Erzeugnis ein *„Gegenstand, der bei der Herstellung eine spezifische Form, Oberfläche oder Gestalt erhält, die in größerem Maße als die chemische Zusammensetzung seine Funktion bestimmt"*. Dabei ist die Entscheidung, ob es sich um ein Erzeugnis handelt nicht immer ganz einfach. In Tabelle 7.2 sind einige Produkte und deren Einteilung in Stoff, Gemisch und Erzeugnis aufgelistet. Die Frage, ob es sich um einen Stoff, ein Gemisch oder ein Erzeugnis handelt ist im Sinne der REACH-Verordnung relevant, da Erzeugnisse nicht registrierungspflichtig sind. Ein Aluminiumbarren wird beispielsweise als Stoff angesehen, ein Stück Aluminiumblech jedoch als Erzeugnis. Damit ist der Barren (bei einer Menge von über einer Tonne pro Jahr) registerunsgpflichtig, das Blech aber nicht. (Bundesanstalt für Arbeitsschutz und Arbeitsmedizin 2020)

Erzeugnisse können aber dennoch der Registrierungspflicht unterliegen, wenn bei der Verwendung des Erzeugnisses ein Stoff in einer Menge von mehr als einer Tonne pro Jahr freigesetzt wird. Zudem kann eine Informations- und Mitteilungspflicht bestehen, sofern beispielsweise bestimmte Stoffe freigesetzt werden oder die bei der Freisetzung bestimmter

Tabelle 7.2 Entscheidungen zu Grenzfällen für die Einordnung von Stoffen bzw. Gemischen und Erzeugnissen (Bundesanstalt für Arbeitsschutz und Arbeitsmedizin 2020)

Material	Zuordnung
Metallrohr	Erzeugnis
Strahlmittel	Stoff bzw. Gemisch
Aluminiumfolie	Erzeugnis
Draht	Erzeugnis
Schweißdraht	Stoff bzw. Gemisch
Metallkugeln (Kugellager)	Erzeugnis
CD-Hüllen (Kunststoff)	Erzeugnis
Papier	Erzeugnis
Textilien	Erzeugnis
Polyesterfasern	Erzeugnis
Verpackungen	Erzeugnis
Kugelschreiber	Gemisch (in einem Behälter)
Drucker-/Tonerkartusche	Gemisch (in einem Behälter)
Kerzen	Stoff bzw. Gemisch
Batterie/Akku	Erzeugnis
Klebeband	Erzeugnis
Nassreinigungstücher	Gemisch (auf einem Trägermaterial)
Metallbarren	Stoff bzw. Gemisch
Maschine (geölt)	Erzeugnis bzw. komplexes Objekt aus Erzeugnissen
Autoreifen	Erzeugnis
Knickleuchte	Gemisch (in einem Behälter)

Stoffe definierte Mengen überschritten werden. (Bundesanstalt für Arbeitsschutz und Arbeitsmedizin 2020)

Welche Bedingen im Einzelfall vorliegen, ist in jedem Fall zu prüfen.

7.8 Anwendungsbeispiel Registrierung, Evaluierung und Autorisierung von Chemikalien

Der Kaffeemaschinenhersteller „Nicht die Bohne“ stellt neben Kaffeemaschinen auch Reinigungsmittel für diese her. Da er diese Chemikalien von einem Zulieferer, der Firma „Chemix“, bezieht, liegt die Registrierung der verwendeten (produzierten und importierten) Chemikalien bei „Chemix“. Ein Kaffeemaschinenreiniger beinhaltet das Gemisch „Diethylsulfat“. Dieses wird von „Chemix“ als Gemisch in einer Menge von 2 Tonnen pro Jahr aus China importiert, weswegen die Firma ein Registrierungsdossier bei der ECHA einreichen muss.

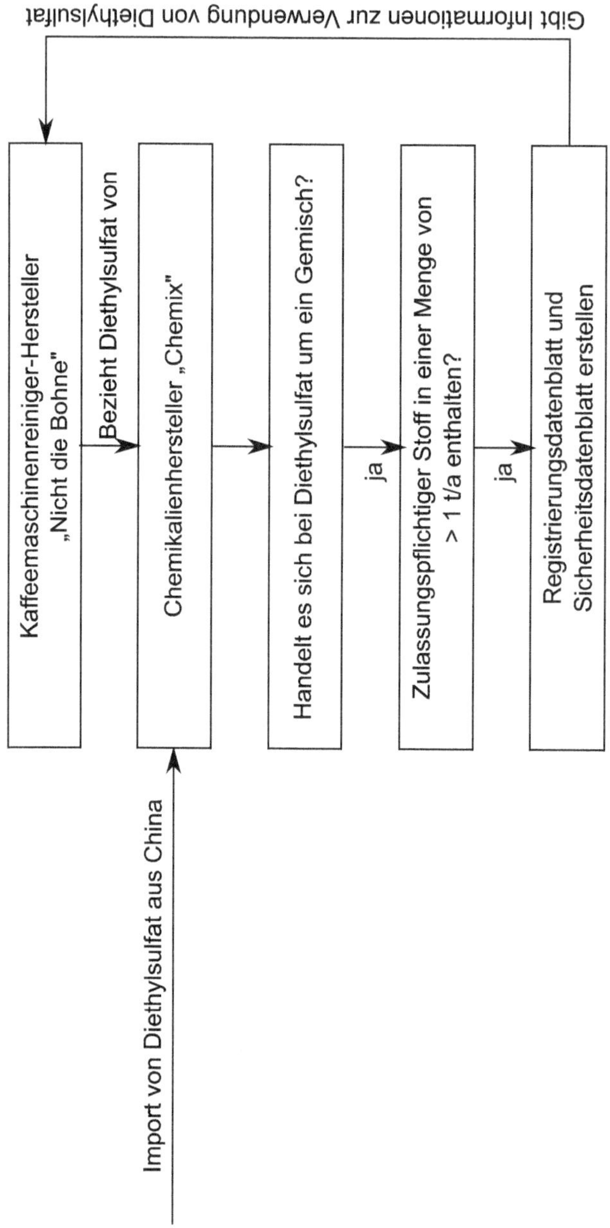

Bild 7.1 Anwendungsbeispiel für die Registrierung von Chemikalien

Diethylsulfat ist ein erbgutverändernder Stoff (KMR), weswegen er zulassungspflichtig ist und ein Sicherheitsdatenblatt benötigt. Dieses muss von „Chemix" erstellt werden. Die Firma „Nicht die Bohne" darf das von „Chemix" importierte Diethylsulfat für die Reinigerherstellung verwenden, wenn dies eine Verwendung ist, die „Chemix" empfiehlt. In Bild 7.1 ist dieser Ablauf dargestellt.

7.9 Globalisiertes Harmonisiertes System, CLP-Verordnung und Kennzeichnung von Gefahrstoffen

Das „GHS zur Einstufung und Kennzeichnung von Chemikalien" der Vereinten Nationen dient der weltweiten Harmonisierung der Vorschriften, Einstufung und Kennzeichnung gefährlicher Stoffe. In der EU ist es durch die Verordnung 1272/2008/EG umgesetzt und wurde somit auch in das nationale Recht übernommen. Die Artikel 29 bis 30 1272/2008/EG regeln die Einstufung und die Kennzeichnung von Chemikalien. Jeder Produzent oder Importeur ist verpflichtet der ECHA die Einstufung und Kennzeichnung seiner Stoffe zu melden. Dies ist mengenunabhängig und auf Stoffe bezogen, die registrierungspflichtig sind (siehe Abschnitt 7.2) und Stoffe, die nach Artikel 1 1272/2008/EG als gefährlich gelten oder Erzeugnisse, in denen diese Stoffe in gewissen Konzentrationsmengen vorkommen. Die Meldung ist verbindlich. Durch die Neuregelung der Kennzeichnung von chemischen Stoffen und Gemischen wurden die alten Gefahrenpiktogramme durch die internationalen GHS-Gefahrenpiktogramme abgelöst. In Bild 7.2 sind sowohl die alten als auch die neuen Piktogramme mit deren Bedeutung aufgeführt.

baua: Bundesanstalt für Arbeitsschutz und Arbeitsmedizin

3 Das Global Harmonisierte System (GHS) in der EU

die Einstufung und Kennzeichnung nach Verordnung (EG) Nr. 1272/2008 (CLP-VO)

Orientierungshilfe – Gesundheitsgefahren

Kap.	CLP-Verordnung (EG) Nr. 1272/2008: Gefahrenklasse und -kategorie (Kodierung)	Piktogramm / Signalwort	Gefahrenhinweis: H-Satz	Gefahrenhinweis: Wortlaut	Richtlinie 67/548/EWG: Gefahrensymbol / Gefahrenbezeichnung	Gefahrenhinweis: R-Satz	Gefahrenhinweis: Wortlaut (ggf. Einstufungskategorie)	Anmerkungen
3.1	Acute Tox. 1	Gefahr	H300	Lebensgefahr bei Verschlucken	(Sehr) giftig	R28	Sehr giftig beim Verschlucken	Die Umwandlungstabelle führt für die akute Toxizität meist zu einer Mindesteinstufung, die erst überprüft werden muss. Die Neubewertung der Daten kann eine Einstufung in eine strengere Kategorie erfordern, siehe Erläuterung nebenstehend. Für Gemische ist die Einstufung jetzt mit den verfügbaren Schätzwerten akuter Toxizität (ATE) auf Basis von LC50/LD50-Werten zu berechnen. Damit ergeben sich für Gemische völlig neue Einstufungsgrundlagen. Nicht selten resultiert aus der Berechnung eine Gefährdungskategorie, die sich bei der Umwandlung nach Anhang VII nicht ergeben hätte.
			H310	Lebensgefahr bei Hautkontakt		R27	Sehr giftig bei Berührung mit der Haut	
	Acute Tox. 2		H330	Lebensgefahr bei Einatmen		R26	Sehr giftig beim Einatmen (Dämpfe)	
						R23	Giftig beim Einatmen (Dämpfe)	
	Acute Tox. 3		H301	Giftig bei Verschlucken	Giftig	R25	Giftig bei Verschlucken	
			H311	Giftig bei Hautkontakt		R24	Giftig bei Berührung mit der Haut	
			H331	Giftig bei Einatmen		R23	Giftig beim Einatmen (gasförmig, Stäube/Nebel)	
	Acute Tox. 4	Achtung	H302	Gesundheitsschädlich bei Verschlucken	Gesundheitsschädlich	R22	Gesundheitsschädlich beim Verschlucken	
			H312	Gesundheitsschädlich bei Hautkontakt		R21	Gesundheitsschädlich bei Berührung mit der Haut	
			H332	Gesundheitsschädlich bei Einatmen		R20	Gesundheitsschädlich beim Einatmen	
3.2	Skin Corr. 1	Gefahr	H314	Verursacht schwere Verätzungen der Haut und schwere Augenschäden	Ätzend	R34	Verursacht Verätzungen	Bei der Umwandlung von R34 ist generell Skin Corr. 1 zu wählen, da die Originaldaten in der Regel nicht erlauben, weiter zu differenzieren. Bei Gemischen kann im Einzelfall auch Skin Corr. 1B oder 1C zutreffen. Für ätzende und reizende Eigenschaften an Haut, Auge und Atemtrakt spielt die Expertenbewertung eine besondere Rolle. Vorhersagbare Ergebnisse, wie z.B. schwere Augenschäden durch einen ätzenden Stoff, können zur Einstufung führen. Mit der CLP-Verordnung wurden etliche Konzentrationsgrenzwerte abgesenkt, daher sind die Einstufungen von Gemischen häufig neu einzuordnen, siehe Erläuterungen nebenstehend.
	Skin Corr. 1A					R35	Verursacht schwere Verätzungen	
	Skin Corr. 1B					–	*keine Entsprechung*	
	Skin Corr. 1C							
	Skin Irrit. 2	Achtung	H315	Verursacht Hautreizungen	Reizend	R38	Reizt die Haut	
3.3	Eye Dam. 1	Gefahr	H318	Verursacht schwere Augenschäden	Reizend	R41	Gefahr ernster Augenschäden	
	Eye Irrit. 2	Achtung	H319	Verursacht schwere Augenreizung		R36	Reizt die Augen	
3.4	Resp. Sens. 1	Gefahr	H334	Kann bei Einatmen Allergie, asthmaartige Symptome oder Atembeschwerden verursachen	Gesundheitsschädlich	R42	Sensibilisierung durch Einatmen möglich	Atemwegssensibilisierende Stoffe sind schwerwiegende Gesundheitsrisiken und werden nach CLP-Verordnung mit dem *Torso* und dem Signalwort „Gefahr" gekennzeichnet. Hautsensibilisierende Stoffe erhalten nur das *Ausrufezeichen* mit „Achtung". Für Gemische warnt die Vergabe des EUH208 bereits sensibilisierte Personen vor geringen Spuren von Allergenen. EUH208 wird bei Konzentrationen 10-fach unter der Einstufungsgrenze vergeben. Die analogen Warnhinweise EUH204 (für Isocyanate) und EUH205 (für Epoxide) haben keine Untergrenze.
	Resp. Sens. 1A					–	*keine Entsprechung*	
	Resp. Sens. 1B							
	Skin Sens. 1	Achtung	H317	Kann allergische Hautreaktionen verursachen	Reizend	R43	Sensibilisierung durch Hautkontakt möglich	
	Skin Sens. 1A					–	*keine Entsprechung*	
	Skin Sens. 1B							

Veränderte Kriterien bei akuter Toxizität

Verglichen mit dem bisherigen System sind die Kriterien der CLP-Verordnung in den Grenzbereichen strenger. Die Umwandlung führt daher zu einer Mindesteinstufung, die bei legal eingestuften Stoffen mit „*" ausgewiesen wird. Eine Überprüfung mit Hilfe der verfügbaren Daten ist erforderlich.

Beispiel: oraler Expositionsweg

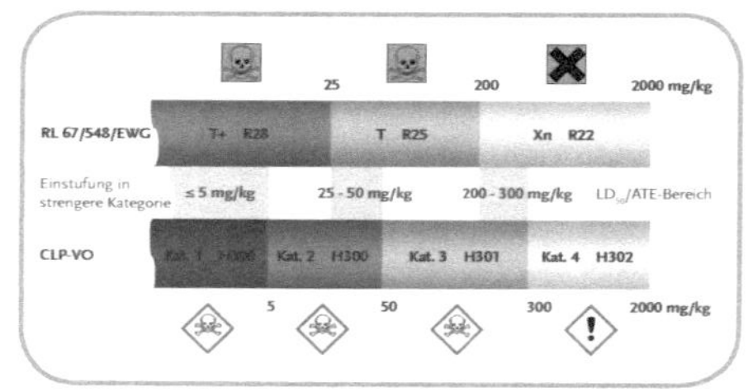

Übersicht zu Einstufungsverschiebungen

Expositionsweg	Bisherige Einstufung RL 67/548/EWG	Mindesteinstufung nach Umwandlung Anh. VII CLP-VO	Relevanter Bereich ATE-Wert (LD50, LC50)	CLP-konforme Einstufung Anh. I, Kap. 3.1
inhalativ (Stäube/Nebel)	T+ R26	Kat. 2 H330	≤ 0,05 mg/l	Kat. 1 H330
inhalativ (Stäube/Nebel)	T R23	Kat. 3 H331	> 0,25 - 0,5 mg/l	Kat. 2 H330
inhalativ (Stäube/Nebel)	Xn R20	Kat. 4 H332	> 2 - 10 mg/l	Kat. 3 H331
dermal	T R24	Kat. 3 H311	> 50 - 200 mg/kg	Kat. 2 H310
dermal	Xn R21	Kat. 4 H312	> 400 - 1000 mg/kg	Kat. 3 H311
oral	T+ R28	Kat. 2 H300	≤ 5 mg/kg	Kat. 1 H300
oral	T R25	Kat. 3 H301	> 25 - 50 mg/kg	Kat. 2 H300
oral	Xn R22	Kat. 4 H302	> 200 - 300 mg/kg	Kat. 3 H301

Neue Konzentrationsgrenzwerte für Gemische

Für einige Gesundheitsgefahren (Reiz-/Ätzwirkung, Reproduktionstoxizität) wurden in der CLP-Verordnung die allgemeinen Konzentrationsgrenzwerte zur Einstufung von Gemischen abgesenkt. In bestimmten Konzentrationsbereichen ergibt sich daraus jetzt eine strengere Kategorie als bisher. Besonders ausgeprägt ist dies für ätzende Inhaltsstoffe.

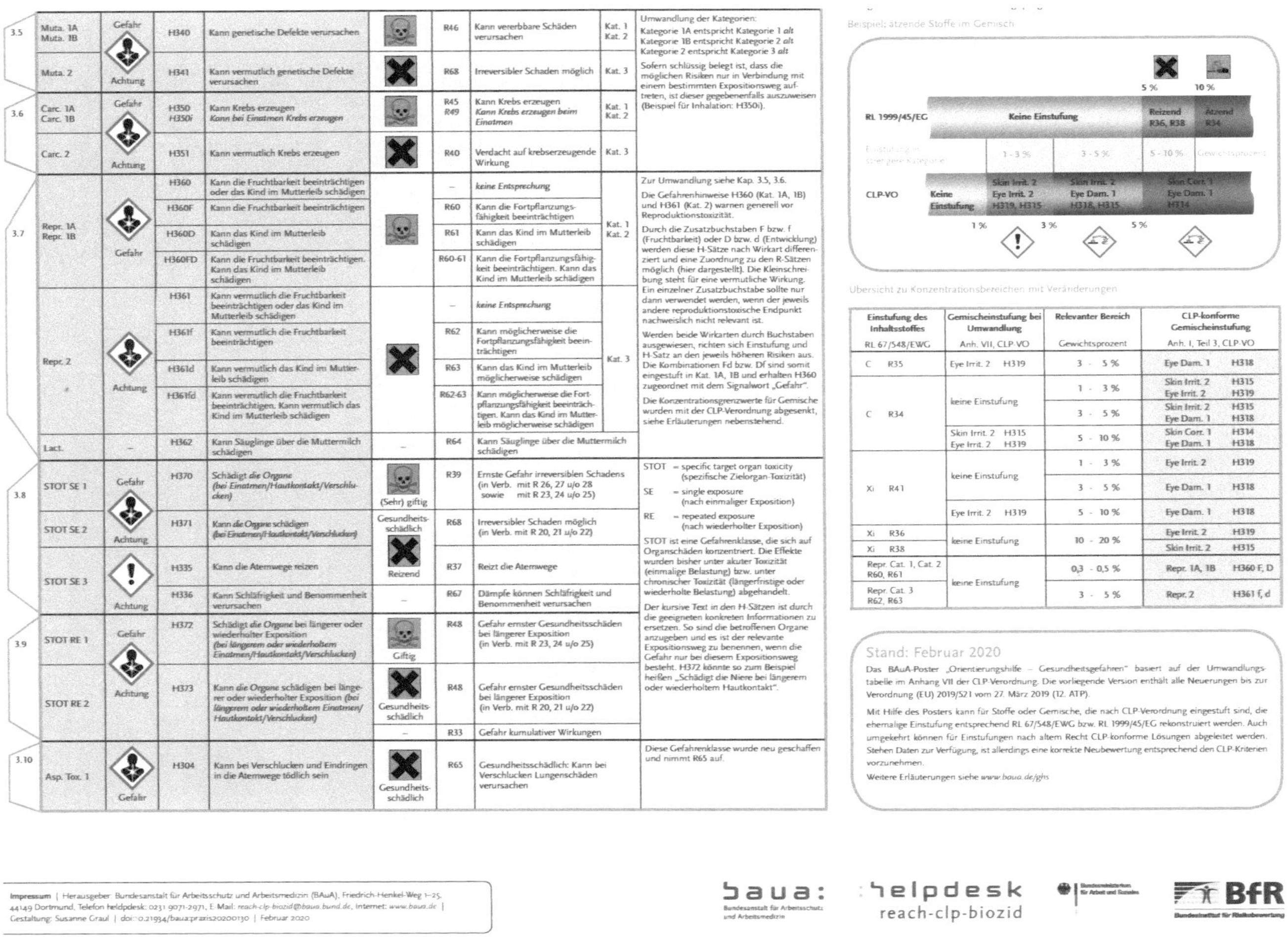

3.5	Muta. 1A Muta. 1B	Gefahr	H340	Kann genetische Defekte verursachen		R46	Kann vererbbare Schäden verursachen	Kat. 1 Kat. 2	Umwandlung der Kategorien: Kategorie 1A entspricht Kategorie 1 *alt* Kategorie 1B entspricht Kategorie 2 *alt* Kategorie 2 entspricht Kategorie 3 *alt* Sofern schlüssig belegt ist, dass die möglichen Risiken nur in Verbindung mit einem bestimmten Expositionsweg auftreten, ist dieser gegebenenfalls auszuweisen (Beispiel für Inhalation: H350i).
	Muta. 2	Achtung	H341	Kann vermutlich genetische Defekte verursachen		R68	Irreversibler Schaden möglich	Kat. 3	
3.6	Carc. 1A Carc. 1B	Gefahr	H350 *H350i*	Kann Krebs erzeugen *Kann bei Einatmen Krebs erzeugen*		R45 *R49*	Kann Krebs erzeugen *Kann Krebs erzeugen beim Einatmen*	Kat. 1 Kat. 2	
	Carc. 2	Achtung	H351	Kann vermutlich Krebs erzeugen		R40	Verdacht auf krebserzeugende Wirkung	Kat. 3	
3.7	Repr. 1A Repr. 1B	Gefahr	H360	Kann die Fruchtbarkeit beeinträchtigen oder das Kind im Mutterleib schädigen		–	*keine Entsprechung*	Kat. 1 Kat. 2	Zur Umwandlung siehe Kap. 3.5, 3.6. Die Gefahrenhinweise H360 (Kat. 1A, 1B) und H361 (Kat. 2) warnen generell vor Reproduktionstoxizität. Durch die Zusatzbuchstaben F bzw. f (Fruchtbarkeit) oder D bzw. d (Entwicklung) werden diese H-Sätze nach Wirkart differenziert und eine Zuordnung zu den R-Sätzen möglich (hier dargestellt). Die Kleinschreibung steht für eine vermutliche Wirkung. Ein einzelner Zusatzbuchstabe sollte nur dann verwendet werden, wenn der jeweils andere reproduktionstoxische Endpunkt nachweislich nicht relevant ist. Werden beide Wirkarten durch Buchstaben ausgewiesen, richten sich Einstufung und H-Satz an den jeweils höheren Risiken aus. Die Kombinationen Fd bzw. Df sind somit eingestuft in Kat. 1A, 1B und erhalten H360 zugeordnet mit dem Signalwort „Gefahr". Die Konzentrationsgrenzwerte für Gemische wurden mit der CLP-Verordnung abgesenkt, siehe Erläuterungen nebenstehend.
			H360F	Kann die Fruchtbarkeit beeinträchtigen		R60	Kann die Fortpflanzungsfähigkeit beeinträchtigen		
			H360D	Kann das Kind im Mutterleib schädigen		R61	Kann das Kind im Mutterleib schädigen		
			H360FD	Kann die Fruchtbarkeit beeinträchtigen. Kann das Kind im Mutterleib schädigen		R60-61	Kann die Fortpflanzungsfähigkeit beeinträchtigen. Kann das Kind im Mutterleib schädigen		
	Repr. 2	Achtung	H361	Kann vermutlich die Fruchtbarkeit beeinträchtigen oder das Kind im Mutterleib schädigen		–	*keine Entsprechung*	Kat. 3	
			H361f	Kann vermutlich die Fruchtbarkeit beeinträchtigen		R62	Kann möglicherweise die Fortpflanzungsfähigkeit beeinträchtigen		
			H361d	Kann vermutlich das Kind im Mutterleib schädigen		R63	Kann das Kind im Mutterleib möglicherweise schädigen		
			H361fd	Kann vermutlich die Fruchtbarkeit beeinträchtigen. Kann vermutlich das Kind im Mutterleib schädigen		R62-63	Kann möglicherweise die Fortpflanzungsfähigkeit beeinträchtigen. Kann das Kind im Mutterleib möglicherweise schädigen		
	Lact.	–	H362	Kann Säuglinge über die Muttermilch schädigen	–	R64	Kann Säuglinge über die Muttermilch schädigen		
3.8	STOT SE 1	Gefahr	H370	Schädigt *die Organe* *(bei Einatmen/Hautkontakt/Verschlucken)*	(Sehr) giftig	R39	Ernste Gefahr irreversiblen Schadens (in Verb. mit R 26, 27 u/o 28 sowie mit R 23, 24 u/o 25)		STOT = specific target organ toxicity (spezifische Zielorgan-Toxizität) SE = single exposure (nach einmaliger Exposition) RE = repeated exposure (nach wiederholter Exposition) STOT ist eine Gefahrenklasse, die sich auf Organschäden konzentriert. Die Effekte wurden bisher unter akuter Toxizität (einmalige Belastung) bzw. unter chronischer Toxizität (längerfristige oder wiederholte Belastung) abgehandelt. *Der kursive Text in den H-Sätzen ist durch die geeigneten konkreten Informationen zu ersetzen. So sind die betroffenen Organe anzugeben und es ist der relevante Expositionsweg zu benennen, wenn die Gefahr nur bei diesem Expositionsweg besteht.* H372 könnte so zum Beispiel heißen „Schädigt die Niere bei längerem oder wiederholtem Hautkontakt".
	STOT SE 2	Achtung	H371	Kann *die Organe* schädigen *(bei Einatmen/Hautkontakt/Verschlucken)*	Gesundheitsschädlich	R68	Irreversibler Schaden möglich (in Verb. mit R 20, 21 u/o 22)		
	STOT SE 3	Achtung	H335	Kann die Atemwege reizen	Reizend	R37	Reizt die Atemwege		
			H336	Kann Schläfrigkeit und Benommenheit verursachen	–	R67	Dämpfe können Schläfrigkeit und Benommenheit verursachen		
3.9	STOT RE 1	Gefahr	H372	Schädigt *die Organe* bei längerer oder wiederholter Exposition *(bei längerem oder wiederholtem Einatmen/Hautkontakt/Verschlucken)*	Giftig	R48	Gefahr ernster Gesundheitsschäden bei längerer Exposition (in Verb. mit R 23, 24 u/o 25)		
	STOT RE 2	Achtung	H373	Kann *die Organe* schädigen bei längerer oder wiederholter Exposition *(bei längerem oder wiederholtem Einatmen/Hautkontakt/Verschlucken)*	Gesundheitsschädlich	R48	Gefahr ernster Gesundheitsschäden bei längerer Exposition (in Verb. mit R 20, 21 u/o 22)		
					–	R33	Gefahr kumulativer Wirkungen		
3.10	Asp. Tox. 1	Gefahr	H304	Kann bei Verschlucken und Eindringen in die Atemwege tödlich sein	Gesundheitsschädlich	R65	Gesundheitsschädlich: Kann bei Verschlucken Lungenschäden verursachen		Diese Gefahrenklasse wurde neu geschaffen und nimmt R65 auf.

Beispiel: ätzende Stoffe im Gemisch

Übersicht zu Konzentrationsbereichen mit Veränderungen

Einstufung des Inhaltsstoffes RL 67/548/EWG	Gemischeinstufung bei Umwandlung Anh. VII, CLP-VO	Relevanter Bereich Gewichtsprozent	CLP-konforme Gemischeinstufung Anh. I, Teil 3, CLP-VO
C R35	Eye Irrit. 2 H319	3 - 5 %	Eye Dam. 1 H318
C R34	keine Einstufung	1 - 3 %	Skin Irrit. 2 H315 Eye Irrit. 2 H319
		3 - 5 %	Skin Irrit. 2 H315 Eye Dam. 1 H318
	Skin Irrit. 2 H315 Eye Irrit. 2 H319	5 - 10 %	Skin Corr. 1 H314 Eye Dam. 1 H318
Xi R41	keine Einstufung	1 - 3 %	Eye Irrit. 2 H319
		3 - 5 %	Eye Dam. 1 H318
	Eye Irrit. 2 H319	5 - 10 %	Eye Dam. 1 H318
Xi R36	keine Einstufung	10 - 20 %	Eye Irrit. 2 H319
Xi R38			Skin Irrit. 2 H315
Repr. Cat. 1, Cat. 2 R60, R61	keine Einstufung	0,3 - 0,5 %	Repr. 1A, 1B H360 F, D
Repr. Cat. 3 R62, R63		3 - 5 %	Repr. 2 H361 f, d

Stand: Februar 2020

Das BAuA-Poster „Orientierungshilfe – Gesundheitsgefahren" basiert auf der Umwandlungstabelle im Anhang VII der CLP-Verordnung. Die vorliegende Version enthält alle Neuerungen bis zur Verordnung (EU) 2019/521 vom 27. März 2019 (12. ATP).

Mit Hilfe des Posters kann für Stoffe oder Gemische, die nach CLP-Verordnung eingestuft sind, die ehemalige Einstufung entsprechend RL 67/548/EWG bzw. RL 1999/45/EG rekonstruiert werden. Auch umgekehrt können für Einstufungen nach altem Recht CLP-konforme Lösungen abgeleitet werden. Stehen Daten zur Verfügung, ist allerdings eine korrekte Neubewertung entsprechend den CLP-Kriterien vorzunehmen.

Weitere Erläuterungen siehe *www.baua.de/ghs*

Impressum | Herausgeber: Bundesanstalt für Arbeitsschutz und Arbeitsmedizin (BAuA), Friedrich-Henkel-Weg 1–25, 44149 Dortmund, Telefon heldpdesk: 0231 9071-2971, E-Mail: *reach-clp-biozid@baua.bund.de*, Internet: *www.baua.de* | Gestaltung: Susanne Graul | doi:10.21934/baua:praxis20200130 | Februar 2020

baua: Bundesanstalt für Arbeitsschutz und Arbeitsmedizin

helpdesk reach-clp-biozid

BfR Bundesinstitut für Risikobewertung

Bild 7.2 Orientierungshilfe-Gesundheitsgefahren GHS (Bundesanstalt für Arbeitsschutz und Arbeitsmedizin (BAuA) 2020a)

In der CLP-Verordnung ist geregelt, unter welchem Umständen ein Stoff oder Gemisch welche Kennzeichnung benötigt. Grundsätzlich sind die Stoffe und Gemische eindeutig indentifizierbar zu kennzeichnen. Dazu zählen neben einem eindeutigen Produktnamen (Stoffnamen), der EG-Nummer und der Nennmenge, die entsprechenden Gefahrenpiktogramme. Diese müssen dann noch um die Signalwörter „Achtung" und „Gefahr" ergänzt werden. Zudem sind der Kennzeichnung dann noch um die H- und P-Sätze hinzuzufügen. H-Sätze („hazard statements") beschreiben die Gefahren, die vom jeweiligen Stoff oder Gemisch ausgehen. Die H200-Reihe steht für physikalische Gefahren, wie beispielsweise ein entzündbarer Feststoff (H228). Die H300-Reihe beschreibt die Gesundheitsgefahren, H315 steht z. B. für einen Stoff oder ein Gemisch, das Hautreizungen verursacht. Die H400-Reihe steht für Umweltgefahren, H400 kennzeichnet hier Stoffe und Gemische, die sehr giftig für Wasserorganismen sind. Während also die H-Sätze für Gefahren stehen, beschreiben die P-Sätze („precautionary statements" Schutzmaßnahmen. Diese beinhalten die P100-Reihe (Allgemeines, z. B. P102 Darf nicht in die Hände von Kindern gelangen), die P200-Reihe (Prävention, z. B. P235 Kühl halten), die P300-Reihe (Reaktion, z. B. P304 Bei Einatmen: An die frische Luft bringen und in einer Position ruhigstellen, die das Atmen erleichtert), die P400-Reihe (Aufbewahrung, z. B. P403 An einem gut belüfteten Ort aufbewahren) und die P500-Reihe (Entsorgung, z. B. P503 Informationen zur Entsorgung/Wiederverwendung/Wiederverwertung beim Hersteller/Lieferanten/... erfragen). P-Sätze können auch kombiniert werden. Durch die Einführung der H- und P-Sätze verlieren die R- (Risiko-) und S- (Sicherheits-)Sätze an Gültigkeit und müssen ersetzt werden. Zudem ist der Hersteller bzw. Lieferant mit Kontaktmöglichkeit immer anzugeben. (1272/2008/EG) Eine beispielhafte Kennzeichnung für ein Gemisch ist in Bild 7.3 dargestellt.

Achtung

Kühlschmierstoffkonzentrat
Kühl-Fix
CAS-Nr.: 0-8-15

Hersteller:
Kühl-Fix GmbH
12345 Kühlheim
Tel.: 0123/123123

Verursacht Hautreizungen. (H315)
Verursacht schwere Augenreizung. (H319)
Schutzhandschuhe/Schutzkleidung/Augenschutz tragen. (P280)
Bei Hautreizung: Ärztlichen Rat einholen/ärztliche Hilfe hinzuziehen. (P332 + P313)
Bei anhaltender Augenreizung: Ärztlichen Rat einholen/ärztliche Hilfe hinzuziehen. (P337 + P313)
1 Liter Konzentrat

Bild 7.3 Beispielhafte Kennzeichnung eines wassermischbaren Kühlschmierstoffs entsprechend der Verordnung 1272/2008/EG. Alle Daten sind frei erfunden.

„STOP"-Sätze

7.10 Mein Arbeitsschutz-Logbuch: Kapitel Vorgaben zur Herstellung von chemischen Stoffen in der Europäischen Union

In der abgeschlossenen Einheit ging es um:

Meine wichtigste Erkenntnis daraus ist:

Das möchte ich mir noch einmal genauer anschauen:

Das wollte ich noch fragen:

8 Sicherer Umgang mit Gefahrstoffen

Nach Abschluss dieses Kapitels sollten Sie in der Lage sein, die notwendigen Rechtsgrundlagen zu Gefahrstoffen wiedergeben und entsprechende Rechtsgrundlagen zur Handhabung von Gefahrstoffen im betrieblichen Kontext nennen zu können. Zudem sollten Sie die Regelungen bei Brand- und Explosionsgefahr beschreiben können.

8.1 Zahlen, Daten, Fakten

Gefahrstoffe lassen sich in den meisten Unternehmen finden, da diese, die nach § 2 GefStoffV folgendermaßen definiert sind:

1. *gefährliche Stoffe und Gemische nach § 3 GefStoffV* [Stoffe, Gemische und Erzeugnisse, von denen physikalische Gefahren, Umweltgefahren, Gesundheitsgefahren oder sonstige Gefahren ausgehen],
2. *Stoffe, Gemische und Erzeugnisse, die explosionsfähig sind,*
3. *Stoffe, Gemische und Erzeugnisse, aus denen bei der Herstellung oder Verwendung Stoffe nach Nummer 1 oder Nummer 2 entstehen oder freigesetzt werden,*
4. *Stoffe und Gemische, die die Kriterien nach den Nummern 1 bis 3 nicht erfüllen, aber auf Grund ihrer physikalisch-chemischen, chemischen oder toxischen Eigenschaften und der Art und Weise, wie sie am Arbeitsplatz vorhanden sind oder verwendet werden, die Gesundheit und die Sicherheit der Beschäftigten gefährden können,*
5. *alle Stoffe, denen ein Arbeitsplatzgrenzwert zugewiesen worden ist.*

Kommt es zu einer Gesundheitsgefährdung durch einen oder mehrere Gefahrstoffe, so ist die Folge in der Regel eine Berufskrankheit. Nach Bundesministerium für Arbeit und Soziales (BMAS); Bundesanstalt für Arbeitsschutz und Arbeitsmedizin (BAuA) (2020b) standen Hauterkrankungen und Asbestose auf Platz 2 und 4 der angezeigten Berufskrankheiten.

Die Auswirkungen eines unbedachten Umgangs mit Gefahrstoffen können tückisch sein: Während bei einem Arbeitsunfall die Folgen für gewöhnlich sofort erkennbar sind, treten sie bei Berufskrankheiten meist erst nach einem längeren Zeitraum, teilweise sogar nach mehreren Jahren auf. In einigen Fällen können die Beschäftigten ihrer Arbeit dennoch weiter nachgehen, in vielen Fällen müssen jedoch Umschulungsmaßnahmen ergriffen werden. Der

Umgang mit Gefahrstoffen sollte also, auch im Sinne der Gefahrstoffverordnung (GefStoffV), bedacht sein.

8.2 Umgang mit Gefahrstoffen

Die Vorgaben für den Umgang mit Gefahrstoffen resultieren aus der GefStoffV, welche durch die Technische Regeln für Gefahrstoffe (TRGS) konkretisiert werden. Wie in Kapitel 3 erläutert, ist auch für Gefahrstoffe eine Gefährdungsbeurteilung zu erstellen. Zudem benötigt der Unternehmer im Umgang mit Gefahrstoffen Betriebsanweisungen (§ 6 GefStoffV) und Unterweisungen (§ 14 GefStoffV) sowie ein Gefahrstoffverzeichnis. Je nach eingesetztem Gefahrstoff können beispielsweise bei krebserzeugenden Stoffen weitere Unterlagen (§ 6 Abs. 12 GefStoffV) notwendig sein.

8.2.1 Gefahrstoffinformation

Die Einstufung und Kennzeichnung der Gefahrstoffe richtet sich nach der Richtlinie 1272/2008/EG. Zur Einstufung der Gefährdungen wurden verschiedene Gefahrenklassen definiert nach welchen die Gefahrstoffe kategorisiert werden müssen (§ 3 GefStoffV). Um Verwechslungen zu vermeiden und Gefahrstoffe korrekt zu klassifizieren, ist die Kennzeichnung von elementarer Bedeutung. Nach § 4 GefStoffV gilt dabei Folgendes:

- Die Kennzeichnung hat, sofern die Stoffe, Gemische oder Erzeugnisse in Deutschland in Verkehr gebracht wurden, in deutscher Sprache zu erfolgen.
- Unverpackten Stoffen, Gemischen oder Erzeugnissen ist ein SDB hinzuzufügen.
- Der Lieferant hat dem Anwender auf Anfrage unverzüglich alle Infomationen zur Verfügung zu stellen, die dieser für eine ordnungsgemäße Einstufung neuer Gemische benötigt, sofern vorhandene Informationen (z. B. SDB) dafür nicht ausreichen.

Zudem erfordern bestimmte Gefahrstoffe wie beispielsweise Biozid-Produkte weitere Kennzeichnungen. Grundsätzlich kann der Anwender bei der Datenerfassung jedoch auf die Daten des Herstellers im SDB zurückgreifen. Weitere Informationen zum SDB finden sich in Kapitel 7 und in den entsprechnenden TRGS der 200-Reihe, insbesondere der TRGS 220. Mit der Richtlinie 1272/2008/EG wurde das sogenannte GHS in Europa und damit auch in Deutschland eingeführt. Das GHS stellt eine Vereinheitlichung der Kennzeichnung von Gefahrstoffen auf internationaler Ebene dar. Hieraus ergibt sich für den Anwender zum einen die Möglichkeit Daten und Informationen zu Gefahrstoffen aus den SDB zu entnehmen. Zum anderen ergibt sich aber auch die Verpflichtung, Gefahrstoffe, die beispielsweise innerbetrieblich umgefüllt werden, korrekt zu kennzeichnen.

8.2.2 Gefährdungsbeurteilung und Grundpflichten des Unternehmers

Um die Gefährdungen, die sich für die Beschäftigten durch den Umgang mit Gefahrstoffen ergeben, einschätzen zu können, hat der Unternehmer hierzu ein Gefährdungsbeurteilung durchzuführen. Dabei sind nach § 6 GefStoffV die folgenden Aspekte zu beachten:

1. *gefährliche Eigenschaften der Stoffe oder Gemische, einschließlich ihrer physikalisch-chemischen Wirkungen,*
2. *Informationen des Lieferanten zum Gesundheitsschutz und zur Sicherheit insbesondere im Sicherheitsdatenblatt,*
3. *Art und Ausmaß der Exposition unter Berücksichtigung aller Expositionswege; dabei sind die Ergebnisse der Messungen und Ermittlungen nach § 7 Absatz 8 zu berücksichtigen,*
4. *Möglichkeiten einer Substitution,*
5. *Arbeitsbedingungen und Verfahren, einschließlich der Arbeitsmittel und der Gefahrstoffmenge,*
6. *Arbeitsplatzgrenzwerte und biologische Grenzwerte,*
7. *Wirksamkeit der ergriffenen oder zu ergreifenden Schutzmaßnahmen,*
8. *Erkenntnisse aus arbeitsmedizinischen Vorsorgeuntersuchungen nach der Verordnung zur arbeitsmedizinischen Vorsorge.*

Gefährdungsbeurteilungen für Gefahrstoffe dürfen nach § 6 GefStoffV nur von fachkundigen Personen durchgeführt werden. Fachkundig im Sinne der GefStoffV ist nach § 2 *(...) wer zur Ausübung einer in dieser Verordnung bestimmten Aufgabe über die erforderlichen Fachkenntnisse verfügt. Die Anforderungen an die Fachkunde sind abhängig von der jeweiligen Art der Aufgabe. Zu den Anforderungen zählen eine entsprechende Berufsausbildung, Berufserfahrung oder eine zeitnah ausgeübte entsprechende berufliche Tätigkeit sowie die Teilnahme an spezifischen Fortbildungsmaßnahmen.* Die Gefährdungsbeurteilung, also die analysierten Gefährdungen, das abgeleitete Risiko sowie die getroffenen Maßnahmen sind zu dokumentieren. Im Folgenden werden die einzelnen Aspekte basierend auf der GefStoffV weiter erläutert werden. Bei der Gefährdungsberurteilung nach GefStoffV hat der Unternehmer folgende Schritte durchzuführen (Berufsgenossenschaft Energie Textil Elektro Medienerzeugnisse (BG ETEM) 2018a):

1. Informationsermittlung
2. Expositionsermittlung
3. Beurteilung
4. Schutzmaßnahmen
5. Wirksamkeitskontrolle

An erster Stelle steht die Informationsbeschaffung. Informationen zu beispielsweise angekauften Gefahrstoffen können durch das SDB erlangt werden. Dies gibt auch Auskunft über die gefährlichen Eigenschaften der Stoffe oder Gemische. Sollte kein SDB vorhanden sein, da es sich beispielsweise um einen selbst produzierten Stoff handelt, so hat der Unternehmer diesen einzuschätzen (siehe hierzu Kapitel 7). Falls Erkenntnisse aus der arbeitsmedizinischen Vorsorgeuntersuchung bezüglich der verwendeten Gefahrstoffe vorliegen, sind diese ebenfalls im Rahmen der Gefährdungsbeurteilung zu berücksichtigen.

So kann beispielsweise eine Grenzwertüberschreitung des Biologischer Grenzwert (BGW) beim Umgang mit Blei ein Kennzeichen für nicht ausreichende Schutzmaßnahmen sein, das sich aus der arbeitsmedizinischen Vorsorge ergibt. Sollte es keine Informationen zu einem verwendeten Gefahrstoff bezüglich der *akut toxischen, reizenden, hautsensibilisierenden oder keimzellmutagenen Wirkung oder zur spezifischen Zielorgan-Toxizität bei wiederholter Exposition vor, (...) [geben, so sind diese Stoffe wie Stoffe] der Gefahrenklasse Akute Toxizität (oral, dermal und inhalativ) Kategorie 3, Ätz-/Reizwirkung auf die Haut Kategorie 2, Sensibilisierung der Haut Kategorie 1, Keimzellmutagenität Kategorie 2 oder Spezifische Zielorgan-Toxizität, wiederholte Exposition (STOT RE) Kategorie 2 zu behandeln.* (§ 6 GefstoffV)

Im Anschluss hat der Unternehmer Art und Ausmaß der Exposition zu beurteilen. Hierbei gilt es vor allem, den jeweiligen Arbeitsplatzgrenzwert (AGW) und den biologischen Grenzwert BGW einzuhalten und die Einhaltung beispielsweise durch eine Gefahrstoffmessung sicherzustellen. Die Beurteilung kann in dermal, oral und inhalativ unterteilt werden. In diesem Zusammenhang sei auch auf die Beachtung der verwendeten Verfahren und Arbeitsbedingungen hingewiesen: Einige Gefahrstoffe z. B. Schweißstäube entstehen erst bei Umsetzung des Schweißverfahrens. Bei anderen wie beispielsweise Kühlschmierstoffen ist der Gefahrstoff immer vorhanden. Hierbei spielen jedoch die Arbeitsverfahren eine große Rolle, da dort bereits Maßnahmen umgesetzt sein können. Handelt es sich z. B. um eine gekapselte Maschine, kann die Gefährdungsbeurteilung gegebenenfalls auf die manuellen Tätigkeiten wie das Rüsten oder die Werkstückentnahme reduziert werden. Grundsätzlich gilt beim Umgang mit Gefahrstoffen ein Substitutionsgebot inklusive Dokumentation der Substitutionsprüfung. Der Unternehmer hat wo immer möglich den Gefahrstoff zu substituieren. Hilfestellung zur Substitution gibt neben der TRGS 600 das GHS-Spaltenmodell (Institut für Arbeitsschutz der Deutschen gesetzlichen Unfallversicherung 2020). Hierbei handelt es sich um eine Praxishilfe, anhand derer verschiedene Stoffe miteinander verglichen werden können. Jeder Gefahrstoff wird 7 Kategorien zugeordnet (Gefahr, akute Gesundheitsgefahren (einmalige Einwirkung), chronische Gesundheitsgefahren (wiederholte Einwirkung), Umweltgefahren, physikalisch-chemische Einwirkungen, Freisetzungsverhalten und Verfahren) entsprechend einer Einteilung von sehr hoch bis vernachlässigbar klassifiziert. Die Gefahrstoffe werden dann anhand der einzelnen Spalten bzw. Kategorien miteinander verglichen. Dies bietet dem Unternehmer neben einer geeigneten Auswahl auch die Möglichkeit der Dokumentation der Substitutionsprüfung.

Im Anschluss an die Informations- und Expositionsermittlung hat der Unternehmer die Gefährdung zu beurteilen. Beurteilungsmaßstäbe sind die Art und der Grad der vorhandenen Gefährdung. Dabei müssen alle Gefahren, die durch

- Inhalation,
- Hautkontakt,
- physikalische-chemische Eigenschaften und
- orale Aufnahme

entstehen, berücksichtigt werden. Neben dem bereits genannten **Substitutionsgebot** hat der Unternehmer nach § 7 GefStoffV ebenfalls das **Minimierungsgebot** zu erfüllen, d. h. anhand technischer und organisatorischer Schutzmaßnahmen sowie persönlicher Schutzausrüstung, die Exposition der verwendeten Gefahrstoffe auf ein Minimum zu reduzieren. Auch hier gilt das TOP-Prinzip (siehe Abschnitt 3.4). Am Beispiel Kühlschmierstoff bei einer CNC-Bearbeitungsmaschine könnte dies beispielsweise durch die Kapselung der Maschine und eine automatisierte Zuführung des Kühlschmierstoffs (technisch), durch die Reduktion der Expositionszeit durch beispielsweise Arbeitsplatzwechsel (organisatorisch) und Chemikalienschutzhandschuhe (PSA) erfolgen. Speziell bei **technischen Schutzmaßnahmen** gilt: Der Unternehmer hat regelmäßig, mindestens jedoch alle 3 Jahre eine Überprüfung der technischen Schutzmaßnahmen durchzuführen und das Ergebnis der Prüfung zu dokumentieren. Bei **PSA** hat der Unternehmer auf

- die sachgerechte Lagerung,
- die sachgerechte Prüfung und Reinigung und
- den Austausch bei Mängeln

zu achten. Beschäftigte haben die vorgeschriebene PSA zu verwenden.
(§ 7 GefStoffV) Sofern Schutzmaßnahmen zu ergreifen sind, hat der Unternehmer diese auf ihre Wirksamkeit zu überprüfen.

Eine Möglichkeit der vereinfachten Gefährdungsbeurteilung stellt das „Einfaches Maßnahmenkonzept Gefahrstoffe (EMKG)" dar. Dieses wurde entwickelt, um vor allem kleine und mittlere Unternehmen bei der Erstellung der Gefährdungebeurteilung für Gefahrstoffe zu unterstützen. Das EMKG bietet dabei drei Module:

- Haut
- Einatmen
- Brand- und Explosion

Wann das EMKG verwendet werden kann, richtet sich nach der Einstufung des Gefahrstoffs. Grundsätzlich ist eine Anwendung bei besonders gefährlichen Stoffen (z. B. krebserzeugend, erbgutverändernd oder fortpflanzungsgefährdend (KMR), Specific Target Organ Toxicity (STOT), Persistent, Bioakkumulativ, Toxisch (PBT)) nicht möglich. Auskunft über die Anwendung geben die H-Sätze (siehe Abschnitt 7.9). Entsprechend dieser werden die betrachteten Gefahrstoffe in Gefährlichkeitsgruppen unterteilt. Anschließend erfolgt die Beurteilung, ob spezielle Maßnahmen ergriffen werden müssen. Dazu werden für das jeweilige Modul die möglichen Formen der Exposition betrachtet. Die Auswahl von Schutzmaßnahmen erfolgt dann über sogenannte Schutzleitfäden, die auf der Website der Bundesanstalt für Arbeitsschutz und Arbeitsmedizin (BAuA) zu finden sind. (Kahl et al. 2014)

Zur Umsetzung des EMKG gibt es eine Reihe von unterstützenden Werkzeugen, wie beispielsweise Poster (Wilmes et al. 2021), Drehscheiben (Wilmes et al. 2020), eine App (Bundesanstalt für Arbeitsschutz und Arbeitsmedizin (BAuA) 2021d) oder eine entsprechende Software (Bundesanstalt für Arbeitsschutz und Arbeitsmedizin (BAuA) 2022). Zusätzlich zur Dokumentation der Gefährdungsbeurteilung hat der Unternehmer weitere Dokumentationspflichten, die im Folgenden erläutert werden.

Gefahrstoffverzeichnis

Neben der Dokumentation der Gefährdungsbeurteilung hat der Unternehmer ein Gefahrstoffverzeichnis zu führen, welches nach § 6 GefStoffV folgende Informationen enthalten muss:

1. *Bezeichnung des Gefahrstoffs,*
2. *Einstufung des Gefahrstoffs oder Angaben zu den gefährlichen Eigenschaften,*
3. *Angaben zu den im Betrieb verwendeten Mengenbereichen,*

4. *Bezeichnung der Arbeitsbereiche, in denen Beschäftigte dem Gefahrstoff ausgesetzt sein können.*

Grundpflichten des Unternehmers

Zu den Grundpflichten des Arbeitgebers zählen neben der Erstellung der Gefährdungsbeurteilung nach § 7 GefStoffV folgende:

- Substitutionsgebot
- Umsetzung von Schutzmaßnahmen nach dem (S)TOP-Prinzip
- Wirksamkeitskontrolle der getroffenen Schutzmaßnahmen
- Einhaltung der AGW und Expositionsmessung

8.2.3 Schutzmaßnahmen

Nun werden die bereits erwähnten Schutzmaßnahmen weiter konkretisiert werden. Die Schutzmaßnahmen unterteilen sich in allgemeine Schutzmaßnahmen (§ 8 GefStoffV), zusätzliche Schutzmaßnahmen (§ 9 GefStoffV), besondere Schutzmaßnahmen bei Tätigkeiten mit krebserzeugenden, keimzellmutagenen und reporduktionstoxischen Gefahrstoffen der Kategorie 1A und 1B (§ 10 GefStoffV) sowie besonderen Schutzmaßnahmen gegen physikalisch-chemische Einwirkungen, insbesondere gegen Brand- und Explosionsgefährdung (§ 11 GefStoffV, wird im nachfolgenden Abschnitt 8.3 umgehender behandelt).

Grundsätzlich gilt beim Umgang mit sämtlichen Gefahrstoffen folgende, nicht abschließende Liste an Schutzmaßnahmen (§ 9 GefStoffV):

- eine geeignete Arbeitsorganisation, eine geeignete Gestaltung des Arbeitsplatzes und geeignete Arbeitsverfahren,
- geeignete Arbeitsmittel, deren Wartung und Prüfung,
- Minimierungsgebot (Minimierung der Zahl der Beschäftigten, die Umgang mit dem Gefahrstoff haben, Minimierung der Dauer und Höhe der Exposition sowie der Menge des eingesetzten Gefahrstoffes),
- Hygienemaßnahmen,
- Kennzeichnung der Stoffe und Gemische,
- Verbot der Aufnahme von Nahrungs- und Genussmitteln,
- geeignete Handhabung, Beförderung und Lagerung der Gefahrstoffe (nähere Informationen beispielsweise in der TRGS 510),
- sachgerechte Entsorgung von Gefahrstoffen.

Sofern durch die genannten Schutzmaßnahmen die AGW und BGW nicht eingehalten werden können oder weiterhin Gefährdungen bestehen, müssen weitere Schutzmaßnahmen ausgewählt und umgesetzt werden. Kann der verwendete Gefahrstoff nicht durch einen harmloseren Stoff substituiert werden, so muss auf ein geschlossenes System zurückgegriffen werden (§ 10 GefStoffV). Dies kann beispielsweise durch abgesaugt und gekapselte Maschinen oder mittels sogenannten Glove-Boxen erfolgen. Glove-Boxen, also „Handschuhkästen“, sind abgeschlossenen Kästen, die einem Bediener die Handhabung von Bauteilen oder Stoffen über Handschuhe ermöglichen. Diese können zudem mit einer Absaugung versehen sein, sodass der Bediener keinen Kontakt mit dem Stoff oder Bauteil hat und somit auch keiner Gefahr ausgesetzt wird. Für weitere Schutzmaßnahmen sei an dieser Stelle ebenfalls auf § 10 GefStoffV sowie die TRGS 500 verwiesen.

Umgang mit krebserzeugenden, keimzellmutagenen und reproduktionstoxischen Stoffen der Kategorie 1A und 1B

Aufgrund der erhöhten Gesundheitsgefahr, sind KMR-Stoffe der Kategorien 1A und 1B besonderes zu behandeln. KMR-Stoffe sind durch das Gefahrenpiktogramm GHS08 „Gesundheitsgefahr" (siehe Bild 8.1) gekennzeichnet. Zusätzlich werden KMR-Stoffe in Kategorien unterteilt, die in Tabelle 8.1 gelistet sind.

Bild 8.1 Gefahrenpiktogramm GHS08 „Gesundheitsgefahr" (Teil 3.6 1272/2008/EG)

Tabelle 8.1 Kategorisierung der KMR-Stoffe nach 1272/2008/EG

Kategorie		Kriterien
1		Bekanntermaßen oder wahrscheinlich beim Menschen karzinogen. Ein Stoff wird anhand epidemiologischer und/oder Tierversuchsdaten als karzinogen der Kategorie 1 eingestuft.
	1A	Kategorie 1A für Stoffe, die bekanntermaßen beim Menschen karzinogen sind; die Einstufung erfolgt überwiegend aufgrund von Nachweisen beim Menschen;
	1B	Kategorie 1B, für Stoffe, die wahrscheinlich beim Menschen karzinogen sind; die Einstufung erfolgt überwiegend aufgrund von Nachweisen bei Tieren.
2		Verdacht auf karzinogene Wirkung beim Menschen

Der Arbeitgeber hat ein risikobezogenes Maßnahmenkonzept für den Umgang mit KMR-Stoffen der Kategorie 1A und 1B umzusetzen (§ 10 GefStoffV, weitere Informationen zum risikobezogenen Maßnahmenkonzept finden sich in derTRGS 910). Neben den bereits genannten Schutzmaßnahmen, dürfen KMR-Stoffe der Kategorien 1A und 1B nur fachkundigen und zuverlässigen Personen zugänglich sein (§ 8 GefStoffV). Dazu müssen die entsprechenden Gefahrenbereiche gekennzeichnet werden (§ 10 GefStoffV). Zudem dürfen keine Absaugeinrichtungen mit Luftrückführung in einem solchen Gefahrenbereich verwendet werden (§ 10 GefStoffV).

Beschäftigte, die Umgang mit KMR-Stoffen der Kategorien 1A und 1B haben, müssen in einem Expositionsverzeichnis aufgeführt sein (§ 14 GefStoffV). Das Ziel hierbei ist es, die Exposition zu dokumentieren und im Falle eines Verdachts auf eine Berufskrankheit (BK), diese nachweisen zu können. Aus diesem Grund muss das Expositionsverzeichnis 40 Jahre lang ab dem Zeitpunkt der letzten Exposition des Beschäftigten aufgehoben werden. Genauere Informationen zum Expositionsverzeichnis finden sich in der TRGS 410. Seitens Deutsche Gesetzliche Unfallversicherung (DGUV) gibt es die Möglichkeit ein Expositionsverzeichnis über das Institut für Arbeitsschutz (IFA) der DGUV führen zu lassen. Diese Zentrale Expositionsdatenbank (ZED) kann durch den Betrieb mit Daten befüllt und aktualisiert werden. Beschäftigte haben die Möglichkeit ihre personenbezogenen Daten einzusehen (Deutsche Gesetzliche Unfallversicherung e. V. (DGUV) 2019).

8.2.4 Betriebsanweisung und Unterweisung

Der Arbeitgeber hat auf Basis der Gefährdungsbeurteilung eine Betriebsanweisung zu erstellen. Diese ist so zu gestalten, dass in verständlicher Sprache Informationen und Anweisungen zu

- den vorhandenen und am Arbeitsplatz entstehenden Gefahrstoffen,
- den getroffenen Schutzmaßnahmen, insbesondere den Hygienevorschriften, den Maßnahmen zur Verhütung einer Exposition und zum Tragen von PSA und Schutzkleidung,
- und den Maßnahmen, die im Notfall, bei Stör- und Unfällen und zum Schutz der Rettungskräfte zu treffen sind

enthalten. (§ 14 GefStoffV)

Die Betriebsanweisung sollte so angebracht werden, dass sie jedem Mitarbeiter aber beispielsweise auch Rettungskräften ersichtlich ist und zum einen als Erinnerungshilfe und zum anderen als Unterstützung für die Unterweisung dienen. In der Betriebsanweisung sind die Informationen bezüglich Gefährdungen und Schutzmaßnahmen aus der Gefährdungsbeurteilung auf das Wesentliche zusammengefasst. In Bild 8.2 ist eine beispielhafte Betriebsanweisung für einen Gefahrstoff abgebildet. Zur Erstellung dieser Betriebsanweisung bieten die Unfallversicherungsträger Unterstützungshilfen, wie beispielsweise Berufsgenossenschaft Energie Textil Elektro Medienerzeugnisse (BG ETEM) (2022b).

Anhand der Betriebsanweisung hat der Arbeitgeber die Mitarbeiter zu unterweisen. Dies hat nach (§ 14 GefStoffV) mündlich, also persönlich, zu erfolgen. Inhalt und Zeitpunkt der Unterweisung sind schriftlich festzuhalten und vom Unterwiesenen zu unterschreiben. Die Unterweisung hat vor Aufnahme der Tätigkeit und dann regelmäßig, mindestens jedoch einmal jährlich zu erfolgen. Sie ist arbeitsplatzbezogen durchzuführen. Zudem ist die arbeitsmedizinisch-toxikologische Beratung Bestandteil der Unterweisung. Hierbei soll eine Beratung der Mitarbeiter bezüglich der arbeitsmedizinischen Vorsorgeuntersuchungen stattfinden. Die Beratung kann, falls notwendig und sinnvoll, unter Hinzuziehen eines Arztes durchgeführt werden. (§ 14 GefStoffV)

Firma: _____

Arbeitsbereich: Galvanik, allgemein

Verantwortlich: ____________________
Unterschrift

BETRIEBSANWEISUNG
gem. § 14 GefStoffV

Arbeitsplatz: Tätigkeit mit Säuren

Tätigkeit: Ab- und Umfüllen, Verdünnen

BG ETEM
Energie Textil Elektro Medienerzeugnisse

Stand: _____

B 022 – GHS

Gefahrstoffbezeichnung

Salzsäure, Schwefelsäure, Salpetersäure, Phosphorsäure _____

Gefahren für Mensch und Umwelt

Gefahr

- Schwere Verätzungen bei Berührung mit Augen, Haut und Schleimhäuten
- Heftige (exotherme) Reaktion mit Laugen und beim Verdünnen mit Wasser (Verspritzen unter Hitzeentwicklung möglich)
- Einatmen der Dämpfe kann bei Salzsäure und Salpetersäure bis zum Lungenödem führen
- Konzentrierte Schwefel- und Salpetersäure wirken stark oxidierend und reagieren heftig mit organischen Materialien (Putzwolle, Holz, Textilien etc.), bei Salpetersäure entwickeln sich hierbei giftige nitrose Gase (stechender Geruch!)
- Wassergefährdend, nicht in die Kanalisation geben

Schutzmaßnahmen und Verhaltensregeln

- Bei Arbeiten mit Säuren stets Schutzkleidung (säurefester Arbeitsanzug; Stiefel, Schürze, Schutzhandschuhe aus Gummi _____) tragen
- Augenschutz (mit Seitenschutz), ggf. Gesichtsschutz _____ tragen
- Zum Ab- und Umfüllen nur die Fasspumpen _____ benutzen; Befüllen von Bädern nur bei eingeschalteter Absaugung
- Verdünnen konzentrierter Säuren: Erst das Wasser dann die Säure!
- Transport gößerer Säurebehälter (Ballons, Fässer) nur mit speziellem Transportwagen oder Lastaufnahmeeinrichtung _____ (Ladungssicherung nicht vergessen!)
- Säurebehälter dicht geschlossen halten und nicht am Arbeitsplatz lagern Lagerung im Gefahrstofflager, Lagerplatz _____
- Am Arbeitsplatz nicht rauchen, essen oder trinken u. hier keine Lebensmittel aufbewahren
- Hautschutzmittel benutzen: Schutz (vor der Arbeit) _____
  Reinigung (vor Pausen und Arbeitsschluss) _____
  Pflege (nach der Arbeit) _____
- Verschmutzte Kleidung nicht mit privater Straßenkleidung zusammen aufbewahren, Reinigung durch: _____ (nicht privat waschen!)

Verhalten im Gefahrfall

- Verschüttetes mit viel Wasser fortspülen und der Abwasseranlage zuführen
- Im Brandfall: Vorgesetzte(n) informieren;
- Brandbekämpfung mit vorhandenen Feuerlöschern (Standort) _____
- Bei größer werdendem Brand und dem Auftreten von Brandgasen den Raum sofort verlassen

Notruf: _____

Erste Hilfe

- Hautkontakt: Benetzte Stellen sofort mit viel Wasser abspülen
- Augenkontakt: Gründlich mit viel Wasser (Augendusche) ausspülen Vorgesetzte(n) informieren, Augenarzt/Augenärztin _____ aufsuchen
- Einatmen: Frischluft, Vorgesetzte(n) informieren, Arzt/Ärztin _____ aufsuchen

Notruf: _____ Ersthelfer/Ersthelferin: _____

Sachgerechte Entsorgung

- Entsorgung durch _____

Bild 8.2 Beispielhafte Betriebsanweisung für Säure (Berufsgenossenschaft Energie Textil Elektro Medienerzeugnisse (BG ETEM) 2022b, S. 34)

8.3 Brand- und Explosionsgefahr

Viele Gefahrstoffe wie beispielsweise Lacke oder Lösemittel haben die Eigenschaft, Brände und Explosionen zu begünstigen. Daher hat der Arbeitgeber neben den inhalativen, dermalen und oralen Gefährdungen auch die physikalisch-chemischen Eigenschaften eines Stoffes zu beurteilen und entsprechende Schutzmaßnahmen festzulegen. Brand- und Explosionsgefahr kann eine dieser Einwirkungen sein. Das grundsätzliche Vorgehen bei Brand- und Explosionsgefahr ist analog dem bereits genannten. Zudem gibt es aber weitere Vorgaben nach Anhang 1 GefStoffV, die ebenfalls erfüllt sein müssen. Weitere Vorschriften ergeben sich möglicherweise durch das Sprengstoffgesetz.

Ein Brand entsteht, wenn ein Brennstoff mit Sauerstoff reagiert und dabei Wärmeenergie freisetzt. Um den Vorgang zu starten, muss eine Zündquelle vorhanden sein. Veranschaulicht wird dieser Zusammenhang im sogenannten Branddreieck (siehe Bild 8.3). Bei ausreichender Sauerstoffkonzentration kann ein brennbarer Stoff, sofern eine Zündquelle vorhanden ist, brennen. (Berufsgenossenschaft Nahrungsmittel und Gastgewerbe (BGN) 2021)

Bild 8.3 Darstellung des Branddreiecks in Anlehnung an Berufsgenossenschaft Nahrungsmittel und Gastgewerbe (BGN) (2021)

Eine Explosion ist nach DGUV Information 213-106, S. 6 *ein Gemisch aus einem fein verteilten, brennbaren Stoff mit Luft oder einem anderen gasförmigen Oxidationsmittel (...) [, das] durch eine Zündquelle entzündet [wird], sodass eine plötzliche, schnell ablaufende Verbrennung ausgelöst wird. Die Verbrennung breitet sich auf das gesamte Gemisch aus und es kommt zu einer starken Erhöhung des Druckes, der Temperatur oder von beidem.* Als Zündquellen können bei Bränden und Explosionen verschiedenste Dinge fungieren. In Tabelle 8.2 sind beispielhaft verschiedene Zündquellen und deren Zündenergie gelistet.

Tabelle 8.2 Zündenergien einiger praxisnaher Zündquellen nach DGUV Information 213-106, S. 26

Zündquelle	typische Zündenergie
Einzelne Schleif- bzw. Schlagfunken	≤ 1 mJ
Büschelentladung	≤ 3,5 mJ – 4 mJ
Garbe von Schleiffunken (Trennschleifer)	≤ 100 mJ
Schlagfunkengarbe in Mühlen	≤ 1000 mJ
Schweißfunken	≤ 10.000 mJ

Um Brände und Explosionen zu vermeiden, müssen Schutzmaßnahmen ergriffen werden. Dazu zählen nach § 11 GefStoffV:

- Minimierung der Menge, sodass Brände und Explosionen vermieden werden können,
- Vermeidung von Zündquellen,

- Minimierung der Auswirkung von Bränden und Explosionen und
- Gestaltung von Arbeitsmitteln, Arbeitsplätzen und Arbeitsbereichen, sodass keine Brand- und Explosionsgefahr besteht.

Wenn aus der Gefährdungsbeurteilung hervorgeht, dass eine Explosionsgefahr besteht, muss ein Explosionsschutzdokument erstellt werden. Nach § 6 GefStoffV muss daraus hervorgehen:

1. *dass die Explosionsgefährdungen ermittelt und einer Bewertung unterzogen worden sind,*
2. *dass angemessene Vorkehrungen getroffen werden, um die Ziele des Explosionsschutzes zu erreichen (Darlegung eines Explosionsschutzkonzeptes),*
3. *ob und welche Bereiche entsprechend Anhang I Nummer 1.7 in Zonen eingeteilt wurden,*
4. *für welche Bereiche Explosionsschutzmaßnahmen getroffen wurden,*
5. *wie die Vorgaben zur Zusammenarbeit mehrerer Firmen (§ 15 GefStoffV) umgesetzt werden und*
6. *welche Überprüfungen der technischen Schutzmaßnahmen (§ 7 GefStoffV) und welche Prüfungen zum Explosionsschutz nach Anhang 2 Abschnitt 3 der BetrSichV durchzuführen sind.*

Weitere Informationen zum Erstellen des Explosionsschutzdokuments finden sich in der DGUV Information 213-106. Bei Explosionsgefahr sind die betroffenen Bereiche in Explosionsbereiche nach Anhang I Nummer 1.7 GefStoffV in Zonen einzuteilen, welche in Tabelle 8.3 gelistet sind.

Gefahrstoffe sind ein sehr komplexes Thema. Gerade die Stoffe, die bei der Bearbeitung erst entstehen, sind schwer beherrschbar. Dennoch gibt es viele Einzelfälle, die hier in ihrer Gänze nicht behandelt werden können. An dieser Stelle sei vor allem auf die Technischen Regeln für Gefahrstoffe verwiesen, die erprobte Schutzmaßnahmen beinhalten.

Tabelle 8.3 Zoneneinteilung bei Explosionsgefahr nach Anhang I GefStoffV

Zone	Definition
Zone 0	Bereich, in dem gefährliche explosionsfähige Atmosphäre als Gemisch aus Luft und brennbaren Gasen, Dämpfen oder Nebeln ständig, über lange Zeiträume oder häufig vorhanden ist.
Zone 1	Bereich, in dem sich im Normalbetrieb gelegentlich eine gefährliche explosionsfähige Atmosphäre als Gemisch aus Luft und brennbaren Gasen, Dämpfen oder Nebeln bilden kann.
Zone 2	Bereich, in dem im Normalbetrieb eine gefährliche explosionsfähige Atmosphäre als Gemisch aus Luft und brennbaren Gasen, Dämpfen oder Nebeln normalerweise nicht auftritt, und wenn doch, dann nur selten und für kurze Zeit.
Zone 20	Bereich, in dem gefährliche explosionsfähige Atmosphäre in Form einer Wolke aus brennbarem Staub, der in der Luft enthalten ist, ständig, über lange Zeiträume oder häufig vorhanden ist.
Zone 21	Bereich, in dem sich im Normalbetrieb gelegentlich eine gefährliche explosionsfähige Atmosphäre in Form einer Wolke aus in der Luft enthaltenem brennbaren Staub bilden kann.
Zone 22	Bereich, in dem im Normalbetrieb eine gefährliche explosionsfähige Atmosphäre in Form einer Wolke aus in der Luft enthaltenem brennbaren Staub normalerweise nicht auftritt, und wenn doch, dann nur selten und für kurze Zeit.

8.4 Mein Arbeitsschutz-Logbuch: Kapitel Sicherer Umgang mit Gefahrstoffen

In der abgeschlossenen Einheit ging es um:

Meine wichtigste Erkenntnis daraus ist:

Das möchte ich mir noch einmal genauer anschauen:

Das wollte ich noch fragen:

9 Gefährdungen durch Lärm

Nach Abschluss des Kapitels sollten Sie in der Lage sein, die Gefährdungen, welche von Lärm ausgehen, anzuführen, zu berechnen, ob Lärmminderungsmaßnahmen notwendig sind und adäquate Schutzeinrichtungen auszuwählen.

9.1 Aktuelle Zahlen zu Berufskrankheiten, die durch Lärm verursacht wurden

Lärm ist eine Gefährdung, die vor allem Berufskrankheiten zur Folge hat. Lärmschwerhörigkeit ist die häufigste (anerkannte) Berufskrankheit bei Versicherten aller Unfallversicherungsträger und tritt noch öfter auf als Berufskrankheiten infolge von UV-Strahlung oder Asbesteinwirkung (Bundesministerium für Arbeit und Soziales (BMAS); Bundesanstalt für Arbeitsschutz und Arbeitsmedizin (BAuA) 2020b). In Tabelle 9.1 ist der Unterschied der angezeigten und anerkannten Berufskrankheiten von Versicherten aller Unfallversicherungsträger der Jahre 2018 und 2019 dargestellt. Während Hauterkrankungen die am häufigsten angezeigte Berufskrankheit ist, werden bei Lärmschwerhörigkeit die meisten Verdachtsanzeigen anerkannt.

Tabelle 9.1 Vergleich der Berufskrankheitenanzeigen und -anerkennungen aller Versicherten der BK 2301 „Lärmschwerhörigkeit" 2018 und 2019 nach Bundesministerium für Arbeit und Soziales (BMAS); Bundesanstalt für Arbeitsschutz und Arbeitsmedizin (BAuA) (2020a, S. 40) und Bundesministerium für Arbeit und Soziales (BMAS); Bundesanstalt für Arbeitsschutz und Arbeitsmedizin (BAuA) (2020b, S. 43)

Berufskrankheit	2018 (angezeigt)	2018 (anerkannt)	2019 (angezeigt)	2019 (anerkannt)
Lärmschwerhörigkeit	13.997	6942	15.284	7238

9.2 Physikalische und physiologische Grundlagen

9.2.1 Physikalische Grundlagen des Lärms

Die Schallausbreitung hat Wellencharakter. Sie entsteht aus luftmolekularen Schwingungen um die Ruhelage. Ihre Ausbreitungsgeschwindigkeit ist materialabhängig. So breitet sich Schall im Medium Luft mit einer Geschwindigkeit von $v_{\text{Luft}} = 334\ \frac{\text{m}}{\text{s}}$ und in einem Körper, je nach Material, aus. Körperschall kann dabei Luftschall erzeugen (DGUV Information 209-023). Das ist dann der Fall, wenn sich z. B. Schwingungen fester Körper (z. B. Maschinenelemente, Lautsprechermembranen etc.) an die angrenzende Luft übertragen, sodass die Luft diese Schwingungen weitergibt. Ähnlich wie Licht, lässt sich auch der Schall in verschiedene Frequenzbereiche unterscheiden. Diese sind in Tabelle 9.2 näher erläutert.

Tabelle 9.2 Frequenzbereiche des Schalls

Bezeichnung	Frequenz in Hz
Infraschall	< 0 bis 16
Hörschall	16 bis 16.000
Ultraschall	16.000 bis 100.000

Die Einheit Hertz gibt dabei die Anzahl an Schwingungen pro Sekunde an. Schall unter 16 Hz wird als Infraschall bezeichnet, Schall über 16.000 Hz als Ultraschall (DGUV Information 209-023). Hörschall wird in Töne, Klänge und Geräusche unterteilt. Töne sind harmonische Schwingungen, also regelmäßige Sinusschwingungen mit fester Frequenz. Klänge sind Kombinationen aus verschiedenen Tönen. Sie entstehen durch Überlagerung verschiedener Frequenzen, die ganzzahlige Vielfache des Grundtones sind. Geräusche sind chaotische Kombinationen aus Tönen (GROTZ 2015). Lärmemission bezeichnet den von einer bestimmten Maschine, einem Gerät oder einer Anlage an die Umwelt abgestrahlten Luftschall. Laut Definition handelt es sich bei Lärm um ein *„Geräusch (Schall), das stören, belästigen, die Gesundheit schädigen und die Unfallgefahr erhöhen kann“* (DGUV Information 209-023). Kenngrößen für die Lärmemission sind der Schallleistungspegel, der Emissionsdruckpegel am Arbeitsplatz und der Emissions-Spitzenschalldruckpegel, welcher den höchsten momentanen Schalldruck am Arbeitsplatz darstellt. Die Lärmimmission beinhaltet alle Geräusche, die unter den tatsächlich angetroffenen Bedingungen an einem Ort innerhalb einer Zeit einwirken, unabhängig davon, ob ein Arbeitnehmer anwesend ist. Kenngrößen für die Lärmimmission sind der Schalldruckpegel und der Spitzenschalldruckpegel. Die Lärmexposition am ortsfesten/ortsveränderlichen Arbeitsplatz bezeichnet alle Geräusche, die innerhalb einer festgelegten Zeit t unter den tatsächlich angetroffenen Bedingungen am Ohr einer Person eintreffen. Kenngrößen für die Lärmexposition sind der Tages-Lärmexpositionspegel, also der Expositionspegel bezogen auf einen Arbeitstag von acht Stunden, der Wochen-Lärmexpositionspegel, also der Lärmexpositionspegel bezogen auf eine Arbeitswoche von 40 Stunden und der Spitzenschalldruckpegel (SCHMIDT 2011).

Physikalischer Hintergrund des Lärms

Da es sich bei Lärm um eine subjektive und individuelle Wahrnehmung handelt, wurden Berechnungsformen entwickelt, mit denen Lärm verglichen werden kann. Die erste wichtige

Kenngröße ist der Schalldruckpegel L. Er ist nach Formel 9.1 über den aktuellen Druck p und die Hörschwelle, die geringste Lautstärke, die ein Mensch wahrnehmen kann, $p_0 = 20\,\mu\text{Pa}$ definiert als (DGUV Information 209-023, S. 13):

$$L = 20 \cdot \log \frac{p}{p_0} \tag{9.1}$$

Der Schalldruckpegel ist ein logarithmisches Maß für die Druckschwankungen in einem Medium. Ein wichtiger Grenzwert für den momentanen Schalldruck ist die Schmerzgrenze bei $p_s = 20$ Pa. Die Einheit Dezibel (dB) entsteht nach Formel 9.2 aus der logarithmischen Umrechnung der Drücke p und p_0 (FELDMANN 2010, S. 56):

S.115 Übersicht !

$$L_p = 20 \cdot \log \frac{p}{p_0} = 10 \cdot \log \frac{p^2}{p_0^2} \tag{9.2}$$

Somit ergibt sich für die Hörschwelle L_{p0} nach Formel 9.3 ein Wert von:

$$L_{p_0} = 20 \cdot \log \frac{2 \cdot 10^{-5}}{2 \cdot 10^{-5}} = 20 \cdot \log 1 = 0\,\text{dB} \tag{9.3}$$

Mit derselben Berechnung ergibt sich für die Schmerzschwelle L_{ps} nach Formel 9.4 ein Wert von:

$$L_{ps} = 20 \cdot \log \frac{2 \cdot 10}{2 \cdot 10^{-5}} = 20 \cdot \log 10^6 = 120\,\text{dB} \tag{9.4}$$

Der äquivalente Dauerschallpegel L_{Aeq} entspricht dem energetischen Mittelwert des Schalldruckpegelverlaufs $L(t)$ über der Zeit (DIN 45641):

$$L_{\text{Aeq}} = 10 \cdot \log \left[\frac{1}{T} \cdot \int_0^T 10^{0,1 \cdot L(t)}\, dt \right] \tag{9.5}$$

Der Beurteilungspegel L_r ergibt sich nach Formel 9.6 aus der Summe des äquivalenten Dauerschallpegels mit Zuschlägen für die Tonhaltigkeit K_{T} und die Impulshaltigkeit K_{I}. Dabei handelt es sich nach DIN 45645-2 um den Beurteilungspegel ohne Unterscheidung von Teilzeiten.

$$L_r = L_{\text{Aeq}} + K_{\text{T}} + K_{\text{I}} \tag{9.6}$$

Der Beurteilungspegel ist eine Größe zur Kennzeichnung der typischen Schallimmission für eine Tätigkeit (DIN 45645-2). Der Impulszuschlag ist eine Größe, die der Berücksichtigung der erhöhten Störwirkung impulshaltiger Geräusche dient. Die jeweilige Berechnung nach DIN 45645-2 ist in Tabelle 9.3 aufgeführt. L_{AIeq} bezeichnet den äquivalenten Dauerschallpegel in der Zeitbewertung der Impulse.

Berechnung	Fall
$K_{\text{I}} = 0\,\text{dB}$	$L_{\text{AIeq}} - L_{\text{Aeq}} < 3\,\text{dB}$
$K_{\text{I}} = L_{\text{AIeq}} - L_{\text{Aeq}}$	$L_{\text{AIeq}} - L_{\text{Aeq}} = 3\,\text{dB}$ bis $6\,\text{dB}$
$K_{\text{I}} = 6\,\text{dB}$	$L_{\text{AIeq}} - L_{\text{Aeq}} > 6\,\text{dB}$

Tabelle 9.3 Berechnung der Impulshaltigkeit nach DIN 45645-2

Sprache zwischen 3000 - 5000 Hz

Tabelle 9.4 Berechnung der Tonhaltigkeit nach DIN 45645-2

Berechnung	Fall
$K_T = 0\,\text{dB}$	Falls ein Ton oder ein Geräusch mit Informationsgehalt im Arbeitsgeräusch nicht besonders hervortritt.
$K_T = 3\,\text{dB}$	Falls ein Ton oder ein Geräusch mit Informationsgehalt im Arbeitsgeräusch hervortritt, aber gegenüber dem Arbeitsgeräusch nicht dominant ist.
$K_T = 6\,\text{dB}$	Falls ein Ton oder ein Geräusch mit Informationsgehalt im Arbeitsgeräusch hervortritt und gegenüber dem Arbeitsgeräusch dominant ist.

Die Tonhaltigkeit bildet nach DIN 45645-2 einen Zuschlag zur Berücksichtigung der erhöhten Störwirkung eines oder mehrerer Töne in einem Geräusch oder eines informationshaltigen Geräusches in Höhe von 3 dB oder 6 dB je nach Auffälligkeit der Töne. In Tabelle 9.4 sind die Richtwerte für die Tonhaltigkeit gegeben.

Nach DIN 45645-2 existiert eine weitere Strategie zur Berechnung des Beurteilungspegels. Diese wird verwendet, wenn sich eine Tätigkeit aus mehreren Teilzeiten zusammensetzt, in denen unterschiedliche Geräuschbelastungen auftreten. Der Beurteilungspegel L_r ergibt sich dann aus den Beurteilungspegeln der einzelnen Zeiteinheiten $L_{p,m}$ nach Formel 9.7 (DIN 45645-2):

$$L_r = 10 \cdot \log\left[\frac{1}{T} \cdot \sum_{m=01}^{M} T_M \cdot 10^{0,1 \cdot L_{p,m}}\right] \tag{9.7}$$

Da Lärm subjektiv von jedem Menschen wahrgenommen wird, wird das Verhalten des menschlichen Gehörs miteinbezogen. Dafür werden die sogenannte A-Bewertungskurve und die C-Bewertungskurve herangezogen, welche die Frequenz ins Verhältnis zum Pegel setzt. Wird mit der A-Bewertungskurve gerechnet, wird der Schall in der Einheit dB(A) angegeben, wird mit der C-Beurteilungskurve gerechnet, wird der Schall mit dB(C) angegeben (Feldmann 2010).

Physik der Schallemission

Die DGUV Information 209-023 beschreibt *„der Schallleistungspegel (...) die mittlere Luftschallenergie von der Maschine. Damit ist der Schallleistungspegel unabhängig von den akustischen Eigenschaften der Umgebung (Raumrückwirkung) und der Entfernung von der Maschine. Er ist deshalb die wichtigste Geräuschemissionskenngröße und besonders geeignet, Maschinen gleicher Art hinsichtlich ihrer Geräuschemission miteinander zu vergleichen und Lärmminderungsmaßnahmen an der Quelle (Maschine) zu beurteilen. Der Schallleistungspegel (L_{WA}) ist als Kennwert einer Maschine zu verstehen, vergleichbar mit der Drehzahl, Tragfähigkeit oder anderen maschinenspezifischen Daten. Dabei ist es zunächst unerheblich, wo sich der Beschäftigte aufhält.“* Im Gegensatz dazu bezeichnet der arbeitsplatzbezogene Emissionswert L_{pA} *„die kennzeichnende Emissionsgröße für den der Maschine zugeordneten Arbeitsplatz. Dieser L_{pA} ist damit eine rein maschinenbezogene Geräuschemissionskenngröße, da er den Schalldruckpegel beschreibt, der allein durch die Geräuschabstrahlung dieser einen Maschine gegeben ist. Er wird unter den gleichen Betriebs- und Aufstellbedingungen wie der L_{WA} ermittelt und ist von möglichen Einflussgrößen, wie dem Fremdgeräusch benachbarter Maschinen und dem Reflexionsschall der Decke und der Wände, d. h. der Raumrückwirkung,* *bereinigt (DGUV Information 209-023).*“ Das Messflächenmaß L_S ist die (quadratische) Hüllfläche, die das Messobjekt in 1 m Abstand umgibt. Es ist die logarithmische Größe der auf 1 m² bezogenen Oberfläche eines Quaders. Der mathematische Zusammenhang zwischen Schallleistungspegel L_{WA}, Messflächenmaß L_S und arbeitsplatzbezogenem Emissionswert L_{pA} lautet nach DGUV Information 209-023, S. 30

$$L_{WA} = L_{pA} + L_S \tag{9.8}$$

wobei sich das Messflächenmaß L_S nach DGUV Information 209-023 zu

$$L_S = 10 \cdot \log \frac{S_{Mess}}{S_0} \tag{9.9}$$

mit dem Messflächeninhalt (= Hüllfläche der Maschine) S_{Mess} und der Referenzfläche $S_0 = 1\,m^2$ ergibt.

Physik der Lärmminderung

In Tabelle 9.5 sind wichtige Kenngrößen der Lärmminderung aufgeführt.

Bezeichnung	Zeichen
mittlerer Schallabsorptionsgrad	α
Nachhallzeit	T
Absorptionsfläche	A
Pegelabnahme je Abstandsverdoppelung	ΔL

Tabelle 9.5 Wichtige Kenngrößen für die Lärmminderung

Der Schallabsorptionsgrad α ergibt sich nach DGUV Information 209-023 aus

$$\alpha = \frac{\text{absorbierte Energie}}{\text{auffallende Energie}} \tag{9.10}$$

Das Schalldämmungsmaß R_S ergibt sich aus (DGUV Information 209-023)

$$R_S = 10 \cdot \log \frac{\text{auffallende Schallleistung } P_{Schall1}}{\text{durchgelassene Schallleistung } P_{Schall2}} \tag{9.11}$$

In Bild 9.1 ist die Nachhallzeit T graphisch dargestellt. Als Nachhallzeit wird diejenige Zeit bezeichnet, in welcher der Schalldruckpegel um 60 dB(A) abnimmt (DGUV Information 209-023, S. 42). Neben der Nachhallzeit sind das Raumvolumen V und die äquivalente Absorptionsfläche A_{Aeq} von Bedeutung. Der mathematische Zusammenhang zwischen diesen drei Größen lautet

$$A_{Aeq} = 0{,}163\,\frac{V}{T} \tag{9.12}$$

9.2.2 Physiologische Grundlagen

Aufbau des menschlichen Ohres

In Bild 9.2 ist der Aufbau des menschlichen Ohres gezeigt. Die von einer Schallquelle emittierte Energie tritt als Luftschall über das äußere Ohr in den Gehörgang ein. Erreicht der

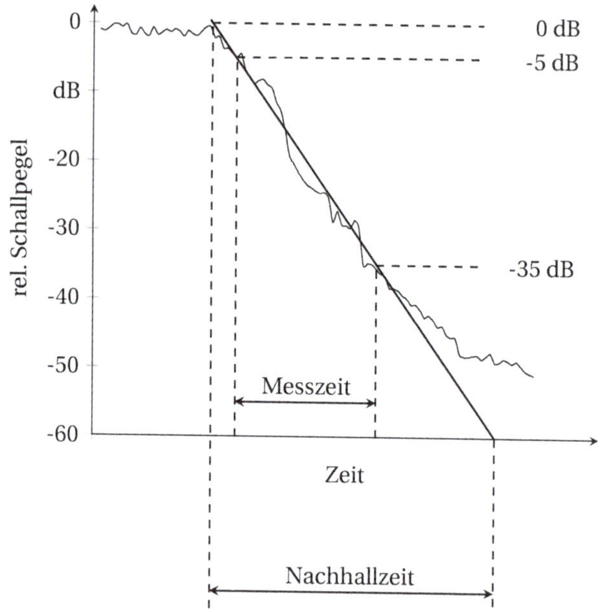

Bild 9.1 Graphische Darstellung der Nachhallzeit nach EGGENSCHWILER (2015)

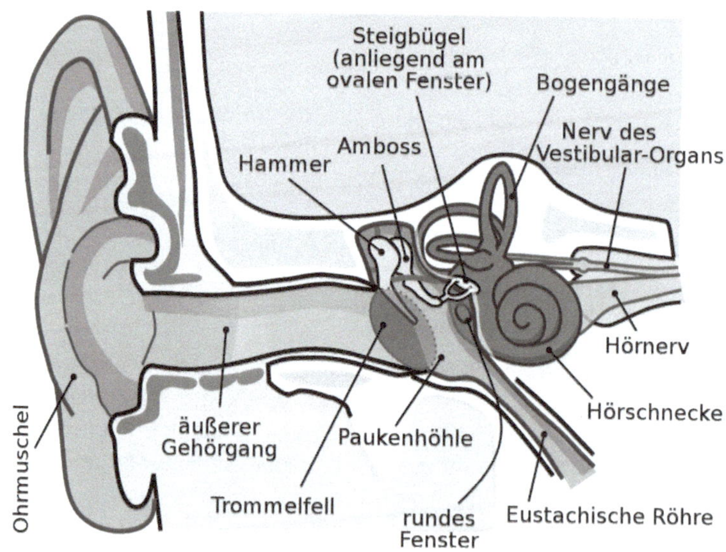

Bild 9.2 Aufbau des menschlichen Ohres (CHITTKA & BROCKMANN 2005)

Luftschall das Trommelfell, versetzt er es in Schwingungen. Vom Trommelfell aus wird die akustische Energie über Hammer, Amboss und Steigbügel (Gehörknöchelreihe bzw. ossäre Kette, die sich in der Paukenhöhle, einem mit Luft gefülltem Hohlraum, befinden) auf das ovale Fenster übertragen. Die Paukenhöhle ist über die eustachische Röhre direkt mit dem Rachen verbunden. Das runde Fenster sorgt für einen Druckausgleich, falls nötig.

Auf Grund der Hebelwirkung der Gehörknöchelreihe und da das ovale Fenster kleiner als das Trommelfell ist, wird der Schalldruck ca. um das 20-fache verstärkt. Die Schnecke, die Bogengänge sowie der Vorhof (nicht abgebildet) gehören zum Innenohr des Menschen. Im Vorhof sowie in den Bogengängen befindet sich das Gleichgewichtsorgan. Das ovale Fenster überträgt die Schwingungen auf eine Flüssigkeit, mit der die Schnecke gefüllt ist. Durch die Druckschwankungen der Flüssigkeit in der Schnecke werden die Haarzellen der Schnecke angeregt, wodurch die Bewegungsenergie in elektrische Energie umgewandelt wird, welche vom Hörnerv aufgenommen und an das Gehirn weitergeleitet wird. Die Haarzellen fungieren dabei als Schallpegelmesser: Je lauter ein Geräusch aufgenommen wird, desto stärker werden die Haarzellen ausgelenkt und desto lauter wird das Geräusch im Gehirn wahrgenommen. Frequenzen (Tonhöhen) werden dadurch wahrgenommen, dass bestimmte Frequenzen nur auf bestimmte Bereiche der Haarzellen wirken. Hohe Frequenzen werden dabei an der Basis der Schnecke empfangen, tiefe Frequenzen im oberen Bereich der Schnecke. (DGUV Information 209-023, Spektrum Akademischer Verlag (1999), Grevers et al. (2015))

Hörvermögen des gesunden Ohres

In Bild 9.3 ist das Hörfeld des gesunden Ohres gezeigt. Ein gesundes menschliches Ohr hat ein Hörvermögen, das im Intervall von 16 bis 16.000 Hz liegt. Die Hörschwelle eines gesunden Ohres liegt zwischen 0,00002 Pa (Hörschwelle) und 20 Pa (Schmerzschwelle). Dies entspricht einem Intervall von 0 bis 120 dB. Ein Schalldruckpegelanstieg von 1 dB wird gerade so wahrgenommen, ein Schalldruckpegelanstieg von 10 dB wird als Verdoppelung der Lautstärke empfunden. Frequenzen werden vom menschlichen Ohr unterschiedlich wahrgenommen. So liegt bei 1000 Hz die Hörschwelle bei 0 dB, während sie bei 100 Hz bei ca. 40 dB liegt. Das menschliche Ohr reagiert auf hohe Frequenzen wesentlich empfindlicher. Dies muss bei der Schallpegelmessung berücksichtigt werden. Musik- und Sprachbereich machen nur einen kleinen Teil des menschlichen Hörvermögens aus. (DGUV Information 209-023)

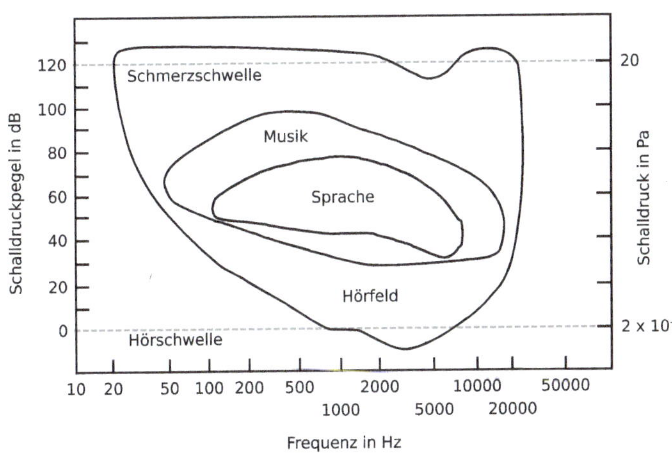

Bild 9.3 Hörfeld des gesunden Ohres nach DGUV Information 209-023, S. 10

Gehörschaden und Gehörverlust

Bei zu langer und zu starker Exposition wirkt Lärm gehörschädigend. Im schlimmsten Fall werden die Haarzellen beschädigt. Diese werden nicht mehr ausreichend ausgelenkt und richten sich beim Fehlen einer ausreichenden Lärmpause nicht mehr auf. Des Weiteren wird das Hörorgan nicht mehr ausreichend durchblutet und die Haarzellen sterben ab. Dies ist eine irreparable Schädigung des Gehörs, bei der auch ein Hörgerät nur bedingt helfen kann. In Bild 9.4 sind gesunde Hörzellen der Schnecke im Vergleich zu zerstörten Hörzellen dargestellt. (DGUV Information 209-023)

Bild 9.4 Rasterelektronenmikroskop-Aufnahme der Stereozilien in der 22 kHz-Region des Corti-Organs einer Ratte vor (links) und nach der Einwirkung (rechts) einer laserinduzierten Druckwelle der Intensität 2,25 J/cm² nach (Nima et al. 2016)

In Bild 9.5 ist der Hörverlust über die Frequenz inklusive des Sprachbereichs dargestellt. Während ein Mensch mit gesundem Gehör den ganzen Sprachbereich und noch mehr wahrnimmt, kann ein Mensch mit leichtem Gehörschaden die Bereiche stimmhafter und stimmloser Konsonanten nicht mehr vollständig registrieren. Ein Mensch mit schwerem Hörschaden kann die Hälfte des Sprachbereichs nicht mehr wahrnehmen, er hat in allen Sprachbereichen Defizite. (DGUV Information 209-023)

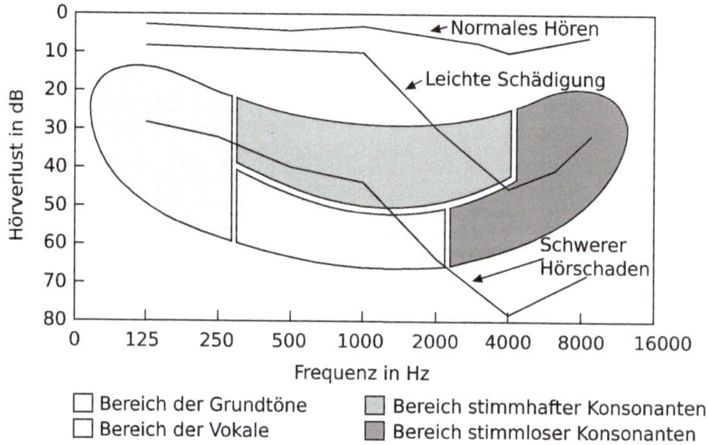

Bild 9.5 Einfluss des Hörvermögens auf das Hörfeld nach BGUV I 209-023, S. 10

9.3 Gefährdungen, die von Lärm ausgehen

Lärmschwerhörigkeit ist die häufigste Folge einer auralen Gefährdung durch Lärmexposition. Daneben gibt es noch weitere arbeitsbedingte Gesundheitsgefahren, die von Lärm ausgehen, wie z. B. Schlaflosigkeit, Nervosität, Erhöhung des Blutdrucks, Beschleunigung der Herztätigkeit und Stoffwechselstörungen, die sogenannten extraauralen Gefährdungen (DGUV Information 209-023, S. 8). Neben der direkten Gefährdung für den Menschen kann sich Lärm auch indirekt gefährdend auswirken. So kann es zur Erhöhung der Unfallgefahr kommen, wenn durch Lärm die Wahrnehmung akustischer Signale oder gefahrankündigender Geräusche beeinträchtigt wird (DGUV Information 209-023, S. 8). Lärm wird dann zur Gefahr, wenn vorgegebene Auslösewerte überschritten werden. Diese sind in Tabelle 9.6 dargestellt. Bei den Auslösewerte wird der persönliche Gehörschutz nicht mitbeachtet.

Tabelle 9.6 Auslösewerte für Lärm nach § 6 LärmVibrationsArbSchV

Auslösewert	Wert
oberer Auslösewert	$L_{EX,8h} = 85\,dB(A)$
	$L_{pC,peak} = 137\,dB(C)$
unterer Auslösewert	$L_{EX,8h} = 80\,dB(A)$
	$L_{pC,peak} = 135\,dB(C)$

Neben den gesetzlich festgelegten Auslösewerten existieren Vorgaben für den Beurteilungspegel bei bestimmten Tätigkeitskategorien nach ASR A3.7, welche in Tabelle 9.7 aufgelistet sind.

Tabelle 9.7 Vorgaben für den Beurteilungspegel für Lärm nach Tätigkeitskategorie ASR A3.7. Tätigkeitskategorie I entspricht Tätigkeiten mit hoher Konzentration oder hoher Sprachverständlichkeit, Tätigkeitskategorie II entspricht Tätigkeiten mit mittlerer Konzentration oder mittlerer Sprachverständlichkeit.

Tätigkeitskategorie	Beurteilungspegel
I	$L_{rh} = 55\,dB(A)$
II	$L_{rh} = 70\,dB(A)$

Es kann zu Gefährdungen von Lärm in Kombination mit ototoxischen Substanzen oder Vibrationen kommen. Ototoxische Substanzen sind Substanzen, die zu einer Schädigung des Hörorgans führen können (TRLV Lärm Teil Allgemeines). Zu diesen Substanzen zählen nach TRLV Lärm Teil 1, S. 15 z. B.

- *bestimmte Metalle bzw. deren Verbindungen: Blei, Cadmium, Quecksilber*
- *Blausäure und ihre Salze (Cyanide)*
- *n-Hexan*
- *Kohlenmonoxid*
- *Kohlenstoffdisulfid*
- *Lösungsmittelgemische*
- *Mangan*

- *Styrol*
- *Toluol*
- *Trichlorethylen*
- *Xylol*

Nach TRLV Lärm Teil 1 kann es zudem zu einer erhöhten Gefährdung des Gehörs kommen, wenn neben dem Lärm auch noch Vibrationen, vor allem Hand-Arm-Vibration und Ganzkörpervibration, auf den Körper einwirken.

9.4 Schutzmaßnahmen gegen die Gefährdung durch Lärm

Laut § 7 (1) LärmVibrationsArbSchV muss die von Lärm ausgehende Gefährdung direkt am Entstehungsort verhindert oder so weit wie möglich verringert werden. Der Unternehmer hat dabei nach dem TOP-Prinzip (siehe Abschnitt 3.4) vorzugehen. Zudem sind nach § 7 (4) LärmVibrationsArbSchV Bereiche, in denen die in Abschnitt 9.3 genannten Auslösewerte erreicht oder überschritten werden, zu kennzeichnen und (falls möglich) abzugrenzen und ein Lärmminderungsprogramm zu erstellen.

9.4.1 Technische und organisatorische Schutzmaßnahmen

Nach § 7 (2) LärmVibrationsArbSchV muss der Arbeitgeber folgende technischen bzw. organisatorischen Maßnahmen in Betracht ziehen:

1. *alternative Arbeitsverfahren, welche die Exposition der Beschäftigten durch Lärm verringern,*
2. *Auswahl und Einsatz neuer oder bereits vorhandener Arbeitsmittel unter dem vorrangigen Gesichtspunkt der Lärmminderung,*
3. *die lärmmindernde Gestaltung und Einrichtung der Arbeitsstätten und Arbeitsplätze,*
4. *technische Maßnahmen zur Luftschallminderung, beispielsweise durch Abschirmungen oder Kapselungen, und zur Körperschallminderung, beispielsweise durch Körperschalldämpfung oder -dämmung oder durch Körperschallisolierung,*
5. *Wartungsprogramme für Arbeitsmittel, Arbeitsplätze und Anlagen,*
6. *arbeitsorganisatorische Maßnahmen zur Lärmminderung durch Begrenzung von Dauer und Ausmaß der Exposition und Arbeitszeitpläne mit ausreichenden Zeiten ohne belastende Exposition.*

Alternative Arbeitsverfahren sind in Tabelle 9.8 dargestellt.

Laut TRLV Lärm Teil 3 wird im Freien mit jeder Verdoppelung des Abstands zur Schallquelle der Schallpegel um 6 dB reduziert. Dies ist in Bild 9.6 gezeigt. Im Abstand von 1 m zur Schallquelle beträgt der Schallpegel 100 dB. Wird der Abstand auf 2 m verdoppelt, so verringert sich der Schallpegel um 6 dB auf 94 dB.

geräuschintensiv	lärmarm
Abwerfen	Ablegen
Abblasen	Absaugen
Stanzen	Bohren
Schlagschrauber	Drehschrauber
Verbrennungsmotor	Elektroantrieb
Schmieden	Gießen
Wälzlager	Gleitlager
Bördeln mit Hammer	Hydraulisch Verformen
Nieten	Kleben
Akustische Signalgebung	Optische Signalgebung
Mechanisch Trennen	Laserschneiden
Nieten	Schrauben, Schweißen
Transport stoßweise	Transport kontinuierlich

Tabelle 9.8 Beispiele für alternative Arbeitsverfahren zur Lärmverminderung (TRLV Lärm Teil 3)

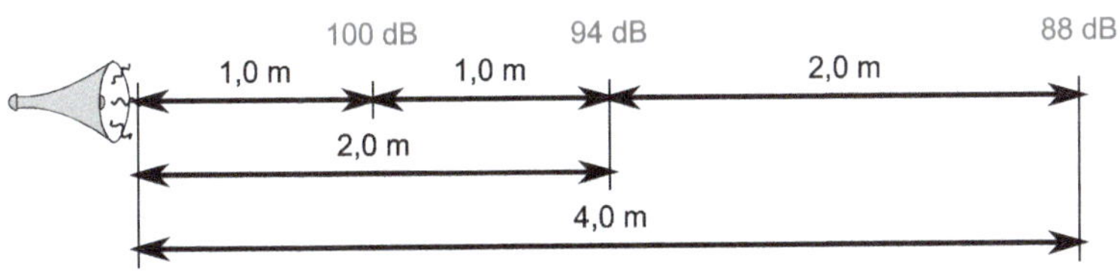

Bild 9.6 Schallpegelabnahme um jeweils 6 dB bei Abstandsverdoppelung nach TRLV Lärm Teil 3

Innerhalb eines Gebäudes beträgt die Schallpegelabnahme je Abstandsverdoppelung 4 dB. Dabei wird als Stand der Technik vorausgesetzt, dass der mittlere Absoprtionsgrad der umgebenden Wand $\bar{\alpha}$ höchstens 0,3 beträgt (TRLV Lärm Teil 3).

Zu den arbeitsorganisatorischen Schutzmaßnahmen gehört z. B. ein Arbeitsplatzwechsel an einen ruhigeren Arbeitsplatz. Das heißt, dass der Arbeitnehmer einen Teil seiner täglichen Arbeitszeit in einer lauteren Umgebung arbeitet, dann aber für einen anderen Teil an einen lärmberuhigten Arbeitsplatz wechselt. Dabei wird angenommen, dass *eine Halbierung der Expositionszeit (...) eine Verringerung des Tages-Lärmexpositionspegels um nur* 3 dB(A) [bewirkt], *falls während der übrigen Zeit keine Exposition von mehr als* 70 dB(A) *vorliegt* (TRLV Lärm Teil 3).

9.4.2 Persönliche Schutzmaßnahmen

Laut § 8 LärmVibrationsArbSchV hat der Arbeitgeber dem Arbeitnehmer in dem Fall, dass die Auslösewerte überschritten werden und die in Abschnitt 9.4.1 genannten technischen und organisatorischen Schutzmaßnahmen nicht ausreichen, persönlichen Gehörschutz zur Verfügung zu stellen. Dieser muss die Lärmbelastung auf ein Minimum reduzieren, jedoch mindestens so weit, dass die maximal zulässigen tiefen Expositionswerte $L_{EX,8\,h}$ = 85 dB(A) beziehungsweise $L_{pC,peak}$ = 137 dB(C) nicht überschritten werden. Der Arbeitgeber hat dafür zu sorgen, dass der Arbeitnehmer den persönlichen Gehörschutz ordnungsgemäß

1 mal pro Jahr Unterweisung mit Unterschrift !

verwendet. Da persönlicher Gehörschutz gegen irreversible Gesundheitsschäden wirksam ist, hat der Unternehmer nach § 31 DGUV Vorschrift 1 und § 3 PSA-BV die Anwendung des Gehörschutzes zu unterweisen und praktisch zu schulen. Des Weiteren hat der Arbeitgeber den persönlichen Gehörschutz zu überprüfen und Maßnahmen einzuleiten, falls dieser die Anforderungen nicht mehr erfüllt (§ 8 (3, 4) LärmVibrationsArbSchV). Zur Auswahl des richtigen Gehörschutzes wird die Lärmbelastung laut TRLV Lärm Teil 3 in zwei Geräuschklassen unterteilt. H steht dabei für hohe Frequenzanteile, M für mittlere und L für tiefe Frequenzanteile. Mit Hilfe des Schalldruckpegels, gemessen mit der Frequenzbewertung A, $L_{p(A)}$ und des Schalldruckpegels gemessen mit der Frequenzbewertung C $L_{p(C)}$ ergibt sich nach TRLV Lärm Teil 3 die Abschätzungsformel

$$L_{p(C)} - L_{p(A)} \tag{9.13}$$

Die Einteilung der Geräuschklassen nach dieser Abschätzung findet sich in Tabelle 9.9.

Abschätzung	Geräuschklasse
$L_{p(C)} - L_{p(A)} \leqq 5\,\text{dB}$	HM
$L_{p(C)} - L_{p(A)} > 5\,\text{dB}$	L

Tabelle 9.9 Geräuschklassen nach TRLV Lärm Teil 3

Neben der Geräuschklasse muss der Praxiskorrekturwert K_S bestimmt werden. Dieser entspricht nach TRLV Lärm Teil 3 der Differenz zwischen der Schalldämmung, die ein Gehörschutz im Labor erreicht, und den in der Praxis erreichten Schalldämmungswerten. In Tabelle 9.10 sind die Praxiskorrekturwerte für verschiedene Gehörschutzarten gegeben.

Tabelle 9.10 Praxiskorrekturwerte nach TRLV Lärm Teil 3

Gehörschutz	Praxiskorrekturwert K_S in dB
vor Gebrauch zur formende Gehörschutzstöpsel	9
mehrfach verwendbare Gehörschutzstöpsel	5
Bügelstöpsel	5
Gehörschutzkapseln	5
Otoplastiken mit Funktionskontrolle	3

Die Restschallpegel $L'_{Ex,8\,h}$ werden je nach Geräuschklasse mit dem Tages- Lärmexpositionspegel $L_{EX,8\,h}$, dem Dämmwert für mittlere Frequenzen M bzw. dem Dämmwert für tiefe Frequenzen L_{Schutz} und der ermittelten Praxiskorrektur nach TRLV Lärm Teil 3 wie folgt ermittelt

Geräuschklasse HM:

$$L'_{EX,8\,h} = L_{EX,8\,h} - (M - K_S) \tag{9.14}$$

Geräuschklasse L:

$$L'_{EX,8\,h} = L_{EX,8\,h} - (L_{Schutz} - K_S) \tag{9.15}$$

Für den Rest-Spitzenschalldruckpegel $L'_{pC,peak}$ gilt nach TRLV Lärm Teil 3 mit dem Spitzenschalldruckpegel $L_{pC,peak}$ analog

Geräuschklasse HM:

$$L'_{pC,\text{peak}} = L_{pC,\text{peak}} - (M - K_S) \tag{9.16}$$

Geräuschklasse L:

$$L'_{pC,\text{peak}} = L_{pC,\text{peak}} - (L_{\text{Schutz}} - K_S) \tag{9.17}$$

Unter Einsatz des Gehörschutzes muss für den Restschallpegel $L'_{\text{EX,8 h}} \leqq 85\,\text{dB}(A)$ und für den Restspitzenschallpegel $L'_{pC,\text{peak}} \leqq 137\,\text{dB}(C)$ gelten (TRLV Lärm Teil 3). Ist dies nicht der Fall, muss ein anderer Gehörschutz gewählt werden.

9.5 Rechtliche Grundlagen

9.5.1 Lärm- und Vibrations-Arbeitsschutzverordnung

Rechtlich gilt bei Lärm die Lärm- und Vibrations-Arbeitsschutzverordnung (LärmVibrationsArbSchV). Diese ist vor allem für Beschäftigte, die bei ihrer Arbeit Lärm und Vibrationen ausgesetzt sind, relevant. Sollte der Arbeitgeber feststellen, dass ein Beschäftigter bei seiner Arbeit möglicherweise der Gefährdung durch Lärm ausgesetzt ist, so hat er eine Gefährdungsbeurteilung von fachkundigem Personal erstellen zu lassen und dabei den bestehenden Expositionswert am Arbeitsplatz zu ermitteln und zu bewerten (§ 5 ArbSchG, § 3 LärmVibrationsArbSchV). Laut § 3 LärmVibrationsArbSchV muss die Gefährdungsbeurteilung bei einer Gefährdung durch Lärm folgende Punkte beinhalten:

1. *Art, Ausmaß und Dauer der Exposition durch Lärm,*
2. *die Auslösewerte nach § 6 Satz 1 und die Expositionswerte nach § 8 Abs. 2,*
3. *die Verfügbarkeit alternativer Arbeitsmittel und Ausrüstungen, die zu einer geringeren Exposition der Beschäftigten führen (Substitutionsprüfung),*
4. *Erkenntnisse aus der arbeitsmedizinischen Vorsorge sowie allgemein zugängliche, veröffentlichte Informationen hierzu,*
5. *die zeitliche Ausdehnung der beruflichen Exposition über eine Achtstundenschicht hinaus,*
6. *die Verfügbarkeit und Wirksamkeit von Gehörschutzmitteln,*
7. *Auswirkungen auf die Gesundheit und Sicherheit von Beschäftigten, die besonders gefährdeten Gruppen angehören, und*
8. *Herstellerangaben zu Lärmemissionen.*

Des Weiteren muss die Gefährdungsbeurteilung unabhängig von der Anzahl der Beschäftigten dokumentiert werden. Wechsel- oder Kombinationsmöglichkeiten aus Vibrations- und Lärmgefährdung sowie Kombinationsmöglichkeiten aus Lärm und ototoxischen Substanzen müssen beachtet werden (LärmVibrationsArbSchV). Laut § 4 LärmVibrationsArbSchV hat der Unternehmer Messungen nach dem Stand der Technik von einer fachkundigen Person durchführen zu lassen. Die Ergebnisse dieser Messungen müssen auch 30 Jahre nach der Messung noch einsehbar sein. Nach § 11 LärmVibrationsArbSchV hat der Unternehmer seine Beschäftigten zu unterweisen, falls die in Abschnitt 9.3 genannten Auslösewerte erreicht oder überschritten werden. Die Unterweisung muss bei Aufnahme der belastenden Tätigkeit, in regelmäßigen Abständen oder bei wesentlichen Änderungen der belastenden Tätigkeit wiederholt werden. Zudem muss die Unterweisung nach § 11 LärmVibrationsArbSchV folgende Punkte enthalten:

1. *die Art der Gefährdung,*
2. *die durchgeführten Maßnahmen zur Beseitigung oder zur Minimierung der Gefährdung unter Berücksichtigung der Arbeitsplatzbedingungen,*
3. *die Expositionsgrenzwerte und Auslösewerte,*
4. *die Ergebnisse der Ermittlungen zur Exposition zusammen mit einer Erläuterung ihrer Bedeutung und der Bewertung der damit verbundenen möglichen Gefährdungen und gesundheitlichen Folgen,*
5. *die sachgerechte Verwendung der persönlichen Schutzausrüstung,*
6. *die Voraussetzungen, unter denen die Beschäftigten Anspruch auf arbeitsmedizinische Vorsorge haben, und deren Zweck,*
7. *die ordnungsgemäße Handhabung der Arbeitsmittel und sichere Arbeitsverfahren zur Minimierung der Expositionen,*
8. *Hinweise zur Erkennung und Meldung möglicher Gesundheitsschäden.*

Ein Unternehmer verstößt gegen die LärmVibrationsArbSchV, wenn

- er keine Gefährdungsbeurteilung durchführt,
- keine Dokumentation der Gefährdungsbeurteilung vorhanden ist,
- die Gefährdungsbeurteilung nicht von fachkundigem Personal durchgeführt wurde,
- die Messung nicht nach dem Stand der Technik durchgeführt wurde und bzw. oder nicht abgespeichert wurde,
- er die gefährlichen Arbeitsbereiche nicht absperrt oder kennzeichnet,
- Schutzmaßnahmen jeglicher Art nicht durchgeführt werden,
- oder er die Unterweisung von gefährdeten Arbeitnehmern nicht durchführt.

§ 16 (LärmVibrationsArbSchV)
Verstößt der Unternehmer gegen die LärmVibrationsArbSchV, so kann er sich nach § 26 (2) ArbSchG strafbar machen.

9.5.2 Technische Regel zur Lärm- und Vibrations-Arbeitsschutzverordnung

Neben den bereits in der LärmVibrationsArbSchV aufgeführten Punkten beinhaltet die Technische Regel zur Lärm- und Vibrations-Arbeitsschutzverordnung (TRLV) Angaben zur Lärmemission von Maschinen. Ein Maschinenhersteller hat nach Teil 1, Kapitel 6.3.2 TRLV Lärm Teil 1 und 2006/42/EG die Emissionswerte einer Maschine dann zu kennzeichnen, wenn sie:

- *den A-bewerteten Emissionsschalldruckpegel L_{pA} an den Arbeitsplätzen, sofern er* 70 dB*(A) übersteigt; ist dieser Pegel kleiner oder gleich 70 dB(A), so ist dies anzugeben;*

- *den A-bewerteten Schallleistungspegel L_{WA} der Maschine, wenn der A-bewertete Emissionsschalldruckpegel L_{pA} an den Arbeitsplätzen 80 dB(A) übersteigt;*
- *den Höchstwert des momentanen C-bewerteten Emissionsschalldruckpegels an den Arbeitsplätzen, sofern er 63 Pa (130 dB bezogen auf 20 µPa) übersteigt (entsprechend $L_{pC,peak} = 130\,dB(C)$).*

In TRLV Lärm Teil 2 ist der genaue Messvorgang von Lärmmessungen vorgegeben. Dabei muss beachtet werden, dass es personenbezogene und ortsbezogene Messungen gibt. Personenbezogene Messungen beinhalten die Lärmbelastung eines Arbeiters, ortsbezogene Messungen beinhalten die Lärmbelastung eines Arbeitsplatzes (TRLV Lärm Teil 2). In der TRLV Lärm Teil 3 sind weitere Schutzmaßnahmen dargestellt (siehe Abschnitt 9.4).

9.6 Mein Arbeitsschutz-Logbuch: Kapitel Gefährdung durch Lärm

In der abgeschlossenen Einheit ging es um:

Meine wichtigste Erkenntnis daraus ist:

Das möchte ich mir noch einmal genauer anschauen:

Das wollte ich noch fragen:

10 Gefährdungen durch Elektrizität

Nach Abschluss des Kapitels sollten Sie in der Lage sein, die physiologischen Wirkungen von elektrischem Strom zu erläutern. Sie können aufzählen, wann es im betrieblichen Umfeld zu Gefährdungen durch elektrischen Strom kommen kann und können bei einem Stromunfall die notwendigen Maßnahmen ergreifen.

10.1 Bedeutung von Gefährdungen durch Elektrizität für den Arbeitsschutz

10.1.1 Aktuelle Unfallzahlen mit der Ursache elektrischer Strom

In Bild 10.1 sind die gemeldeten und meldepflichtigen Stromunfälle der Berufsgenossenschaft Energie Textil Elektro Medienerzeugnisse (BG ETEM) in den Jahren 2016 bis 2020 dargestellt. Die Zahlen sind über die Jahre annähernd konstant. Zudem sind die gemeldeten Arbeitsunfälle der Versicherten der BG ETEM aufgelistet, sodass erkennbar ist, dass die Stromunfälle nur einen geringen Teil ausmachen.

In Bild 10.2 zeigt sich eine deutliche Abnahme der tödlichen Stromunfälle in Deutschland zwischen 1973 und 2018. Die graue Kurve stellt die Anzahl der tödlichen Stromunfälle in ganz Deutschland dar, die schwarze Kurve kennzeichnet die Stromunfälle von Versicherten der BG ETEM.

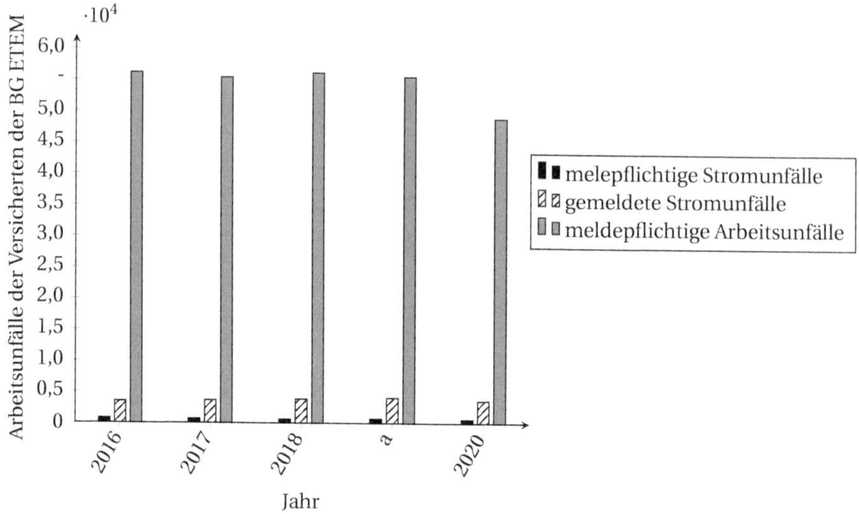

Bild 10.1 Meldepflichtige und gemeldete Stromunfälle sowie meldepflichtige Arbeitsunfälle von Versicherten der BG ETEM (Berufsgenossenschaft Energie Textil Elektro Medienerzeugnisse (BG ETEM) (2020b), Berufsgenossenschaft Energie Textil Elektro Medienerzeugnisse (BG ETEM) (2020a) und Berufsgenossenschaft Energie Textil Elektro Medienerzeugnisse (BG ETEM) (2021c)

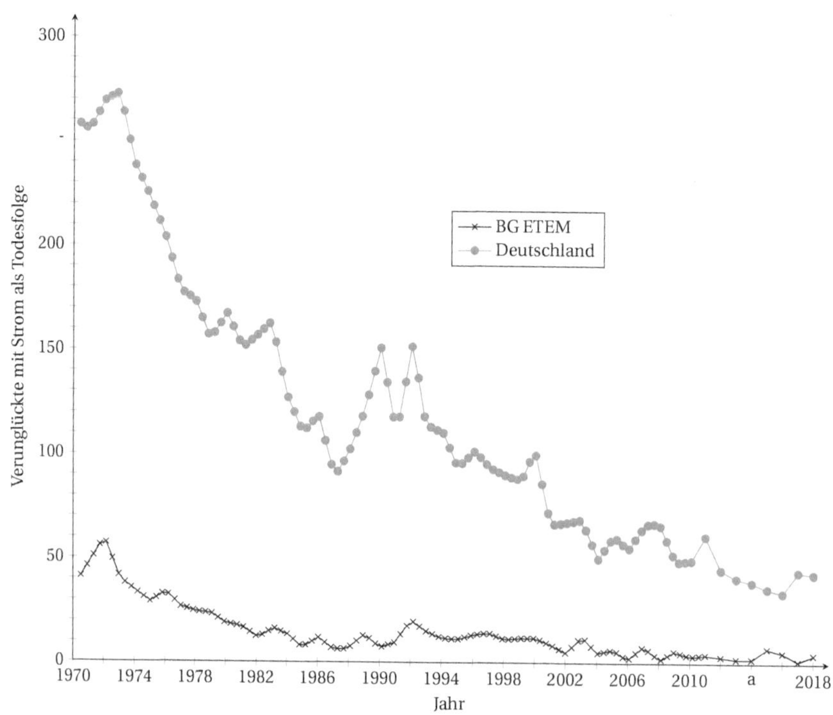

Bild 10.2 Stromunfälle mit Todesfolge in Deutschland nach Berufsgenossenschaft Energie Textil Elektro Medienerzeugnisse (BG ETEM) (2018b)

10.1.2 Auftreten von Gefährdungen durch elektrischen Strom im betrieblichen Alltag

Strom ist sowohl im privaten als auch im betrieblichen Alltag allgegenwärtig. Überall, wo mit Strom gearbeitet wird, stellt er potentiell eine Gefahr dar. Laut DGUV Information 213-026, S. 57 werden die meisten Stromunfälle *„durch die Benutzung von schadhaften oder ungeeigneten elektrischen Betriebsmitteln oder Anlagen verursacht. Unfälle können auch auftreten, wenn Schäden von „Laien“ fehlerhaft behoben werden.“* Der Begriff „Betrieb“ elektrischer Anlagen ist nach DIN VDE 0105-100 definiert. Darunter wird demnach das Bedienen (Beobachten, Schalten, Steuern und Regeln), das elektrotechnische Arbeiten, also das Arbeiten an, mit oder in der Nähe elektrischer Anlagen (Einrichten, Inbetriebnehmen, Instandhalten, Prüfen, Erproben, Messen, Auswechseln, Ändern und Erweitern), sowie nicht elektrotechnische Arbeiten, also Arbeiten im Bereich einer elektrischen Anlage (Bau- und Montagearbeiten, Erdarbeiten, Säubern, Anstrich und Korrosionsschutzarbeiten) verstanden. Diese Einteilung ist in Bild 10.3 dargestellt.

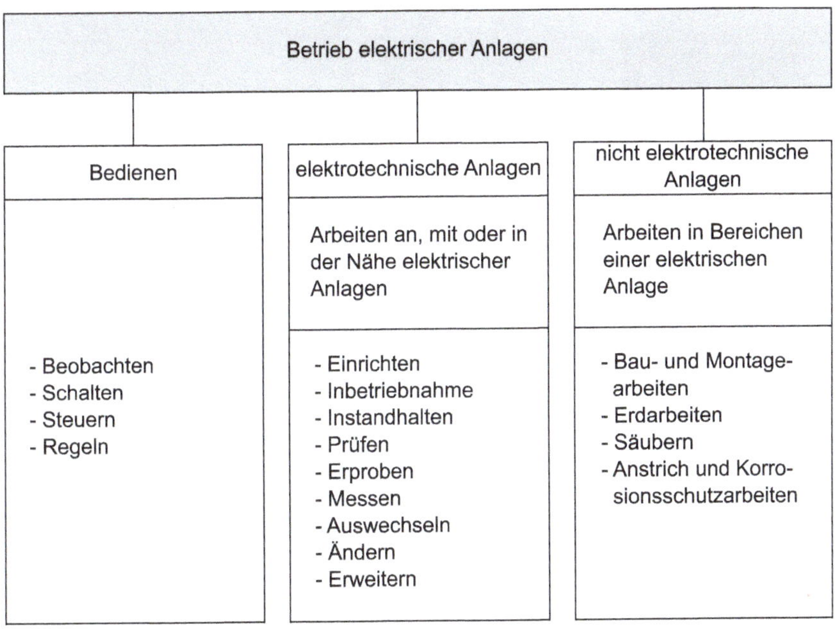

Bild 10.3 Erläuterung des Begriffes „Betrieb“ gemäß DIN VDE 0105-100 nach DGUV Information 203-002, S. 9

10.2 Physikalische Grundlagen der Elektrizität und deren physiologische Auswirkungen auf den menschlichen Körper

10.2.1 Wichtige Größen des elektrischen Stroms und deren Bedeutung

Elektrizität wird in Kleinspannung (Extra Low Voltage (ELV)), Niederspannung (Low Voltage (LV)) und Hochspannung (High Voltage (HV)) eingeteilt. ELV ist Wechselspannung (Alternating Current (AC)) bis 50 V oder oberschwingungsfreie Gleichspannung (Direct Current (DC)) bis 120 V zwischen den Leitern oder zwischen Leiter und Erde (DGUV Information 203-002, S. 9). LV ist AC bis 1000 V oder DC bis 1500 V und HV ist AC größer 1 kV oder DC größer als 1,5 kV (DGUV Information 203-002, S. 9). In Tabelle 10.1 ist diese Einteilung noch einmal zusammengefasst.

Spannungsart	Grenze AC in V	Grenze DC in V
ELV	50	120
LV	1000	1500
HV	> 1000	> 1500

Tabelle 10.1 Einteilung der Elektrizität (nach DGUV Information 203-002, S. 9)

Laut DGUV Information 203-002 hängt die Wirkung des Stroms auf den Menschen

- von der Stromstärke,
- vom Weg des Stroms im Körper,
- von der Einwirkdauer und
- von der Frequenz

ab.

Der Strom *I* fließt dann, wenn eine Spannung *U* ihn durch einen Widerstand *R* treibt. Dieser Zusammenhang ist in Formel 10.1, dem Ohm'schen Gesetz, beschrieben (DGUV Information 203-002, S. 10).

$$I = \frac{U}{R} \tag{10.1}$$

Strom ist für den Menschen gefährlich, weil der menschliche Körper als Impedanz bei Wechselstrom bzw. als ohm'scher Widerstand bei Gleichstrom fungiert. Der elektrische Widerstand des Menschen hängt nach DGUV Information 203-002, S. 10

- vom Stromweg,
- vom Zustand der Haut (z. B. trocken, feucht, unverletzt, verletzt),
- von der Höhe der Spannung und
- von der Frequenz

ab. Er setzt sich aus dem Körperinnenwiderstand und dem Hautwiderstand zusammen. Bei einem Wechselstrom ab 230 V und einer Netzfrequenz von 50/60 Hz ergeben sich die in Tabelle 10.2 aufgelisteten Impedanzen:

Strömungsrichtung	Impedanz	Wert in Ω
Längsdurchströmung	Hand-Fuß	ca. 1000
	Hand-Füße	ca. 750
	Hände-Füße	ca. 500
Querdurchströmung	Hand-Hand	ca. 1000
Teildurchströmung	Hand-Rumpf	ca. 500
	Hände-Rumpf	ca. 250

Tabelle 10.2 Impedanz des menschlichen Körpers bei 230 V und 50 Hz nach DGUV Information 203-002, S. 10

10.2.2 Auswirkungen des elektrischen Stroms auf den Menschen

Gefährdung durch Wechselstrom

Netzspannungen von 230/400 V und einer Frequenz von 50 Hz können nach DGUV Information 203-002, S. 10 zu tödlichen Unfällen führen. Bei Wechselstrom kommt es schon bei geringen Stromstärken von 5 mA zu Muskelverkrampfungen. Bild 10.4 zeigt die physiologischen Wirkungen des Stroms. Bei a) beginnt die Wahrnehmungsgrenze. Vor der Wahrnehmungsgrenze sind keine Reaktionen und Auswirkungen erkennbar. b) kennzeichnet den Bereich bis zur Loslassgrenze bei 40 mA. Bis zur Loslassgrenze ist keine schädliche physiologische Wirkung bekannt, der Strom wird jedoch wahrgenommen. c) kennzeichnet die Kennlinie eines Fehlerstromschutzschalters bei 30 mA. Zwischen b) und d) sind keine Organschäden zu erwarten. Reversible Störungen der Reizbildung und Reizleitung im Herzen,

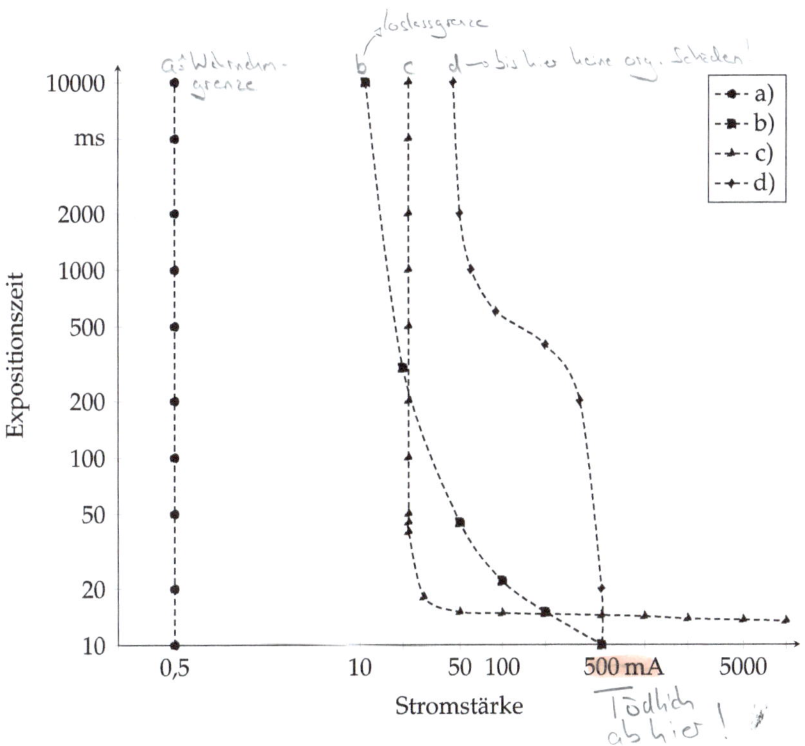

Bild 10.4 Physiologische Wirkungen des Wechselstroms bei 50 Hz auf einen erwachsenen Menschen nach DGUV Information 203-001, S. 7

Tabelle 10.3 Unterteilung der physiologischen Wirkung von Wechselstrom nach DGUV Information 213-026, S. 56–57

Bereich	Intervall	Erklärung
I	0 mA bis 25 mA	Geringe Blutdrucksteigerung, oberhalb von etwa 10 mA Muskelverkrampfungen, Hängen- oder Klebenbleiben („Loslassgrenze") am Leiter, bei längerer Dauer Verkrampfung der Atemmuskulatur. Das ist im Allgemeinen bei kurzer Dauer nicht tödlich.
II	25 mA bis 80 mA	Sofern das Herz in den Stromkreis einbezogen ist, kann es zum Herzstillstand und zur Atemlähmung infolge Muskelverkrampfung kommen, nach ca. 30 s ist Herzkammerflimmern möglich, der Sauerstofftransport zu den Körperzellen wird unterbunden. Versagen des Blutkreislaufes kann zum Tode führen.
III	80 mA bis 5000 mA	Starke Blutdrucksteigerung und Verkrampfung der Atemmuskulatur, Herzkammerflimmern tritt mit hoher Wahrscheinlichkeit schon bei ca. 0,3 s Durchströmungsdauer auf.
IV	>5000 mA	Herzstillstand tritt vielfach spontan während der Durchströmung ein, meist kein Herzkammerflimmern, jedoch thermische Wirkungen des Stromes (Verbrennungen durch Lichtbogen). Solche hohen Körperdurchströmungen treten im Allgemeinen bei Hochspannungsunfällen auf. Neben der Durchströmung kann es zu äußeren Verbrennungen kommen. Der Tod tritt bei Durchströmung und äußeren Verbrennungen oft erst nach Tagen oder Wochen ein.

Muskelkontraktion und Atemschwierigkeiten sind wahrscheinlich. Bereich d) kennzeichnet den Bereich, in dem Herzkammerflimmern sehr wahrscheinlich ist. In dieser Zone führt zudem eine zunehmende Stromstärke und Einwirkdauer zum Herz- und Atemstillstand und zu schweren Verbrennungen. Ab 500 mA kann jede kurzzeitige Einwirkung tödlich sein (Brieselang 2015).

Die physiologische Wirkung des Stroms kann gemäß Tabelle 10.3 in vier Bereiche unterteilt werden. (DGUV Information 213-026, S. 56–57)

Gefährdung durch Gleichstrom

Auch Gleichstrom ist für den Menschen gefährlich. Die physiologische Wirkung ist allerdings bei gleicher Stromstärke weit weniger gefährlich als die von Wechselstrom. Der Grund dafür ist, dass durch Stromänderungen Muskelverkrampfungen hervorgerufen werden. Bei Gleichstrom ist das nur beim Öffnen und Schließen des Stromkreises der Fall. (DGUV Information 203-002)

Gefährdung durch Lichtbögen

Um einen Lichtbogen zu erzeugen, ist nach Monasch (1904, S. 2) *„(…) eine gewisse Spannungsdifferenz an den Elektroden notwendig, die je nach der Natur des Stoffes, aus welchem* *die Elektroden bestehen, größer oder kleiner sein muss"* Dies ist z. B. bei Kurzschlüssen der Fall. Ein Kurzschluss-Lichtbogen kann eine Temperatur von bis zu 4000 °C besitzen (DGUV Information 203-002). Metallteile werden dabei verdampft und durch die Blaswirkung des elektrischen Feldes herausgeschleudert, wodurch es häufig zu Unfallfolgen wie dem Verblitzen der Augen oder Verbrennungen 1. und 2. Grades kommt (DGUV Information 203-002). Verbrennungen 1. Grades sind Verbrennungen der Haut, die eine Hautrötung und eine Hautschwellung hervorrufen können. Sie sind reversibel und heilen ohne Narbenbildung ab. Verbrennungen 2. Grades teilen sich in Grad 2a und 2b ein. 2a beinhaltet Verbrennungen, die die Hautoberfläche schädigen. Es können Brandblasen entstehen, Rezeptoren und Drüsen sowie Haarwurzeln bleiben erhalten, was zu starken Schmerzen führt. Der Heilungsprozess dauert zwei bis drei Wochen. Es erfolgt keine Narbenbildung, unter Umständen kann es aber zu Pigmentstörungen kommen. Bei Verbrennungen vom Grad 2b werden neben der Verbrennung der Haut die Schmerz- und Tastrezeptoren zerstört, wodurch die Schmerzempfindung gestört ist. Der Abheilungsprozess erfolgt unter Narbenbildung (KAMOLZ 2009, S. 6). Unter Blaswirkung wird die magnetische Beeinflussung der Richtung des Lichtbogens verstanden (HESSE 1958, S. 17).

10.3 Maßnahmen der Gefahrenabwehr bei elektrischen Gefährdungen

10.3.1 Die fünf Sicherheitsregeln bei Arbeiten an elektrischen Anlagen

Die fünf Sicherheitsregeln beziehen sich auf das Arbeiten an Niederspannungsanlagen und sind beim Arbeiten mit diesen immer einzuhalten. Niederspannungsanlagen, früher auch Starkstromanlagen, sind Anlagen, die mit einer Wechselspannung im Niederspannungsbereich bis 1000 V betrieben werden (WIKIPEDIA 2021). Vor dem Arbeiten an Niederspannungsanlagen ist der spannungsfreie Zustand herzustellen und während der Arbeit sicherzustellen. Das Einhalten der fünf Sicherheitsregeln ist beim Arbeiten an elektrischen Anlagen lebenswichtig!

Die fünf Sicherheitsregeln (DGUV Information 203-002, S. 21):

1. Freischalten
2. Gegen Wiedereinschalten sichern
3. Spannungsfreiheit feststellen
4. Erden und Kurzschließen } nur bei Spannungen > 1000 V
5. Benachbarte, unter Spannung stehende Teile abschranken oder abdecken

In Bild 10.5 ist die prozentuale Anzahl an Unfällen, bei denen gegen eine der fünf Sicherheitsregeln verstoßen wurde, dargestellt. Ein Großteil der Unfälle ereignet sich beim Verstoß gegen das Freischalten des Systems.

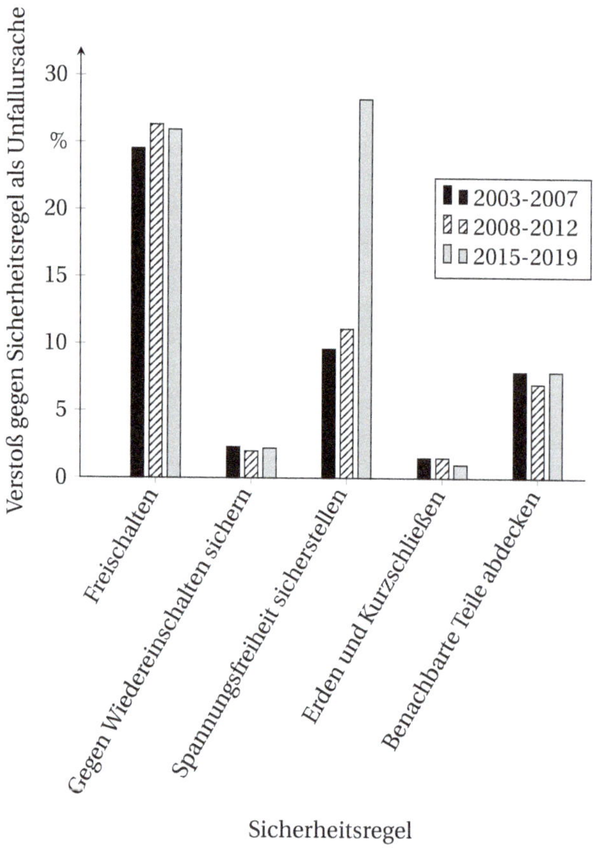

Bild 10.5 Stromunfälle von Elektrofachrkräften bei elektrotechnischen Arbeiten und Verstoß gegen eine der fünf Sicherheitsregeln als Unfallursache bei Versicherten der BG ETEM (Berufsgenossenschaft Energie Textil Elektro Medienerzeugnisse (BG ETEM) 2019)

10.3.2 Prüfung elektrischer Anlagen

Um Unfälle zu vermeiden, ist es dringend erforderlich, dass elektrische Anlagen ordnungsgemäß geprüft werden. Nach § 5 (1) DGUV Vorschrift 3 gilt:

Der Unternehmer hat dafür zu sorgen, dass die elektrischen Anlagen und Betriebsmittel auf ihren ordnungsgemäßen Zustand geprüft werden

1. *vor der ersten Inbetriebnahme und nach einer Änderung oder Instandsetzung vor der Wiederinbetriebnahme durch eine Elektrofachkraft oder unter Leitung und Aufsicht einer Elektrofachkraft und*
2. *in bestimmten Zeitabständen.*

Zu prüfende elektrische Anlagen werden in ortsfeste und ortsveränderliche Anlagen unterteilt. Für die Prüfung der ortsfesten Anlagen ist eine Elektrofachkraft heranzuziehen.

Für die Prüfung ortsveränderlicher Anlagen ist eine elektrotechnisch unterwiesene Person einzusetzen (DGUV Vorschrift 3, S. 12–13). Die Intervalle zwischen den Prüfungen richten sich nach der Art und dem Gebrauch der Anlage. In den Tabellen 10.4 und 10.5 sind die Prüffristen angegeben.

Tabelle 10.4 Prüffristen für ortsfeste elektrische Anlagen nach DGUV Vorschrift 3, S. 12

Anlage	Prüffrist	Art der Prüfung	Prüfer
Elektrische Anlagen und ortsfeste Betriebsmittel	4 Jahre	auf ordnungsgemäßen Zustand	Elektrofachkraft
Elektrische Anlagen und ortsfeste elektrische Betriebsmittel in „Betriebsstätten, Räumen und Anlagen besonderer Art" (DIN VDE 0100 Gruppe 700)	1 Jahr	auf ordnungsgemäßen Zustand	Elektrofachkraft
Schutzmaßnahmen mit Fehlerstrom-Schutzeinrichtungen in nichtstationären Anlagen	1 Monat	auf Wirksamkeit	Elektrofachkraft oder elektrotechnisch unterwiesene Person bei Verwendung geeigneter Mess- und Prüfgeräte
Fehlerstrom-, Differenzstrom-, und Fehlerspannungs-Schutzschalter in stationären und nichtstationären Anlagen	6 Monate (stationär) arbeitstäglich (nichtstationär)	auf einwandfreie Funktion durch Betätigen der Prüfeinrichtung	Benutzer

Tabelle 10.5 Prüffristen für ortsveränderliche elektrische Anlagen nach DGUV Vorschrift 3, S. 13

Anlage/Betriebsmittel	Prüffrist	Art der Prüfung	Prüfer
Ortsveränderliche elektrische Betriebsmittel (soweit benutzt) Verlängerungs- und Geräteanschlussleitungen mit Steckvorrichtung Anschlussleitungen mit Stecker bewegliche Leitungen mit Stecker und Festanschluss	Richtwert 6 Monate, auf Baustellen 3 Monate. Wird bei den Prüfungen eine Fehlerquote < 2 % erreicht, kann die Prüffrist entsprechend verlängert werden. Maximalwerte: Auf **Baustellen**, in **Fertigungsstätten** und **Werkstätten** oder unter ähnlichen Bedingunggen 1 Jahr in **Büros** oder unter ähnlichen Bedingungen Bedingungen 2 Jahre	auf ordnungsgemäßen Zustand	Elektrofachkraft, bei Verwendung geeigneter Mess- und Prüfgeräte auch elektrotechnisch unterwiesene Person

10.3.3 Möglichkeiten der Prävention

Nach DIN VDE 0100-410 muss der Schutz von Personen, Nutztieren und Sachen vor elektrischem Schlag durch die gleichzeitige Anwendung folgender Schutzmaßnahmen sichergestellt werden (DGUV Information 203-002, S. 14):

technisch

- Basisschutz: Schutz gegen direktes Berühren z. B. durch Abdeckungen, Umhüllungen
- Fehlerschutz: Schutz bei indirektem Berühren z. B. durch Überstromschutzeinrichtungen
- Zusätzlicher Schutz z. B. durch Fehlerstrom-Schutzeinrichtung

Nach DGUV Information 203-002 kann der Schutz durch das Betriebsmittel selbst oder durch die Anwendung der Schutzmaßnahmen beim Errichten bzw. durch eine Kombination von beidem erreicht werden.

Basisschutz (Schutz gegen direktes Berühren)

Laut DGUV Information 203-002, S. 14 *muss sichergestellt sein, dass Personen und Nutztiere aktive Teile unter Betriebsbedingungen nicht berühren können, wenn die Nennspannung über* U_{eff} *= 25 V Wechselspannung bzw. 60 V Gleichspannung betragen.* U_{eff} ist der Effektivwert der Wechselspannung. Dieser entspricht dem Wert des Gleichstroms, der dieselbe Auswirkung besitzt wie das Quadrat der Wechselspannung (Kuchling 2004, S. 482). Dies kann z. B. durch

- Isolierung von aktiven Teilen,
- Abdeckung oder Umhüllungen,
- Hindernisse,
- Abstände und
- zusätzlichen Schutz durch Residual Current Protective Devices (RCD) (früher FI-Schalter)
  - RCD ohne Hilfsspannungsquellen = Fehlerstromschutzeinrichtung
  - RCD mit Hilfsspannungsquelle = Differenzstromschutzeinrichtung erfolgen.

Fehlerschutz (Schutz bei indirektem Berühren)

Nach DGUV Information 203-002 *darf die dauernde zulässige Berührungsspannung 50 V Wechselspannung oder 120 V Gleichspannung nicht überschreiten. Die Abschaltzeit der Anlage darf je nach Anwendungsfall 0,1 bis 5 s betragen.* Dies kann durch folgende Schutzmaßnahmen gewährleistet werden (DGUV Information 203-002):

- Schutz durch automatische Abschaltung der Stromversorgung
- Schutz durch Verwendung von Betriebsmitteln mit doppelter oder verstärkter Isolierung
- Schutz durch Schutztrennung

Bei der Schutztrennung handelt es sich nach DIN VDE 0100-410 um eine Schutzmaßnahme, bei der *„der Basisschutz vorgesehen ist durch Basisisolierung der aktiven Teile oder durch Abdeckungen oder Umhüllungen in Übereinstimmung mit Anhang A DIN VDE 0100-410 und der Fehlerschutz vorgesehen ist durch einfache Trennung des Stromkreises mit Schutztrennung von anderen Stromkreisen und von Erde.“*

Schutz durch Kleinspannung mittels Safety Extra Low Voltage, Protective Extra Low Voltage und Functional Extra Low Voltage

Um einen gleichzeitigen Schutz gegen direktes und indirektes Berühren zu erreichen, muss Schutz durch Extra Low Voltage (ELV) gegeben sein. Dieser kann entweder durch Schutzkleinspannung (Safety Extra Low Voltage (SELV)) oder durch Funktionskleinspannung mit sicherer Trennung (Protective Extra Low Voltage (PELV)) umgesetzt werden. Bei Schutzkleinspannungen (SELV) werden Stromkreise mit Nennspannungen bis 50 V (Wechselstrom) bzw. 120 V (Gleichstrom) ohne Erdung betrieben. Der Schutz gegen direktes Berühren ist dadurch gegeben, dass die Stromkreise von Stromkreisen mit höheren Spannungen isoliert sind, auch wenn die Kleinspannungen aus den Stromkreisen höherer Spannung gespeist werden. Wird eine Nennspannung von 25 V (Wechselstrom) bzw. 60 V (Gleichstrom) überschritten, muss der Schutz gegen direktes Berühren durch z. B. Transformatoren mit sicherer elektrischer Trennung hergestellt werden. Die Kennzeichnung für eine Schutzkleinspannung ist in Abschnitt 10.5 Bild 10.10 dargestellt. Im Gegensatz zur Schutzkleinspannung können bei der Funktionskleinspannung (PELV bzw. Functional Extra Low Voltage (FELV)) Betriebsmittel geerdet sein. Die PELV setzt voraus, dass alle Anforderungen an eine SELV erfüllt sind. Bei einer FELV müssen die Anforderungen an eine SELV nicht erfüllt sein (BÖGE 2004). Der Schutz durch ELV beinhaltet nach DGUV Information 203-002:

- Nennspannung maximal U_{eff} =50 V Wechselspannung oder 120 V Gleichspannung
- Speisung aus geeigneter Stromquelle
- aktive Teile von SELV- und PELV-Stromkreisen müssen voneinander, von einer Funktionsschaltung ohne sichere Trennung (FELV) und von Stromkreisen höherer Spannung sicher getrennt sein
- Stecker dürfen nicht in Steckdosen anderer Spannungssysteme eingeführt werden können,
- SELV-Steckvorrichtungen dürfen keinen Schutzkontakt haben.

Bei Nennspannungen bis U_{eff} =25 V Wechselspannung oder 60 V Gleichspannung ist im Allgemeinen ein Schutz gegen direktes Berühren nicht erforderlich.

Zusätzlicher Schutz

In der DGUV Information 203-002 steht: *Der zusätzliche Schutz beinhaltet zwei Möglichkeiten:*

- *Fehlerstrom-Schutzeinrichtungen RCD (früher FI-Schalter):*
  Fehlerstrom-Schutzeinrichtung mit Bemessungsdifferenzstrom $\leqq$ 30 mA *als zusätzlicher Schutz in Wechselstromsystemen bei Versagen des Basisschutzes und/oder Fehlerschutzes oder bei Sorglosigkeit durch den Benutzer.*
- *Zusätzlicher Schutzpotenzialausgleich:*
  Der zusätzliche Schutzpotenzialausgleich muss alle gleichzeitig berührbaren Körper und fremden leitfähigen Teile einschließen. Er muss mit den Schutzleitern aller Betriebsmittel und Steckdosen verbunden werden. Der zusätzliche Schutzpotenzialausgleich wird als ein Zusatz zum Fehlerschutz angesehen, z. B. wenn Abschaltzeiten nicht eingehalten werden können.

RCD sind nur als Zusatz zu anderen Maßnahmen zum Schutz gegen elektrischen Schlag zulässig (DGUV Information 203-002) *„Sie haben die Aufgabe, Betriebsmittel innerhalb kurzer Zeit (0,2 bis 0,4 s) allpolig abzuschalten, falls durch einen Isolationsfehler für den Menschen gefährliche Berührspannungen entstehen können"* (SCHMID-GAISER 2022).

10.3.4 Sicherheitsabstände

In Tabelle 10.6 sind die Sicherheitsabstände für bestimmte elektrotechnische Arbeiten in Abhängigkeit der Nennspannung in der Nähe aktiver Teile dargestellt. (DIN VDE 0105-100, 202F).

Tabelle 10.7 zeigt die Sicherheitsabstände bei nichtelektrotechnischen Arbeiten, abhängig von der Nennspannung (DIN VDE 0105-100, S. 217).

Netz-Nennspannung U_{eff} (Effektivwert) in kV	Schutzabstand (Abstand von ungeschützten unter Spannung stehenden Teilen) in m
bis 1	0,5
über 1 bis 30	1,5
über 30 bis 110	2,0
über 110 bis 220	3,0
über 220 bis 380	4,0

Tabelle 10.6 Schutzabstände bei bestimmten elektrotechnischen Arbeiten, abhängig von der Nennspannung in der Nähe aktiver Teile nach DIN VDE 0105-100, S. 202

Netz-Nennspannung U_{eff} (Effektivwert) in kV	Schutzabstand (Abstand von ungeschützten unter Spannung stehenden Teilen) in m
bis 1	1,0
über 1 bis 110	3,0
über 110 bis 220	4,0
über 220 bis 380	5,0

Tabelle 10.7 Schutzabstände bei nichtelektrotechnischen Arbeiten, abhängig von der Nennspannung nach DIN VDE 0105-100, S. 217

10.4 Erste Hilfe bei Stromunfällen

Auch bei Stromunfällen muss nach § 323c StGB Erste Hilfe geleistet werden, ansonsten wird eine unterlassene Hilfeleistung begangen, die mit einer Freiheits- oder einer Geldstrafe geahndet wird: *Wer bei Unglücksfällen oder gemeiner Gefahr oder Not nicht Hilfe leistet, obwohl dies erforderlich und ihm den Umständen nach zuzumuten, insbesondere ohne erhebliche eigene Gefahr und ohne Verletzung anderer wichtiger Pflichten möglich ist, wird mit Freiheitsstrafe bis zu einem Jahr oder mit Geldstrafe bestraft.* Vor allem bei Hochspannungsunfällen kann ein Teil der Erste Hilfe Maßnahmen nur von Fachpersonal durchgeführt werden. Um das sicherzustellen hat der Unternehmer nach § 24 (1) DGUV Vorschrift 1 *(…)*

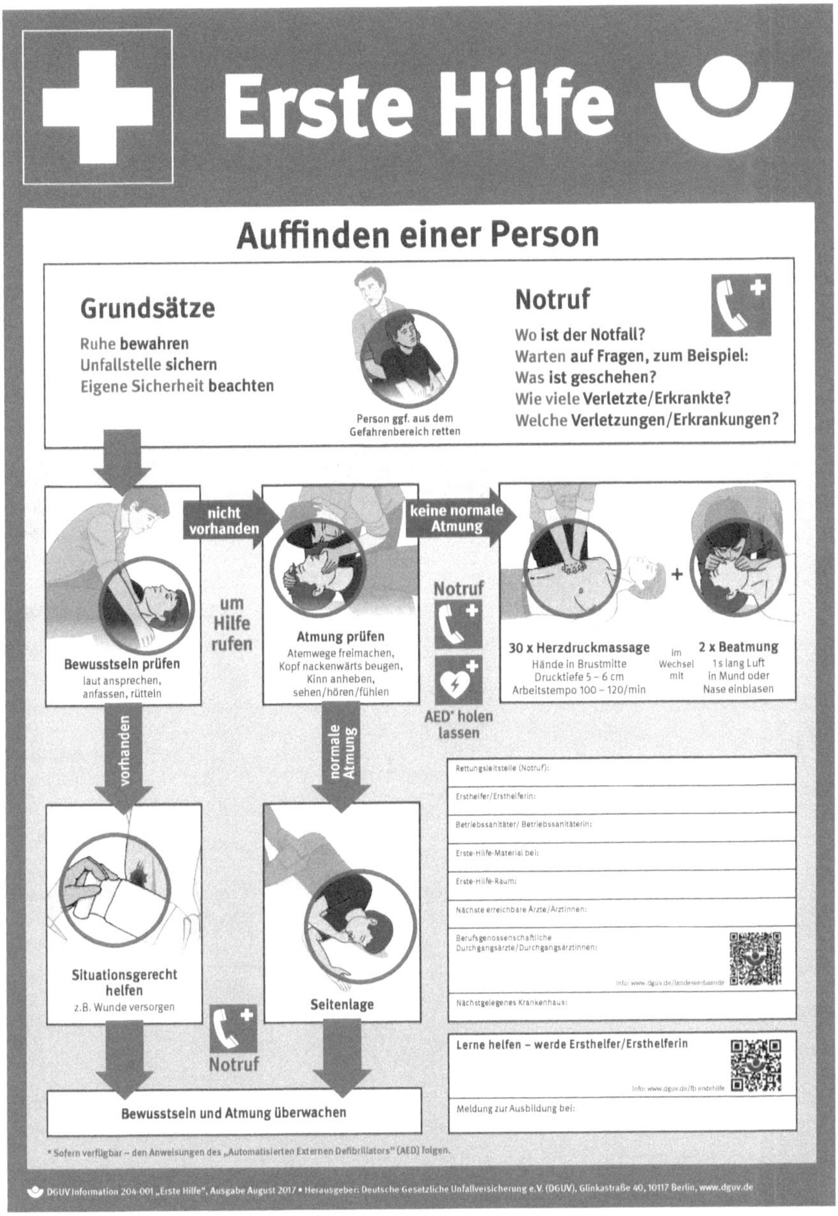

Bild 10.6 Ablauf der Erste-Hilfe Maßnahmen (DEUTSCHE GESETZLICHE UNFALLVERSICHERUNG E. V. (DGUV) 2017)

dafür zu sorgen, dass zur Ersten Hilfe und zur Rettung aus Gefahr die erforderlichen Einrichtungen und Sachmittel sowie das erforderliche Personal zur Verfügung stehen. Dazu muss der Unternehmer, je nach Anzahl der Beschäftigten, Ersthelfer und Betriebssanitäter zur Verfügung stellen (§§ 26 und 27 DGUV Vorschrift 1). In Bild 10.6 ist der Ablauf der Erste-Hilfe Maßnahmen aufgezeichnet.

Bei Stromunfällen muss immer mit einem Kreislaufstillstand gerechnet werden. Als allgemeine Maßnahme muss nach DGUV Information 204-006 der Selbschutz beachtet werden. Zudem ist in jedem Fall zunächst für eine Stromunterbrechung zu sorgen.

Erste Hilfe bei Niederspannungsunfällen

Laut DGUV Information 204-006 ist bei Niederspannungsunfällen zusätzlich zu den allgemeinen Maßnahmen folgendermaßen vorzugehen:

- Stecker ziehen
- Ausschalten
- Sicherung/Sicherungsautomat betätigen

Anschließend sollte eine ständige Kontrolle des Bewusstseins und der Atmung (Kreislauf), eine Versorgung der verletzten Oersin je nach Zustand und eine ärztliche Behandlung erfolgen.

Erste Hilfe bei Hochspannungsunfällen

Die Erste Hilfe Maßnahmen bei Hochspannungsunfällen unterscheiden sich von denen der Niederspannungsunfälle vor allem dadurch, dass gewisse Maßnahmen nur durch Fachpersonal ausgeführt werden können. Was bleibt, ist vor allem das Alarmieren von Rettungskräften. Dabei sollte nach dem W-Schema vorgegangen werden. Je exakter und detaillierter ein Notruf abgesetzt wird, desto schneller und besser kann der verunfallten Person geholfen werden (Deutsche Gesetzliche Unfallversicherung e. V. (DGUV) 2017):

- **WO** geschah es?
- **WAS** geschah?
- **WIE VIELE** Verletzte?
- **WELCHE** Art von Verletzung/Erkrankung?
- **WARTEN** auf Rückfragen!

Das Vorgehen bei Hochspannungsunfällen lautet nach DGUV Information 204-006:

- Eigensicherung beachten!
- Sicherheitsabstand 5 Meter!
- Alarmierung Feuerwehr/Rettungsdienst/Notarzt über Notruf 112 mit Hinweis auf Hochspannungsunfall (Alarmierung Fachkräfte bzw. Energieversorger)
- Rettung aus Hochspannungsanlagen nur durch Fachpersonal
- Hilfeleistung erst nach Eingreifen von Fachpersonal

10.5 Kennzeichnung und Einordnung elektrischer Betriebsmittel

Das Warnzeichen für elektrischen Strom nach ISO 3864 ist in Bild 10.7 dargestellt. Es muss vorhanden sein, wenn eine Gefahr von elektrischem Strom ausgeht.

SK1 ≙ Geräte mit Schutzleiteranschluss
SK2 ≙ doppelte bzw. verstärkte Isolierung
SK3 ≙ Geräte, getrennt betrieben durch Schutzkleinspannung oder Schutztransformator

Bild 10.7 Warnzeichen für elektrischen Strom nach ISO 3864

Elektrische Betriebsmittel werden in Deutschland nach DGUV Information 203-070 in drei Klassen eingeordnet: Schutzklasse I beinhaltet alle Geräte und Anlagenteile mit Schutzleiteranschluss, es muss eine Fehlerstrom-Schutzeinrichtung oder ein zusätzlicher Schutzpotentialausgleich vorhanden sein. Im Fehlerfall wird der Stromkreis abgeschaltet, sodass keine gefährliche Berührspannung bestehen bleibt. Die Schutzklasse I ist nicht gesondert gekennzeichnet, jedoch ist eine dann vorhandene Erdung wie in Bild 10.8 ausgewiesen. Für Schutzklasse II ist eine doppelte bzw. eine verstärkte Isolierung notwendig. Diese macht Isolationsfehler praktisch unmöglich. Ein Schutzleiter kann nicht angeschlossen werden. Die Kennzeichnung für Schutzklasse II ist in Bild 10.9 dargestellt. In Schutzklasse III befinden sich Geräte, die mit Schutzkleinspannung oder Schutztransformatoren sicher getrennt betrieben werden. Die Kennzeichnung für Schutzklasse III ist in Bild 10.10 dargestellt.

Neben dem Warnhinweis für Gefahr durch Elektrizität und den Symbolen für die Schutzklasse muss nach EN 60529 die Kennziffer für den International Protection Code (IP) angegeben

Bild 10.8 Symbol für Schutzerdung (bei Schutzklasse I) (DGUV Information 203-070)

Bild 10.9 Symbol für Schutzklasse II (DGUV Information 203-070)

Bild 10.10 Symbol für Schutzklasse III (DGUV Information 203-070)

Tabelle 10.8 Schutzgrade für Berührungs- und Fremdkörperschutz: erste Kennziffer nach EN 60529

Erste Kennziffer	Benennung	Erklärung
1	Geschützt gegen feste Fremdkörper von 50 mm Durchmesser und größer	Die Objektsonde, Kugel 50 mm Durchmesser, darf nicht voll eindringen.
2	Geschützt gegen feste Fremdkörper von 12,5 mm Durchmesser und größer	Die Objektsonde, Kugel 12,5 mm Durchmesser, darf nicht voll eindringen. Der gegliederte Prüffinger darf bis zu seiner Länge von 80 mm eindringen, ausreichender Abstand muss jedoch eingehalten werden.
3	Geschützt gegen feste Fremdkörper von 2,5 mm Durchmesser und größer	Die Objektsonde, Kugel 2,5 mm Durchmesser, darf überhaupt nicht eindringen.
4	Geschützt gegen feste Fremdkörper von 1,0 mm Durchmesser und größer	Die Objektsonde, Kugel 1,0 mm Durchmesser, darf überhaupt nicht eindringen.
5	Staubgeschützt	Eindringen von Staub ist nicht vollständig verhindert, aber Staub darf nicht in einer solchen Menge eindringen, dass das zufriedenstellende Arbeiten des Gerätes oder die Sicherheit beeinträchtigt wird.
6	Staubdicht	Kein Eindringen von Staub bei einem Unterdruck von 20 mbar im Gehäuse.

werden. Der IP setzt sich aus zwei Ziffern zusammen, die in Tabelle 10.8 und Tabelle 10.9 erklärt sind. Ein Beispiel für einen IP ist IP43. Das bedeutet, dass das Betriebsmittel gegen feste Fremdkörper mit 1,0 mm Durchmesser und größer (Ziffer 4) und gegen Sprühwasser (Ziffer 3) geschützt ist.

10.6 Rechtliche Grundlagen

10.6.1 Pflichten des Unternehmers

In der DGUV Vorschrift 3 sind die Vorschriften bei Arbeiten mit elektrischem Strom festgelegt. In § 3 DGUV Vorschrift 3 heißt es:

„(1) Der Unternehmer hat dafür zu sorgen, dass elektrische Anlagen und Betriebsmittel nur von einer Elektrofachkraft oder unter Leitung und Aufsicht einer Elektrofachkraft den elektrotechnischen Regeln entsprechend errichtet, geändert und instandgehalten werden. Der Unternehmer hat ferner dafür zu sorgen, dass die elektrischen Anlagen und Betriebsmittel den elektrotechnischen Regeln entsprechend betrieben werden. (2) Ist bei einer elektrischen Anlage oder einem elektrischen Betriebsmittel ein Mangel festgestellt worden, d. h. entsprechen sie nicht oder nicht mehr den elektrotechnischen Regeln, so hat der Unternehmer dafür

Tabelle 10.9 Schutzgrade für Berührungs- und Fremdkörperschutz: zweite Kennziffer nach EN 60529

Zweite Kennziffer	Benennung	Erklärung
1	Geschützt gegen Tropfwasser	Senkrecht fallende Tropfen dürfen keine schädlichen Wirkungen haben.
2	Geschützt gegen Tropfwasser, wenn das Gehäuse bis zu 15° geneigt ist	Senkrecht fallende Tropfen dürfen keine schädlichen Wirkungen haben, wenn das Gehäuse um einen Winkel bis zu 15° beiderseits der Senkrechten geneigt ist.
3	Geschützt gegen Sprühwasser	Wasser, das in einem Winkel bis zu 60° beiderseits der Senkrechten gesprüht wird, darf keine schädlichen Wirkungen haben.
4	Geschützt gegen Spritzwasser	Wasser, das aus jeder Richtung gegen das Gehäuse spritzt, darf keine schädlichen Wirkungen haben.
5	Geschützt gegen Strahlwasser	Wasser, das aus jeder Richtung als Strahl gegen das Gehäuse gerichtet ist, darf keine schädlichen Wirkungen haben.
6	Geschützt gegen starkes Strahlwasser	Wasser, das aus jeder Richtung als starker Strahl gegen das Gehäuse gerichtet ist, darf keine schädliche Wirkungen haben.
7	Geschützt gegen die Wirkung beim zeitweiligen Untertauchen in Wasser	Wasser darf nicht in einer Menge eintreten, die schädliche Wirkung verursacht, wenn das Gehäuse unter genormten Druck- und Zeitbedingungen zeitweilig in Wasser untergetaucht wird.
8	Geschützt gegen die Wirkungen beim dauernden Untertauchen in Wasser	Wasser darf nicht in einer Menge eintreten, die schädliche Wirkungen verursacht, wenn das Gehäuse dauernd unter Wasser getaucht ist unter Bedingungen, die zwischen Hersteller und Anwender vereinbart werden müssen. Die Bedingungen müssen jedoch schwieriger sein als für die Kennziffer 7.

zu sorgen, dass der Mangel unverzüglich behoben wird und, falls bis dahin eine dringende Gefahr besteht, dafür zu sorgen, dass die elektrische Anlage oder das elektrische Betriebsmittel im mangelhaften Zustand nicht verwendet werden."

10.6.2 Die Elektrofachkraft und die elektrotechnisch unterwiesene Person

Nach DIN VDE 1000-10 gilt als Elektrofachkraft „*(...) wer aufgrund seiner fachlichen Ausbildung, Kenntnisse und Erfahrungen sowie Kenntnis der einschlägigen Bestimmungen die ihm übertragenen Arbeiten beurteilen und mögliche Gefahren erkennen kann.*" Dabei darf eine Elektrofachkraft nur in dem Gebiet agieren, um Gefährdungen zu beurteilen und Schutzmaßnahmen festzulegen, in dem sie die fachliche Ausbildung, Kenntnisse und Erfahrungen und Kenntnisse der einschlägigen Bestimmungen besitzt (DGUV Information 203-002).

Die fachliche Ausbildung ist durch einen Abschluss einer anerkannten elektrotechnischen Fachausbildung oder einer für die vorgesehene Aufgabe vergleichbaren elektrotechnischen Qualifikation erfüllt. Nach DGUV Information 203-002 trägt die Elektrofachkraft *„(...) immer Fachverantwortung, d. h. sie steht für das fachliche Ergebnis der von ihr verantworteten elektrotechnischen Arbeiten ein. Falls die Elektrofachkraft zusätzlich mit der Leitung und Aufsicht unterstellter Personen betraut wird, ist sie für die Führung dieser Personen sowie der fachlich korrekten und sicheren Durchführung der Arbeiten verantwortlich."* Im Gegensatz dazu darf eine elektrotechnisch unterwiesene Person, eine Person, die von einer Elektrofachkraft in die ihr delegierte Aufgabe eingewiesen und über Gefahren sowie Schutzeinrichtungen unterrichtet wurde (DGUV Information 203-002), keine Arbeiten an elektrischen Anlagen eigenverantwortlich durchführen. Eine Durchführung von Arbeiten ist nur dann unter Aufsicht möglich, wenn die elektrotechnisch unterwiesene Person eine fachgerechte Einweisung durch eine Elektrofachkraft erhalten haben, wobei die elektrotechnisch unterwiesene Person die vermittelten Maßnahmen und Verhaltensregeln einhalten müssen. In einigen Fällen, wenn beispielsweise mehrere Elektrofachkräfte in einem Betrieb vorhanden sind, ist es notwendig eine verantwortliche Elektrofachkraft zu bauftragen. Bei der verantwortlichen Elektrofachkraft handelt es sich um eine Person, die nach DIN VDE 1000-10 Elektrofachkraft (Fachverantwortung) *„trägt und darüber hinaus mit der Wahrnehmung von Unternehmerpflichten hinsichtlich der elektrotechnischen Anforderungen beauftragt ist."* Nach DIN VDE 1000-10 gilt als elektrotechnisch unterwiesene Person *„wer durch eine Elektrofachkraft über die ihr übertragenen Aufgaben und die möglichen Gefahren bei unsachgemäßem Verhalten unterrichtet und erforderlichenfalls angelernt sowie über die notwendigen Schutzeinrichtungen und Schutzmaßnahmen unterwiesen wurde."* Eine besondere Ausbildung ist für die elektrotechnisch unterwiesene Person nicht notwendig.

10.6.3 Der Anlagenbetreiber, der Anlagenverantwortliche und der Arbeitsverantwortliche

In der Regel sind gerade bei größeren elektrischen Anlagen verschiedenen Personen verschiedene Aufgaben zugeteilt. Der Anlagenbetreiber ist *„eine Person mit der Gesamtverantwortung für den sicheren Betrieb der elektrischen Anlage, die Regeln und Randbedingungen der Organisation vorgibt".* (DIN VDE 0105-100) Diese Person muss keine Elektrofachkraft sein.

Der Anlagenverantwortliche ist *„eine Person, die beauftragt ist, währen der Durchführung von Arbeiten die unmittelbare Verantwortung für den sicheren Betrieb der elektrischen Anlage zu tragen, die zur Arbeitsstelle gehört".* (DIN VDE 0105-100) Im Sinne der DIN VDE 0105-100 muss der Anlagenverantwortliche Elektrofachkraft sein.

Der Arbeitsverantwortliche ist *„eine Person, die beauftragt ist, die unmittelbare Verantwortung für die Durchführung der Arbeit an der Arbeitsstelle zu tragen".* Diese Funktion kann von einer Elektrofachkraft oder einer elektrotechnisch unterwiesenen Person ausgeübt werden. (DIN VDE 0105-100)

10.7 Mein Arbeitsschutz-Logbuch: Kapitel Gefährdung durch elektrischen Strom

In der abgeschlossenen Einheit ging es um:

Meine wichtigste Erkenntnis daraus ist:

Das möchte ich mir noch einmal genauer anschauen:

Das wollte ich noch fragen:

11 Sicherheit an Laser-Materialbearbeitungs-anlagen

Nach Abschluss des Kapitels sollten Sie in der Lage sein, die besonderen Charakteristika des Laser-Materialbearbeitungsprozesses zu benennen, die Wirkungen, welche Laserstrahlung auf Mensch und Maschine hat, zu erläutern und die unterschiedlichen Schutzkonzepte an Laser-Materialbearbeitungsanlagen zu erklären.

11.1 Die Relevanz von Laseranlagen für die Arbeitssicherheit

Auf Grund seiner hohen Flexibilität findet der Laser (Light Amplification by Stimulated Emission of Radiation (HÜGEL & GRAF 2009, S. 1)) vermehrte Verbreitung in der Industrie. Dies ist nicht zuletzt auf die Steigerung der kommerziell verfügbaren Ausgangsleistungen, die Erhöhung der Strahlqualität und auf den Einsatz von Kinematiken mit vielen Freiheitsgraden zurückzuführen. Diese Entwicklungen bringen durch die Möglichkeit immense Strahlungsintensitäten in kurzen Zeiträumen an einem beliebigen Ort im Raum einzubringen jedoch auch ein gesteigertes Gefährdungspotential mit sich. (LUGAUER 2014)

Des Weiteren können durch die oben angeführte Evolution neue Anwendungen, wie z. B. das Remote-Laserstrahlschweißen mit großen Arbeitsabständen oder die Bearbeitung von Faserverbundwerkstoffen, erschlossen werden. Aber auch hieraus ergeben sich neue Gefahren, etwa durch die Prozessemissionen oder mechanische Gefährdungen durch schnell verfahrende Industrieroboter. (LUGAUER 2014)

11.1.1 Lasermaterialbearbeitung – weite Verbreitung, hohe Gefährdung

Laserstrahlquellen erlangen stetig größere Bedeutung für den weltweiten Markt. Sie finden sich als Materialbearbeitungsanlagen in der Industrie und sind in nahezu jedem Haushalt in CD- und BlueRay-Geräten verbaut. Der weltweite Umsatz von Lasersystemen zur Materialbearbeitung steigt anhaltend (siehe Bild 11.2). In Summe wurde im Jahr 2014 ein weltweiter Umsatz von ca. 11,8 Milliarden € erzielt, Tendenz steigend. Im Gegensatz dazu wurde im Jahr 2009, dem Jahr der Wirtschaftskrise, nur ein Umsatz von ca. 5,3 Milliarden € erzielt.

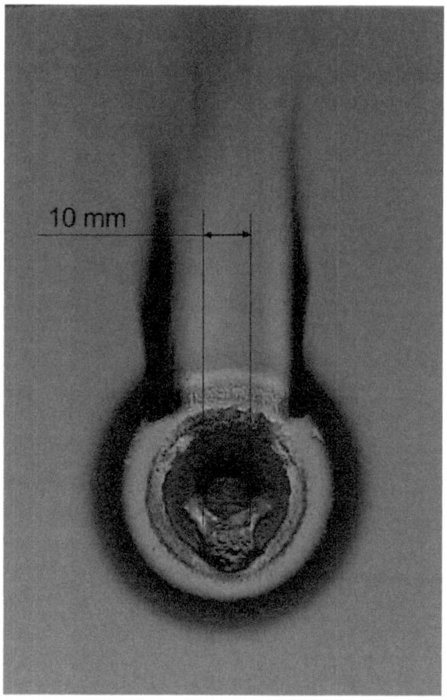

Bild 11.1 Schadensbild einer 1,5 mm dicken Strahlprobe nach einem Standzeittest (Roder 2015)

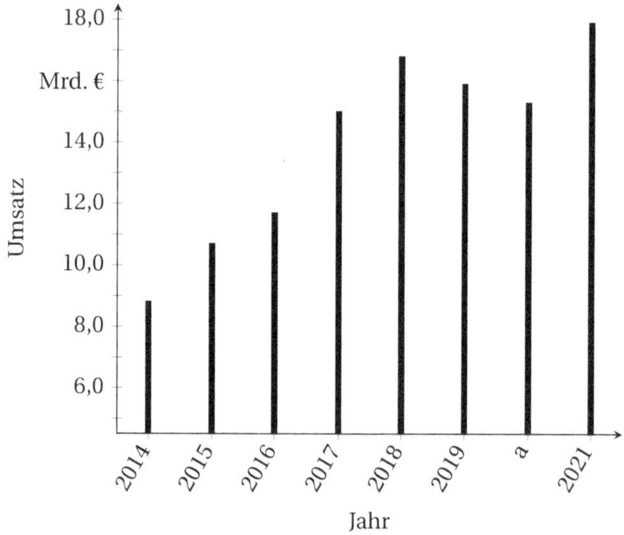

Bild 11.2 Weltmarkt für Lasersysteme zur Materialbearbeitung nach Optech Consulting (2022)

Die Industrie nimmt als Kunde der Photonik-Produktion mit 39 % (siehe Bild 11.3) den größten Marktanteil am europäischen Photonikmarkt ein. Zu diesen 39 % gehören sowohl Produkte zur Lasermaterialbearbeitung als auch industrielle Messmittel und Bildverarbeitungssysteme.

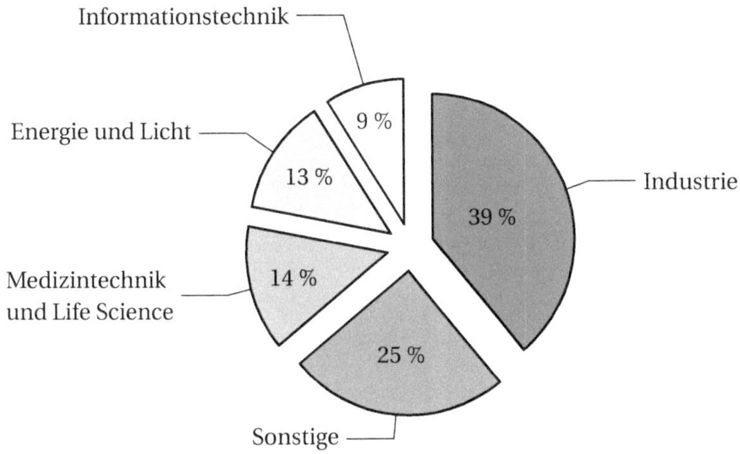

Bild 11.3 Europäische Photonik-Produktion 2014 nach Produktsegmenten (nach OPTECH CONSULTING (2015))

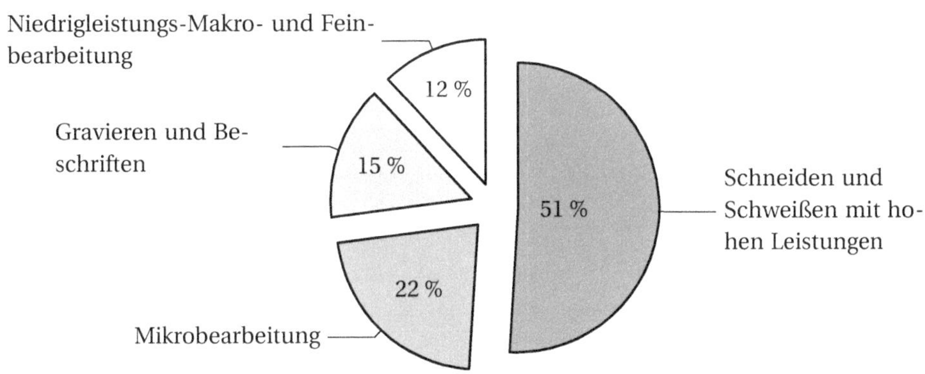

Bild 11.4 Weltweiter Umsatz von Lasersystemen nach Anwendung 2008 (nach OPTECH CONSULTING (2009))

Wie Bild 11.4 zeigt, stellen Schweiß- und Schneidanwendungen mit hohen Leistungen den Großteil der laserbasierten Materialbearbeitung dar.

11.1.2 Anlagenhersteller und Anwender in der Lasertechnik

Deutschland nimmt seit mehreren Jahren eine führende Position in der Lasertechnik ein. In Bild 11.5 ist der prozentuale Anteil der europäischen Produktion am Weltmarkt nach Branchen dargestellt. Aus Bild 11.6 geht hervor, dass Deutschland innerhalb Europas den größten Anteil an der Produktion aufweist.

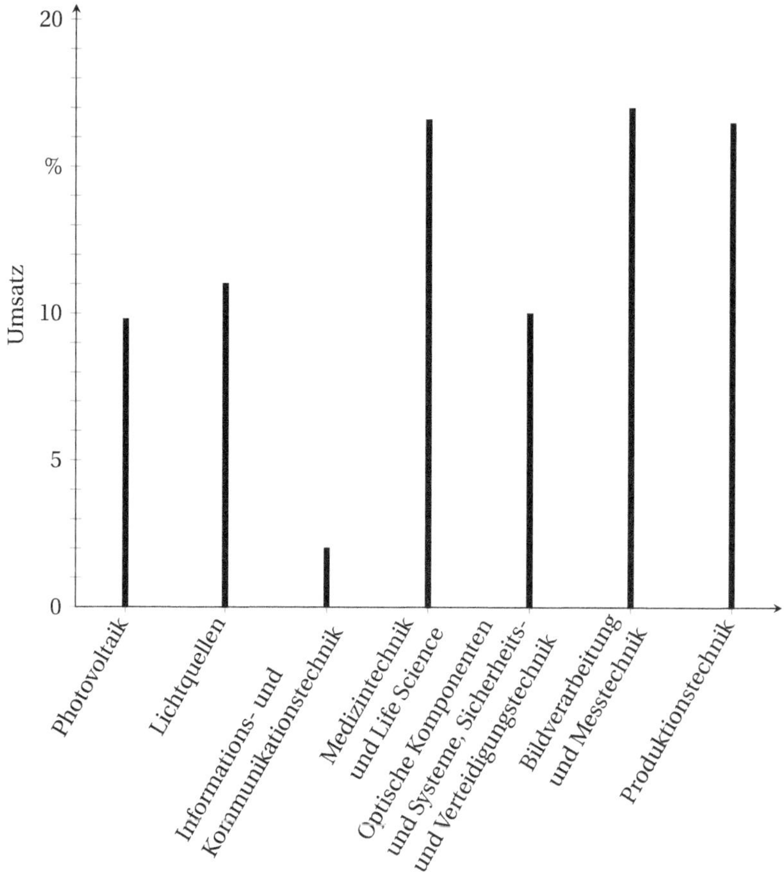

Bild 11.5 Photonik, Inlandsproduktion Europa in Relation zum Weltmarkt (2011) nach BMBF (2014)

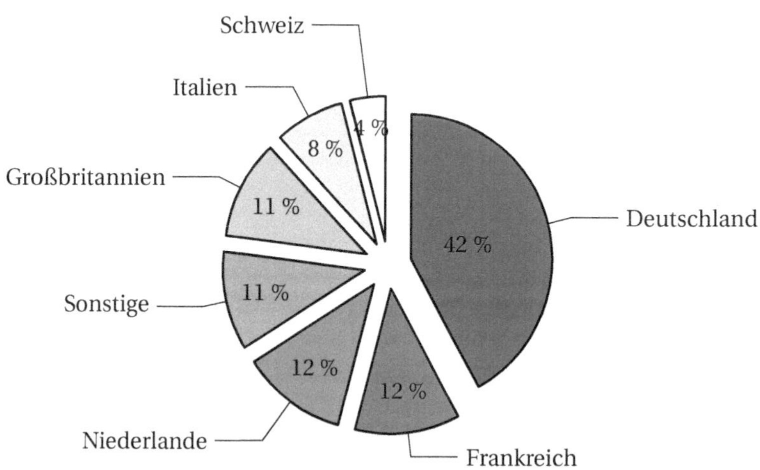

Bild 11.6 Anteil der Produktion in Deutschland an der gesamten Produktion in Europa nach BMBF (2014)

11.2 Laser und Laserstrahlung

11.2.1 Komponenten und Funktionsweise eines Lasers

Ein Laser besteht im Wesentlichen aus den vier Komponenten Lasermedium, Resonator, Pumpquelle und einer Kühleinheit (siehe Bild 11.7).

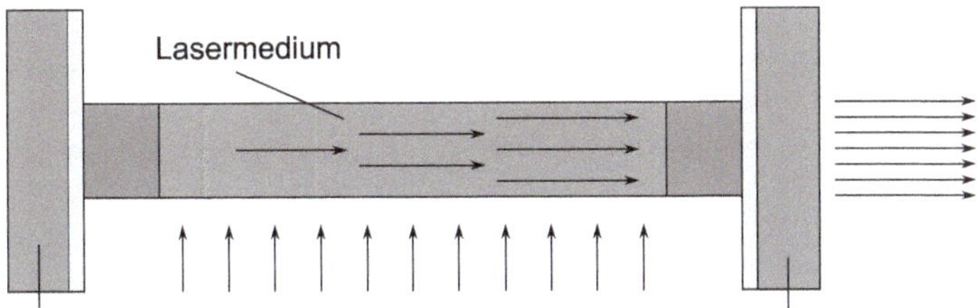

Bild 11.7 allgemeiner Aufbau eines Lasers nach HÜGEL & GRAF (2009, S. 56)

Im Lasermedium werden die Atome oder Moleküle durch die von der Pumpquelle zugeführte Energie angeregt. Durch die Anregung, die je nach Aggregatzustand des Mediums meist optisch oder elektrisch erfolgt, werden diese auf höhere Energieniveaus gehoben. Beim Verlassen des Anregungszustands und der Rückkehr auf das Ausgangsniveau wird die vorher eingebrachte Energie in Form von Strahlung, d. h. in Form eines Photons, freigesetzt. Erfolgt dieser Vorgang spontan, so spricht man von „spontaner Emission". Er kann aber auch durch das Einstrahlen eines geeigneten Photons erfolgen. Dieses Phänomen wird „stimulierte Emission" genannt und erzeugt quasi eine Kopie des ursprünglichen Photons. So lange sich der größere Teil des Lasermediums im Grundzustand befindet, überwiegt die Absorption der vorhandenen Photonen. Ist jedoch ein Großteil der Bestandteile durch das Pumpen angeregt (sogenannte Besetzungsinversion) so überwiegt der verstärkende Prozess der stimulierten Emission. Dieser wird durch eine Spiegelanordnung, bestehend aus einem voll- und einem nahezu vollreflektierenden Spiegel, in Opposition gebildet. Da der Prozess des Pumpens verlustbehaftet ist und Wärme in das Lasermedium einbringt, ist eine Kühleinheit nötig, um eine unerwünschte Temperaturerhöhung und eine daraus folgende Zerstörung des Mediums zu verhindern. (HÜGEL & GRAF (2009))

11.2.2 Besonderheiten von Laserstrahlung

Laserstrahlung zeichnet sich durch Kohärenz, Monochromie und eine geringe Divergenz aus. Kohärenz bedeutet, dass zwei Wellenfelder bzw. zwei Anteile eines Wellenfeldes einen definierten Phasen- oder Gangunterschied aufweisen (HÜGEL & GRAF 2009, S. 15). Monochromie bezeichnet die Eigenschaft des Lichts in nur einer Wellenlänge und somit einfarbig zu strahlen (DOBRINSKI et al. 2010, S. 471). Die Divergenz ist der Öffnungswinkel eines Lichtbündels (DOBRINSKI et al. 2010, S. 354). Beim Laser ist die Divergenz sehr gering, das heißt der Strahl öffnet sich nur in geringem Maße. Dadurch wird der Strahl auch an der Stelle, an der er auftrifft, fokussiert. Diese drei Vorteile sind in Bild 11.8 im Vergleich zu einer Glühbirne (1. Bild von oben) und einem Halogenscheinwerfer (2. Bild von oben) dargestellt.

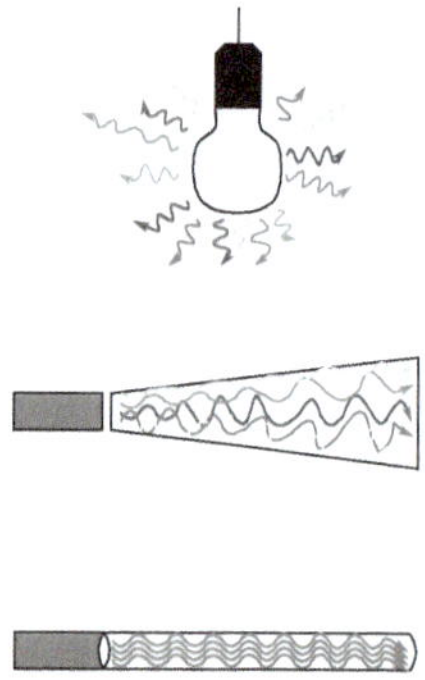

Bild 11.8 Eigenschaften verschiedener Strahlquellen in Anlehnung an Schneeweiss et al. (2017, S. 5)

11.3 Gefährdung durch Laserstrahlung

11.3.1 Arten der Gefährdung durch Laserstrahlung

Bei Laseranlagen wird zwischen primärer und sekundärer Gefährdung unterschieden. Unter primärer Gefährdung versteht man die Gefährdung, die direkt vom Laserstrahl ausgeht, d. h. ein potentieller Eintritt einer Schädigung durch die emittierte Strahlung. Sekundäre Gefährdung beschreibt die Gefährdung, die durch Prozesse oder durch andere Komponenten der Laseranlage außer der Strahlung entstehen kann. Zur sekundären Gefährdung gehören beispielsweise die Gefährdung durch Prozessemissionen, die Gefährdung durch hohe elektrische Ströme oder die mechanische Gefährdung durch die Kinematik.

11.3.2 Optische Strahlung und ihre Auswirkungen auf das biologische Gewebe

Die Wirkung optischer Strahlung ist abhängig von der jeweiligen Wellenlänge bzw. dem jeweiligen Wellenlängenbereich. Materialbearbeitungsanlagen emittieren meist außerhalb des für den Menschen sichtbaren Bereichs, was die von ihnen ausgehende Gefährdung erhöht, da die Strahlung nicht wahrgenommen werden kann (siehe Bild 11.9).

Das Absorptionsverhalten von biologischem Gewebe ist wellenlängenabhängig (siehe Bild 11.10) Bei der Gegenüberstellung der Bilder 11.9 und 11.10 zeigt sich, dass beispielsweise die Strahlung eines CO_2-Lasers im Wasser bei einer Eindringtiefe von einem µm nahezu vollständig absorbiert wird. CO_2-Laser haben eine sehr große Wellenlänge. Sie befinden sich im infraroten Bereich. Bei hohen Wellenlängen dringen die Strahlen tief in die Haut ein, beschädigen aber eine kleine Oberfläche. Bei Wellenlängen im ultravioletten Bereich verursacht der Strahl einen größeren Schaden an der Oberfläche, dringt dafür aber nicht so tief in die Haut ein.

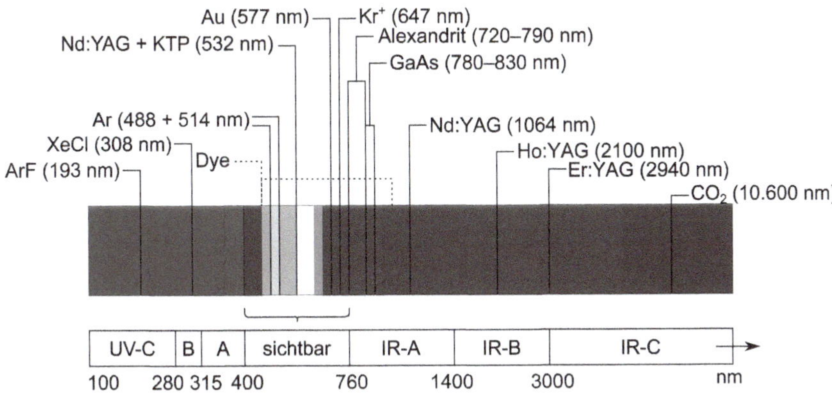

Bild 11.9 Spektralbereiche des Lichts mit den Emissionswellenlängen verschiedener Lasersysteme nach RAULIN (2013)

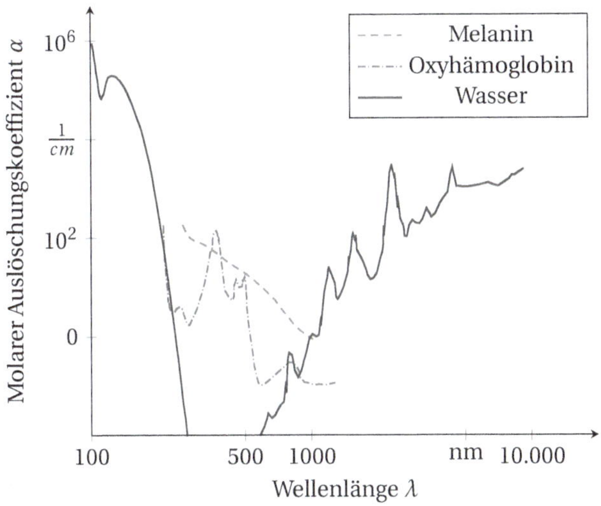

Bild 11.10 Absorptionsverhalten von menschlichem Gewebe in Anlehnung an SCHNEEWEISS et al. (2017, S. 27)

11.3.3 Wirkung der Laserstrahlung auf das menschliche Auge

Das Auge stellt einen besonders gefährdeten Teil des menschlichen Körpers unter Einwirkung von Laserstrahlung dar. Es bündelt das einfallende Licht und fokussiert es. Dadurch erhöht sich die Intensität des Lasers und es können bereits bei kleinen Ausgangsleistungen irreparable Schäden entstehen. Auch ein leistungsschwacher Laser wie z. B. ein Laserpointer kann so schon gravierende Folgen mit sich bringen. In Bild 11.11 ist die Fokussierung des Auges dargestellt.

Der Aufbau des Auges wird in Bild 11.12 gezeigt. Trifft der Laser auf das Auge, wird zuerst die Hornhaut, später die Linse geschädigt und perforiert. Schäden hier sind noch reparabel. Die Linse kann durch eine künstliche ersetzt werden. Durchtrennt der Laser jedoch den Sehnerv, sind die Schäden irreparabel.

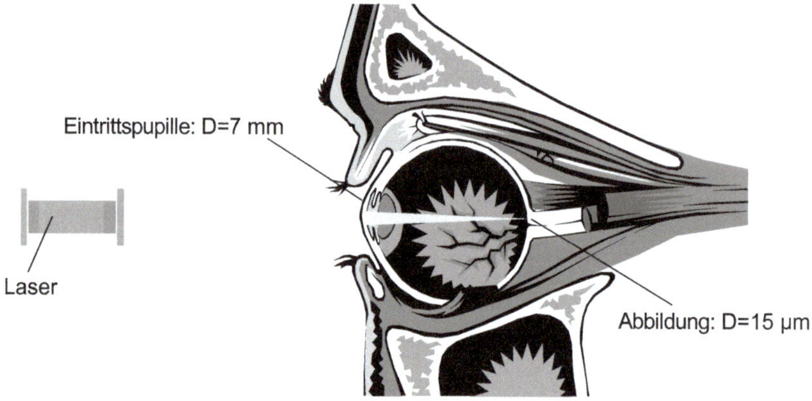

Bild 11.11 Auswirkung des Lasers auf das menschliche Auge in Anlehnung an Schneeweiss et al. (2017, S. 39)

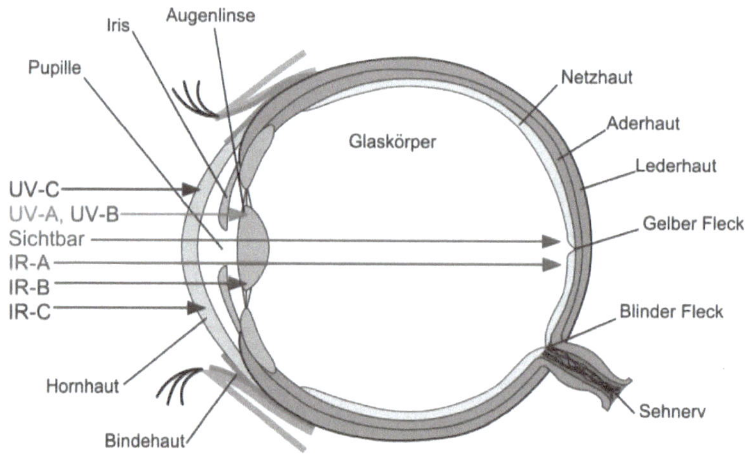

Bild 11.12 Aufbau des menschlichen Auges (Udoviočic et al. 2013)

11.3.4 Wirkung der Laserstrahlung auf die Haut

Trifft der Laserstrahl auf die Haut, sind die Folgen bei gleicher Exposition geringer als beim Auge, aber dennoch nicht zu vernachlässigen. In der Haut entstehen verschiedene Zonen. An der Auftreffstelle verdampft die Haut, es kommt zur Vaporisation. Um die Vaporisationszone entsteht die Nekrosezone, in der die Haut ebenfalls beschädigt und taub ist. Diese muss medizinisch entfernt werden. Die Koagulationszone bildet die äußerste Zone. In ihr hat man noch Gespür und dort entstehen extreme Schmerzen (vgl. Bild 11.13).

In Bild 11.14 sind diese Zonen an einem echten Stück Schweinehaut, die im Verhalten der des Menschen sehr ähnlich ist, dargestellt.

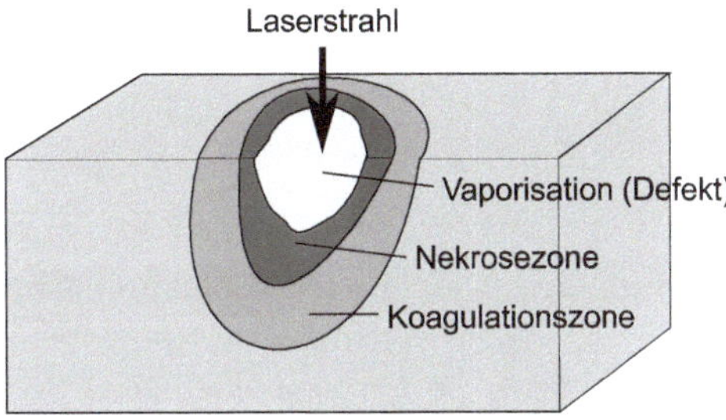

Bild 11.13 Schematische Darstellung der Wirkung des Laserstrahls auf die Haut in Anlehnung an Schneeweiss et al. (2017, S. 33)

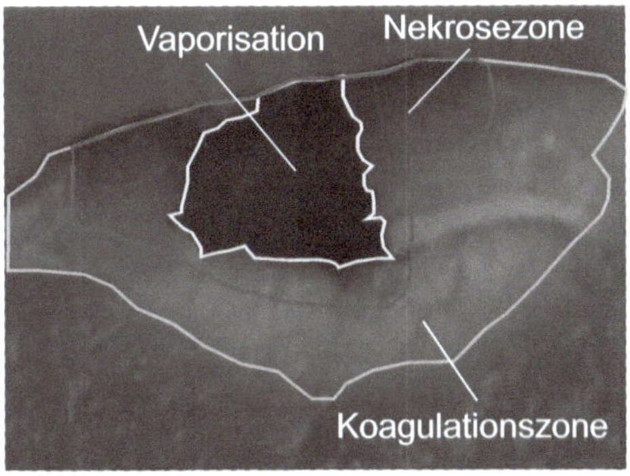

Bild 11.14 Reale Darstellung der verschiedenen Zonen nach Beschuss der Haut (BGFE 2004)

11.4 Schutzmaßnahmen gegen Laserstrahlung

Die Schutzmaßnahmen gegen Laserstrahlung können in passive und aktive Schutzmaßnahmen unterschieden werden. Ziel der Schutzmaßnahmen ist es, die Gefährdung durch den Laser möglichst gering zu halten. Die meisten Industrielaser sind nach DIN EN 60825-1 der Laserklasse 4 (siehe Abschnitt 11.5.3 Tabelle 11.2) zuzuordnen. Idealerweise wird durch die richtigen Schutzmaßnahmen das von der Anlage ausgehende Risiko so vermindert, dass die Anlage in die Laserklasse 1 eingeordnet werden kann. Zunächst werden nach DIN EN 60825-4 passive Schutzmaßnahmen angewandt, falls diese nicht ausreichen, müssen aktive dazugenommen werden. Auch hier gilt das TOP-Prinzip als Hierarchie der Schutzmaßnahmen. Zu den technischen Schutzmaßnahmen zählen die passiven Laserschutzwände. Diese stellen eine Einhausung für den Laser dar, sodass die Strahlung nicht nach außen dringen kann. Sie schützen die Umgebung vor der Strahlung. Nach einer gewissen Zeit durchdringt der Laser die Schutzwand trotzdem. Sie dient daher nur zur Überbrückung der Zeit zwischen außer Kontrolle geraten des Lasers bis zum Abschalten der Anlage. Die Anlage selbst muss aber manuell abgeschaltet werden. Aktive Schutzwände bilden den nächsten Schritt. Sie schalten die Anlage von selbst ab, sobald der Laser außer Kontrolle gerät. Aktive Schutzmechanismen müssen nach DIN EN 60825-4 dann eingesetzt werden, wenn die passiven Schutzwände einer nach DIN EN 60825-4 vorgegebenen vorhersehbaren Maximal-

Passiv	Aktiv
Schutzbrillen	Aktive Laserschutzwand
Passive Laserschutzwand	Überwachung

Tabelle 11.1 Einordnung der Schutzmaßnahmen

bestrahlung (VMB) nicht standhalten können. Überwachungssysteme können immer und müssen zur Verbesserung der aktiven Laserschutzwände eingesetzt werden. Zur Überwachung gehören Sensoren und Kameras, die den genauen Ablauf des Prozesses verfolgen und kontrollieren. Die Einordnung ist noch einmal in Tabelle 11.1 zusammengefasst.

Zur persönlichen Schutzausrüstung gehören vor allem Schutzbrillen. Sie schützen die Augen vor geringer Strahlungsintensität, vor allem aber Streustrahlung und reflektierter Strahlung. Zu den Schutzbrillen kommen die passiven Laserschutzwände. Bei niedrigklassigen Lasern müssen solche Schutzvorrichtungen nicht getroffen werden, man sollte aber trotzdem beim Umgang mit solchen Lasern Vorsicht walten lassen.

11.5 Vorschriften und Maßnahmen zur Lasersicherheit

Die BG ETEM gibt einen Überblick über die Vorschriften zur Lasersicherheit heraus. In Bild 11.15 ist die Hierarchie der verschiedenen Richtlinien, Verordnungen und Normen dargestellt. Solche Verordnungen gelten nicht nur für Industrie- und Hochleistungslaser, sondern prinzipiell für jeden erhältlichen Laser. Einige Beispiele sind in den nächsten Abschnitten im Detail aufgeführt. Die wichtigsten Rechtsquellen sind dabei die Verordnung zum Schutz der Beschäftigten vor Gefährdungen durch künstliche optische Strahlung (OstrV), die Technischen Regeln zur Arbeitsschutzverordnung zu künstlicher optischer Strahlung (TROS Laserstrahlung) und die Normenreihe DIN EN 60825. Die Zusammenhänge sind in Bild 11.15 zusammengefasst. Die in dem Bild fehlende TROS Laserstrahlung löst seit 2015 die DGUV Vorschrift 11 (Unfallverhütungsvorschrift Laserstrahlung) ab.

11.5.1 Die Verordnung zum Schutz der Beschäftigten vor Gefährdungen durch künstliche optische Strahlung (OstrV)

In der OstrV sind die Vorschriften für den Umgang mit optischer Strahlung, zu der auch Laserstrahlung gezählt wird, festgelegt. Sie kommt zur Anwendung, wenn es sich bei optischer Strahlung um Strahlung im Sinne der OstrV handelt, also bei elektromagnetischer Strahlung im Wellenlängenbereich zwischen 100 nm und 1 nm (§ 2 OstrV). Dabei wird die optische Strahlung nach der Wellenlänge grob in drei Teilbereiche eingeteilt:

1. Ultraviolette Strahlung ist die optische Strahlung im Wellenlängenbereich von 100 nm bis 400 nm (UV-Strahlung); das Spektrum der UV-Strahlung wird unterteilt in UV-A-Strahlung (315 nm bis 400 nm), UV-B-Strahlung (280 nm bis 315 nm) und UV-C-Strahlung (100 nm bis 280 nm);

2. Sichtbare Strahlung ist die optische Strahlung im Wellenlängenbereich von 380 nm bis 780 nm;
3. Infrarotstrahlung ist die optische Strahlung im Wellenlängenbereich von 780 nm bis 1 mm (IR-Strahlung); das Spektrum der IR-Strahlung wird weiter unterteilt in IR-A-Strahlung (780 nm bis 1400 nm), IR-B-Strahlung (1400 nm bis 3000 nm) und IR-C-Strahlung (3000 nm bis 1 mm).

Gefährdungsbeurteilung im Sinne der Verordnung zum Schutz der Beschäftigten vor Gefährdungen durch künstliche optische Strahlung

Laut § 3 OstrV muss für Anlagen und Maschinen, die unter die OstrV fallen, eine Gefährdungsbeurteilung durchgeführt werden. Diese ist in jedem Fall zu dokumentieren und muss mindestens 30 Jahre lang aufbewahrt werden, auch wenn die beurteilte Anlage außer Betrieb genommen wurde oder bereits eine neue Gefährdungsbeurteilung für diese Anlage existiert (§ 3 (4) OstrV). Bei einer Gefährdungsquelle für optische Strahlung ist nach § 3 (2) OstrV Folgendes zu beachten:

1. Art, Ausmaß und Dauer der Exposition durch künstliche optische Strahlung,
2. der Wellenlängenbereich der künstlichen optischen Strahlung,
3. die in § 6 genannten Expositionsgrenzwerte,
4. alle Auswirkungen auf die Gesundheit und Sicherheit von Beschäftigten, die besonders gefährdeten Gruppen angehören,
5. alle möglichen Auswirkungen auf die Sicherheit und Gesundheit von Beschäftigten, die sich aus dem Zusammenwirken von künstlicher optischer Strahlung und fotosensibilisierenden chemischen Stoffen am Arbeitsplatz ergeben können,
6. alle indirekten Auswirkungen auf die Sicherheit und Gesundheit der Beschäftigten, zum Beispiel durch Blendung, Brand- und Explosionsgefahr,
7. die Verfügbarkeit und die Möglichkeit des Einsatzes alternativer Arbeitsmittel und Ausrüstungen, die zu einer geringeren Exposition der Beschäftigten führen (Substitutionsprüfung),
8. Erkenntnisse aus arbeitsmedizinischen Vorsorgeuntersuchungen sowie hierzu allgemein zugängliche, veröffentlichte Informationen,
9. die Exposition der Beschäftigten durch künstliche optische Strahlung aus mehreren Quellen,
10. die Herstellerangaben zu optischen Strahlungsquellen und anderen Arbeitsmitteln,
11. die Klassifizierung der Lasereinrichtungen und gegebenenfalls der in den Lasereinrichtungen zum Einsatz kommenden Laser nach dem Stand der Technik,
12. die Klassifizierung von inkohärenten optischen Strahlungsquellen nach dem Stand der Technik, von denen vergleichbare Gefährdungen wie bei Lasern der Klassen 3R, 3B oder 4 ausgehen können,
13. die Arbeitsplatz- und Expositionsbedingungen, die zum Beispiel im Normalbetrieb, bei Einrichtvorgängen sowie bei Instandhaltungs- und Reparaturarbeiten auftreten können.

Laserschutzbeauftragter

Nach § 5 OstrV gilt für den Laserschutzbeauftragten:

Vorschriften und Maßnahmen zur Lasersicherheit

BG ETEM
Energie Textil Elektro
Medienerzeugnisse

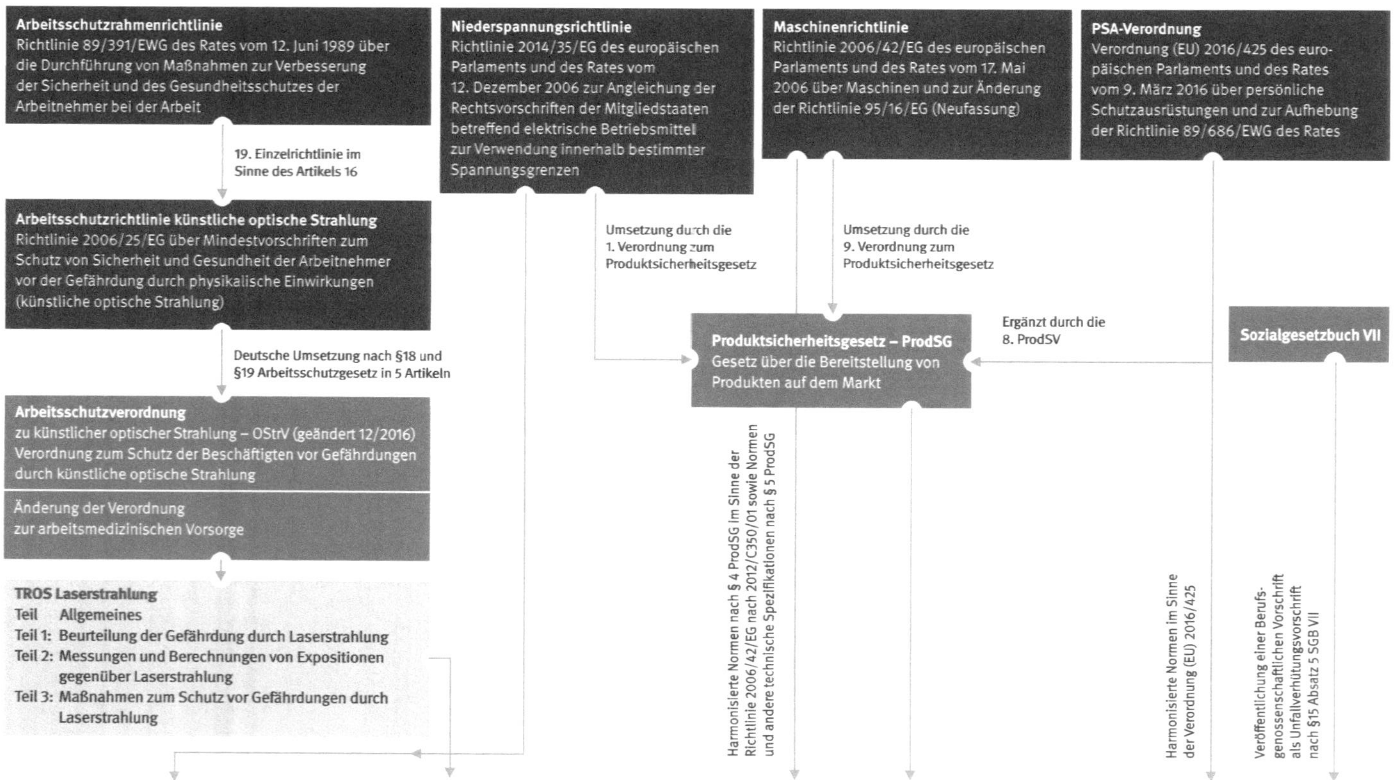

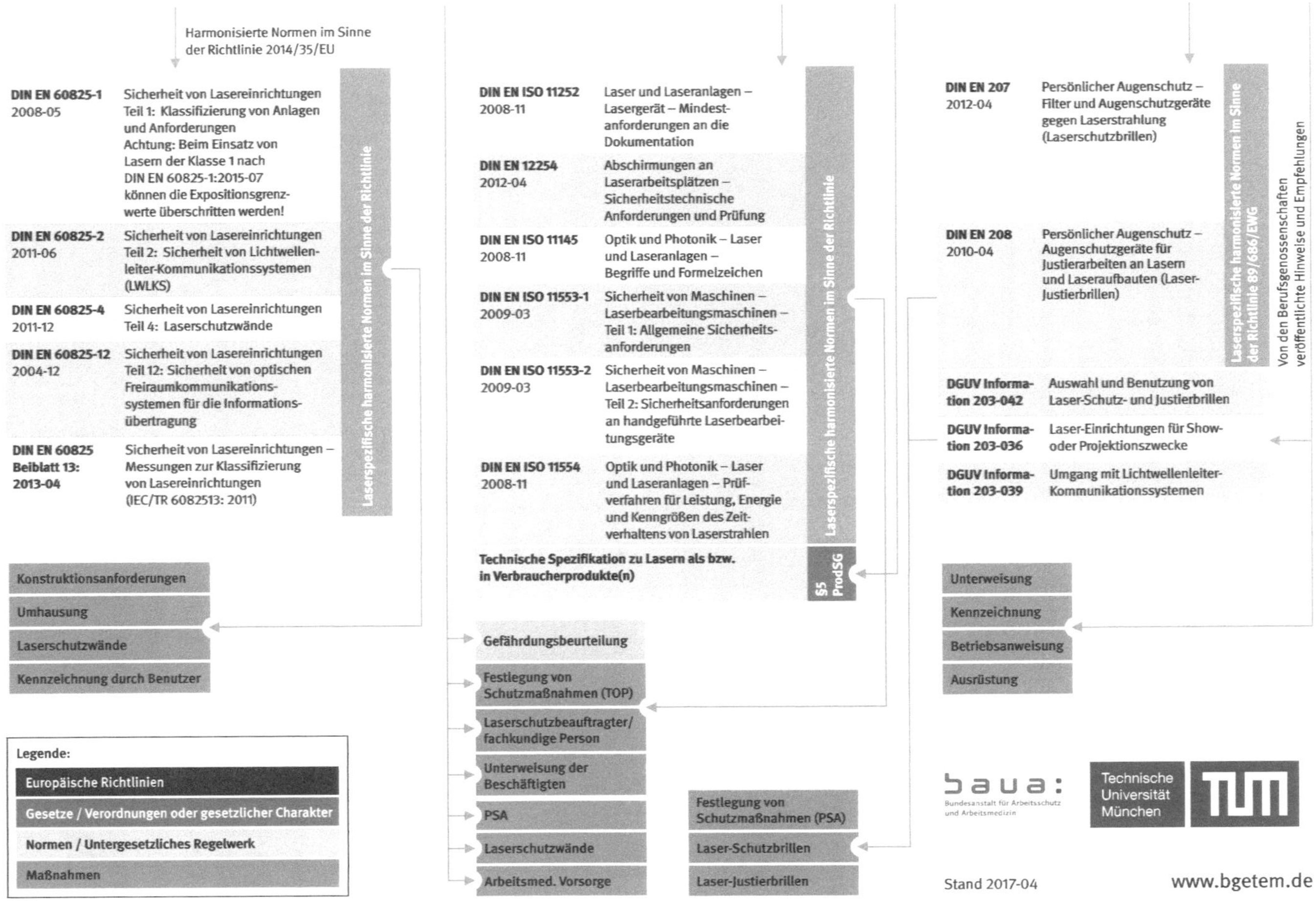

Bild 11.15 Übersicht über relevante Gesetze, Vorschriften und Normen zur Lasersicherheit (Berufsgenossenschaft Energie Textil Elektro Medienerzeugnisse (BG ETEM) 2017)

1. Der Arbeitgeber hat sicherzustellen, dass die Gefährdungsbeurteilung, die Messungen und die Berechnungen nur von fachkundigen Personen durchgeführt werden. Verfügt der Arbeitgeber nicht selbst über die entsprechenden Kenntnisse, hat er sich fachkundig beraten zu lassen.
2. Vor der Aufnahme des Betriebs von Lasereinrichtungen der Klassen 3R, 3B und 4 hat der Arbeitgeber, sofern er nicht selbst über die erforderlichen Fachkenntnisse verfügt, einen Laserschutzbeauftragten schriftlich zu bestellen. Der Laserschutzbeauftragte muss über die für seine Aufgaben erforderlichen Fachkenntnisse verfügen. Die fachliche Qualifikation ist durch die erfolgreiche Teilnahme an einem Lehrgang nachzuweisen und durch Fortbildungen auf aktuellem Stand zu halten. Der Laserschutzbeauftragte unterstützt den Arbeitgeber
   a) bei der Durchführung der Gefährdungsbeurteilung nach § 3,
   b) bei der Durchführung der notwendigen Schutzmaßnahmen nach § 7 und
   c) bei der Überwachung des sicheren Betriebs von Lasern nach Satz 1.

Bei der Wahrnehmung seiner Aufgaben arbeitet der Laserschutzbeauftragte mit der Fachkraft für Arbeitssicherheit (SiFa) und dem Betriebsarzt zusammen.

Maßnahmen zur Vermeidung und Verringerung der Gefährdung durch künstliche optische Strahlung

In § 7 OstrV sind verschiedene Maßnahmen zur Vermeidung von Gefährdungen aufgeführt. Der Arbeitgeber muss dafür sorgen, dass der Expositionsgrenzwert (EGW) nicht überschritten wird. Dazu muss nach dem TOP-Prinzip vorgegangen werden. Zu den Maßnahmen zählen:

1. Alternative Arbeitsverfahren, welche die Exposition der Beschäftigten durch künstliche optische Strahlung verringern,
2. Auswahl und Einsatz von Arbeitsmitteln, die in geringerem Maße künstliche optische Strahlung emittieren,
3. technische Maßnahmen zur Verringerung der Exposition der Beschäftigten durch künstliche optische Strahlung, falls erforderlich auch unter Einsatz von Verriegelungseinrichtungen, Abschirmungen oder vergleichbaren Sicherheitseinrichtungen,
4. Wartungsprogramme für Arbeitsmittel, Arbeitsplätze und Anlagen,
5. die Gestaltung und die Einrichtung der Arbeitsstätten und Arbeitsplätze,
6. organisatorische Maßnahmen zur Begrenzung von Ausmaß und Dauer der Exposition,
7. Auswahl und Einsatz einer geeigneten persönlichen Schutzausrüstung,
8. die Verwendung der Arbeitsmittel nach den Herstellerangaben.

Falls ein EGW trotz Maßnahmen überschritten wird, so hat der Arbeitgeber nach § 7 OstrV die Arbeitsbereiche, welche von der Überschreitung betroffen sind, zu kennzeichnen.

Unterweisung der Beschäftigten bei Gefährdung durch künstliche optische Strahlung

§ 8 OstrV besagt, dass Beschäftigte bei Arbeiten an Arbeitsplätzen, die von der Gefährdung durch künstliche optische Strahlung betroffen sind, unterwiesen werden müssen. Die

Unterweisung beruht dabei auf den Ergebnissen der Gefährdungsbeurteilung. Sie muss regelmäßig, mindestens jährlich und bei wesentlichen Änderungen wiederholt werden. Die Unterweisung muss in für den Angestellten verständlicher Form und Sprache abgehalten werden und mindestens folgende Punkte enthalten:

1. Die mit der Tätigkeit verbundenen Gefährdungen,
2. die durchgeführten Maßnahmen zur Beseitigung oder zur Minimierung der Gefährdung unter Berücksichtigung der Arbeitsplatzbedingungen,
3. die Expositionsgrenzwerte und ihre Bedeutung,
4. die Ergebnisse der Expositionsermittlung zusammen mit der Erläuterung ihrer Bedeutung und der Bewertung der damit verbundenen möglichen Gefährdungen und gesundheitlichen Folgen,
5. die Beschreibung sicherer Arbeitsverfahren zur Minimierung der Gefährdung auf Grund der Exposition durch künstliche optische Strahlung,
6. die sachgerechte Verwendung der persönlichen Schutzausrüstung.

Ordnungswidrigkeiten im Geltungsbereich der OstrV

Nach § 11 OstrV begeht derjenige eine Ordnungswidrigkeit nach § 25 (1) ArbSchG, der vorsätzlich oder fahrlässig:

- einen Beschäftigten eine Tätigkeit an einem Arbeitsplatz aufnehmen lässt, für den keine Gefährdungsbeurteilung vorhanden ist,
- eine Gefährdungsbeurteilung nach Nachbesserung auf Grund von Überschreitung eines EGW falsch/ nicht vollständig oder nicht rechtzeitig dokumentiert,
- bei der Expositionsmessung/-berechnung nicht sicherstellt, dass diese nach dem neuesten Stand der Technik durchgeführt wurde,
- nicht sicherstellt, dass die Gefährdungsbeurteilung, die Messung oder die Berechnung von fachkundigem Personal durchgeführt werden,
- einen sachkundigen Laserschutzbeauftragten nicht schriftlich bestellt,
- Arbeitsbereiche, in denen der EGW überschritten wird, nicht abgrenzt und kennzeichnet,
- einen Angestellten nicht unterweist,
- oder Maßnahmen zur Verminderung des Risikos nicht durchführt.

11.5.2 Die Technischen Regeln zur Arbeitsschutzverordnung zu künstlicher optischer Strahlung (TROS Laserstrahlung)

Die TROS Laserstrahlung ersetzt seit 2015 die zuvor gültige DGUV Vorschrift 11. Sie besteht aus drei Teilen plus einem allgemeinen Teil: Teil 1 – Beurteilung der Gefährdung durch Laserstrahlung, Teil 2 – Messungen und Berechnungen von Expositionen gegenüber Laserstrahlung und Teil 3 – Maßnahmen zum Schutz vor Gefährdungen durch Laserstrahlung.

Technische Regeln zur Arbeitsschutzverordnung zu künstlicher optischer Strahlung – Allgemein

Im Allgemeinen Teil der TROS Laserstrahlung werden deren Anwendungsbereich, Begriffe und Grundlagen, Verantwortliche sowie die Aufgaben und der Einsatz des Laserschutzbeauftragten erläutert (TROS Laserstrahlung). Die grundlegenden Aussagen zum Anwendungsbereich, zur Gefährdungsbeurteilung und zum Laserschutzbeauftragten sind dabei identisch mit denen der OstrV. Der allgemeine Teil der TROS Laserstrahlung ist ergänzt um eine Reihe von relevanten Definitionen und Begriffen sowie grundlegende Informationen zum Aufbau und zur Einordnung einer Laseranlage und Beispiele für die Kennzeichnung der Laserklassen.

Technische Regeln zur Arbeitsschutzverordnung zu künstlicher optischer Strahlung Teil 1 – Beurteilung der Gefährdung durch Laserstrahlung

Teil 1 der TROS Laserstrahlung fasst die Verordnungen und Regeln zur Erstellung einer Gefährdungsbeurteilung für Laserstrahlung zusammen. Die Inhalte decken sich mit der OstrV, sind aber um Sonderfälle, wie z. B. besonders gefährdete Personengruppen, ergänzt. Des Weiteren befinden sich Beispiele zu verschiedenen Laserprodukten (Gefährdungsbeurteilung für Tätigkeiten mit Lasern für Lichtwellenleiter-Kommunikations-Systeme), und Informationen zu Besonderheiten bei Gefährdungsbeurteilungen für spezielle Laserprodukte (z. B. Laserpointer, Laserbearbeitungsmaschine, ...) im Anhang.

Technische Regeln zur Arbeitsschutzverordnung zu künstlicher optischer Strahlung Teil 2 – Messungen und Berechnungen von Expositionen gegenüber Laserstrahlung

Im Teil 2 der TROS Laserstrahlung werden Methoden, Beispiele und Formeln für die Berechnung der Expositionszeit verschiedener Laserklassen angegeben. Neben den analytischen Methoden sind Anforderungen und Regeln für experimentelle Verfahren zur Expositionszeitermittlung gegeben. Zudem werden im Teil 2 der TROS Laserstrahlung Werte für den jeweiligen EGW aufgelistet.

Technische Regeln zur Arbeitsschutzverordnung zu künstlicher optischer Strahlung Teil 3 – Maßnahmen zum Schutz vor Gefährdungen durch Laserstrahlung

In Teil 3 der TROS Laserstrahlung werden verschiedene Schutzmaßnahmen dargestellt. Diese sind, wie es auch die OstrV vorgibt, in der Reihenfolge nach dem TOP-Prinzip angeordnet. Im Anhang des 3. Teils werden Schutzmaßnahmen für verschiedene Sonderfälle, wie z. B. Laser in Schulen oder Messlaser, dargestellt. Des Weiteren werden die Schutzmaßnahmen eingeordnet und es werden verschiedene Schutzbereiche abgegrenzt. In Anhang 5 TROS Laserstrahlung werden Hinweise zur Erstellung einer Betriebsanweisung gegeben.

11.5.3 Die DIN EN 60825: Sicherheit von Lasereinrichtungen

Die DIN EN 60825 ist eine harmonisierte Normenreihe, die aus dem ProdSG hervorgeht. Sie ist in folgende vier Teile aufgeteilt:

- DIN EN 60825-1: Klassifizierung von Anlagen und Anforderungen
- DIN EN 60825-2: Sicherheit von Laserwellenleiter-Kommunikationssystemen
- DIN EN 60825-4: Laserschutzwände
- DIN EN 60825-12: Sicherheit von optischen Freiraumkommunikationssystemen für die Informationsübertragung

Tabelle 11.2 Einordnung der Laserklassen nach DIN EN 60825-1

Laserklasse	Merkmale
1	Die zugängliche Laserstrahlung ist unter vernünftigerweise vorhersehbaren Bedingungen ungefährlich.
1M	Die zugängliche Laserstrahlung liegt im Wellenlängenbereich von 302,5 nm bis 4000 nm, d. h. in dem Spektralbereich, bei dem die meisten in optischen Instrumenten verwendeten Materialien weitgehend transparent sind. Die zugängliche Laserstrahlung ist für das bloße Auge ungefährlich, solange der Strahlquerschnitt nicht durch optische Instrumente, wie z. B. Teleskope, verkleinert wird.
1C	Lasereinrichtungen, die für die direkte Anwendung von Laserstrahlung auf die Haut oder inneres Körpergewebe für medizinische, diagnostische, therapeutische oder kosmetische Maßnahmen vorgesehen sind. Obwohl die angegebene Laserstrahlung das Niveau der Klasse 3R, 3B oder 4 haben kann, werden Augengefährdungen durch eine oder mehrere technische Maßnahmen verhindert. Technische Komitees, die Klasse 1C verwenden, müssen die erforderlichen Sicherheitsanforderungen in ihren vertikalen Normen entwickeln
2	Die zugängliche Laserstrahlung liegt im sichtbaren Spektralbereich (400 nm bis 700 nm). Sie ist bei kurzzeitiger Expositionsdauer (bis 0,25 s) auch für das Auge ungefährlich. Zusätzliche Strahlungsanteile außerhalb des Wellenlängenbereiches von 400 nm bis 700 nm erfüllen die Bedingungen für Laserklasse 1.
2M	Die zugängliche Laserstrahlung liegt im sichtbaren Spektralbereich von 400 nm bis 700 nm. Sie ist bei kurzzeitiger Expositionsdauer (bis 0,25 s) für das bloße Auge ungefährlich, solange der Strahlquerschnitt nicht durch optische Instrumente, wie z. B. Teleskope, verkleinert wird. Zusätzliche Strahlungsanteile außerhalb des Wellenlängenbereiches von 400 nm bis 700 nm erfüllen die Bedingungen für Laserklasse 1M.
3A (bis 1997)	Die zugängliche Laserstrahlung wird für das Auge gefährlich, wenn der Strahlquerschnitt durch optische Instrumente, wie z. B. Teleskope, verkleinert wird. Ist dies nicht der Fall, ist die ausgesandte Laserstrahlung im sichtbaren Spektralbereich (400 nm bis 700 nm) bei kurzzeitiger Expositionsdauer (bis 0,25 s), in den anderen Spektralbereichen auch bei Langzeitbestrahlung, ungefährlich.
3R	Die zugängliche Laserstrahlung liegt im Wellenlängenbereich von 302,5 nm bis 10^6 nm und ist gefährlich für das Auge. Die Leistung bzw. die Energie beträgt maximal das Fünffache des Grenzwertes der zugänglichen Strahlung der Klasse 2 im Wellenlängenbereich von 400 nm bis 700 nm und das Fünffache des Grenzwertes der Klasse 1 für andere Wellenlängen.
3B	Die zugängliche Laserstrahlung ist gefährlich für das Auge, häufig auch für die Haut.
4	Die zugängliche Laserstrahlung ist sehr gefährlich für das Auge und gefährlich für die Haut. Auch diffus gestreute Strahlung kann gefährlich sein. Die Laserstrahlung kann Brand- und Explosionsgefahr verursachen.

Laserschutzbeauftragter

Relevant sind vor allem Teil 1 und Teil 4. Die DIN EN 60825-1 beinhaltet eine Klassifizierung von Lasern. Diese ist Grundlage für die Auswahl der Schutzmaßnahmen in der TROS Laserstrahlung. In Tabelle 11.2 wird eine verkürzte Übersicht über die Laserklassen gegeben.

Die DIN EN 60825-4 beinhaltet Vorschriften für Laserschutzwände. Sie gibt beispielsweise vor, wie Laserschutzwände auf ihre Einsatztauglichkeit hin geprüft werden müssen.

11.6 Einteilung der Laserprodukte im Sinne der Maschinenrichtlinie

Laserpointer (batteriebetrieben, handgehalten)

Mechanische Teile: keine

Zutreffende Richtlinie: 2001/95/EG (Produktsicherheit)

Begründung: Der Laserpointer ist keine Maschine. Er hat zwar

- miteinander verbundene Teile,
- von denen mindestens ein Teil beweglich ist
- und die für eine bestimmte Anwendung zusammengefügt sind,

er ist aber

- nicht mit einem anderen Antriebssystem als der unmittelbar eingesetzten menschlichen oder tierischen Kraft ausgestattet

und erfüllt damit nicht die Definition nach Art. 2 a) 2006/42/EG. Der Laserpointer ist kein Gerät nach Niederspannungsrichtlinie 2006/95/EG, da seine Spannungsversorgung außerhalb der Anwendungsgrenzen (zwischen 50 und 1000 V Wechselspannung und zwischen 75 und 1500 V Gleichspannung) der Richtlinie liegt. (Kittelmann et al. 2015, S. 14)

Laserprojektor

Mechanische Teile: Ventilator, motorische Objektivverstellung etc.

Zutreffende Richtlinien: 2006/95/EG (NspRL)

Begründung: Der Laserprojektor ist keine Maschine. Er erfüllt zwar die Definition nach Art. 2 a) 2006/42/EG, weil er

- miteinander verbundene Teile hat,
- mindestens ein Teil beweglich ist,
- für eine bestimmte Anwendung zusammengefügt ist
- und mit einem anderen Antriebssystem als der unmittelbar eingesetzten menschlichen oder tierischen Kraft ausgestattet ist.

Aber die Ausnahme gem. Artikel 1 (2) k) 2006/42/EG – Audio- und Videogeräte – trifft zu, da Laserprojektoren dem Zweck der Wiedergabe und Verbreitung von Ton oder Bild, wie z. B. Rundfunk- und Fernsehgeräte, Tonband- und Video-Wiedergabegeräte und -recorder, CD- und DVD-Wiedergabegeräte und -recorder, Verstärker und Lautsprecher, Kameras und Projektoren, dienen. (Kittelmann et al. 2015, S. 17)

Laserstrahlquelle

Mechanische Teile: „Turbogebläse", Ventilatoren oder Wasserpumpen

Zutreffende Richtlinien: 2006/42/EG

Begründung: Die abgebildete Laserquelle ist eine unvollständige Maschine, da sie eine Gesamtheit ist,

- die fast eine Maschine darstellt,

aber

- für sich genommen keine bestimmte Funktion erfüllen kann, weil ohne weitere Komponenten keine Strahlung austritt und damit eine bestimmte Funktion, z. B. Materialbearbeitung nicht möglich ist und
- dazu bestimmt ist, in andere Maschinen oder in andere unvollständige Maschinen oder Ausrüstungen eingebaut oder mit ihnen zusammengefügt zu werden.

Damit ist die Definition nach Art. 2 g) 2006/42/EG erfüllt. (KITTELMANN et al. 2015, S. 18)

Lasermaterialbearbeitungsanlage

Mechanische Teile: Vorhanden (z. B. Kinematik)

Zutreffende Richtlinien: 2006/42/EG

Begründung: Die abgebildete Laserbearbeitungsmaschine ist eine Maschine, da sie

- miteinander verbundene Teile hat,
- mindestens ein Teil beweglich ist,
- für eine bestimmte Anwendung zusammengefügt ist,
- mit einem anderen Antriebssystem als der unmittelbar eingesetzten menschlichen oder tierischen Kraft ausgestattet ist

und damit die Definition nach Art. 2 a) 2006/42/EG erfüllt. (KITTELMANN et al. 2015, S. 20)

Aktive Laserschutzkabine

Mechanische Teile: Keine

Zutreffende Richtlinien: 2006/42/EG

Begründung: Eine aktive Laserschutzwand ist ein Sicherheitsbauteil nach 2006/42/EG da sie

- zur Gewährleistung einer Sicherheitsfunktion dient,
- gesondert in Verkehr gebracht wird,
- ihr Ausfall und/oder Fehlfunktion die Sicherheit von Personen gefährdet und
- für das Funktionieren der Maschine nicht erforderlich ist

und damit die Definition nach Art. 2 c) 2006/42/EG erfüllt.

Die Laserschutzwand (aktiv) ist folgender Kategorie von Maschinen nach Anhang IV der MRL zuzuordnen:

Nummer 21. Logikeinheiten für Sicherheitsfunktionen Leitfaden für die Anwendung der MRL § 388 Nummer 21: bei den Logikeinheiten, welche die in Nummer 21 aufgeführten Sicherheitsfunktionen ausführen, handelt es sich um komplexe Bauteile,

- die der Definition von Sicherheitsbauteilen entsprechen,
- ein oder mehrere Eingangssignale auswerten und
- nach einem vorgegebenen Algorithmus ein oder mehrere Ausgangssignale erzeugen und für den Betrieb in Verbindung mit dem Steuerungssystem von Maschinen oder als Teil dieses Systems gedacht sind, um eine oder mehrere Sicherheitsfunktionen ausführen zu können.

(Kittelmann et al. 2015, S. 27)

Passive Laserschutzkabine Fall a)

Mechanische Teile: Keine

Zutreffende Richtlinien: Keine

Begründung: Die Laserschutzkabine dient bestimmungsgemäß zum Schutz vor Laserstrahlung und wird für eine spezifische Maschine, nach konkreten Vorgaben des Maschinenherstellers in dessen Auftrag gebaut, durch den Maschinenhersteller fest mit dieser Maschine zusammengefügt und durch ihn als Einheit in Verkehr gebracht. Es erfolgt kein gesondertes Inverkehrbringen bzw. Bereitstellen der Laserschutzkabine auf dem Markt. (Kittelmann et al. 2015, S. 23)

Passive Laserschutzkabine Fall b)

Mechanische Teile: Keine

Zutreffende Richtlinien: 2006/42/EG

Begründung: Die Laserschutzkabine dient bestimmungsgemäß zum Schutz vor Laserstrahlung und wird für eine kundenspezifische Maschine konstruiert und gesondert in Verkehr gebracht.

Die abgebildete Laserschutzkabine ist ein Sicherheitsbauteil nach R2006/42/EG, da sie:

- zur Gewährleistung einer Sicherheitsfunktion dient,
- gesondert in Verkehr gebracht wird (Maschinenbauer ist nicht Schutzkabinenbauer),
- ihr Ausfall und/oder ihre Fehlfunktion die Sicherheit von Personen gefährdet und
- für das ein Funktionieren der Maschine nicht erforderlich ist

und damit die Definition nach Art. 2 c) 2006/42/EG erfüllt.

Übersicht und Einordnung der genannten Laserprodukte

In Tabelle 11.3 wird eine Übersicht über die in Abschnitt 11.6 genannten Laserprodukte gezeigt.

Tabelle 11.3 Übersicht und Einordnung der aufgeführten Laserprodukte

Laserprodukt	Erläuterung	Einordnung und Begründung
Laserpointer	Nur Laser der Klassen 1, 1M, 2, 2M gem. DIN EN 60825-1 nach Technischer Spezifikation für Laser	**nicht harmonisierter Bereich, geregelt im ProdSG** Definition Maschine gem. Art. 2 a) 2006/42/EG nicht erfüllt und außerhalb Spannungsbereich NspRL
Laserprojektor	Bild- und Videoprojektoren mit Laserstrahlungsquelle	**2006/95/EG NspRL** Ausnahme Audio- und Videogeräte gem. Art. 1 (2) k) 2006/42/EG und § 65 Leitfaden zur Richtlinie 2006/42/EG trifft zu
Laserstrahlquelle	Baugruppe dient nur zur Strahlerzeugung, mit Ventilatoren oder Wasserpumpen ausgerüstet	**2006/42/EG** Definition Unvollständige Maschine gem. Art. 2 g) 2006/42/EG erfüllt
Lasermaterial-bearbeitungsanlage		**2006/42/EG** Definition Maschine gem. Art. 2 a) 2006/42/EG erfüllt
Aktive Laserschutzkabine	Einschließlich Sensorik und komplexer Steuerung	**2006/42/EG Anhang IV** Definition Sicherheitsbauteil gem. Art. 2 c) 2006/42/EG erfüllt, Logikeinheit für Sicherheitsfunktionen (Anhang IV Nr. 21 2006/42/EG) zutreffend
Passive Laserschutzkabine Fall a)	Bestimmungsgemäß zum Schutz vor Laserstrahlung für eine spezifische Maschine, nach konkreten Vorgaben des Maschinenherstellers gebaut, durch den Maschinenhersteller fest mit dieser Maschine zusammengefügt und durch ihn als Gesamtheit in Verkehr gebracht.	– Kein gesondertes Inverkehrbringen/Bereitstellen auf dem Markt
Passive Laserschutzkabine Fall b)	Bestimmungsgemäß zum Schutz vor Laserstrahlung für eine kundenspezifische Maschine konstruiert und gesondert in Verkehr gebracht	**2006/42/EG** Definition Sicherheitsbauteil gem. Art. 2 c) 2006/42/EG erfüllt

11.7 Mein Arbeitsschutz-Logbuch: Kapitel Gefährdung durch Laserstrahlung

In der abgeschlossenen Einheit ging es um:

Meine wichtigste Erkenntnis daraus ist:

Das möchte ich mir noch einmal genauer anschauen:

Das wollte ich noch fragen:

12 Psychische Belastungen als Gefährdungsfaktor

Nach Abschluss des Kapitels sollten Sie in der Lage sein, den Unterschied zwischen psychischer Belastung und Beanspruchung zur erläutern sowie deren Auswirkungen zu erklären. Weiterhin sollten Sie die drei grundlegenden Vorgehensweisen zur Ermittlung psychischer Belastungen darstellen sowie fünf Maßnahmen zur Minderung/Verhinderung von Gefährdungen auf Grund psychischer Faktoren aufzählen können.

12.1 Grundlagen

Die Arbeitsbelastung im Allgemeinen ist die *Gesamtheit der äußeren Bedingungen und Anforderungen im Arbeitssystem, die auf den physiologischen und/oder psychologischen Zustand einer Person einwirken* (DIN EN ISO 6385). Unter psychischer Belastung im Speziellen ist nach DIN EN ISO 10075-1 *die Gesamtheit aller erfassbaren Einflüsse, die von außen auf den Menschen zukommen und psychisch auf ihn einwirken* zu verstehen. Es ist dabei zu beachten, dass der Begriff (psychische) Belastung im arbeitswissenschaftlichen Sinne – anders als im alltäglichen Sprachgebrauch – neutral formuliert ist und die Auswirkungen sowohl positiv als auch negativ sein können. Die resultierenden Auswirkungen zeigen sich als Arbeitsbeanspruchung. Sie *(..) ist die innere Reaktion des Arbeitenden auf die Arbeitsbelastung, der er ausgesetzt ist und die von seinen individuellen Merkmalen (z. B. Größe, Alter, Fähigkeiten, Begabungen, Fertigkeiten usw.) abhängig ist* (DIN EN ISO 6385). Für den speziellen Fall der Folgen psychischer Belastung gilt: *Psychische Beanspruchung ist die unmittelbare (nicht langfristige) Auswirkung der psychischen Belastung im Individuum in Abhängigkeit von seinen jeweiligen überdauernden und augenblicklichen Voraussetzungen, einschließlich der individuellen Bewältigungsstrategien* (DIN EN ISO 10075-1).

Während unter Belastung also die Summe der aus dem Arbeitssystem hervorgehenden, qualitativ bzw. quantitativ erfassbaren Einwirkungen auf den Menschen zu verstehen ist, so ist die Beanspruchung deren Auswirkung auf das einzelne Individuum in Abhängigkeit dessen individueller Voraussetzungen und Situation. Dieser Sachverhalt ist in Bild 12.1 im Modell von LAURIG (1980) dargestellt: Die für alle Menschen gleiche Belastung wird durch die Masse eines Gewichtsstückes repräsentiert, welches eine Balkenwaage auslenkt. Die Rückstellkraft wird von einer Zylinderfeder bewirkt, deren Federkonstante die individuelle physische und psychische Leistungsfähigkeit der jeweiligen Person widerspiegelt. Je höher

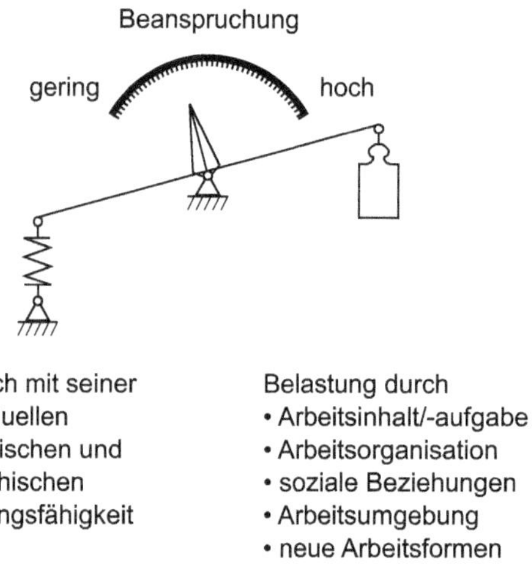

Bild 12.1 Mechanisches Modell von Belastung und Beanspruchung in Anlehnung an LAURIG (1980, S. 32)

die Belastung, d. h. die Masse, und je geringer die Leistungsfähigkeit, d. h. die Federkonstante, umso höher ist die Beanspruchung, welche durch einen Ausschlag des Zeigers nach rechts angezeigt wird. Des Weiteren geht aus dem Modell hervor, dass bei unbekannten Eigenschaften einer Person durch die Beobachtung von Veränderung an dieser – im Modell der Feder – indirekt auf deren Beanspruchung geschlossen werden kann. Anders herum ist es möglich, bei genauer Kenntnis der Eigenschaften sowie der Belastung im Vorhinein auf eine mögliche Beanspruchung zu schließen.

Ein praktisches Beispiel für das Wechselwirken von Belastung und individuellen Eigenschaften kann der Einfluss lauter Musik sein: Während sie an Wochenenden im Club als angenehm und anregend empfunden werden kann, wirkt die gleiche Musik bei vielen Menschen störend, wenn Sie Tätigkeiten mit hohen Anforderungen an die Konzentration, wie z. B. das Vollziehen von Berechnungen oder das Erstellen von Konstruktionen, ausführen sollen.

Die auf den Menschen mit seinen individuellen Leistungsvoraussetzungen einwirkenden psychischen Belastungen lassen sich nach GESCHÄFTSSTELLE DER NATIONALEN ARBEITSSCHUTZKONFERENZ (2018, S. 21 ff.) in fünf Merkmalsbereiche mit ihren jeweiligen wesentlichen Faktoren gliedern. Sie sind in Tabelle 12.1 dargestellt.

Die Leistungsvoraussetzungen des Menschen variieren nicht nur von Individuum zu Individuum, sondern sie werden auch von einer Vielzahl teils transienter Faktoren beeinflusst, welche miteinander wechselwirken können (LUCZAK 1989, S. 59). Einen Überblick über die Struktur und die Beeinflussbarkeit menschlicher Eigenschaften, Fähigkeiten und Merkmale gibt die Tabelle 12.2 wieder.

Aus der Belastung und der in Abhängigkeit der individuellen Leistungsvoraussetzungen nachfolgenden Beanspruchung kann eine Gefährdung resultieren, also *die Möglichkeit eines Schadens oder einer gesundheitlichen Beeinträchtigung ohne bestimmte Anforderungen an deren Ausmaß oder Eintrittswahrscheinlichkeit* (DIN EN ISO 10075-1). Nach LAZARUS & LAUNIER (1981) kommt es dabei insbesondere auf die subjektive Einschätzung der objek-

Tabelle 12.1 Gliederung psychischer Belastungen in Merkmalsbereiche und exemplarische Auflistung dazugehöriger Faktoren nach GESCHÄFTSSTELLE DER NATIONALEN ARBEITSSCHUTZKONFERENZ (2018, S. 21 ff.) und BECK et al. (2017, S. 17 ff.)

Arbeitsinhalt/ Arbeitsaufgabe	▪ Vollständigkeit der Aufgabe ▪ Handlungsspielraum ▪ Variabilität (Abwechslungsreichtum) ▪ Information/ Informationsangebot ▪ Verantwortung ▪ Qualifikation ▪ emotionale Inanspruchnahme
Arbeitsorganisation	▪ Arbeitszeit ▪ Arbeitsablauf ▪ Kommunikation/ Kooperation
soziale Beziehungen	▪ Kollegen ▪ Vorgesetzte
Arbeitsumgebung	▪ physikalische und chemische Faktoren ▪ physische Faktoren ▪ Arbeitsplatz- und Informationsgestaltung ▪ Arbeitsmittel
neue Arbeitsformen	▪ räumliche Mobilität ▪ atypische Arbeitsverhältnisse ▪ diskontinuierliche Berufsverläufe ▪ zeitliche Flexibilisierung ▪ reduzierte Abgrenzung zwischen Arbeit und Privatleben

Tabelle 12.2 Individuelle Bestimmungsgrößen menschlicher Leistung in Anlehnung an LUCZAK (1989, S. 59)

Konstitutionsmerkmale	Dispositionsmerkmale	Qualifikationsmerkmale	Anpassungsmerkmale
durch Personalauswahl beeinflussbar		auch durch Arbeitsgestaltung veränderbar	
im Lebenszyklus unveränderlich	direkter Einflussnahme unzugänglich	durch langfristige Prozesse veränderbar	durch Eingriffe kurzfristig veränderbar
Geschlecht Körperbau ethnische Herkunft Erbanlagen	Alter Körpergewicht Gesundheitszustand rhythmologische Einflüsse	Fähigkeiten Fertigkeiten Erfahrungen Wissen Bildung	Beanspruchung Ermüdung Stimmung Motivation Konzentration

tiven Gegebenheiten – von außen an den Menschen herangetragene Anforderungen oder innere Wertemaßstäbe – an: Sieht sich ein Beschäftigter vor Anforderungen gestellt die seiner Meinung nach von ihm nicht oder zu leicht zu bewältigen sind, so führt dies zu einer negativ erlebten Beanspruchung, anderweitig zu einer positiv erlebten Beanspruchung. Aus negativen Beanspruchungen, d. h. aus Über- oder Unterforderung, können kurzfristige sowie lang- und mittelfristige Folgen und Folgen für die Bewältigung von Arbeitsaufgaben resultieren. Diese sind exemplarisch in Tabelle 12.3 aufgelistet.

Tabelle 12.3 Folgen von Fehlbeanspruchung für Gesundheit, Wohlergehen und das Erfüllen von Arbeitsanforderungen nach STROBEL & KRAUSE (1997)

kurzfristige Folgen	mittel- bis langfristige Folgen	Folgen bezüglich der Bewältigung von Arbeitsaufgaben
Ermüdung, Monotonie, Sättigung, Gefühle der inneren Anspannung, Konzentrationsprobleme, Nervosität, Angst, Reizbarkeit, Ärger und Wut	Ängstlichkeit, Unzufriedenheit, Resignation, Depression, allgemeine Beeinträchtigung des Wohlbefindens, Einschlafschwierigkeiten, kritisches Gesundheitsverhalten, psychosomatische Erkrankungen	Leistungsschwankungen, Abnahme der Qualität der Arbeitsverrichtung, kurzsichtige Entscheidungen, Verschlechterung der sensumotorischen Koordination, Konflikte mit Vorgesetzten und Kollegen, Rückzugsverhalten, Zunahme von Fehlzeiten

Die große Bedeutung psychischer Belastungen und deren Auswirkungen lässt sich an einschlägigen Statistiken bemessen: Laut KNIEPS & PFAFF (2020, S. 77–89) befanden sich im Jahr 2019 beispielsweise die psychischen Störungen mit einem Aufkommen von 8 Fällen pro 100 beschäftigten Mitgliedern der Betriebskrankenkassen (BKK), entsprechend 5,8 %, zwar im hinteren Bereich der Fallzahlen, mit einer Anzahl von 310 Arbeitsunfähigkeitstagen pro 100 beschäftigten BKK-Mitgliedern aber an zweiter Stelle der Ausfallzeiten. Dies entspricht einem Anteil von 16,8 % an den Arbeitsunfähigkeitstagen und nur Erkrankungen des Muskel-Skelett-Systems haben im betrachteten Personenkreis höhere Ausfallzeiten verursacht. Die Anzahl der Arbeitsunfähigkeitstage auf Grund psychischer Störungen ist dabei im Zeitraum 2009 bis 2019 stetig angestiegen. Ein ähnliches Bild ergibt sich bei der Betrachtung der Gesamtheit gesetzlich krankenversicherter Personen: Im Jahr 2019 waren hier $117{,}2 \cdot 10^6$ Arbeitsunfähigkeitstage, respektive 16,5 %, durch psychische und Verhaltensstörungen bedingt, was Produktionsausfallkosten in Höhe von 14,4 Milliarden €, entsprechend 0,4 % des deutschen Bruttonationaleinkommens, nach sich zog (BUNDESANSTALT FÜR ARBEITSSCHUTZ UND ARBEITSMEDIZIN (BAUA) 2021c).

12.2 Beurteilung von Gefährdungen durch psychische Belastungen bei der Arbeit

Der Arbeitgeber ist nach § 5 Abs. 1 ArbSchG verpflichtet die Gefährdungen, welche für die Beschäftigten mit ihrer Arbeit verbunden sind, zu beurteilen. Dass dabei zwingend auch psychische Faktoren zu berücksichtigen sind, hat der Gesetzgeber im Oktober 2013 explizit in § 5 Abs. 3 ArbSchG niedergelegt: *Eine Gefährdung kann sich insbesondere ergeben durch (...) psychische Belastungen bei der Arbeit.*

Nach GESCHÄFTSSTELLE DER NATIONALEN ARBEITSSCHUTZKONFERENZ C/O BUNDESANSTALT FÜR ARBEITSSCHUTZ UND ARBEITSMEDIZIN (2017, S. 10 f.) soll eine Gefährdungsbeurteilung

Tabelle 12.4 Vergleich der Schritte einer allgemeinen Gefährdungsbeurteilung nach Geschäftsstelle der Nationalen Arbeitsschutzkonferenz c/o Bundesanstalt für Arbeitsschutz und Arbeitsmedizin (2017) und der Gefährdungsbeurteilung psychischer Belastungen nach Beck et al. (2017)

Nr.	allgemeine Gefährdungsbeurteilung	Gefährdungsbeurteilung psychischer Belastungen
1	Festlegen von Arbeitsbereichen und Tätigkeiten	Festlegen von Tätigkeiten/Bereichen
2	Ermitteln der Gefährdungen	Ermittelung der psychischen Belastungen der Arbeit
3	Beurteilen der Gefährdungen	Beurteilung der psychischen Belastungen der Arbeit
4	Festlegen konkreter Arbeitsschutzmaßnahmen nach dem Stand der Technik	Entwicklung und Umsetzung von Maßnahmen
5	Durchführen der Maßnahmen	Wirksamkeitskontrolle
6	Überprüfen der Wirksamkeit der Maßnahmen	Aktualisierung/Fortschreibung
7	Fortschreiben der Gefährdungsbeurteilung	Dokumentation

im Allgemeinen in sieben sich wiederholenden Schritten durchgeführt werden (vgl. Kapitel 3). Diese sind für die Beurteilung psychischer Belastungen gemäß Beck et al. (2017, S. 6) leicht abzuwandeln. Die Tabelle 12.4 zeigt beide Vorgehensweisen im Vergleich.

Es ist festzustellen, dass beide Vorgehensweisen nur geringfügig voneinander abweichen, allerdings sind psychische weniger greifbar und daher schwerer zu ermitteln und zu beurteilen, als etwa mechanische Gefährdungen: Während beispielsweise der Abstand einer Gefahrenstelle zu einem Schutzzaun mit einfachen Mitteln, wie z. B. einem Maßband, direkt zu messen ist, so ist die psychische Belastung nur mit speziellen und vergleichsweise aufwendigen Werkzeugen zu erfassen. Ähnliches gilt für die Beurteilung der psychischen Belastung. Im Folgenden werden daher die einzelnen Schritte der Beurteilung von Gefährdungen auf Grund psychischer Belastungen im Detail beschrieben, wobei der Schwerpunkt auf den sich deutlich von der Beurteilung der anderen Faktoren unterscheidenden Schritten zwei und drei gemäß Tabelle 12.4 liegt.

Festlegen von Tätigkeiten/Bereichen

Im ersten Schritt der Gefährdungsbeurteilung ist zunächst festzuhalten, welche Arbeitsplätze bzw. Tätigkeiten betrachtet werden sollen. Nach § 5 Abs. 2 ArbSchG ist bei gleichartigen Arbeitsbedingungen die Beurteilung eines repräsentativen Arbeitsplatzes, respektive einer repräsentativen Tätigkeit, ausreichend. Es ist daher sinnvoll sich beispielsweise auf Basis des Firmen-Organigramms oder anhand von Funktions-, Tätigkeits- und Stellenbeschreibungen einen Überblick über die Arbeitsplätze und Tätigkeiten des Unternehmens zu verschaffen. Auf dieser Grundlage sind nachvollziehbar begründet Einheiten mit vergleichbarer psychischer Belastung zu bilden, wobei zu beachten ist, dass diese Einteilung nicht zwingend mit denjenigen anderer Faktoren, wie etwa Gefährdungen durch Gefahrstoffen, übereinstimmen muss. (Beck et al. 2017, S. 8)

Tabelle 12.5 Vorgehensweisen zur Ermittlung psychischer Belastungen nach Beck et al. (2017, S. 22)

	Analyseworkshops	Beobachtungs-Interview	Mitarbeiterbefragung
Vorgehensweise	Beschäftigte beschreiben und beurteilen gemeinsam mit Führungskräften und fachkundigen Experten die psychische Belastung der Arbeit im betrachteten Bereich.	Geschulte Personen beurteilen die psychische Belastung auf Basis ihrer Beobachtungen der Tätigkeit, in der Regel ergänzt um (Kurz-)Interviews mit den dort Beschäftigten.	Beschäftigte geben in standardisierten Fragebögen ihre Einschätzung zur Ausprägung der psychischen Belastung ihrer Arbeit an.
Stärken	▪ starke Bezugnahme auf Erfahrungen der betroffenen Beschäftigten und Führungskräfte ▪ ermöglicht feinkörnige Beschreibungen konkreter Belastungssituationen ▪ für festgestellte Problemlagen können im Workshop unmittelbar Gestaltungsempfehlungen erarbeitet werden	▪ ermöglicht Erfassung der psychischen Belastung unabhängig vom Erleben des/der Beschäftigten ▪ ermöglicht je nach Verfahren feinkörnige Beschreibungen der Belastungssituation ▪ Objektivierung von Analyseergebnissen durch Einsatz von Analyseteams	▪ ermöglicht Einbeziehung aller Beschäftigten ▪ ermöglicht Erfassung eines breiten Spektrums von Belastungsfaktoren ▪ bei standardisierten Verfahren Vergleiche mit Referenzwerten möglich ▪ eignet sich insbesondere für Überblick und Bestimmung von Problemschwerpunkten ▪ Objektivierung der Befragungsergebnisse durch Befragung aller Beschäftigten
Voraussetzung/ Grenzen	▪ vertrauensvolle Atmosphäre und offene Gesprächskultur sind erforderlich ▪ Verzerrungen durch Dynamiken der Gruppendiskussion möglich (zum Beispiel Dominanz von „Platzhirschen", vorrangige Thematisierung von „Hier-und-Jetzt"-Problemen ▪ fachkundige Moderation erforderlich, ggf. durch externe Moderatoren	▪ Schulung der Beobachter notwendig ▪ Beobachtbarkeit der psychischen Belastung muss gegeben sein ▪ vergleichsweise hoher zeitlicher Aufwand, wenn sehr viele unterschiedliche Tätigkeiten/Bereiche betrachtet werden müssen ▪ je nach Verfahren sind ggf. weitergehende Problemspezifikationen und Feinanalysen zur Maßnahmenplanung erforderlich (z. B. in Workshops)	▪ zur Sicherung der Anonymität Mindestgröße pro Auswertungseinheit erforderlich ▪ sollten sich aus der Befragung Hinweise auf Gefährdungen ergeben, müssen diese für die Maßnahmenplanung in der Regel konkretisiert werden (z. B. im Workshop/Analyseteam oder durch Beobachtungsinterviews) ▪ hinreichende Beteiligung für aussagefähige Daten erforderlich

Ermittlung der psychischen Belastungen der Arbeit

Im Folgenden sind für die im ersten Schritt abgegrenzten Einheiten die psychischen Belastungen zu ermitteln. Zu diesem Zweck existieren nach Beck et al. (2017) die drei in Tabelle 12.5 dargestellten grundsätzlich zu unterscheidenden Vorgehensweisen. Wie darin aufgezeigt ist, haben die einzelnen Vorgehensweisen einerseits Vorteile und Stärken, durch welche Sie sich auszeichnen, und andererseits sind ihrer Anwendung Grenzen gesetzt und es müssen jeweils spezifische Voraussetzungen erfüllt werden. Für jedes Unternehmen sowie dessen spezielle Anforderungen muss also eine bestmöglich geeignete Vorgehensweise gewählt werden.

Innerhalb jeder Klasse von Vorgehensweise steht eine Vielzahl konkreter Instrumente zur Verfügung: Alleine bei einer durch Steuerkreis des GDA-Arbeitsprogramms „Psyche" (2017) durchgeführten Online-Umfrage unter Bund, Ländern, Unfallversicherungsträgern und Sozialpartnern konnten 28 Einzelinstrumente zur Ermittlung psychischer Belastungen recherchiert werden. Diese sind in Tabelle 12.6 aufgelistet.

Tabelle 12.6 Liste der im Jahr 2016 von den GDA-Trägern und Sozialpartnern gemeldeten Instrumente/Verfahren zur Gefährdungsbeurteilung psychischer Belastung in Anlehnung an Steuerkreis des GDA-Arbeitsprogramms „Psyche" (2017)

Bezeichnung	Typ[a]	geeignet für		Anbieter/Träger
		Branche	Betriebsgröße[b]	
Arbeitssituationsanalyse	AW	alle	alle	Berufsgenossenschaft für Gesundheitsdienst und Wohlfahrtspflege (BGW)
Auf geht's ... zur gesunden Kita im Dialog.	AW	Kindertagesstätten	alle	Unfallkasse Nord (UK Nord)
BELS – Belastungssystem	BI	alle	alle	Merck KGaA
Betriebsbarometer	MB	alle mit Zusatzmodulen für ambulante Pflege, stationäre Altenpflege, Kliniken und Krankenhäuser, Werkstätten für Menschen mit Behinderungen	groß	Berufsgenossenschaft für Gesundheitsdienst und Wohlfahrtspflege (BGW)
Beurteilungshilfe Psychische Belastungen im Betrieb	BI	Nahrungsmittel und Getränkeindustrie, Fleischwirtschaft, Backgewerbe, Gastgewerbe	klein	Berufsgenossenschaft Nahrungsmittel und Gastgewerbe (BGN)
BGHM FI 0052 bis 0054	BI, AW	Holz und Metall; vorwiegend gewerbliche Tätigkeiten	klein	Berufsgenossenschaft Holz und Metall (BGHM)
BGHM Information 102	BI	Holz und Metall; vorwiegend gewerbliche Tätigkeiten	klein	Berufsgenossenschaft Holz und Metall (BGHM)

Tabelle 12.6 Liste der im Jahr 2016 von den GDA-Trägern und Sozialpartnern gemeldeten Instrumente/Verfahren zur Gefährdungsbeurteilung psychischer Belastung in Anlehnung an Steuerkreis des GDA-Arbeitsprogramms „Psyche" (2017) (Fortsetzung)

Bezeichnung	Typ[a]	geeignet für		Anbieter/Träger
		Branche	Betriebsgröße[b]	
Damit es rund läuft im Betrieb (BG 4.1) in Kombination mit Dokumentationshilfe Unternehmermodell	BI, AW	Holz und Metall; vorwiegend gewerbliche Tätigkeiten	klein	Berufsgenossenschaft Holz und Metall (BGHM)
DGUV-Ideentreffen	AW	alle	alle	verschiedene Unfallversicherungsträger
Erfassung psychischer Belastung in Verkehrsunternehmen – VDV-Mitteilung Nr. 9045	BI	Verkehrsunternehmen	alle	Verband Deutscher Verkehrsunternehmen (VDV)
GBP – Gefährdungsbeurteilung psychische Belastung	BI	alle	groß	Daimler AG, in Kooperation mit Universität Heidelberg
Gefährdungsbeurtcilung Handlungshilfen 2015, auf CD-ROM und Online	BI, WS	Hoch- und Tiefbaugewerke, Ausbaugewerke, Dienstleistungsunternehmen	alle	Berufsgenossenschaft der Bauwirtschaft (BG BAU)
Gemeinsam zu gesunden Arbeitsbedingungen	AW, MB	alle	kleine	Berufsgenossenschaft Energie Textil Elektro Medienerzeugnisse (BG ETEM)
Gesundheit von pädagogischen Fachkräften	AW	Kindertageseinrichtungen	kleine	Unfallkasse Baden-Württemberg
GiH – Gesund im Handwerk	MB, AW	Tätigkeitsfelder/ Gewerke im Holz- und Metallbereich; vorwiegend gewerbliche Tätigkeiten	kleine	Berufsgenossenschaft Holz und Metall (BGHM)
GiM – Gesund im Mittelstand	MB	Holz und Metall; vorwiegend gewerbliche Tätigkeiten	größere	Berufsgenossenschaft Holz und Metall (BGHM)
Handlungshilfe zur Gefährdungsbeurteilung psychischer Belastungen	MB, AW	alle	kleine	Unfallkasse Berlin (UKB)

Tabelle 12.6 Liste der im Jahr 2016 von den GDA-Trägern und Sozialpartnern gemeldeten Instrumente/Verfahren zur Gefährdungsbeurteilung psychischer Belastung in Anlehnung an Steuerkreis des GDA-Arbeitsprogramms „Psyche" (2017) (Fortsetzung)

Bezeichnung	Typ[a]	geeignet für		Anbieter/Träger
		Branche	Betriebsgröße[b]	
KPB – Kurzverfahren Psychische Belastung	BI	alle	kleine	Institut für angewandte Arbeitswissenschaft e. V. (ifaa)
BGW Personalbefragung	MB	ambulante Pflege, stationäre Alten- und Krankenpflege, stationäre Wohnbereiche der Behindertenhilfe	alle	Berufsgenossenschaft für Gesundheitsdienst und Wohlfahrtspflege (BGW)
Moderierte Gefährdungsbeurteilung	AW	alle	kleine	Berufsgenossenschaft für Gesundheitsdienst und Wohlfahrtspflege (BGW)
PsyGesund	MB	öffentlicher Dienst mit Zusatzmodulen für Verwaltung, Kundenkontakt, Hochschulen, Kitas, Ehrenamtliche, Krankenhaus	größere	Kommunale Unfallversicherung Bayern (KUVB), in Kooperation mit RWTH Aachen
PegA	MB, BI, AW	Einzelhandel	alle	Berufsgenossenschaft Handel und Warenlogistik (BGHW)
Problemlöse-Workshop (PLW-GBPB)	AW	alle	alle	Berufsgenossenschaft Rohstoffe und chemische Industrie (BG RCI)
Prüfliste Psychische Belastung	MB, AW	alle	alle	Unfallversicherung Bund und Bahn (UVB)
PsyCheck	MB, AW	Holz und Metall; vorwiegend gewerbliche Tätigkeiten	größere	Berufsgenossenschaft Holz und Metall (BGHM)
START-Verfahren	MB, BI	alle	alle	IG Metall Bezirk Baden-Württemberg
StressBarometer & StressBürometer	MB	alle	größere	IG Metall Vorstand
Stressbezogene Arbeitsanalyse für Klinikärzte/ Klinikärztinnen (ISAK-K)	MB	Klinikärzte/ Klinikärztinnen	alle	Berufsgenossenschaft für Gesundheitsdienst und Wohlfahrtspflege (BGW)

[a] AW = Analyseworkshop, BI = Beobachtungsinterview, MB = Mitarbeiterbefragung
[b] klein = bis inkl. 49 Mitarbeiter, groß = 50 Mitarbeiter und mehr

Um einen Eindruck zu vermitteln, wie die Instrumente konkret angewandt werden können, werden die Arbeitssituationsanalyse (kurz ASITA oder ASA), das Belastungssystem (BELS) sowie das Stressbarometer als verhältnismäßig vielfältig anzuwendende Verfahren stellvertretend für die drei in Tabelle 12.5 aufgezeigten Hauptgruppen vorgestellt.

Die ASITA ist ein etwa zwei Stunden dauernder Workshop, innerhalb dessen 8 bis 15 hierarchisch gleichrangige Personen von zwei neutralen Moderatoren befragt werden, mit dem Ziel die folgenden Fragen zu beantworten:

- Wo sind in der Arbeitssituation Ressourcen, wo sind Belastungen?
- Wie hoch ist der Veränderungsbedarf in der Arbeitssituation?
- In welchen Bereichen sollen Veränderungen stattfinden?

Dazu gliedert sich die ASITA in die drei Phasen Vorbereitung, Durchführung sowie Maßnahmenableitung und Evaluation. Einen Überblick über die Phasen sowie der jeweiligen Unterschritte ist in Tabelle 12.7 gezeigt, der detaillierte Ablauf des Workshops ist exemplarisch in Tabelle 12.8 wiedergegeben. (Bacher et al. 2017)

Das BELS ist ein von der Merck KGaA entwickeltes Instrument zur Erfassung von Belastung auf Grund psychischer und ergonomischer Faktoren sowie der Belastung durch die Arbeitsumgebung, gegliedert in Arbeitsaufgabe, Arbeitsorganisation und soziale Einflüsse. Die Erhebung erfolgt über ein strukturiertes Interview, wobei für jede Tätigkeit ein eigenes Profil erstellt werden kann. In der Planungsphase finden dabei zunächst Vorgespräche zur Tätigkeitsauswahl, ggf. ergänzt um eine Vor-Ort-Begehung statt. Die sich daran anschließende Phase der Analyse des Ist-Zustandes beinhaltet die Durchführung des strukturierten BELS-Interviews mit dem direkten Vorgesetzten, des/den zuständigen Sicherheitsbeauftragten sowie dem betreffenden Mitarbeiter. Pro Tätigkeit werden dabei etwa 1,5 h veranschlagt. Die Bewertung fußt auf hinterlegten Berechnungen, welche sich an wissenschaftlichen Erkenntnissen, Grenzwerten aus Norm- und Gesetz sowie an der guten Praxis orientieren. Auf Basis der so gewonnenen Erkenntnisse werden in sechs, jeweils im Abstand von ca. drei Wochen durchgeführten, BELS-Runden von ca. 1,5 h Dauer die Maßnahmen abgleitet und deren Umsetzung initiiert. Der Teilnehmerkreis besteht dabei aus dem direkten sowie dem nächsthöheren Vorgesetzten, dem Sicherheitsbeauftragten, der Fachkraft für Arbeitssicherheit, dem Vertreter des Betriebsrates, dem Betriebsarzt sowie im Bedarfsfall weiterer Personen. Mindestens ein Jahr nach der letzten BELS-Runde wird ein Review-Prozess gestartet, indem im Rahmen weiterer BELS-Runden die Wirksamkeit der Maßnahmen kontrolliert wird. Wenigstens drei Jahre nach der letzten ursprünglichen BELS-Runde erfolgt eine weitere Wirksamkeitskontrolle durch eine Neubewertung der Gegebenheiten. (Gilbert 2016; Nieber 2015)

Ein Vertreter der Mitarbeiterbefragung ist das StressBarometer der IG Metall. Von letzterer wird das System als Werkzeugkasten, bestehend aus einer Arbeitshilfe, welche sowohl die Grundlagen der psychischen Belastung sowie den Umgang damit, als auch die konkrete Anwendung des StressBarometers erläutert, und einem Fragebogen für Beschäftigte, der mit Hilfe eines Online-Tools ausgewertet wird, beschrieben. Für Mitarbeiter ohne IT-Zugang kann der Fragebogen auch in Papierform ausgefüllt werden, muss aber dann nachträglich zur Auswertung in das System eingegeben werden. Als aufwandsarmes Screening-Instrument der Beurteilung von Gefährdungen durch psychische Belastungen werden beim Stress-Barometer vom Mitarbeiter Fragen aus den Bereichen Arbeitsorganisation inkl. Arbeitszeit, Arbeitsinhalt/Arbeitsaufgabe, soziale Beziehungen, Arbeitsumgebung, Home Office (wenn

Tabelle 12.7 Phasen zur Durchführung der Arbeitssituationsanalyse (ASITA) nach Bacher et al. (2017)

Arbeitssituationsanalyse (ASITA)	
Bezeichnung	**Beschreibung**
	Phase 1: Vorbereitung
Auftrag einholen	▪ Geschäftsführung erteilt Auftrag zur Durchführung der ASITA ▪ Geschäftsführung wird über Ablauf der ASITA informiert ▪ Bestimmung eines „Kümmerers"
Planen	▪ Bildung eines Steuerkreises aus Vertretung der Geschäftsleitung, der Personalabteilung, des Betriebsrats, der Firmenbereiche sowie Fachkraft für Arbeitssicherheit und Betriebsrat zur Überwachung und reibungslosen Durchführung der ASITA ▪ Festlegen von Ausgangspunkt und Ziel der ASITA ▪ Budget festlegen ▪ Information und Einbindung aller Führungskräfte
Einladen	▪ Information der Mitarbeiter über Zweck und Durchführung und Vorgehen der ASITA ▪ Liste für freiwillige Anmeldung in den jeweiligen Bereichen aushängen ▪ Teilnehmer festlegen und einladen
	Phase 2: Durchführung
Vorbereitung	▪ Dauer und zeitlichen Ablauf des Workshops festlegen ▪ Teilnehmer einladen ▪ zwei Moderatoren des Workshops festlegen ▪ Raum und Arbeitsmaterialien bereitstellen und vorbereiten
Workshop durchführen	siehe Tabelle 12.8
Nachbereitung	▪ Ergebnisse in Berichtform dokumentieren ▪ Fotoprotokoll erstellen (Fotos von Pinwänden etc.) ▪ Kommunikation der Ergebnisse an Führungsebene
	Phase 3: Maßnahmenableitung und Evaluation
Ergebnisworkshop abhalten	▪ Präsentation der Ergebnisse für die Projektgruppe, die Führungskräfte und den Betriebsrat ▪ Diskussion der Lösungsvorschläge der Mitarbeiter ▪ Ableitung von Maßnahmen
Erstmaßnahmen zeitnah umsetzen	Maßnahmen, die schnell umgesetzt werden können und unmittelbar wirken durchführen
Maßnahmenplan erstellen	konkrete Beschreibung einzelner Maßnahmen sowie Information darüber wer bis wann was durchführt

zutreffend) sowie mobiles Arbeiten (wenn zutreffend) beantwortet. Zum Großteil sind die Fragen nur mit den drei Antwortmöglichkeiten „eher ja", „eher nein" oder „keine Angabe" zu beantworten, wobei das Ergebnis in Form eines Balkendiagramms dargestellt wird: Wenn mehr als ein Drittel der Antworten auf ein Problem hinweist wird der Balken gelb, bei zwei Drittel rot, anonsten ist er grün. Weiterhin ist optional ein Freitext-Kommentarfeld möglich. Der Fragebogen zum StressBarometer ist in Tabelle 12.9 wiedergegeben. (Fergen et al. 2019; Tiedemann 2020)

Tabelle 12.8 Exemplarischer Ablauf des ASITA-Workshops nach Bacher et al. (2017)

Dauer in min	Bezeichnung	Beschreibung
10	Einstieg finden	▪ Begrüßung ▪ Vorstellung von Moderatoren und Teilnehmern ▪ Bekanntgabe von Ziel und Ablauf der ASITA ▪ Festlegen von Regeln der Zusammenarbeit
10	Stärken & Ressourcen der Arbeitssituation erfassen	Stoffsammlung zu folgenden Fragen: ▪ Was gefällt ihnen an ihrer Arbeit? ▪ Was läuft gut? ▪ Wo liegen die Stärken des Unternehmens? ▪ Welche Ressourcen gibt es?
5	Veränderungsbedarf in der Arbeitssituation erfassen	Jeder Teilnehmer darf einen Klebepunkt setzen zur Beantwortung der Frage „Wie wichtig ist eine Veränderung ihrer Arbeitssituation?" ▪ sehr wichtig ▪ teilweise wichtig ▪ weniger wichtig
10	Vorstellung der Veränderungsbereiche	Mögliche Veränderungsbereiche sind ▪ Arbeitstätigkeit, ▪ Arbeitsumgebung, ▪ Arbeitsorganisation, ▪ Gruppen-/Betriebsklima und ▪ Vorgesetztenverhalten
5	Veränderungsbereiche identifizieren & priorisieren	Jeder Teilnehmer bekommt drei Klebepunkte und markiert mit diesen die für ihn wichtigsten Aspekte des vorhergehenden Abschnitts.
70	Problemfelder konkretisieren und Lösungen erarbeiten	Gemäß der Priorisierung aus dem vorhergehenden Abschnitt werden die Veränderungsbereiche in der Runde bearbeitet so lange Zeit ist: ▪ Welche Probleme gibt es konkret in diesem Bereich? Woran haben sie gedacht? → rosa Karten ▪ Wie könnte das Problem gelöst werden? Welche Ideen haben sie, wie es besser laufen könnte? → grüne Karten
5	Ergebnisse zusammenfassen & freigeben	Klärung der Fragen ▪ Können die Ergebnisse so an die Führungsebene weitergegeben werden? ▪ Gibt es etwas, das nicht weitergegeben werden soll?
5	Gelungenen Abschluss finden	▪ Dank an die Teilnehmer ▪ Blitzlicht ▪ Vorstellung des weiteren Ablaufs ▪ Verabschiedung

Tabelle 12.9 Fragebogen zur Beurteilung der Gefährdung auf Grund psychischer Belastungen mit Hilfe des StressBarometers nach Fergen et al. (2019)

	eher ja	eher nein	keine Angabe
Ich arbeite in einem Schichtsystem.			
Ich arbeite nach Absprache im Betrieb ganz oder teilweise von zu Hause aus (im sog. Home Office).			
Ich arbeite mobil (Dienstreisen, Außendienst o. ä.).			
Meine Arbeitsaufgabe ist durch lang andauernde Kontroll- und Überwachungstätigkeiten geprägt (z. B. an Instrumententafeln, Leitwarten, Messständen o. ä.).			
Arbeitsorganisation			
Meine tatsächliche Arbeitszeit beträgt häufig mehr als die vereinbarte tägliche Arbeitszeit.			
Meine tatsächliche Arbeitszeit beträgt häufig mehr als die vereinbarte Wochenarbeitszeit.			
Bei verlängerten Arbeitszeiten gibt es zeitnah Freizeitausgleich.			
Meine Arbeitszeit schwankt kurzfristig, ohne dass ich darauf Einfluss nehmen kann (Dauer, Anfang oder Ende).			
Ich kann die Dauer bzw. die zeitliche Lage meiner Arbeitszeit beeinflussen.			
Ich arbeite[a]...			trifft zu
in Wechselschicht (Früh-Spät).			
in Drei-Schicht.			
in Kontischicht (Einbeziehung des Wochenendes).			
in Dauernachtschicht.			
keine Angabe			
Durch meinen Schichtplan[a]... (Mehrfachnennungen möglich)			trifft zu
habe ich zwei und mehr freie Wochenenden (Sa./So.) im Monat.			
habe ich mehr als drei Nachtschichten hintereinander.			
kommt es vor, dass ich auch an Tagen arbeiten muss, die als Freischichten vorgesehen wären (Bring- bzw. Ausgleichsschichten, Mehrarbeit oder Personalmangel).			
Nichts davon trifft zu.			
	eher ja	eher nein	keine Angabe
Ein Tausch von Schichten ist leicht möglich.[a]			
Ich kann die Lage der Pausen selbst bestimmen.			
Ich muss häufig die vorgesehenen Pausen verkürzen oder ausfallen lassen.			
Ich muss auch während der Freizeit für betriebliche Belange erreichbar sein.			
Der Betrieb ermöglicht mir immer eine ununterbrochene Ruhezeit von mindestens 11 Stunden zwischen Arbeitsende und Arbeitsbeginn.			
Bei meiner Arbeit tritt Zeitdruck auf.			
Mein Arbeitstempo wird durch Maschinen, Anlagen o. ä. vorgegeben.			
Ich habe meistens mehrere Arbeitsaufgaben gleichzeitig zu erledigen.			

Tabelle 12.9 Fragebogen zur Beurteilung der Gefährdung auf Grund psychischer Belastungen mit Hilfe des StressBarometers nach Fergen et al. (2019) (Fortsetzung)

	eher ja	eher nein	keine Angabe
Meine Arbeit wird häufig durch unerwünschte Unterbrechungen gestört (z. B. durch Telefonate, technische Störungen, überflüssige Wartezeiten, Kolleginnen und Kollegen, Vorgesetzte).			
Meine Tätigkeit erlaubt es mir, den Arbeitsplatz nach eigenem Ermessen zu verlassen.			
Ich habe meistens sehr komplexe Aufgaben zu erledigen.			
Ich habe beim Arbeiten wenig Kontakt zu anderen Menschen.			
Arbeitsinhalt/Arbeitsaufgabe			
Ich bearbeite meine Aufgaben bzw. Werkstücke von Anfang bis Ende (von der Vorbereitung über die Ausführung bis zur Kontrolle)			
Ich kann beeinflussen, welche Aufgaben ich bearbeite.			
Ich kann beeinflussen, wie ich meine Aufgaben bearbeite.			
Ich kann die Arbeitsmenge beeinflussen.			
Ich kann die Reihenfolge der einzelnen Tätigkeiten beeinflussen.			
Ich bearbeite meistens dieselben Aufgaben bzw. Gegenstände.			
Ich arbeite meistens mit denselben wenigen Arbeitsmitteln.			
Ich wiederhole häufig in kurzen Abständen dieselben Handlungen.			
Ich erhalte für meine Arbeit alle wichtigen Informationen (Dateien, Unterlagen, Arbeitshinweise etc.).			
Ich bin mit zu umfangreichen Informationen konfrontiert (Informationsüberflutung).			
Die Verantwortlichkeiten in meinem Arbeitsbereich sind klar geregelt.			
Ich bin für meine Tätigkeit gut qualifiziert.			
Meine beruflichen Qualifikationen werden zu wenig in Anspruch genommen.			
Der Betrieb sorgt ausreichend für die notwendige Vorbereitung, Einarbeitung oder Weiterbildung, wenn sich die Anforderungen verändern (z. B. bei Übernahme neuer Aufgaben, beim Einsatz neuer Technik).			
Meine Arbeit geht mit hoher emotionaler Belastung einher (z. B. durch aggressives Kundenverhalten).			
Es kommt oft vor, dass sich unterschiedliche Arbeitsanforderungen widersprechen.			
In meiner Arbeit bin ich oftmals mit Erwartungen konfrontiert, die gar nicht gleichzeitig zu erfüllen sind (z. B. durch Kunden, Vorgesetzte, Kolleginnen und Kollegen).			
soziale Beziehungen			
Ich kann mich ausreichend mit meinen Kolleginnen und Kollegen austauschen.			
Ich erfahre ausreichende soziale Unterstützung durch meine Kolleginnen und Kollegen.			
In meinem Arbeitsbereich werden Absprachen und Vereinbarungen eingehalten.			
Die Zusammenarbeit des Teams wird durch hohe Anteile an mobiler Arbeit oder Teilzeit beeinträchtigt.			

Tabelle 12.9 Fragebogen zur Beurteilung der Gefährdung auf Grund psychischer Belastungen mit Hilfe des StressBarometers nach Fergen et al. (2019) (Fortsetzung)

	eher ja	eher nein	keine Angabe
In meinem Tätigkeitsbereich gibt es häufig Konflikte zwischen den Kolleginnen und Kollegen.			
Ich bin häufig aggressivem Verhalten einzelner Kolleginnen bzw. Kollegen ausgesetzt.			
Ich erfahre ausreichende Rückmeldung für meine Arbeit durch meine Führungskraft.			
Ich erhalte ausreichende soziale Unterstützung durch meine Führungskraft.			
Ich erfahre ausreichende Anerkennung durch meine Führungskraft.			
In meinem Tätigkeitsbereich gibt es häufig Konflikte zwischen Führungskraft und Beschäftigten.			
Das Verhalten meiner Führungskraft ist gerecht.			
Meine Führungskraft ist für ihre Führungsaufgabe hinreichend qualifiziert.			
Arbeitsumgebung/Arbeitsmittel			
An meinem Arbeitsplatz gibt es ... (Mehrfachnennungen möglich)			trifft zu
Lärm.			
mangelhafte Beleuchtung.			
Zugluft.			
schlechte Luft.			
zu niedrige Temperatur.			
zu hohe Temperatur.			
Gefahrstoffe.			
nichts davon.			
	eher ja	eher nein	keine Angabe
Meine Arbeit zwingt mich zu einseitiger körperlicher Bewegung bzw. Haltung.			
Mein Arbeitsplatz ist ergonomisch eingerichtet.			
Die Signale und Informationen, auf die ich reagieren muss, sind zu umfangreich.[b]			
Ich erhalte die für meine Arbeit wichtigen Signale und Informationen in leicht wahrnehmbarer Form (hör- oder sichtbar).[b]			
Ich warte lange Zeit passiv auf neue Signale oder Informationen, die dann aktives Eingreifen erfordern.[b]			
Die Signale treten unregelmäßig auf.[b]			
Die notwendigen Arbeitsmittel (einschl. Software) für meine Tätigkeiten im Betrieb bzw. Büro sind vollständig vorhanden.			
Meine Werkzeuge und Arbeitsmittel sind gut zu bedienen und einzurichten.			
Die Hardware-Ergonomie (von Notebook, Smartphone,Tastatur, Maus etc.) ist gut.			
Die Software ist benutzerfreundlich gestaltet.			
Meine Werkzeuge und Arbeitsmittel sind mangelhaft instand gehalten.			

Tabelle 12.9 Fragebogen zur Beurteilung der Gefährdung auf Grund psychischer Belastungen mit Hilfe des StressBarometers nach Fergen et al. (2019) (Fortsetzung)

	eher ja	eher nein	keine Angabe
Meine Werkzeuge und Arbeitsmittel sind zuverlässig (einschl. Hardware und Software).			
Der Support bei technischen Problemen, die im Betrieb bzw. Büro auftreten, funktioniert gut und zügig.			
neue Arbeitsformen			
Ich mache von der Möglichkeit Gebrauch, einen Teil der Arbeit von zu Hause aus zu erledigen (Durchschnittswerte).[c]			trifft zu
Bis zu einmal pro Woche.			
Häufiger als einmal pro Woche.			
Häufiger als dreimal pro Woche.			
keine Angabe			
Das Arbeiten von zu Hause aus bedeutet für mich,[c]...			
dass meine Wegezeiten spürbar reduziert werden.			
dass mir Fernpendeln oder ein Umzug erspart bleiben.			
nichts davon.			
Ich erledige einen Teil der Arbeiten von zu Hause,[c]... (Mehrfachnennungen möglich)			
weil ich im Büro mit zu vielen Störungen und Unterbrechungen zu tun habe.			
weil ich im Büro größere Arbeitspakete schlechter am Stück abarbeiten kann.			
weil es im Büro mehr Belastungen durch die Arbeitsumgebung gibt (z. B. Lärm, Geräuschkulisse oder Zugluft).			
weil es im Büro eine höhere Belastung durch das Arbeitsklima gibt.			
weil im Büro zu wenige Arbeitsplätze vorhanden sind (Desk-Sharing).			
aus keinem dieser Gründe.			
Das Arbeiten von zu Hause ist für mich mit dem Problem verbunden,[c]... (Mehrfachnennungen möglich)			
dass meine Führungskraft dies eher behindert als unterstützt.			
dass ich häufig meine Arbeitsleistung rechtfertigen muss.			
dass dies bei einigen meiner Kolleginnen und Kollegen auf wenig Gegenliebe stößt.			
dass der Arbeitsplatz zu Hause (einschl. Arbeitsmittel) nicht dem Büro-Standard entspricht.			
dass der Support bei technischen Problemen unzureichend ist.			
dass wichtige Kontakte und Informationskanäle leiden.			
dass die Grenzziehung zwischen Arbeitszeit und Freizeit erschwert wird.			
dass dadurch meine Arbeitszeit insgesamt länger wird.			
Nichts davon trifft zu.			
Ich arbeite mobil (auf Dienstreisen, im Außendienst o. ä. – aber ohne Home Office)[d]... (Mehrfachnennungen möglich)			
mehr als 50 % meiner Arbeitszeit.			
mehr als 20 % meiner Arbeitszeit.			
bis zu 20 % meiner Arbeitszeit.			
keine Angabe			

Tabelle 12.9 Fragebogen zur Beurteilung der Gefährdung auf Grund psychischer Belastungen mit Hilfe des StressBarometers nach Fergen et al. (2019) (Fortsetzung)

	eher ja	eher nein	keine Angabe
Meine tatsächliche Arbeitszeit beim mobilen Arbeiten beträgt häufig mehr als die vereinbarte tägliche Arbeitszeit.[d]			
Reise- und Arbeitszeit ergeben zusammen oft 11 h und mehr an einem Tag.[d]			
Meine tatsächliche Arbeitszeit beim mobilen Arbeiten beträgt häufig mehr als die vereinbarte Wochenarbeitszeit.[d]			
Nach der Rückkehr von mobiler Arbeitstätigkeit habe ich anschließend eine ausreichende Ruhezeit.[d]			
Wenn ich selbst mobil arbeite, kommt ein Austausch mit meinen Kolleginnen und Kollegen nur unzureichend zustande.[d]			
Das mobile Arbeiten wird durch das Büro bzw. den „Innendienst" gut unterstützt.[d]			
Auch beim Arbeiten außerhalb des Betriebes stehen mir die notwendigen Informationen rechtzeitig zur Verfügung (Dateien, Unterlagen, Arbeitshinweise etc.).[d]			
Für Arbeitstätigkeiten unterwegs bzw. beim Kunden stehen mir geeignete Arbeitsmittel (Werkzeuge, Hardware,Software etc.) zur Verfügung.[d]			
Wenn bei mobiler Arbeit technische Probleme auftauchen, funktioniert der Support gut und zügig.[d]			
Ich muss häufig meine Arbeitsleistung rechtfertigen, wenn ich mobil arbeite.[d]			
Meine Führungskraft unterstützt mich hinreichend, wenn ich mobil arbeite.[d]			
Meine Arbeitszeit wird im Regelfall wie folgt erfasst:			trifft zu
elektronische Zeiterfassung			
Selbstaufschreiben			
Beginn und Ende der Arbeitszeit sind fest vereinbart.			
keine Zeiterfassung			
keine Angabe			
Für meine Tätigkeit spielen konkrete Leistungsvorgaben bzw. Leistungsziele eine maßgebliche Rolle.			
eher ja			
eher nein			
keine Angabe			
Ich arbeite in ...			
Vollzeit.			
Teilzeit.			
keine Angabe			

Abteilung/Bereich/Kostenstelle (Auswahlmöglichkeiten betrieblich festzulegen)

____

Tabelle 12.9 Fragebogen zur Beurteilung der Gefährdung auf Grund psychischer Belastungen mit Hilfe des StressBarometers nach Fergen et al. (2019) (Fortsetzung)

Geschlecht
männlich
weiblich
divers
keine Angabe
Alter
bis 30
31 bis 54
ab 55
keine Angabe
Haben Sie noch weitere Vorschläge oder Anmerkungen?

[a] Diese Fragen nur dann beantworten, wenn Sie in einem Schichtsystem arbeiten.
[b] Diese Fragen nur dann beantworten, wenn Ihre Arbeitsaufgabe durch lang andauernde Kontroll- und Überwachungstätigkeiten geprägt ist.
[c] Diese Fragen nur dann beantworten, wenn Sie ganz oder teilweise von zu Hause aus arbeiten.
[d] Diese Fragen nur dann beantworten, wenn Sie ganz oder teilweise mobil arbeiten.

Beurteilung der psychischen Belastungen der Arbeit

Nachdem die psychischen Belastungen der Arbeit ermittelt wurden müssen sie in einem weiteren Schritt beurteilt werden. Das Ziel besteht dabei darin einzuschätzen, ob Maßnahmen des Arbeitsschutzes einzuleiten sind. Bei vielen Aspekten gibt es hier keine konkreten rechtlichen Vorgaben so dass die eine Beurteilung nicht absolut trennscharf erfolgen kann. Es gilt jedoch die Maxime, dass die Arbeit so zu gestalten ist, *dass eine Gefährdung für das Leben sowie die physische und psychische Gesundheit möglichst vermieden und die verbleibende Gefährdung möglichst gering gehalten wird; (...) bei den Maßnahmen sind der Stand von Technik, Arbeitsmedizin und Hygiene sowie sonstige gesicherte arbeitswissenschaftliche Erkenntnisse zu berücksichtigen* (§ 4 ArbSchG). Die Beurteilung muss daher grundsätzlich sachlich begründet und nachvollziehbar sein. Sie ist als ein Soll-Ist-Vergleich mit einem adäquaten Maßstab anzusehen. (Beck et al. 2017)

Nach DGUV Information 206-026 gilt die in Bild 12.2 gezeigte Hierarchie zur Ermittlung das Maßstabs.

Um die juristischen Vorgaben einzuhalten, ist es empfehlenswert in der ersten Phase der Beurteilung zu prüfen, ob es eine Technische Regel gibt, welche das oben genannte allgemeine Schutzziel aus dem ArbSchG und den daraus abgeleiteten Rechtsverordnungen konkretisiert bzw. Maße und Werte vorgibt, die als Maßstab dienen können. Die Einhaltung einer Technischen Regel ist gewöhnlich vermutungswirkungsauslösend, d. h. der Anwender kann davon ausgehen, dass auch das dazugehörige Gesetz eingehalten ist. Im Hinblick auf psychische Belastung liegen allerdings aktuell nur wenige quantifizierte Anforderungen vor, so z. B. in der ASR A1.2 oder der ASR A3.7. (DGUV Information 206-026).

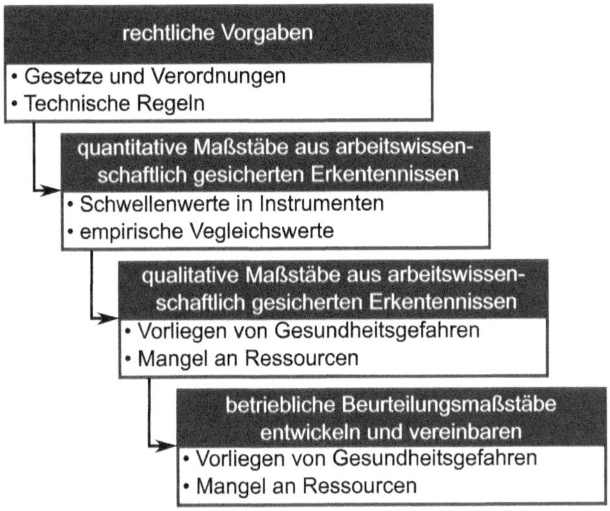

Bild 12.2 Hierarchie zur Auswahl eines Maßstabs im Rahmen der Beurteilung von Gefährdungen auf Basis psychischer Belastungen nach den Vorgaben der DGUV Information 206-026.

Liegen in den Technischen Regeln keine einschlägigen Maße und Werte vor, so sind im nächsten Schritt die quantitativen Maßstäbe gesicherter arbeitswissenschaftlicher Erkenntnisse als Vergleich heranzuziehen. Geeignete Quellen können etwa die Bundesanstalt für Arbeitsschutz und Arbeitsmedizin (BAuA), die Unfallversicherungsträger (Berufsgenossenschaften etc.) sowie der Länderausschuss für Arbeitsschutz und Sicherheitstechnik (LASI) sein. In der Praxis erfolgt der Soll-Ist-Vergleich häufig bei der Nutzung der im vorhergehenden Abschnitt aufgelisteten Instrumente, von denen in einige Schwellwerte implementiert sind und das Vergleichsergebnis direkt ausgegeben wird. Alternativ können auch empirische Erkenntnisse in Form von Branchenvergleichswerten oder berufsgruppenspezifischen Referenzwerten genutzt werden. (DGUV Information 206-026; Beck et al. 2017)

Wenn keine qualitativen Maßstäbe vorliegen, so sind quantitative Maßstäbe aus gesicherten arbeitswissenschaftlichen Erkenntnissen heranzuziehen. Es wird dabei in Gesundheitsgefahren und Ressourcen unterschieden: Gesundheitsgefahren sind psychische Faktoren mit negativer Auswirkung auf die Gesundheit, Ressourcen solche mit positiver Auswirkung. Treten erstere in signifikantem Umfang auf oder sind letztere in zu geringem Maße vorhanden, so ist ein Handlungsbedarf indiziert. Sie sind jeweils aus Forschungsberichten, wissenschaftlichen Veröffentlichungen sowie Normen (z. B. Bundesanstalt für Arbeitsschutz und Arbeitsmedizin (BAuA) (2020b), Rau (2015) oder Bundesanstalt für Arbeitsschutz und Arbeitsmedizin (BAuA) (2017)) zu entnehmen bzw. ebenfalls in die Instrumente zu Ermittlung/Beurteilung psychischer Belastung integriert. (DGUV Information 206-026)

Sind weder aus Gesetzen, Verordnungen, Technischen Regeln noch aus gesicherten arbeitswissenschaftlichen Erkenntnissen Maßstäbe zur Beurteilung abzuleiten, so müssen betriebliche Maßstäbe entwickelt und vereinbart werden. Die Grundlage dafür bildet ein konsensorientiertes Vorgehen unter Beteiligung der Führungskräfte, der Beschäftigten, innerbetrieblicher und externer Fachkundiger sowie Zuhilfenahme betrieblichen Datenmaterials z. B. über Unfälle, Beschwerden, Störungen, Häufungen von Krankheitsfällen etc. Dies kann entweder durch Anwendung eines der im vorhergehenden Abschnitte benannten Instrumente in Form eines Workshops geschehen oder unter Verwendung einer modifizierten Risikomatrix. Das Risiko ergibt sich bei letzterer stets als das Produkt aus Eintrittswahrscheinlichkeit und Schadensschwere. Die beiden Faktoren werden in verschiedene Stufen eingeteilt und das Ergebnis spiegelt das Ausmaß und die Dringlichkeit des Handlungsbedarfes sowie die Reichweite der erforderlichen Maßnahmen wider. Bei der Eintrittswahrscheinlichkeit ist es wichtig, die Stufen innerbetrieblich zu definieren und den Betrachtungszeitraum dafür festzulegen. In der DGUV Information 206-026 wird eine Einteilung der Eintrittswahrscheinlichekeit eines psychischen Faktors in kritischer Ausprägung (WpF) in „nie", „selten", „manchmal" und „häufig" vorgeschlagen. An die Stelle der Schadensschwere tritt die Einschätzung der negativen Beanspruchungsfolgen (nB), deren Abstufungen in Tabelle 12.10 definiert sind. Die Risikomatrix selbst ist in Bild 12.3 dargestellt, einen Überblick über die Ergebnisinterpretation gibt die Tabelle 12.11. (DGUV Information 206-026)

Tabelle 12.10 Vorschlag zur Abstufung negativer Beanspruchungsfolgen zur Verwendung innerhalb der Risikomatrix nach DGUV Information 206-026

Wert	Bezeichnung	Beschreibung	Symptomatik
0	ohne Folgen	–	–
1	kurzzeitige Folgen	leichte reversible Folgen, die mit einfachen Maßnahmen behebbar sind	psychische Symptome: z. B. psychische Ermüdung, Monotonie-Erleben, Konzentrationsstörung, Gereiztheit körperliche Symptome z. B. Müdigkeit, leichte Kopfschmerzen, Verspannungen
4	länger anhaltende Folgen	Folgen, die größere Anstrengung, Zeitaufwand und Maßnahmen erfordern, um sie zu beheben, evtl. mit ambulanter medizinisch-therapeutischer Unterstützung	psychische Symptome: z. B. psychische Sättigung, dauerhafter Ärger oder Wut, dauerhafte Arbeitsunzufriedenheit körperliche Symptome: z. B. Schlafstörungen, Appetitlosigkeit, Magenverstimmung, Verdauungsstörungen, häufige Kopfschmerzen
8	extreme Folgen	Folgen, die intensive ggf. stationäre medizinisch-therapeutische Unterstützung benötigen, um sie zu beheben	psychische und körperliche Symptome von beispielsweise Depression, Angsterkrankung, Burnout, posttraumatische Belastungsstörung, chronifizierte Beschwerden

Tabelle 12.11 Interpretation des Ergebnisses bei Anwendung der modifizierten Risikomatrix zur Beurteilung der Gefährdungen aus psychischen Belastungen nach DGUV Information 206-026

Risikogruppe	Risiko	Maßnahmen
12 bis 24	hoch	grundlegende organisations-/verhältnisbezogene Maßnahmen notwendig
3 bis 8	mittel	verhaltens- und verhältnisbezogene Maßnahmen notwendig
1 bis 2	gering	verhaltensbezogene Maßnahmen ausreichend
0	–	–

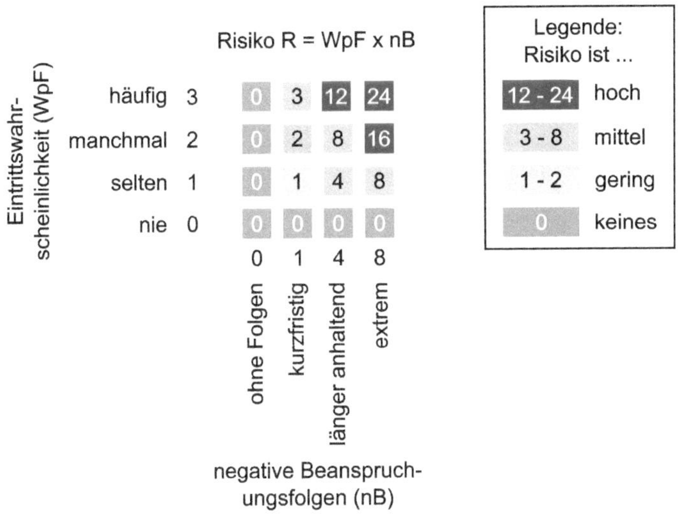

Bild 12.3 Risikomatrix zur Beurteilung der Gefährdung auf Grund psychischer Belastung nach DGUV Information 206-026.

Entwicklung und Umsetzung der Maßnahmen

Sollte die Beurteilung der psychischen Belastungen bei der Arbeit einen Handlungsbedarf indizieren, so sind dementsprechende Maßnahmen zu entwickeln und umzusetzen. Dabei sind folgende Aspekte zu berücksichtigen:

- Die Maßnahmen müssen sich auf die Beurteilung beziehen und deren Eignung/Sinnhaftigkeit muss nachvollziehbar begründet sein.
- Eine Gefährdung für die psychische Gesundheit muss möglichst vermieden und die verbleibende Gefährdung möglichst gering gehalten werden. (§ 4 Nr. 1 ArbSchG)
- Die Gefahren sind an der Quelle zu bekämpfen. (§ 4 Nr. 2 ArbSchG)
- Individuelle Schutzmaßnahmen, also Maßnahmen, welche nur einer Einzelperson zu Gute kommen bzw. direkt auf diese einwirken, sind nachrangig zu anderen Maßnahmen zu veranlassen. (§ 4 Nr. 5 ArbSchG)
- Maßnahmen, die sich auf die Verhältnisse (Organisation, Strukturen, Prozesse, Tätigkeiten) beziehen sind gegenüber solchen, die auf das Verhalten der Beschäftigten abzielen zu bevorzugen.
- Maßnahmen zur Bekämpfung von Gefährdungen auf Grund psychischer Belastung betreffen häufig übergreifende Themen, welche sich auch auf andere Bereiche auswirken. Etwaige Wechselwirkungen (z. B. negativer Einfluss auf andere Belastungsfaktoren oder Organisationseinheiten) müssen daher berücksichtigt werden.
- Der Beginn der Maßnahmenumsetzung sollte zeitnah erfolgen.
- Sollten mehrere Problemfelder mit Handlungsbedarf identifiziert worden sein, so sind (z. B. im Hinblick auf Dringlichkeit, Grad der Gefährdung, Umsetzbarkeit, Anzahl der betroffenen Personen) Schwerpunkte zu setzen und eine Priorisierung vorzunehmen.

(Beck et al. 2017)

Weiterhin sind spezifische Rechtsquellen zu beachten: In Bezug auf Arbeitsmittel etwa schreibt 4 Abs. 2 BetrSichV vor, dass technische Schutzmaßnahmen Vorrang vor organisatorischen und diese wiederum Vorrang vor persönlichen Schutzmaßnahmen haben. Die Tabelle 12.12 gibt einen exemplarischen Überblick über Maßnahmen, die im Allgemeinen sicherheits- und gesundheitsförderlich für die Mehrheit der Beschäfigten sind. Daran schließen sich spezifische Maßnahmen zur Arbeitsgestaltung für Aspekte aus den Merkmalsbereichen (vgl. Tabelle 12.1) Arbeitsinhalt/Arbeitsaufgabe (Tabelle 12.13), Arbeitsorganisation (Tabelle 12.14), soziale Beziehungen (Tabelle 12.15) sowie Arbeitsumgebung (Tabelle 12.16) an.

Tabelle 12.12 Exemplarische Auflistung von Maßnahmen, die im Allgemeinen sicherheits- und gesundheitsförderlich für die Mehrheit der Beschäfigten sind. (Berufsgenossenschaft der Bauwirtschaft (BG BAU) 2021)

Aspekt	Ziel der Arbeitsgestaltung
Merkmalsbereich Arbeitsinhalt/Arbeitsaufgabe	
Vollständigkeit der Aufgabe	Optimierung bis Maximierung
Handlungsspielraum	Maximierung bis Optimierung
Variabilität (Abwechslungsreichtum)	Maximierung bis Optimierung
Information/Informationsangebot	Optimierung
Verantwortung	Optimierung bis Maximierung
Qualifikation	Maximierung
emotionale Inanspruchnahme	Minimierung bis Optimierung
Merkmalsbereich Arbeitsorganisation	
Arbeitszeit	Optimierung
Arbeitsablauf	Optimierung
Kommunikation/Kooperation	Optimierung
Merkmalsbereich soziale Beziehungen	
Kollegen	Optimierung
Vorgesetzte	Optimierung
Merkmalsbereich Arbeitsumgebung	
physikalische und chemische Faktoren	Minimierung
physische Faktoren	Optimierung bis Minimierung
Arbeitsplatz- und Informationsgestaltung	Maximierung bis Optimierung
Arbeitsmittel	Maximierung bis Optimierung
Merkmalsbereich neue Arbeitsformen	
räumliche Mobilität	Minimierung
atypische Arbeitsverhältnisse	Minimierung
diskontinuierliche Berufsverläufe	Minimierung
zeitliche Flexibilisierung	Minimierung
reduzierte Abgrenzung zwischen Arbeit und Privatleben	Minimierung

Tabelle 12.13 Exemplarische Auflistung von Maßnahmen zur Minderung und Verhinderung von Gefährdungen auf Grund psychischer Faktoren aus dem Merkmalsbereich Arbeitsinhalt/Arbeitsaufgabe nach Berufsgenossenschaft der Bauwirtschaft (BG BAU) (2021)

Mögliche kritische Ausprägungen	Maßnahmen der Arbeitsgestaltung
Handlungsspielraum – fehlende oder unzureichende zeitliche Freiheitsgrade	
Genau festgelegte Dauer und/oder Zeitpunkte, wann welche Arbeiten erledigt werden müssen, obwohl eine flexiblere Gestaltung des Arbeitsablaufes möglich wäre	▪ flexible Pausenzeiten ermöglichen ▪ Einfluss der Beschäftigten auf Einsatzpläne ermöglichen
keine Möglichkeit die Arbeit kurzzeitig zu unterbrechen	▪ Teamarbeit, die durch kurzfristige Mehrarbeit Pausen ermöglicht ▪ Unterbrechungen/Pausen ermöglichen, ggf. durch Einsatz eines Springers
kein Einfluss auf die Inhalte der Arbeit bzw. feste Vorgaben wie eine Arbeit ausgeführt werden muss, d. h. Arbeitsmethoden, Arbeitsmittel sind festgelegt	Anbieten von mindestens zwei alternativen Arbeitsmethoden und Arbeitsmitteln zur Wahl für den Mitarbeitenden
fehlende Variabilität (Abwechslungsreichtum)	
hoher Wiederholungsgrad einzelner, immer gleicher Verrichtungen, zum Beispiel bei stark einförmigen Tätigkeiten	▪ Tätigkeitswechsel im Laufe des Arbeitstags ▪ Tätigkeitszuständigkeit vergrößern
Information/Informationsangebot – Informationsdefizite	
Informationen fehlen oder sind nicht aktuell, z. B. wenn ein Mitarbeiter nur unzureichende Informationen über den nächsten Kundentermin erhält und sich nicht ausreichend auf diesen vorbereiten kann	Ausstattung mit neuen Medien und Ermöglichung der Nutzung, um relevante Informationen weiterzugeben
Informationen sind ungünstig dargeboten, unverständlich, schlecht zugänglich oder kommen verspätet, z. B. bei einer hohen Anzahl von Bildschirmen/anderen Anzeigeelementen oder unterschiedlichen bzw. widersprüchlichen Anweisungen von dem oder den Vorgesetzten	▪ ergonomische Gestaltung der Informationen ▪ Einbeziehen der Beschäftigten bei der Informationsgestaltung ▪ Kommunikationsmöglichkeit,um widersprüchliche Anweisungen aufzudecken und zu beenden
Informationsüberflutung, d. h. die Informationsmenge übersteigt die Möglichkeiten der Informationsaufnahme und -verarbeitung, zum Beispiel E-Mails, die an die ganze Belegschaft gesendet werden, deren Inhalte aber nur für einige Beschäftigte relevant sind	▪ ausreichend Informationen zur Verfügung stellen ▪ verbindliche Regeln darüber, über was und wie informiert wird
emotionale Inanspruchnahme	
Der Arbeitsauftrag enthält Vorgaben darüber, welche Gefühle zu zeigen sind (diese können der eigenen Gefühlslage widersprechen), zum Beispiel freundlich bleiben, auch wenn Kunden unhöflich sind	▪ Schulungen, die die Bewältigung des Arbeitsauftrags ermöglichen ▪ Pausen ermöglichen ▪ kollegiale Unterstützung ermöglichen

Tabelle 12.14 Exemplarische Auflistung von Maßnahmen zur Minderung und Verhinderung von Gefährdungen auf Grund psychischer Faktoren aus dem Merkmalsbereich Arbeitsorganisation nach Berufsgenossenschaft der Bauwirtschaft (BG BAU) (2021)

Mögliche kritische Ausprägungen	Maßnahmen der Arbeitsgestaltung
Arbeitszeit	
Die Arbeitszeit wird über einen längeren Zeitraum überschritten, z. B. wenn über längere Zeit mehr als 10 h am Tag oder mehr als 48 h die Woche gearbeitet wird	▪ zeitnahen Überstundenausgleich ermöglichen ▪ Arbeitszeitgesetz beachten
Die Ruhe- und Erholungszeiten sind unzureichend oder werden unterbrochen, z. B. durch Überstunden, Bereitschaftsdienste, Forderung nach ständiger Erreichbarkeit, überlange Arbeitswegezeiten	▪ gesicherte Ruhe-und Erholungszeiten ermöglichen ▪ wohnortnahe Arbeitsaufträge bevorzugen ▪ Erreichbarkeit und Bereitschaft als prozentuale Arbeit werten
kein Einfluss auf die Arbeitszeitgestaltung durch Arbeiten auf Abruf oder unvorhergesehenes Arbeiten an Sonn- und Feiertagen	▪ Einfluss auf die Einsatzplanung ermöglichen ▪ Ersatzplanung in der Arbeitsgestaltung berücksichtigen
Die Gestaltung der Nacht- und Schichtarbeit entspricht nicht den arbeitswissenschaftlichen Erkenntnissen, z. B. bei nicht ergonomisch gestalteten Schichtplänen durch viele Nachtdienste hintereinander	▪ vorwärtsrotierende, kurze Schichtpläne bevorzugen ▪ 8 h-Schichten gegenüber längeren Schichten bevorzugen
Arbeitsablauf – Arbeitsintensität	
Die Arbeitsmenge ist zu hoch, z. B. bei Personalmangel durch Krankheit oder bei Kommunikationsproblemen zwischen Auftragsannahme im Innendienst und Aufgabenbewältigungsmöglichkeiten im Außendienst	▪ Personalmangel zeitnah beheben ▪ Rückmeldeschleifen zwischen Innen-und Außendienst einrichten
Es gibt zu viele Termine bzw. mehrere Termine überschneiden sich	▪ realistische Terminplanung ▪ Puffer zwischen den Terminen mit einplanen ▪ Zeitfenster für mehrere Termine gemeinsam definieren
Es fallen häufig unvorhergesehene zusätzliche Arbeitsaufgaben an, z. B. wegen Krankheit von Kollegen.	Einsatzplanung so gestalten, dass zusätzliche Arbeitsaufgaben gut integriert werden können
Die Arbeitsaufgaben sind sehr komplex, z. B. komplexe Koordinationstätigkeit im Katastrophenfall mit einer großen Anzahl von Betroffenen, die alle in kurzer Zeit Informationen benötigen	▪ Aus-, Fortbildung und Training für komplexe Situationen ▪ Checklisten für Notfall- und Ausnahmesituationen erstellen
Arbeitsablauf – Störungen/Unterbrechungen	
hohe Anzahl von Störungen und Unterbrechungen, z. B. durch Kollegen, Vorgesetzte, Kunden	störungsfreie Zeiten festlegen, organisieren und gegenseitig ermöglichen
Funktionsstörungen von Maschinen oder Software, fehlendes Material oder fehlende Informationen	▪ Informationsfluss gewährleisten ▪ für ausreichendes Material und adäquate Arbeitsmittel sorgen

Tabelle 12.14 Exemplarische Auflistung von Maßnahmen zur Minderung und Verhinderung von Gefährdungen auf Grund psychischer Faktoren aus dem Merkmalsbereich Arbeitsorganisation nach Berufsgenossenschaft der Bauwirtschaft (BG BAU) (2021) (Fortsetzung)

Mögliche kritische Ausprägungen	Maßnahmen der Arbeitsgestaltung
nach der Störung ist die Rückkehr zur unterbrochenen Handlung nicht möglich, ein Neubeginn ist notwendig, bisherige Resultate gehen verloren	Sicherung von Zwischenergebnissen der Arbeit
Im Anschluss an die Störung ist nach Wiederaufnahme der Handlung eine Anpassung an einen anderen Prozesszustand notwendig.	Anpassungen an verschiedene Prozesszustände definieren und einplanen
Kommunikation – Kooperation	
zu geringe oder fehlende Kommunikations-/Kooperationserfordernisse, z. B. bei isolierter Einzelarbeit	▪ ausreichende und regelmäßige persönliche Kommunikationsmöglichkeiten einplanen ▪ technische Arbeitsplatzausstattung für eine gute Kommunikation einplanen
eingeschränkte Kommunikations-/Kooperationsmöglichkeiten, z. B. bei großen räumlichen Entfernungen	▪ ausreichende und regelmäßige persönliche Kommunikationsmöglichkeiten einplanen ▪ technische Arbeitsplatzausstattung für eine gute Kommunikation einplanen ▪ zusätzliche Einbindung in lokale Teams vor Ort
nur oder überwiegend indirekte Kommunikation, z. B. bei virtueller Projektarbeit oder bei Arbeiten im Außendienst	▪ ausreichende und regelmäßige persönliche Kommunikationsmöglichkeiten einplanen ▪ technische Arbeitsplatzausstattung für eine gute Kommunikation einplanen ▪ zusätzliche Einbindung in lokale Teams vor Ort

Tabelle 12.15 Exemplarische Auflistung von Maßnahmen zur Minderung und Verhinderung von Gefährdungen auf Grund psychischer Faktoren aus dem Merkmalsbereich soziale Beziehungen nach Berufsgenossenschaft der Bauwirtschaft (BG BAU) (2021)

Mögliche kritische Ausprägungen	Maßnahmen der Arbeitsgestaltung
soziale Beziehungen zu den Kollegen	
fehlende oder geringe soziale Unterstützung durch die Kollegen, z. B. an Einzelarbeitsplätzen oder bei zu wenig Personal	ausreichende und regelmäßige persönliche Kommunikationsmöglichkeiten einplanen
Konflikte und Streitigkeiten (soziale Stressoren), z. B. durch unklare Aufgabenverteilung	▪ klare Zuständigkeiten definieren ▪ Zuständigkeiten immer wieder auf Effizienz überprüfen ▪ Teammaßnahmen organisieren ▪ Verhaltensregeln für den Umgang miteinander festlegen, einführen und überprüfen

Tabelle 12.15 Exemplarische Auflistung von Maßnahmen zur Minderung und Verhinderung von Gefährdungen auf Grund psychischer Faktoren aus dem Merkmalsbereich soziale Beziehungen nach Berufsgenossenschaft der Bauwirtschaft (BG BAU) (2021) (Fortsetzung)

Mögliche kritische Ausprägungen	Maßnahmen der Arbeitsgestaltung
soziale Ausgrenzung oder Diskriminierung Einzelner (Mobbing), interkulturelle oder andere Verständigungsprobleme	▪ Teammaßnahmen organisieren ▪ Verhaltensregeln für den Umgang miteinander festlegen, einführen und überprüfen
fehlendes oder geringes Vertrauen, z. B. durch hohen Wettbewerbsdruck zwischen den Kollegen oder hinsichtlich Provisionszahlungen	ausgewogene Balance zwischen Einzel- und Teamarbeit
soziale Beziehungen zu dem/den Vorgesetzten	
▪ fehlende oder geringe soziale Unterstützung durch den Vorgesetzten, z. B. bei zu großen Arbeitsgruppen, zu vielen administrativen Aufgaben, unzureichender Qualifikation der Führungskraft ▪ fehlende Wertschätzung der Kompetenzen oder Arbeitsleistungen durch den Vorgesetzten, z. B. keine positive Würdigung, überwiegend Kritik ▪ Konflikte und Streitigkeiten mit Vorgesetzten (soziale Stressoren), z. B. bei fehlender Transparenz der Entscheidungen, fehlenden oder zu späten Rückmeldungen, unzureichenden sozialen und kommunikativen Kompetenzen des Vorgesetzten	▪ Führungskräfteauswahl ▪ Reflexionsfähigkeit der Führungskräfte fordern und fördern ▪ Führungskräfte aus- und fortbilden ▪ Teamstärken von maximal sieben direkten Mitarbeitern je Führungskraft ▪ zeitliche Einplanung und Organisation der Führungsaufgaben ▪ zeitliche Einplanung und Organisation des nicht-administrativen bzw. nicht-disziplinarischen Kontakts ▪ moderierte Besprechungen, die ausreichend Feedback für die Mitarbeiter ermöglichen

Tabelle 12.16 Exemplarische Auflistung von Maßnahmen zur Minderung und Verhinderung von Gefährdungen auf Grund psychischer Faktoren aus dem Merkmalsbereich Arbeitsumgebung nach Berufsgenossenschaft der Bauwirtschaft (BG BAU) (2021)

Mögliche kritische Ausprägungen	Maßnahmen der Arbeitsgestaltung
Arbeitsmittel	
fehlendes oder ungeeignetes Werkzeug, z. B. veraltete oder defekte Maschinen oder Geräte	▪ Prozess definieren für die Erneuerung und den Ersatz von Maschinen und Geräten ▪ Beachtung ergonomischer und sicherheitstechnischer Aspekte
▪ ungünstige Bedienung oder Einrichtung von Maschinen, z. B. die Positionierung der Arbeitsmittel entspricht nicht der Abfolge der Arbeitsschritte ▪ unzureichende Softwaregestaltung, z. B. die Eingabemaske erfordert Einträge, für die die Daten fehlen und die Arbeit kann nicht fortgesetzt werden	▪ Beachtung ergonomischer und sicherheitstechnischer Aspekte ▪ Prozess definieren für die Optimierung der Softwaregestaltung

Wirksamkeitskontrolle

Gemäß § 3 Abs. 1 ArbSchG gehört es zu den Grundpflichten des Arbeitgebers, die Maßnahmen des Arbeitsschutzes nach deren Auswahl und Umsetzung auf ihre Wirksamkeit hin zu überprüfen und sie erforderlichenfalls an sich ändernde Gegebenheiten anzupassen. Im Falle psychischer Faktoren ist zu prüfen, ob sich nach der Umsetzung der Maßnahmen die psychische Belastungssituation in der gewünschten Weise und im geplanten Umfang verändert hat oder nicht. Konkrete Maßnahmen der Wirksamkeitskontrolle können etwa Workshops, schriftliche Kurzbefragungen sowie mündliche Befragungen im Rahmen von Begehungen sein. Es dabei darauf zu achten, den richtigen Kontrollzeitpunkt zu wählen, da verschiedene Maßnahmen ihre Wirkung zu unterschiedlichen Zeiten (Sofortwirkung, mittel- oder langfristige Wirksamkeit etc.) entfalten. Im Falle einer negativen Wirksamkeitskontrolle ist die Ursache der mangelnden Wirksamkeit zu ermitteln und darauf zu reagieren. So ist es möglicherweise notwendig den Wirkungsbereich einzelner Maßnahmen anzupassen, diese zu intensivieren oder andere Maßnahmen zu entwickeln und umzusetzen. (Beck et al. 2017)

Aktualisierung/Fortschreibung

Im § 3 Abs.1 ArbSchG wird darauf hingewiesen, dass die Maßnahmen des Arbeitsschutzes an sich ändernde Gegebenheiten anzupassen sind. Dies impliziert, dass die Gefährdungsbeurteilung stets aktuell zu sein hat. Konkreter ist die Forderung in der (sich auf Arbeitsmittel beziehenden) § 3 Abs. 7 BetrSichV formuliert: *Die Gefährdungsbeurteilung ist regelmäßig zu überprüfen.* Diese Aussage wird in der TRBS 1111, Nr. 4.1 Abs. 3 wiederholt und darauf hingewiesen, dass zur Überprüfung keine festgelegten Zeitintervalle vorgegeben sind, sondern diese durch den Arbeitgeber eigenverantwortlich festzulegen sind. Als konkrete Anlässe zur Überprüfung werden

- sicherheitsrelevante Hinweise von Beschäftigten,
- Sachschäden,
- Änderungen von Arbeitsverfahren sowie
- Änderungen des Stands der Technik

genannt. Auch in der Nr. 4 Abs. 4 ASR V3 (Bezug auf die Arbeitsstätte) wird eine Überprüfung und bedarfsweise Aktualisierung der Gefährdungsbeurteilung gefordert und auf spezifische Anlässe hingewiesen:

- *bei wesentlichen Veränderungen der Arbeitsstätte, z. B.*
  - *der Umgestaltung der bestehenden Arbeitsstätte,*
  - *der Festlegung von Arbeitsplätzen,*
  - *der Änderung von Arbeitsverfahren,*
  - *der Änderung der Arbeitsabläufe und der Arbeitsorganisation,*
  - *im Zusammenhang mit dem Einsatz anderer Arbeitsmittel oder Arbeitsstoffe,*
  - *im Zusammenhang mit der Änderung oder Beschaffung von Maschinen, Geräten und Einrichtungen,*
  - *im Zusammenhang mit Instandhaltung,*
- *bei der Änderung von relevanten Rechtsvorschriften oder von Technischen Regeln,*

- *bei neuen arbeitswissenschaftlichen Erkenntnissen bzw. Veränderungen des Standes der Technik, Arbeitsmedizin und Hygiene,*
- *nach dem Erkennen von kritischen Situationen (z. B. Beinahe-Unfällen, Fehlzeiten infolge arbeitsbedingter Gesundheitsbeeinträchtigungen sowie Erkenntnissen aus der arbeitsmedizinischen Vorsorge),*
- *nach Bekanntwerden einer Behinderung bei Beschäftigten oder*
- *nach Arbeitsunfällen und Berufskrankheiten.*

Auch weitere Rechtsquellen mit anderen Anwendungsgebieten, wie z. B. die Nr. 4.3 TRGS 400 für Tätigkeiten mit Gefahrstoffen, fordern eine Aktualisierung und Anpassung der Gefährdungsbeurteilung im Bedarfsfall mit entsprechenden Beispielen.

Da die psychische Belastung als einer unter vielen anderen Gefährdungsfaktoren im Rahmen der Gefährdungsbeurteilung anzusehen ist, ist das jeweilige einschlägige Regelwerk anzuwenden, wobei folgende Grundsätze gelten:

- Die Gefährdungsbeurteilung ist stets aktuell zu halten.
- Das Zeitintervall zur Prüfung der Aktualität ist vom Unternehmer festzulegen.
- Eine unvollständige Aufzählung von Handlungsanlässen geben die jeweiligen Technischen Regeln vor.

Dokumentation

Gemäß § 6 Abs.1 ArbSchG besteht im Hinblick auf die Gefährdungsbeurteilung eine Dokumentationspflicht für die Aspekte

- Ergebnis der Gefährdungsbeurteilung,
- festgelegte Maßnahmen des Arbeitsschutzes sowie
- Ergebnis der Überprüfung der Maßnahmen.

Die Form der Dokumenatation ist nicht vorgegeben, so dass sowohl analoge als auch digitale Dokumente genutzt werden können. Dies hängt jedoch von der unternehmensspezifischen generellen Vorgehensweise bei der Erstellung von betrieblichen Gefährdungsbeurteilungen – unabhängig vom Gefährdungsfaktor – ab: Wenn z. B. ein Arbeitsplatz betrachtet wird, so ist etwa neben den mechanischen Faktoren, Ergonomie etc. auch die psychische Belastung einer von vielen und die Wechselwirkung der Faktoren untereinander ist zu betrachten. Sollten also die Daten der restlichen Faktoren digital erhoben werden, so ist es sinnvoll auch die Daten der Gefährdungen durch psychische Belastungen digital zu speichern und bei der Gefährdungsbeurteilung des Arbeitsplatzes auf diese zu verweisen. Umgekehrt gilt dies für eine prinzipiell analoge Dokumentation. Bei der Nutzung spezieller Instrumente zur Gefährdungsbeurteilung psychischer Belastungen erfolgt die Dokumentation häufig direkt innerhalb des Instruments, es existieren aber auch unabhängige Vorlagenformulare, z. B. bei Bayerisches Staatsministerium für Umwelt und Verbraucherschutz (2021).

12.3 Unterstützung bei der Durchführung der Gefährdungsbeurteilung psychischer Belastungen

Wie bereits aufgezeigt, ist die Gefährdungsbeurteilung eine gesetzliche Pflicht des Arbeitgebers (§ 5 Abs. 1 ArbSchG). Allerdings wird in weiterführenden Regelwerken gemeinhin verlangt, dass die Gefährdungsbeurteilung fachkundig durchzuführen ist, so etwa in § 3 Abs. 3 BetrSichV: *(...) Die Gefährdungsbeurteilung darf nur von fachkundigen Personen durchgeführt werden. Verfügt der Arbeitgeber nicht selbst über die entsprechenden Kenntnisse, so hat er sich fachkundig beraten zu lassen. Fachkundig ist, wer zur Ausübung einer in dieser Verordnung [Anm.: Der BetrSichV] bestimmten Aufgabe über die erforderlichen Fachkenntnisse verfügt. Die Anforderungen an die Fachkunde sind abhängig von der jeweiligen Art der Aufgabe. Zu den Anforderungen zählen eine entsprechende Berufsausbildung, Berufserfahrung oder eine zeitnah ausgeübte entsprechende berufliche Tätigkeit. Die Fachkenntnisse sind durch Teilnahme an Schulungen auf aktuellem Stand zu halten* (§ 2 Abs. 5 (BetrSichV)).

Von daher ist es häufig – in Abhängigkeit der individuellen Gegebenheiten innerhalb des Unternehmens – sinnvoll, sich bei der Gefährdungsbeurteilung psychischer Belastungen unterstützen zu lassen. Geeignete Stellen dafür können etwa das Sachgebiet „Psyche und Gesundheit in der Arbeitswelt" der DEUTSCHE GESETZLICHE UNFALLVERSICHERUNG E. V. (DGUV) (2021), die dafür ausgerichteten Organisationseinheiten des eigenen Unfallversicherungsträgers (z. B. BERUFSGENOSSENSCHAFT ENERGIE TEXTIL ELEKTRO MEDIENERZEUGNISSE (BG ETEM) (2021b)) sowie die für den Betrieb zuständige Aufsichtsperson sein. Weiterhin bieten im viele Krankenkassen, etwa TECHNIKER KRANKENKASSE (2021), einschlägige Hilfe an und übernehmen ggf. sogar einen Teil der Aufwendungen. Auch der eigene Betriebsarzt sowie die Fachkraft für Arbeitssicherheit unterstützen bei der Beurteilung und es gibt eine Reihe privater Arbeitssicherheitsdienstleister, welche sich auf das Thema psychische Belastungen spezialisiert haben. Einen Überblick über potenzielle Unterstützer zeigt die Bild 12.4.

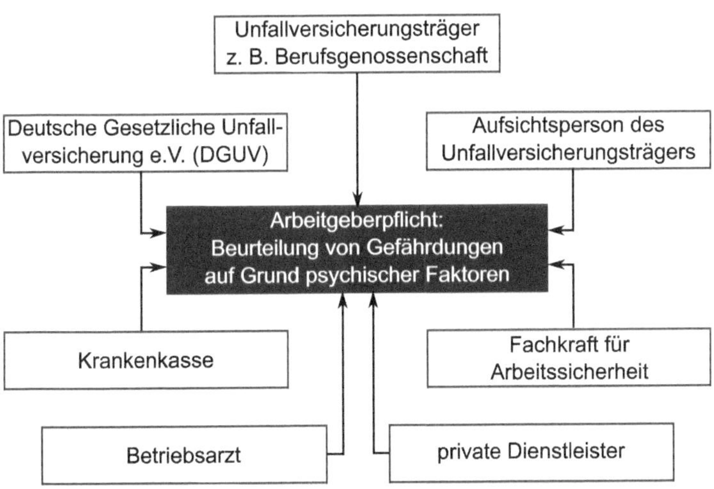

Bild 12.4 Potenzielle Unterstützer bei der Beurteilung von Gefährdungen auf Grund psychischer Belastungen

12.4 Mein Arbeitsschutz-Logbuch: Kapitel Psychische Belastungen

In der abgeschlossenen Einheit ging es um:

Meine wichtigste Erkenntnis daraus ist:

Das möchte ich mir noch einmal genauer anschauen:

Das wollte ich noch fragen:

A Anhang

A.1 Beispielhafte Auflistung der Gefährdungsfaktoren nach Gemeinsame Deutsche Arbeitsschutzstrategie – Leitlinien Gefährdungsbeurteilung und Dokumentation (2017, 12 f.)

1. Mechanische Gefährdungen
   a) Ungeschützt bewegte Maschinenteile
   b) Teile mit gefährlichen Oberflächen
   c) Bewegte Transportmittel, bewegte Arbeitsmittel
   d) Unkontrolliert bewegte Teile
   e) Sturz, Ausrutschen, Stolpern, Umknicken
   f) Absturz
2. Elektrische Gefährdungen
   a) Elektrischer Schlag
   b) Lichtbogen
   c) Elektrostatische Aufladungen
3. Gefahrstoffe
   a) Hautkontakt mit Gefahrstoffen (Feststoffe, Flüssigkeiten, Feuchtarbeit)
   b) Einatmen von Gefahrstoffen (Gase, Dämpfe, Nebel, Stäube einschl. Rauche)
   c) Verschlucken von Gefahrstoffen
   d) Physikalisch-chemische Gefährdungen (z. B. Brand und Explosionsgefährdungen, unkontrollierte chem. Reaktionen)
4. Biologische Arbeitsstoffe
   a) Infektionsgefährdung durch pathogene Mikroorganismen (z. B. Bakterien, Viren, Pilze)
   b) Sensibilisierende und toxische Wirkungen von Mikroorganismen

5. Brand und Explosionsgefährdungen
   a) Brennbare Feststoffe, Flüssigkeiten, Gase
   b) Explosionsfähige Atmosphäre
   c) Explosivstoffe
6. Thermische Gefährdungen
   a) Heiße Medien/Oberflächen
   b) Kalte Medien/Oberflächen
7. Gefährdung durch spezielle physikalische Einwirkungen
   a) Lärm
   b) Ultraschall
   c) Infraschall
   d) Ganzkörpervibrationen
   e) Hand-Arm-Vibrationen
   f) Optische Strahlung (z. B. Infrarote Strahlung (IR), ultraviolette Strahlung (UV), Laserstrahlung)
   g) Ionisierende Strahlung (z. B. Röntgenstrahlen, Gammastrahlung, Teilchen- strahlung (Alpha-, Beta- und Neutronenstrahlung))
   h) Elektromagnetische Felder
   i) Unter- oder Überdruck
8. Gefährdungen durch Arbeitsumgebungsbedingungen
   a) Klima (z. B. Hitze, Kälte, unzureichende Lüftung)
   b) Beleuchtung, Licht
   c) Ersticken (z. B. durch sauerstoffreduzierte Atmosphäre), Ertrinken
   d) Unzureichende Flucht- und Verkehrswege, unzureichende Sicherheits- und Gesundheitsschutzkennzeichnung
   e) Unzureichende Bewegungsfläche am Arbeitsplatz, ungünstige Anordnung des Arbeitsplatzes, unzureichende Pausen-, Sanitärräume
9. Physische Belastung/Arbeitsschwere
   a) Schwere dynamische Arbeit (z. B. manuelle Handhabung von Lasten)
   b) Einseitige dynamische Arbeit, Körperbewegung (z. B. häufig wiederholte Bewegungen)
   c) Haltungsarbeit (Zwangshaltung), Haltearbeit
   d) Kombination aus statischer und dynamischer Arbeit
10. Psychische Faktoren
   a) Ungenügend gestaltete Arbeitsaufgabe (z. B. überwiegende Routineaufgaben, Über-/Unterforderung)
   b) Ungenügend gestaltete Arbeitsorganisation (z. B. Arbeiten unter hohem Zeitdruck, wechselnde und /oder lange Arbeitszeiten, häufige Nachtarbeit, kein durchdachter Arbeitsablauf)

c) Ungenügend gestaltete soziale Bedingungen (z. B. fehlende soziale Kontakte, ungünstiges Führungsverhalten, Konflikte)

d) Ungenügend gestaltete Arbeitsplatz- und Arbeitsumgebungsbedingungen (z. B. Lärm, Klima, räumliche Enge, unzureichende Wahrnehmung von Signalen und Prozessmerkmalen, unzureichende Softwaregestaltung)

11. Sonstige Gefährdungen

a) Durch Menschen (z. B. Überfall)

b) Durch Tiere (z. B. Gebissenwerden)

c) Durch Pflanzen und pflanzliche Produkte (z. B. sensibilisierende und toxische Wirkungen)

A.2 RAPEX-Verfahren zur Risikobeurteilung bei Verbrauchsprodukten

Dieses Verfahren wurde nach Mössner (2012, 74 ff.) speziell für die Marktüberwachungsbehörden entwickelt. Es dient dem Community Rapid Information System (RAPEX) dazu, Informationen schnell auszutauschen und somit Gefährdungen, die ein Risiko für den Verbraucher darstellen, alsbald zu beseitigen. Das Ziel dieses Verfahrens ist es, aus der Risikobeurteilung eine angemessene Reaktion der Marktüberwachungsbehörde abzuleiten. Dabei wird das Verfahren in drei Schritte unterteilt:

1. Ermittlung des Verletzungsszenarios, das zu einer Schädigung des Verbrauchers führt und Bestimmung des Schweregrades der Verletzung
2. Ermittlung der Eintrittswahrscheinlichkeit des Schadens
3. Bestimmung des Risikogrades durch Kombination des Schweregrades mit der Eintrittswahrscheinlichkeit der Verletzung

Verbraucher	Beschreibung
Stark gefährdete Verbraucher	Kleinstkinder: Kinder zwischen 0 und 36 Monaten Sonstige: Personen mit schweren Behinderungen oder Mehrfachbehinderung
Gefährdete Verbraucher	Kleinkinder: Kinder über 36 Monaten und unter 8 Jahren Kinder: Kinder zwischen 8 und 14 Jahren Sonstige: Personen mit eingeschränkten körperlichen, sensorischenoder geistigen Fähigkeiten (z. B. teilbehinderte Menschen, ältere Menschen über 65 Jahre, Menschen mit gewissen körperlichen und geistigen Einschränkungen) oder Personen mit mangelnder Erfahrung und mangelnden Kenntnissen
Sonstige Verbraucher	Verbraucher, die nicht der Gruppe der stark gefährdeten oder der gefährdeten Verbraucher zuzurechnen sind

Bild A.1 Verbrauchergruppen im RAPEX-Verfahren nach Mössner (2012, S. 75)

Gefahren-gruppe	Gefahr (Produkt-eigenschaft)	Typisches Verletzungs-szenario	Typische Verletzung
Größe, Form und Ober-fläche	Produkt stellt ein Hindernis dar	Der Benutzer stolpert über das Produkt und stürzt, oder der Benutzer stößt sich an dem Produkt	Prellung, Fraktur, Gehirnerschütterung
	Produkt ist luftundurch-lässig	Das Produkt legt sich über Mund und/oder Nase des Benutzers (insbesondere bei Kindern) oder verdeckt interne Atemwege	Ersticken durch Obstruktion der äußeren Atemwege
	Sehr kleines Produkt oder Produkt enthält Kleinteile	Kleinteile werden verschluckt (insbesondere von Kindern), bleiben im Kehlkopf stecken und blockieren die Atemwege	Ersticken durch Verschlucken (Obstruktion der inneren Atemwege)
	Von dem Pro-dukt können kleine Teile abgebissen werden	Kleinteile werden verschluckt (insbesondere von Kindern) und bleiben im Verdauungstrakt stecken	Obstruktion des Vertrauungstrakts
	Scharfe Ecke oder Spitze	Der Benutzer stößt sich an der scharfen Ecke oder wird von einem beweglichen scharfen Gegenstand getroffen, dies verursacht eine Stichverletzung oder Perforation	Stichverletzung, Erblinden, Fremdkörper im Auge, Verletzung des Gehörs, Fremdkörper im Ohr
	Scharfe Kante	Der Benutzer kommt mit einer scharfen Kante in Berührung und erleidet dadurch eine Riss- oder Schnittverletzung	Rissverletzung, Schnittverletzung, Amputation
	Rutschige Fläche	Der Benutzer betritt die Fläche, rutscht aus und stürzt	Prellung, Fraktur, Gehirnerschütterung
	Raue Oberfläche	Der Benutzer rutscht über die raue Oberfläche und zieht sich dadurch Hautkratzer oder Abschürfungen zu	Abschürfung
	Lücke oder Öffnung zwischen Teilen	In Lücke oder Öffnung gesteckte Gliedmaßen (Finger, Arm, Hals, Kopf), Rumpf oder Kleidung bleiben stecken oder verfangen sich; Schwerkraft oder heftige Bewegungen verursachen Verletzung	Quetschung, Fraktur, Amputation, Strangulation

Bild A.2 Einteilung der Gefahrengruppen im RAPEX-Verfahren nach Mössner (2012, S. 77)

Im Gegensatz zu den anderen Risikobeurteilungsverfahren wird dem Verletzungsszenario eine Person bzw. die Verbrauchergruppe, die das Produkt verwendet, zu Grunde gelegt. Dabei spielen verschiedene Faktoren eine Rolle, unter anderem, ob es sich um einen bestimmten Benutzer handelt, die Häufigkeit und Dauer der Verwendung, das Erkennen von Gefahren, das Verbraucherverhalten bei einem Zwischenfall usw. Daraus ergeben sich nach Mössner (2012, S. 75) verschiedene Verbrauchergruppen, die in Bild A.1 dargestellt sind.

Im nächsten Schritt werden die unterschiedlichen Gefahren ermittelt. Dazu zählen z. B. mechanische Gefahren, Erstickungsgefahr, Gefahr durch Elektrizität, thermische Gefahren, chemische Gefahren mikrobiologische Gefahren und Lärmgefahr. Diese werden wiederum in Gefahrengruppen eingeteilt. Diese Gefahrengruppen finden sich in Bild A.2.

Nach Mössner (2012, S. 78) kann aus dem so ermittelten Verletzungsszenario der Schweregrad bestimmt werden. Dieser ist in Bild A.3 dargestellt.

Schweregrad	Beschreibung
1	Verletzung oder Folgeerscheinung, die nach der Durchführung von Sofortmaßnahmen (Erste Hilfe, in der Regel nicht durch einen Arzt) keine wesentliche Funktionsbeeinträchtigung bzw. keine großen Schmerzen verursacht; in der Regel sind die Folgeerscheinungen vollkommen reversibel.
2	Verletzung oder Folgeerscheinung, die eine ambulante, in der Regel jedoch keine stationäre Behandlung erforderlich macht. Die Funktion kann über einen begrenzten Zeitraum (maximal sechs Monate) beeinträchtigt sein; eine nahezu vollständige Wiederherstellung ist möglich.
3	Verletzung oder Folgeerscheinung, die in der Regel eine stationäre Behandlung erfordert und zu einer Funktionsbeeinträchtigung während mindestens sechs Monaten oder zu einem dauerhaften Funktionsverlust führt.
4	Verletzung oder Folgeerscheinung, die zum Tod führt oder führen könnte, einschließlich Hirntod; reproduktionstoxische Folgen; Verlust von Gliedmaßen oder schwerwiegende Funktionsbeeinträchtigung, der/die zu einer Behinderung von mehr als ca. 10 % führt.

Bild A.3 Einteilung des Schweregrades im RAPEX-Verfahren nach Mössner (2012, S. 78)

In Schritt 2 erfolgt die Ermittlung der Eintrittswahrscheinlichkeit des Schadens. Die Wahrscheinlichkeiten der Einzelschritte des Versagensszenarios werden dabei multiplikativ zu einer Gesamtwahrscheinlichkeit verknüpft (Mössner 2012, S. 78). Die Wahrscheinlichkeit einer Schädigung während der voraussichtlichen Lebensdauer des Produktes kann, wie in Bild A.4 gezeigt, unterteilt werden.

In Schritt 3 wird der Risikograd aus der Kombination des Schweregrades der Verletzung und der Eintrittswahrscheinlichkeit bestimmt (Mössner 2012, S. 79). In Bild A.5 ist die Matrix zur Bestimmung des Risikogrades dargestellt. Aus den dort erhaltenen Großbuchstaben kann dann nach Bild A.6 der Risikograd angegeben werden.

Wahrscheinlichkeit einer Schädigung während der voraussichtlichen Lebensdauer des Produkts	
Hoch	> 50 %
	> 1/10
	> 1/100
	> 1/1 000
	> 1/10 000
	> 1/100 000
	> 1/1 000 000
Gering	< 1/1 000 000

Bild A.4 Einteilung der Wahrscheinlichkeit einer Schädigung während der voraussichtlichen Lebensdauer eines Produktes nach Mössner (2012, S. 79)

Wahrscheinlichkeit einer Schädigung während der voraussichtlichen Lebensdauer des Produkts		Schweregrad der Verletzung			
		1	2	3	4
Hoch	> 50 %	H	E	E	E
	> 1/10	M	E	E	E
	> 1/100	M	E	E	E
	> 1/1 000	N	H	E	E
	> 1/10 000	N	M	H	E
	> 1/100 000	N	N	M	H
	> 1/1 000 000	N	N	N	M
Gering	< 1/1 000 000	N	N	N	N

Bild A.5 Bewertungsmatrix zur Ermittlung des Risikogrades nach RAPEX-Verfahren nach Mössner (2012, S. 79)

Risikograd
E - Ernstes Risiko
H - Hohes Risiko
M - Mittleres Risiko
N - Niedriges Risiko

Bild A.6 Einteilung des Risikogrades nach RAPEX-Verfahren nach Mössner (2012, S. 80)

A.3 ArbSchG – Arbeitsschutzgesetz

Gesetz über die Durchführung von Maßnahmen des Arbeitsschutzes zur Verbesserung der Sicherheit und des Gesundheitsschutzes der Beschäftigten bei der Arbeit (Arbeitsschutzgesetz – ArbSchG)

ArbSchG

Ausfertigungsdatum: 07.08.1996

Vollzitat:

„Arbeitsschutzgesetz vom 7. August 1996 (BGBl. I S. 1246), das zuletzt durch Artikel 12 des Gesetzes vom 22. November 2021 (BGBl. I S. 4906) geändert worden ist"

Stand: Zuletzt geändert durch Art. 12 G v. 22.11.2021 I 4906

Änderung der Inhaltsübersicht durch Art. 1 Nr. 1 V v. 23.10.2013 I 3882 ist nicht ausführbar, da dieses G keine amtliche Inhaltsübersicht hat

Dieses Gesetz dient der Umsetzung folgender EG-Richtlinien:

- Richtlinie 89/391/EWG des Rates vom 12. Juni 1989 über die Durchführung von Maßnahmen zur Verbesserung der Sicherheit und des Gesundheitsschutzes der Arbeitnehmer bei der Arbeit (ABl. EG Nr. L 183 S. 1) und
- Richtlinie 91/383/EWG des Rates vom 25. Juni 1991 zur Ergänzung der Maßnahmen zur Verbesserung der Sicherheit und des Gesundheitsschutzes von Arbeitnehmern mit befristetem Arbeitsverhältnis oder Leiharbeitsverhältnis (ABl. EG Nr. L 206 S. 19).

Fußnote

(+++ Textnachweis ab: 21.8.1996 +++)
(+++ Amtliche Hinweise des Normgebers auf EG-Recht:
Umsetzung der
EWGRL 391/89 (CELEX Nr: 389L0391)
EWGRL 383/91 (CELEX Nr: 391L0383) +++)

Das Gesetz wurde als Artikel 1 d. G v. 7.8.1996 I 1246 (ArbSchEGRLUmsG) vom Bundestag mit Zustimmung des Bundesrates beschlossen. Es ist gem. Art. 6 dieses G mWv 21.8.1996 in Kraft getreten. § 6 Abs. 1 tritt am 21.8.1997 in Kraft.

Erster Abschnitt
Allgemeine Vorschriften

§ 1 Zielsetzung und Anwendungsbereich

(1) Dieses Gesetz dient dazu, Sicherheit und Gesundheitsschutz der Beschäftigten bei der Arbeit durch Maßnahmen des Arbeitsschutzes zu sichern und zu verbessern. Es gilt in allen Tätigkeitsbereichen und findet im Rahmen der Vorgaben des Seerechtsübereinkommens der Vereinten Nationen vom 10. Dezember 1982 (BGBl. 1994 II S. 1799) auch in der ausschließlichen Wirtschaftszone Anwendung.

(2) Dieses Gesetz gilt nicht für den Arbeitsschutz von Hausangestellten in privaten Haushalten. Es gilt nicht für den Arbeitsschutz von Beschäftigten auf Seeschiffen und in Betrieben,

die dem Bundesberggesetz unterliegen, soweit dafür entsprechende Rechtsvorschriften bestehen.

(3) Pflichten, die die Arbeitgeber zur Gewährleistung von Sicherheit und Gesundheitsschutz der Beschäftigten bei der Arbeit nach sonstigen Rechtsvorschriften haben, bleiben unberührt. Satz 1 gilt entsprechend für Pflichten und Rechte der Beschäftigten. Unberührt bleiben Gesetze, die andere Personen als Arbeitgeber zu Maßnahmen des Arbeitsschutzes verpflichten.

(4) Bei öffentlich-rechtlichen Religionsgemeinschaften treten an die Stelle der Betriebs- oder Personalräte die Mitarbeitervertretungen entsprechend dem kirchlichen Recht.

§ 2 Begriffsbestimmungen

(1) Maßnahmen des Arbeitsschutzes im Sinne dieses Gesetzes sind Maßnahmen zur Verhütung von Unfällen bei der Arbeit und arbeitsbedingten Gesundheitsgefahren einschließlich Maßnahmen der menschengerechten Gestaltung der Arbeit.

(2) Beschäftigte im Sinne dieses Gesetzes sind:

1. Arbeitnehmerinnen und Arbeitnehmer,
2. die zu ihrer Berufsbildung Beschäftigten,
3. arbeitnehmerähnliche Personen im Sinne des § 5 Abs. 1 des Arbeitsgerichtsgesetzes, ausgenommen die in Heimarbeit Beschäftigten und die ihnen Gleichgestellten,
4. Beamtinnen und Beamte,
5. Richterinnen und Richter,
6. Soldatinnen und Soldaten,
7. die in Werkstätten für Behinderte Beschäftigten.

(3) Arbeitgeber im Sinne dieses Gesetzes sind natürliche und juristische Personen und rechtsfähige Personengesellschaften, die Personen nach Absatz 2 beschäftigen.

(4) Sonstige Rechtsvorschriften im Sinne dieses Gesetzes sind Regelungen über Maßnahmen des Arbeitsschutzes in anderen Gesetzen, in Rechtsverordnungen und Unfallverhütungsvorschriften.

(5) Als Betriebe im Sinne dieses Gesetzes gelten für den Bereich des öffentlichen Dienstes die Dienststellen. Dienststellen sind die einzelnen Behörden, Verwaltungsstellen und Betriebe der Verwaltungen des Bundes, der Länder, der Gemeinden und der sonstigen Körperschaften, Anstalten und Stiftungen des öffentlichen Rechts, die Gerichte des Bundes und der Länder sowie die entsprechenden Einrichtungen der Streitkräfte.

Zweiter Abschnitt
Pflichten des Arbeitgebers

§ 3 Grundpflichten des Arbeitgebers

(1) Der Arbeitgeber ist verpflichtet, die erforderlichen Maßnahmen des Arbeitsschutzes unter Berücksichtigung der Umstände zu treffen, die Sicherheit und Gesundheit der Beschäftigten bei der Arbeit beeinflussen. Er hat die Maßnahmen auf ihre Wirksamkeit zu überprüfen und erforderlichenfalls sich ändernden Gegebenheiten anzupassen. Dabei hat er eine Verbesserung von Sicherheit und Gesundheitsschutz der Beschäftigten anzustreben.

(2) Zur Planung und Durchführung der Maßnahmen nach Absatz 1 hat der Arbeitgeber unter Berücksichtigung der Art der Tätigkeiten und der Zahl der Beschäftigten

1. für eine geeignete Organisation zu sorgen und die erforderlichen Mittel bereitzustellen sowie
2. Vorkehrungen zu treffen, daß die Maßnahmen erforderlichenfalls bei allen Tätigkeiten und eingebunden in die betrieblichen Führungsstrukturen beachtet werden und die Beschäftigten ihren Mitwirkungspflichten nachkommen können.

(3) Kosten für Maßnahmen nach diesem Gesetz darf der Arbeitgeber nicht den Beschäftigten auferlegen.

§ 4 Allgemeine Grundsätze

Der Arbeitgeber hat bei Maßnahmen des Arbeitsschutzes von folgenden allgemeinen Grundsätzen auszugehen:

1. Die Arbeit ist so zu gestalten, daß eine Gefährdung für das Leben sowie die physische und die psychische Gesundheit möglichst vermieden und die verbleibende Gefährdung möglichst gering gehalten wird;
2. Gefahren sind an ihrer Quelle zu bekämpfen;
3. bei den Maßnahmen sind der Stand von Technik, Arbeitsmedizin und Hygiene sowie sonstige gesicherte arbeitswissenschaftliche Erkenntnisse zu berücksichtigen;
4. Maßnahmen sind mit dem Ziel zu planen, Technik, Arbeitsorganisation, sonstige Arbeitsbedingungen, soziale Beziehungen und Einfluß der Umwelt auf den Arbeitsplatz sachgerecht zu verknüpfen;
5. individuelle Schutzmaßnahmen sind nachrangig zu anderen Maßnahmen;
6. spezielle Gefahren für besonders schutzbedürftige Beschäftigtengruppen sind zu berücksichtigen;
7. den Beschäftigten sind geeignete Anweisungen zu erteilen;
8. mittelbar oder unmittelbar geschlechtsspezifisch wirkende Regelungen sind nur zulässig, wenn dies aus biologischen Gründen zwingend geboten ist.

§ 5 Beurteilung der Arbeitsbedingungen

(1) Der Arbeitgeber hat durch eine Beurteilung der für die Beschäftigten mit ihrer Arbeit verbundenen Gefährdung zu ermitteln, welche Maßnahmen des Arbeitsschutzes erforderlich sind.

(2) Der Arbeitgeber hat die Beurteilung je nach Art der Tätigkeiten vorzunehmen. Bei gleichartigen Arbeitsbedingungen ist die Beurteilung eines Arbeitsplatzes oder einer Tätigkeit ausreichend.

(3) Eine Gefährdung kann sich insbesondere ergeben durch

1. die Gestaltung und die Einrichtung der Arbeitsstätte und des Arbeitsplatzes,
2. physikalische, chemische und biologische Einwirkungen,
3. die Gestaltung, die Auswahl und den Einsatz von Arbeitsmitteln, insbesondere von Arbeitsstoffen, Maschinen, Geräten und Anlagen sowie den Umgang damit,

4. die Gestaltung von Arbeits- und Fertigungsverfahren, Arbeitsabläufen und Arbeitszeit und deren Zusammenwirken,
5. unzureichende Qualifikation und Unterweisung der Beschäftigten,
6. psychische Belastungen bei der Arbeit.

§ 6 Dokumentation

(1) Der Arbeitgeber muß über die je nach Art der Tätigkeiten und der Zahl der Beschäftigten erforderlichen Unterlagen verfügen, aus denen das Ergebnis der Gefährdungsbeurteilung, die von ihm festgelegten Maßnahmen des Arbeitsschutzes und das Ergebnis ihrer Überprüfung ersichtlich sind. Bei gleichartiger Gefährdungssituation ist es ausreichend, wenn die Unterlagen zusammengefaßte Angaben enthalten.

(2) Unfälle in seinem Betrieb, bei denen ein Beschäftigter getötet oder so verletzt wird, daß er stirbt oder für mehr als drei Tage völlig oder teilweise arbeits- oder dienstunfähig wird, hat der Arbeitgeber zu erfassen.

§ 7 Übertragung von Aufgaben

Bei der Übertragung von Aufgaben auf Beschäftigte hat der Arbeitgeber je nach Art der Tätigkeiten zu berücksichtigen, ob die Beschäftigten befähigt sind, die für die Sicherheit und den Gesundheitsschutz bei der Aufgabenerfüllung zu beachtenden Bestimmungen und Maßnahmen einzuhalten.

§ 8 Zusammenarbeit mehrerer Arbeitgeber

(1) Werden Beschäftigte mehrerer Arbeitgeber an einem Arbeitsplatz tätig, sind die Arbeitgeber verpflichtet, bei der Durchführung der Sicherheits- und Gesundheitsschutzbestimmungen zusammenzuarbeiten. Soweit dies für die Sicherheit und den Gesundheitsschutz der Beschäftigten bei der Arbeit erforderlich ist, haben die Arbeitgeber je nach Art der Tätigkeiten insbesondere sich gegenseitig und ihre Beschäftigten über die mit den Arbeiten verbundenen Gefahren für Sicherheit und Gesundheit der Beschäftigten zu unterrichten und Maßnahmen zur Verhütung dieser Gefahren abzustimmen.

(2) Der Arbeitgeber muß sich je nach Art der Tätigkeit vergewissern, daß die Beschäftigten anderer Arbeitgeber, die in seinem Betrieb tätig werden, hinsichtlich der Gefahren für ihre Sicherheit und Gesundheit während ihrer Tätigkeit in seinem Betrieb angemessene Anweisungen erhalten haben.

§ 9 Besondere Gefahren

(1) Der Arbeitgeber hat Maßnahmen zu treffen, damit nur Beschäftigte Zugang zu besonders gefährlichen Arbeitsbereichen haben, die zuvor geeignete Anweisungen erhalten haben.

(2) Der Arbeitgeber hat Vorkehrungen zu treffen, daß alle Beschäftigten, die einer unmittelbaren erheblichen Gefahr ausgesetzt sind oder sein können, möglichst frühzeitig über diese Gefahr und die getroffenen oder zu treffenden Schutzmaßnahmen unterrichtet sind. Bei unmittelbarer erheblicher Gefahr für die eigene Sicherheit oder die Sicherheit anderer Personen müssen die Beschäftigten die geeigneten Maßnahmen zur Gefahrenabwehr und Schadensbegrenzung selbst treffen können, wenn der zuständige Vorgesetzte nicht erreichbar ist; dabei sind die Kenntnisse der Beschäftigten und die vorhandenen technischen Mittel

zu berücksichtigen. Den Beschäftigten dürfen aus ihrem Handeln keine Nachteile entstehen, es sei denn, sie haben vorsätzlich oder grob fahrlässig ungeeignete Maßnahmen getroffen.

(3) Der Arbeitgeber hat Maßnahmen zu treffen, die es den Beschäftigten bei unmittelbarer erheblicher Gefahr ermöglichen, sich durch sofortiges Verlassen der Arbeitsplätze in Sicherheit zu bringen. Den Beschäftigten dürfen hierdurch keine Nachteile entstehen. Hält die unmittelbare erhebliche Gefahr an, darf der Arbeitgeber die Beschäftigten nur in besonders begründeten Ausnahmefällen auffordern, ihre Tätigkeit wieder aufzunehmen. Gesetzliche Pflichten der Beschäftigten zur Abwehr von Gefahren für die öffentliche Sicherheit sowie die §§ 7 und 11 des Soldatengesetzes bleiben unberührt.

§ 10 Erste Hilfe und sonstige Notfallmaßnahmen

(1) Der Arbeitgeber hat entsprechend der Art der Arbeitsstätte und der Tätigkeiten sowie der Zahl der Beschäftigten die Maßnahmen zu treffen, die zur Ersten Hilfe, Brandbekämpfung und Evakuierung der Beschäftigten erforderlich sind. Dabei hat er der Anwesenheit anderer Personen Rechnung zu tragen. Er hat auch dafür zu sorgen, daß im Notfall die erforderlichen Verbindungen zu außerbetrieblichen Stellen, insbesondere in den Bereichen der Ersten Hilfe, der medizinischen Notversorgung, der Bergung und der Brandbekämpfung eingerichtet sind.

(2) Der Arbeitgeber hat diejenigen Beschäftigten zu benennen, die Aufgaben der Ersten Hilfe, Brandbekämpfung und Evakuierung der Beschäftigten übernehmen. Anzahl, Ausbildung und Ausrüstung der nach Satz 1 benannten Beschäftigten müssen in einem angemessenen Verhältnis zur Zahl der Beschäftigten und zu den bestehenden besonderen Gefahren stehen. Vor der Benennung hat der Arbeitgeber den Betriebs- oder Personalrat zu hören. Weitergehende Beteiligungsrechte bleiben unberührt. Der Arbeitgeber kann die in Satz 1 genannten Aufgaben auch selbst wahrnehmen, wenn er über die nach Satz 2 erforderliche Ausbildung und Ausrüstung verfügt.

§ 11 Arbeitsmedizinische Vorsorge

Der Arbeitgeber hat den Beschäftigten auf ihren Wunsch unbeschadet der Pflichten aus anderen Rechtsvorschriften zu ermöglichen, sich je nach den Gefahren für ihre Sicherheit und Gesundheit bei der Arbeit regelmäßig arbeitsmedizinisch untersuchen zu lassen, es sei denn, auf Grund der Beurteilung der Arbeitsbedingungen und der getroffenen Schutzmaßnahmen ist nicht mit einem Gesundheitsschaden zu rechnen.

§ 12 Unterweisung

(1) Der Arbeitgeber hat die Beschäftigten über Sicherheit und Gesundheitsschutz bei der Arbeit während ihrer Arbeitszeit ausreichend und angemessen zu unterweisen. Die Unterweisung umfaßt Anweisungen und Erläuterungen, die eigens auf den Arbeitsplatz oder den Aufgabenbereich der Beschäftigten ausgerichtet sind. Die Unterweisung muß bei der Einstellung, bei Veränderungen im Aufgabenbereich, der Einführung neuer Arbeitsmittel oder einer neuen Technologie vor Aufnahme der Tätigkeit der Beschäftigten erfolgen. Die Unterweisung muß an die Gefährdungsentwicklung angepaßt sein und erforderlichenfalls regelmäßig wiederholt werden.

(2) Bei einer Arbeitnehmerüberlassung trifft die Pflicht zur Unterweisung nach Absatz 1 den Entleiher. Er hat die Unterweisung unter Berücksichtigung der Qualifikation und der

Erfahrung der Personen, die ihm zur Arbeitsleistung überlassen werden, vorzunehmen. Die sonstigen Arbeitsschutzpflichten des Verleihers bleiben unberührt.

§ 13 Verantwortliche Personen

(1) Verantwortlich für die Erfüllung der sich aus diesem Abschnitt ergebenden Pflichten sind neben dem Arbeitgeber

1. sein gesetzlicher Vertreter,
2. das vertretungsberechtigte Organ einer juristischen Person,
3. der vertretungsberechtigte Gesellschafter einer Personenhandelsgesellschaft,
4. Personen, die mit der Leitung eines Unternehmens oder eines Betriebes beauftragt sind, im Rahmen der ihnen übertragenen Aufgaben und Befugnisse,
5. sonstige nach Absatz 2 oder nach einer auf Grund dieses Gesetzes erlassenen Rechtsverordnung oder nach einer Unfallverhütungsvorschrift verpflichtete Personen im Rahmen ihrer Aufgaben und Befugnisse.

(2) Der Arbeitgeber kann zuverlässige und fachkundige Personen schriftlich damit beauftragen, ihm obliegende Aufgaben nach diesem Gesetz in eigener Verantwortung wahrzunehmen.

§ 14 Unterrichtung und Anhörung der Beschäftigten des öffentlichen Dienstes

(1) Die Beschäftigten des öffentlichen Dienstes sind vor Beginn der Beschäftigung und bei Veränderungen in ihren Arbeitsbereichen über Gefahren für Sicherheit und Gesundheit, denen sie bei der Arbeit ausgesetzt sein können, sowie über die Maßnahmen und Einrichtungen zur Verhütung dieser Gefahren und die nach § 10 Abs. 2 getroffenen Maßnahmen zu unterrichten.

(2) Soweit in Betrieben des öffentlichen Dienstes keine Vertretung der Beschäftigten besteht, hat der Arbeitgeber die Beschäftigten zu allen Maßnahmen zu hören, die Auswirkungen auf Sicherheit und Gesundheit der Beschäftigten haben können.

Dritter Abschnitt
Pflichten und Rechte der Beschäftigten

§ 15 Pflichten der Beschäftigten

(1) Die Beschäftigten sind verpflichtet, nach ihren Möglichkeiten sowie gemäß der Unterweisung und Weisung des Arbeitgebers für ihre Sicherheit und Gesundheit bei der Arbeit Sorge zu tragen. Entsprechend Satz 1 haben die Beschäftigten auch für die Sicherheit und Gesundheit der Personen zu sorgen, die von ihren Handlungen oder Unterlassungen bei der Arbeit betroffen sind.

(2) Im Rahmen des Absatzes 1 haben die Beschäftigten insbesondere Maschinen, Geräte, Werkzeuge, Arbeitsstoffe, Transportmittel und sonstige Arbeitsmittel sowie Schutzvorrichtungen und die ihnen zur Verfügung gestellte persönliche Schutzausrüstung bestimmungsgemäß zu verwenden.

§ 16 Besondere Unterstützungspflichten

(1) Die Beschäftigten haben dem Arbeitgeber oder dem zuständigen Vorgesetzten jede von ihnen festgestellte unmittelbare erhebliche Gefahr für die Sicherheit und Gesundheit sowie jeden an den Schutzsystemen festgestellten Defekt unverzüglich zu melden.

(2) Die Beschäftigten haben gemeinsam mit dem Betriebsarzt und der Fachkraft für Arbeitssicherheit den Arbeitgeber darin zu unterstützen, die Sicherheit und den Gesundheitsschutz der Beschäftigten bei der Arbeit zu gewährleisten und seine Pflichten entsprechend den behördlichen Auflagen zu erfüllen. Unbeschadet ihrer Pflicht nach Absatz 1 sollen die Beschäftigten von ihnen festgestellte Gefahren für Sicherheit und Gesundheit und Mängel an den Schutzsystemen auch der Fachkraft für Arbeitssicherheit, dem Betriebsarzt oder dem Sicherheitsbeauftragten nach § 22 des Siebten Buches Sozialgesetzbuch mitteilen.

§ 17 Rechte der Beschäftigten

(1) Die Beschäftigten sind berechtigt, dem Arbeitgeber Vorschläge zu allen Fragen der Sicherheit und des Gesundheitsschutzes bei der Arbeit zu machen. Für Beamtinnen und Beamte des Bundes ist § 125 des Bundesbeamtengesetzes anzuwenden. Entsprechendes Landesrecht bleibt unberührt.

(2) Sind Beschäftigte auf Grund konkreter Anhaltspunkte der Auffassung, daß die vom Arbeitgeber getroffenen Maßnahmen und bereitgestellten Mittel nicht ausreichen, um die Sicherheit und den Gesundheitsschutz bei der Arbeit zu gewährleisten, und hilft der Arbeitgeber darauf gerichteten Beschwerden von Beschäftigten nicht ab, können sich diese an die zuständige Behörde wenden. Hierdurch dürfen den Beschäftigten keine Nachteile entstehen. Die in Absatz 1 Satz 2 und 3 genannten Vorschriften sowie die Vorschriften der Wehrbeschwerdeordnung und des Gesetzes über den Wehrbeauftragten des Deutschen Bundestages bleiben unberührt.

Vierter Abschnitt
Verordnungsermächtigungen

§ 18 Verordnungsermächtigungen

(1) Die Bundesregierung wird ermächtigt, durch Rechtsverordnung mit Zustimmung des Bundesrates vorzuschreiben, welche Maßnahmen der Arbeitgeber und die sonstigen verantwortlichen Personen zu treffen haben und wie sich die Beschäftigten zu verhalten haben, um ihre jeweiligen Pflichten, die sich aus diesem Gesetz ergeben, zu erfüllen. In diesen Rechtsverordnungen kann auch bestimmt werden, daß bestimmte Vorschriften des Gesetzes zum Schutz anderer als in § 2 Abs. 2 genannter Personen anzuwenden sind.

(2) Durch Rechtsverordnungen nach Absatz 1 kann insbesondere bestimmt werden,

1. daß und wie zur Abwehr bestimmter Gefahren Dauer oder Lage der Beschäftigung oder die Zahl der Beschäftigten begrenzt werden muß,
2. daß der Einsatz bestimmter Arbeitsmittel oder -verfahren mit besonderen Gefahren für die Beschäftigten verboten ist oder der zuständigen Behörde angezeigt oder von ihr erlaubt sein muß oder besonders gefährdete Personen dabei nicht beschäftigt werden dürfen,

3. daß bestimmte, besonders gefährliche Betriebsanlagen einschließlich der Arbeits- und Fertigungsverfahren vor Inbetriebnahme, in regelmäßigen Abständen oder auf behördliche Anordnung fachkundig geprüft werden müssen,

3a dass für bestimmte Beschäftigte angemessene Unterkünfte bereitzustellen sind, wenn dies aus Gründen der Sicherheit, zum Schutz der Gesundheit oder aus Gründen der menschengerechten Gestaltung der Arbeit erforderlich ist und welche Anforderungen dabei zu erfüllen sind,

4. daß Beschäftigte, bevor sie eine bestimmte gefährdende Tätigkeit aufnehmen oder fortsetzen oder nachdem sie sie beendet haben, arbeitsmedizinisch zu untersuchen sind und welche besonderen Pflichten der Arzt dabei zu beachten hat,

5. dass Ausschüsse zu bilden sind, denen die Aufgabe übertragen wird, die Bundesregierung oder das zuständige Bundesministerium zur Anwendung der Rechtsverordnungen zu beraten, dem Stand der Technik, Arbeitsmedizin und Hygiene entsprechende Regeln und sonstige gesicherte arbeitswissenschaftliche Erkenntnisse zu ermitteln sowie Regeln zu ermitteln, wie die in den Rechtsverordnungen gestellten Anforderungen erfüllt werden können. Das Bundesministerium für Arbeit und Soziales kann die Regeln und Erkenntnisse amtlich bekannt machen.

(3) In epidemischen Lagen von nationaler Tragweite nach § 5 Absatz 1 des Infektionsschutzgesetzes kann das Bundesministerium für Arbeit und Soziales ohne Zustimmung des Bundesrates spezielle Rechtsverordnungen nach Absatz 1 für einen befristeten Zeitraum erlassen. Das Bundesministerium für Arbeit und Soziales kann ohne Zustimmung des Bundesrates durch Rechtsverordnung für einen befristeten Zeitraum, der spätestens sechs Monate nach Aufhebung der Feststellung der epidemischen Lage von nationaler Tragweite endet,

1. bestimmen, dass spezielle Rechtsverordnungen nach Satz 1 nach Aufhebung der Feststellung der epidemischen Lage von nationaler Tragweite nach § 5 Absatz 1 des Infektionsschutzgesetzes fortgelten, und diese ändern sowie
2. spezielle Rechtsverordnungen nach Absatz 1 erlassen.

§ 19 Rechtsakte der Europäischen Gemeinschaften und zwischenstaatliche Vereinbarungen

Rechtsverordnungen nach § 18 können auch erlassen werden, soweit dies zur Durchführung von Rechtsakten des Rates oder der Kommission der Europäischen Gemeinschaften oder von Beschlüssen internationaler Organisationen oder von zwischenstaatlichen Vereinbarungen, die Sachbereiche dieses Gesetzes betreffen, erforderlich ist, insbesondere um Arbeitsschutzpflichten für andere als in § 2 Abs. 3 genannte Personen zu regeln.

§ 20 Regelungen für den öffentlichen Dienst

(1) Für die Beamten der Länder, Gemeinden und sonstigen Körperschaften, Anstalten und Stiftungen des öffentlichen Rechts regelt das Landesrecht, ob und inwieweit die nach § 18 erlassenen Rechtsverordnungen gelten.

(2) Für bestimmte Tätigkeiten im öffentlichen Dienst des Bundes, insbesondere bei der Bundeswehr, der Polizei, den Zivil- und Katastrophenschutzdiensten, dem Zoll oder den Nachrichtendiensten, können das Bundeskanzleramt, das Bundesministerium des Innern,

für Bau und Heimat, das Bundesministerium für Verkehr und digitale Infrastruktur, das Bundesministerium der Verteidigung oder das Bundesministerium der Finanzen, soweit sie hierfür jeweils zuständig sind, durch Rechtsverordnung ohne Zustimmung des Bundesrates bestimmen, daß Vorschriften dieses Gesetzes ganz oder zum Teil nicht anzuwenden sind, soweit öffentliche Belange dies zwingend erfordern, insbesondere zur Aufrechterhaltung oder Wiederherstellung der öffentlichen Sicherheit. Rechtsverordnungen nach Satz 1 werden im Einvernehmen mit dem Bundesministerium für Arbeit und Soziales und, soweit nicht das Bundesministerium des Innern, für Bau und Heimat selbst ermächtigt ist, im Einvernehmen mit diesem Ministerium erlassen. In den Rechtsverordnungen ist gleichzeitig festzulegen, wie die Sicherheit und der Gesundheitsschutz bei der Arbeit unter Berücksichtigung der Ziele dieses Gesetzes auf andere Weise gewährleistet werden. Für Tätigkeiten im öffentlichen Dienst der Länder, Gemeinden und sonstigen landesunmittelbaren Körperschaften, Anstalten und Stiftungen des öffentlichen Rechts können den Sätzen 1 und 3 entsprechende Regelungen durch Landesrecht getroffen werden.

Fünfter Abschnitt
Gemeinsame deutsche Arbeitsschutzstrategie

§ 20a Gemeinsame deutsche Arbeitsschutzstrategie

(1) Nach den Bestimmungen dieses Abschnitts entwickeln Bund, Länder und Unfallversicherungsträger im Interesse eines wirksamen Arbeitsschutzes eine gemeinsame deutsche Arbeitsschutzstrategie und gewährleisten ihre Umsetzung und Fortschreibung. Mit der Wahrnehmung der ihnen gesetzlich zugewiesenen Aufgaben zur Verhütung von Arbeitsunfällen, Berufskrankheiten und arbeitsbedingten Gesundheitsgefahren sowie zur menschengerechten Gestaltung der Arbeit tragen Bund, Länder und Unfallversicherungsträger dazu bei, die Ziele der gemeinsamen deutschen Arbeitsschutzstrategie zu erreichen.

(2) Die gemeinsame deutsche Arbeitsschutzstrategie umfasst

1. die Entwicklung gemeinsamer Arbeitsschutzziele,
2. die Festlegung vorrangiger Handlungsfelder und von Eckpunkten für Arbeitsprogramme sowie deren Ausführung nach einheitlichen Grundsätzen,
3. die Evaluierung der Arbeitsschutzziele, Handlungsfelder und Arbeitsprogramme mit geeigneten Kennziffern,
4. die Festlegung eines abgestimmten Vorgehens der für den Arbeitsschutz zuständigen Landesbehörden und der Unfallversicherungsträger bei der Beratung und Überwachung der Betriebe,
5. die Herstellung eines verständlichen, überschaubaren und abgestimmten Vorschriften- und Regelwerks.

§ 20b Nationale Arbeitsschutzkonferenz

(1) Die Aufgabe der Entwicklung, Steuerung und Fortschreibung der gemeinsamen deutschen Arbeitsschutzstrategie nach § 20a Abs. 1 Satz 1 wird von der Nationalen Arbeitsschutzkonferenz wahrgenommen. Sie setzt sich aus jeweils drei stimmberechtigten Vertretern von Bund, Ländern und den Unfallversicherungsträgern zusammen und bestimmt für jede Gruppe drei Stellvertreter. Außerdem entsenden die Spitzenorganisationen der Arbeitgeber

und Arbeitnehmer für die Behandlung von Angelegenheiten nach § 20a Abs. 2 Nr. 1 bis 3 und 5 jeweils bis zu drei Vertreter in die Nationale Arbeitsschutzkonferenz; sie nehmen mit beratender Stimme an den Sitzungen teil. Die Nationale Arbeitsschutzkonferenz gibt sich eine Geschäftsordnung; darin werden insbesondere die Arbeitsweise und das Beschlussverfahren festgelegt. Die Geschäftsordnung muss einstimmig angenommen werden.

(2) Alle Einrichtungen, die mit Sicherheit und Gesundheit bei der Arbeit befasst sind, können der Nationalen Arbeitsschutzkonferenz Vorschläge für Arbeitsschutzziele, Handlungsfelder und Arbeitsprogramme unterbreiten.

(3) Die Nationale Arbeitsschutzkonferenz wird durch ein Arbeitsschutzforum unterstützt, das in der Regel einmal jährlich stattfindet. Am Arbeitsschutzforum sollen sachverständige Vertreter der Spitzenorganisationen der Arbeitgeber und Arbeitnehmer, der Berufs- und Wirtschaftsverbände, der Wissenschaft, der Kranken- und Rentenversicherungsträger, von Einrichtungen im Bereich Sicherheit und Gesundheit bei der Arbeit sowie von Einrichtungen, die der Förderung der Beschäftigungsfähigkeit dienen, teilnehmen. Das Arbeitsschutzforum hat die Aufgabe, eine frühzeitige und aktive Teilhabe der sachverständigen Fachöffentlichkeit an der Entwicklung und Fortschreibung der gemeinsamen deutschen Arbeitsschutzstrategie sicherzustellen und die Nationale Arbeitsschutzkonferenz entsprechend zu beraten.

(4) Einzelheiten zum Verfahren der Einreichung von Vorschlägen nach Absatz 2 und zur Durchführung des Arbeitsschutzforums nach Absatz 3 werden in der Geschäftsordnung der Nationalen Arbeitsschutzkonferenz geregelt.

(5) Die Geschäfte der Nationalen Arbeitsschutzkonferenz und des Arbeitsschutzforums führt die Bundesanstalt für Arbeitsschutz und Arbeitsmedizin. Einzelheiten zu Arbeitsweise und Verfahren werden in der Geschäftsordnung der Nationalen Arbeitsschutzkonferenz festgelegt.

Sechster Abschnitt
Schlußvorschriften

§ 21 Zuständige Behörden, Zusammenwirken mit den Trägern der gesetzlichen Unfallversicherung

(1) Die Überwachung des Arbeitsschutzes nach diesem Gesetz ist staatliche Aufgabe. Die zuständigen Behörden haben die Einhaltung dieses Gesetzes und der auf Grund dieses Gesetzes erlassenen Rechtsverordnungen zu überwachen und die Arbeitgeber bei der Erfüllung ihrer Pflichten zu beraten. Bei der Überwachung haben die zuständigen Behörden bei der Auswahl von Betrieben Art und Umfang des betrieblichen Gefährdungspotenzials zu berücksichtigen.

(1a) Die zuständigen Landesbehörden haben bei der Überwachung nach Absatz 1 sicherzustellen, dass im Laufe eines Kalenderjahres eine Mindestanzahl an Betrieben besichtigt wird. Beginnend mit dem Kalenderjahr 2026 sind im Laufe eines Kalenderjahres mindestens 5 Prozent der im Land vorhandenen Betriebe zu besichtigen (Mindestbesichtigungsquote). Von der Mindestbesichtigungsquote kann durch Landesrecht nicht abgewichen werden. Erreicht eine Landesbehörde die Mindestbesichtigungsquote nicht, so hat sie die Zahl der besichtigten Betriebe bis zum Kalenderjahr 2026 schrittweise mindestens so weit zu erhöhen, dass sie die Mindestbesichtigungsquote erreicht. Maßgeblich für die Anzahl der im Land vorhandenen Betriebe ist die amtliche Statistik der Bundesagentur für Arbeit des Vorjahres.

(2) Die Aufgaben und Befugnisse der Träger der gesetzlichen Unfallversicherung richten sich, soweit nichts anderes bestimmt ist, nach den Vorschriften des Sozialgesetzbuchs. Soweit die Träger der gesetzlichen Unfallversicherung nach dem Sozialgesetzbuch im Rahmen ihres Präventionsauftrags auch Aufgaben zur Gewährleistung von Sicherheit und Gesundheitsschutz der Beschäftigten wahrnehmen, werden sie ausschließlich im Rahmen ihrer autonomen Befugnisse tätig.

(3) Die zuständigen Landesbehörden und die Unfallversicherungsträger wirken auf der Grundlage einer gemeinsamen Beratungs- und Überwachungsstrategie nach § 20a Abs. 2 Nr. 4 eng zusammen und stellen den Erfahrungsaustausch sicher. Diese Strategie umfasst die Abstimmung allgemeiner Grundsätze zur methodischen Vorgehensweise bei

1. der Beratung und Überwachung der Betriebe,
2. der Festlegung inhaltlicher Beratungs- und Überwachungsschwerpunkte, aufeinander abgestimmter oder gemeinsamer Schwerpunktaktionen und Arbeitsprogramme und
3. der Förderung eines Daten- und sonstigen Informationsaustausches, insbesondere über Betriebsbesichtigungen und deren wesentliche Ergebnisse.

Die zuständigen Landesbehörden vereinbaren mit den Unfallversicherungsträgern nach § 20 Abs. 2 Satz 3 des Siebten Buches Sozialgesetzbuch die Maßnahmen, die zur Umsetzung der gemeinsamen Arbeitsprogramme nach § 20a Abs. 2 Nr. 2 und der gemeinsamen Beratungs- und Überwachungsstrategie notwendig sind; sie evaluieren deren Zielerreichung mit den von der Nationalen Arbeitsschutzkonferenz nach § 20a Abs. 2 Nr. 3 bestimmten Kennziffern.

(4) Die für den Arbeitsschutz zuständige oberste Landesbehörde kann mit Trägern der gesetzlichen Unfallversicherung vereinbaren, daß diese in näher zu bestimmenden Tätigkeitsbereichen die Einhaltung dieses Gesetzes, bestimmter Vorschriften dieses Gesetzes oder der auf Grund dieses Gesetzes erlassenen Rechtsverordnungen überwachen. In der Vereinbarung sind Art und Umfang der Überwachung sowie die Zusammenarbeit mit den staatlichen Arbeitsschutzbehörden festzulegen.

(5) Soweit nachfolgend nichts anderes bestimmt ist, ist zuständige Behörde für die Durchführung dieses Gesetzes und der auf dieses Gesetz gestützten Rechtsverordnungen in den Betrieben und Verwaltungen des Bundes die Zentralstelle für Arbeitsschutz beim Bundesministerium des Innern, für Bau und Heimat. Im Auftrag der Zentralstelle handelt, soweit nichts anderes bestimmt ist, die Unfallversicherung Bund und Bahn, die insoweit der Aufsicht des Bundesministeriums des Innern, für Bau und Heimat unterliegt; Aufwendungen werden nicht erstattet. Im öffentlichen Dienst im Geschäftsbereich des Bundesministeriums für Verkehr und digitale Infrastruktur führt die Unfallversicherung Bund und Bahn, soweit die Eisenbahn-Unfallkasse bis zum 31. Dezember 2014 Träger der Unfallversicherung war, dieses Gesetz durch. Für Betriebe und Verwaltungen in den Geschäftsbereichen des Bundesministeriums der Verteidigung und des Auswärtigen Amtes hinsichtlich seiner Auslandsvertretungen führt das jeweilige Bundesministerium, soweit es jeweils zuständig ist, oder die von ihm jeweils bestimmte Stelle dieses Gesetz durch. Im Geschäftsbereich des Bundesministeriums der Finanzen führt die Berufsgenossenschaft Verkehrswirtschaft Post-Logistik Telekommunikation dieses Gesetz durch, soweit der Geschäftsbereich des ehemaligen Bundesministeriums für Post und Telekommunikation betroffen ist. Die Sätze 1 bis 4 gelten auch für Betriebe und Verwaltungen, die zur Bundesverwaltung gehören,

für die aber eine Berufsgenossenschaft Träger der Unfallversicherung ist. Die zuständigen Bundesministerien können mit den Berufsgenossenschaften für diese Betriebe und Verwaltungen vereinbaren, daß das Gesetz von den Berufsgenossenschaften durchgeführt wird; Aufwendungen werden nicht erstattet.

§ 22 Befugnisse der zuständigen Behörden

(1) Die zuständige Behörde kann vom Arbeitgeber oder von den verantwortlichen Personen die zur Durchführung ihrer Überwachungsaufgabe erforderlichen Auskünfte und die Überlassung von entsprechenden Unterlagen verlangen. Werden Beschäftigte mehrerer Arbeitgeber an einem Arbeitsplatz tätig, kann die zuständige Behörde von den Arbeitgebern oder von den verantwortlichen Personen verlangen, dass das Ergebnis der Abstimmung über die zu treffenden Maßnahmen nach § 8 Absatz 1 schriftlich vorgelegt wird. Die auskunftspflichtige Person kann die Auskunft auf solche Fragen oder die Vorlage derjenigen Unterlagen verweigern, deren Beantwortung oder Vorlage sie selbst oder einen ihrer in § 383 Abs. 1 Nr. 1 bis 3 der Zivilprozeßordnung bezeichneten Angehörigen der Gefahr der Verfolgung wegen einer Straftat oder Ordnungswidrigkeit aussetzen würde. Die auskunftspflichtige Person ist darauf hinzuweisen.

(2) Die mit der Überwachung beauftragten Personen sind befugt, zu den Betriebs- und Arbeitszeiten Betriebsstätten, Geschäfts- und Betriebsräume zu betreten, zu besichtigen und zu prüfen sowie in die geschäftlichen Unterlagen der auskunftspflichtigen Person Einsicht zu nehmen, soweit dies zur Erfüllung ihrer Aufgaben erforderlich ist. Außerdem sind sie befugt, Betriebsanlagen, Arbeitsmittel und persönliche Schutzausrüstungen zu prüfen, Arbeitsverfahren und Arbeitsabläufe zu untersuchen, Messungen vorzunehmen und insbesondere arbeitsbedingte Gesundheitsgefahren festzustellen und zu untersuchen, auf welche Ursachen ein Arbeitsunfall, eine arbeitsbedingte Erkrankung oder ein Schadensfall zurückzuführen ist. Sie sind berechtigt, die Begleitung durch den Arbeitgeber oder eine von ihm beauftragte Person zu verlangen. Der Arbeitgeber oder die verantwortlichen Personen haben die mit der Überwachung beauftragten Personen bei der Wahrnehmung ihrer Befugnisse nach den Sätzen 1 und 2 zu unterstützen. Außerhalb der in Satz 1 genannten Zeiten dürfen die mit der Überwachung beauftragten Personen ohne Einverständnis des Arbeitgebers die Maßnahmen nach den Sätzen 1 und 2 nur treffen, soweit sie zur Verhütung dringender Gefahren für die öffentliche Sicherheit und Ordnung erforderlich sind. Wenn sich die Arbeitsstätte in einer Wohnung befindet, dürfen die mit der Überwachung beauftragten Personen die Maßnahmen nach den Sätzen 1 und 2 ohne Einverständnis der Bewohner oder Nutzungsberechtigten nur treffen, soweit sie zur Verhütung dringender Gefahren für die öffentliche Sicherheit und Ordnung erforderlich sind. Die auskunftspflichtige Person hat die Maßnahmen nach den Sätzen 1, 2, 5 und 6 zu dulden. Die Sätze 1 und 5 gelten entsprechend, wenn nicht feststeht, ob in der Arbeitsstätte Personen beschäftigt werden, jedoch Tatsachen gegeben sind, die diese Annahme rechtfertigen. Das Grundrecht der Unverletzlichkeit der Wohnung (Artikel 13 des Grundgesetzes) wird insoweit eingeschränkt.

(3) Die zuständige Behörde kann im Einzelfall anordnen,

1. welche Maßnahmen der Arbeitgeber und die verantwortlichen Personen oder die Beschäftigten zur Erfüllung der Pflichten zu treffen haben, die sich aus diesem Gesetz und den auf Grund dieses Gesetzes erlassenen Rechtsverordnungen ergeben,
2. welche Maßnahmen der Arbeitgeber und die verantwortlichen Personen zur Abwendung einer besonderen Gefahr für Leben und Gesundheit der Beschäftigten zu treffen haben.

Die zuständige Behörde hat, wenn nicht Gefahr im Verzug ist, zur Ausführung der Anordnung eine angemessene Frist zu setzen. Wird eine Anordnung nach Satz 1 nicht innerhalb einer gesetzten Frist oder eine für sofort vollziehbar erklärte Anordnung nicht sofort ausgeführt, kann die zuständige Behörde die von der Anordnung betroffene Arbeit oder die Verwendung oder den Betrieb der von der Anordnung betroffenen Arbeitsmittel untersagen. Maßnahmen der zuständigen Behörde im Bereich des öffentlichen Dienstes, die den Dienstbetrieb wesentlich beeinträchtigen, sollen im Einvernehmen mit der obersten Bundes- oder Landesbehörde oder dem Hauptverwaltungsbeamten der Gemeinde getroffen werden.

§ 23 Betriebliche Daten, Zusammenarbeit mit anderen Behörden, Jahresbericht, Bundesfachstelle

(1) Der Arbeitgeber hat der zuständigen Behörde zu einem von ihr bestimmten Zeitpunkt Mitteilungen über

1. die Zahl der Beschäftigten und derer, an die er Heimarbeit vergibt, aufgegliedert nach Geschlecht, Alter und Staatsangehörigkeit,
2. den Namen oder die Bezeichnung und Anschrift des Betriebs, in dem er sie beschäftigt,
3. seinen Namen, seine Firma und seine Anschrift sowie
4. den Wirtschaftszweig, dem sein Betrieb angehört,

zu machen. Das Bundesministerium für Arbeit und Soziales wird ermächtigt, durch Rechtsverordnung mit Zustimmung des Bundesrates zu bestimmen, daß die Stellen der Bundesverwaltung, denen der Arbeitgeber die in Satz 1 genannten Mitteilungen bereits auf Grund einer Rechtsvorschrift mitgeteilt hat, diese Angaben an die für die Behörden nach Satz 1 zuständigen obersten Landesbehörden als Schreiben oder auf maschinell verwertbaren Datenträgern oder durch Datenübertragung weiterzuleiten haben. In der Rechtsverordnung können das Nähere über die Form der weiterzuleitenden Angaben sowie die Frist für die Weiterleitung bestimmt werden. Die weitergeleiteten Angaben dürfen nur zur Erfüllung der in der Zuständigkeit der Behörden nach § 21 Abs. 1 liegenden Arbeitsschutzaufgaben verarbeitet werden.

(2) Die mit der Überwachung beauftragten Personen dürfen die ihnen bei ihrer Überwachungstätigkeit zur Kenntnis gelangenden Geschäfts- und Betriebsgeheimnisse nur in den gesetzlich geregelten Fällen oder zur Verfolgung von Gesetzwidrigkeiten oder zur Erfüllung von gesetzlich geregelten Aufgaben zum Schutz der Versicherten dem Träger der gesetzlichen Unfallversicherung oder zum Schutz der Umwelt den dafür zuständigen Behörden offenbaren. Soweit es sich bei Geschäfts- und Betriebsgeheimnissen um Informationen über die Umwelt im Sinne des Umweltinformationsgesetzes handelt, richtet sich die Befugnis zu ihrer Offenbarung nach dem Umweltinformationsgesetz.

(3) Ergeben sich im Einzelfall für die zuständigen Behörden konkrete Anhaltspunkte für

1. eine Beschäftigung oder Tätigkeit von Ausländern ohne den erforderlichen Aufenthaltstitel nach § 4 Abs. 3 des Aufenthaltsgesetzes, eine Aufenthaltsgestattung oder eine Duldung, die zur Ausübung der Beschäftigung berechtigen, oder eine Genehmigung nach § 284 Abs. 1 des Dritten Buches Sozialgesetzbuch,
2. Verstöße gegen die Mitwirkungspflicht nach § 60 Abs. 1 Satz 1 Nr. 2 des Ersten Buches Sozialgesetzbuch gegenüber einer Dienststelle der Bundesagentur für Arbeit, einem Träger der gesetzlichen Kranken-, Pflege-, Unfall- oder Rentenversicherung oder einem Träger der Sozialhilfe oder gegen die Meldepflicht nach § 8a des Asylbewerberleistungsgesetzes,

3. Verstöße gegen das Gesetz zur Bekämpfung der Schwarzarbeit,
4. Verstöße gegen das Arbeitnehmerüberlassungsgesetz,
5. Verstöße gegen die Vorschriften des Vierten und Siebten Buches Sozialgesetzbuch über die Verpflichtung zur Zahlung von Sozialversicherungsbeiträgen,
6. Verstöße gegen das Aufenthaltsgesetz,
7. Verstöße gegen die Steuergesetze,
8. Verstöße gegen das Gesetz zur Sicherung von Arbeitnehmerrechten in der Fleischwirtschaft,

unterrichten sie die für die Verfolgung und Ahndung der Verstöße nach den Nummern 1 bis 8 zuständigen Behörden, die Träger der Sozialhilfe sowie die Behörden nach § 71 des Aufenthaltsgesetzes. In den Fällen des Satzes 1 arbeiten die zuständigen Behörden insbesondere mit den Agenturen für Arbeit, den Hauptzollämtern, den Rentenversicherungsträgern, den Krankenkassen als Einzugsstellen für die Sozialversicherungsbeiträge, den Trägern der gesetzlichen Unfallversicherung, den nach Landesrecht für die Verfolgung und Ahndung von Verstößen gegen das Gesetz zur Bekämpfung der Schwarzarbeit zuständigen Behörden, den Trägern der Sozialhilfe, den in § 71 des Aufenthaltsgesetzes genannten Behörden und den Finanzbehörden zusammen.

(4) Die zuständigen obersten Landesbehörden haben über die Überwachungstätigkeit der ihnen unterstellten Behörden einen Jahresbericht zu veröffentlichen. Der Jahresbericht umfaßt auch Angaben zur Erfüllung von Unterrichtungspflichten aus internationalen Übereinkommen oder Rechtsakten der Europäischen Gemeinschaften, soweit sie den Arbeitsschutz betreffen.

(5) Bei der Bundesanstalt für Arbeitsschutz und Arbeitsmedizin wird eine Bundesfachstelle für Sicherheit und Gesundheit bei der Arbeit eingerichtet. Sie hat die Aufgabe, die Jahresberichte der Länder einschließlich der Besichtigungsquote nach § 21 Absatz 1a auszuwerten und die Ergebnisse für den statistischen Bericht über den Stand von Sicherheit und Gesundheit bei der Arbeit und über das Unfall- und Berufskrankheitengeschehen in der Bundesrepublik Deutschland nach § 25 Absatz 1 des Siebten Buches Sozialgesetzbuch zusammenzufassen. Das Bundesministerium für Arbeit und Soziales kann die Arbeitsweise und das Verfahren der Bundesfachstelle für Sicherheit und Gesundheit bei der Arbeit im Errichtungserlass der Bundesanstalt für Arbeitsschutz und Arbeitsmedizin festlegen.

§ 24 Ermächtigung zum Erlaß von allgemeinen Verwaltungsvorschriften

Die Bundesregierung kann mit Zustimmung des Bundesrates allgemeine Verwaltungsvorschriften erlassen insbesondere

1. zur Durchführung dieses Gesetzes und der auf Grund dieses Gesetzes erlassenen Rechtsverordnungen, insbesondere dazu, welche Kriterien zur Auswahl von Betrieben bei der Überwachung anzuwenden, welche Sachverhalte im Rahmen einer Betriebsbesichtigung mindestens zu prüfen und welche Ergebnisse aus der Überwachung für die Berichterstattung zu erfassen sind,
2. über die Gestaltung der Jahresberichte nach § 23 Abs. 4 und
3. über die Angaben, die die zuständigen obersten Landesbehörden dem Bundesministerium für Arbeit und Soziales für den Unfallverhütungsbericht nach § 25 Abs. 2 des Siebten Buches Sozialgesetzbuch bis zu einem bestimmten Zeitpunkt mitzuteilen haben.

§ 24a Ausschuss für Sicherheit und Gesundheit bei der Arbeit

(1) Beim Bundesministerium für Arbeit und Soziales wird ein Ausschuss für Sicherheit und Gesundheit bei der Arbeit gebildet, in dem geeignete Personen vonseiten der öffentlichen und privaten Arbeitgeber, der Gewerkschaften, der Landesbehörden, der gesetzlichen Unfallversicherung und weitere geeignete Personen, insbesondere aus der Wissenschaft, vertreten sein sollen. Dem Ausschuss sollen nicht mehr als 15 Mitglieder angehören. Für jedes Mitglied ist ein stellvertretendes Mitglied zu benennen. Die Mitgliedschaft im Ausschuss ist ehrenamtlich. Ein Mitglied oder ein stellvertretendes Mitglied aus den anderen Ausschüssen beim Bundesministerium für Arbeit und Soziales nach § 18 Absatz 2 Nummer 5 soll dauerhaft als Gast im Ausschuss für Sicherheit und Gesundheit bei der Arbeit vertreten sein.

(2) Das Bundesministerium für Arbeit und Soziales beruft die Mitglieder des Ausschusses für Sicherheit und Gesundheit bei der Arbeit und die stellvertretenden Mitglieder. Der Ausschuss gibt sich eine Geschäftsordnung und wählt die Vorsitzende oder den Vorsitzenden aus seiner Mitte. Die Geschäftsordnung und die Wahl der oder des Vorsitzenden bedürfen der Zustimmung des Bundesministeriums für Arbeit und Soziales.

(3) Zu den Aufgaben des Ausschusses für Sicherheit und Gesundheit bei der Arbeit gehört es, soweit hierfür kein anderer Ausschuss beim Bundesministerium für Arbeit und Soziales nach § 18 Absatz 2 Nummer 5 zuständig ist,

1. den Stand von Technik, Arbeitsmedizin und Hygiene sowie sonstige gesicherte arbeitswissenschaftliche Erkenntnisse für die Sicherheit und Gesundheit der Beschäftigten zu ermitteln,
2. Regeln und Erkenntnisse zu ermitteln, wie die in diesem Gesetz gestellten Anforderungen erfüllt werden können,
3. Empfehlungen zu Sicherheit und Gesundheit bei der Arbeit aufzustellen,
4. das Bundesministerium für Arbeit und Soziales in allen Fragen des Arbeitsschutzes zu beraten.

Das Arbeitsprogramm des Ausschusses für Sicherheit und Gesundheit bei der Arbeit wird mit dem Bundesministerium für Arbeit und Soziales abgestimmt. Der Ausschuss arbeitet eng mit den anderen Ausschüssen beim Bundesministerium für Arbeit und Soziales nach § 18 Absatz 2 Nummer 5 zusammen.

(4) Das Bundesministerium für Arbeit und Soziales kann die vom Ausschuss für Sicherheit und Gesundheit bei der Arbeit ermittelten Regeln und Erkenntnisse im Gemeinsamen Ministerialblatt bekannt geben und die Empfehlungen veröffentlichen. Der Arbeitgeber hat die bekannt gegebenen Regeln und Erkenntnisse zu berücksichtigen. Bei Einhaltung dieser Regeln und bei Beachtung dieser Erkenntnisse ist davon auszugehen, dass die in diesem Gesetz gestellten Anforderungen erfüllt sind, soweit diese von der betreffenden Regel abgedeckt sind. Die Anforderungen aus Rechtsverordnungen nach § 18 und dazu bekannt gegebene Regeln und Erkenntnisse bleiben unberührt.

(5) Die Bundesministerien sowie die obersten Landesbehörden können zu den Sitzungen des Ausschusses für Sicherheit und Gesundheit bei der Arbeit Vertreterinnen oder Vertreter entsenden. Auf Verlangen ist ihnen in der Sitzung das Wort zu erteilen.

(6) Die Geschäfte des Ausschusses für Sicherheit und Gesundheit bei der Arbeit führt die Bundesanstalt für Arbeitsschutz und Arbeitsmedizin.

§ 25 Bußgeldvorschriften

(1) Ordnungswidrig handelt, wer vorsätzlich oder fahrlässig

1. eeiner Rechtsverordnung nach § 18 Abs. 1 oder § 19 zuwiderhandelt, soweit sie für einen bestimmten Tatbestand auf diese Bußgeldvorschrift verweist, oder
2. a) als Arbeitgeber oder als verantwortliche Person einer vollziehbaren Anordnung nach § 22 Abs. 3 oder

   b) als Beschäftigter einer vollziehbaren Anordnung nach § 22 Abs. 3 Satz 1 Nr. 1

zuwiderhandelt.

(2) Die Ordnungswidrigkeit kann in den Fällen des Absatzes 1 Nr. 1 und 2 Buchstabe b mit einer Geldbuße bis zu fünftausend Euro, in den Fällen des Absatzes 1 Nr. 2 Buchstabe a mit einer Geldbuße bis zu dreißigtausend Euro geahndet werden.

§ 26 Strafvorschriften

Mit Freiheitsstrafe bis zu einem Jahr oder mit Geldstrafe wird bestraft, wer

1. eine in § 25 Abs. 1 Nr. 2 Buchstabe a bezeichnete Handlung beharrlich wiederholt oder
2. durch eine in § 25 Abs. 1 Nr. 1 oder Nr. 2 Buchstabe a bezeichnete vorsätzliche Handlung Leben oder Gesundheit eines Beschäftigten gefährdet.

A.4 Auszug aus der BetrSichV – Betriebssicherheitsverordnung

Verordnung über Sicherheit und Gesundheitsschutz bei der Verwendung von Arbeitsmitteln (Betriebssicherheitsverordnung – BetrSichV)

BetrSichV

Ausfertigungsdatum: 03.02.2015

Vollzitat:

„Betriebssicherheitsverordnung vom 3. Februar 2015 (BGBl. I S. 49), die zuletzt durch Artikel 7 des Gesetzes vom 27. Juli 2021 (BGBl. I S. 3146) geändert worden ist"

Stand: Zuletzt geändert durch Art. 7 G v. 27.7.2021 I 3146
Ersetzt V 805-3-9 v. 27.9.2002 I 3777 (BetrSichV)

Fußnote

(+++ Textnachweis ab: 1.6.2015 +++) (+++ Zur Anwendung vgl. § 20 +++) (+++ Amtlicher Hinweis des Normgebers auf EG-Recht:
Umsetzung der
EWGRL 270/90 (CELEX Nr: 31990L0270)
EWGRL 269/90 (CELEX Nr: 31990L0269
EGRL 10/2003 (CELEX Nr: 32003L0010)
EGRL 44/2002 (CELEX Nr: 32002L0044) vgl. V v. 18.10.2017 I 3584 +++)

Die V wurde als Artikel 1 der V v. 3.2.2015 I 49 von der Bundesregierung, dem Bundesministerium für Wirtschaft und Energie und dem Bundesministerium für Arbeit und Soziales mit Zustimmung des Bundesrates und im Einvernehmen mit dem Bundesministerium für Umwelt, Naturschutz, Bau und Reaktorsicherheit sowie mit dem Bundesministerium des Innern beschlossen. Sie tritt gem. Art. 3 Satz 1 dieser V am 1.6.2015 in Kraft.

Inhaltsübersicht

Abschnitt 1
Anwendungsbereich und Begriffsbestimmungen

§ 1 Anwendungsbereich und Zielsetzung

(1) Diese Verordnung gilt für die Verwendung von Arbeitsmitteln. Ziel dieser Verordnung ist es, die Sicherheit und den Schutz der Gesundheit von Beschäftigten bei der Verwendung von Arbeitsmitteln zu gewährleisten. Dies soll insbesondere erreicht werden durch

1. die Auswahl geeigneter Arbeitsmittel und deren sichere Verwendung,
2. die für den vorgesehenen Verwendungszweck geeignete Gestaltung von Arbeits- und Fertigungsverfahren sowie
3. die Qualifikation und Unterweisung der Beschäftigten.

Diese Verordnung regelt hinsichtlich der in § 18 und in Anhang 2 genannten überwachungsbedürftigen Anlagen zugleich Maßnahmen zum Schutz anderer Personen im Gefahrenbereich, soweit diese aufgrund der Verwendung dieser Anlagen durch Arbeitgeber im Sinne des § 2 Absatz 3 gefährdet werden können.

(2) Diese Verordnung gilt nicht in Betrieben, die dem Bundesberggesetz unterliegen, soweit dafür entsprechende Rechtsvorschriften bestehen. Abweichend von Satz 1 gilt sie jedoch für überwachungsbedürftige Anlagen in Tagesanlagen, mit Ausnahme von Rohrleitungen nach Anhang 2 Abschnitt 4 Nummer 2.1 Satz 1 Buchstabe d.

(3) Diese Verordnung gilt nicht auf Seeschiffen unter fremder Flagge und auf Seeschiffen, für die das Bundesministerium für Verkehr und digitale Infrastruktur nach § 10 des Flaggenrechtsgesetzes die Befugnis zur Führung der Bundesflagge lediglich für die erste Überführungsreise in einen anderen Hafen verliehen hat.

(4) Abschnitt 3 gilt nicht für Energieanlagen im Sinne des § 3 Nummer 15 des Energiewirtschaftsgesetzes, soweit sie Druckanlagen im Sinne des Anhangs 2 Abschnitt 4 Nummer 2.1 Buchstabe b, c oder d dieser Verordnung sind. Satz 1 gilt nicht für Gasfüllanlagen, die Energieanlagen im Sinne des § 3 Nummer 15 des Energiewirtschaftsgesetzes sind und nicht auf dem Betriebsgelände von Unternehmen der öffentlichen Gasversorgung von diesen errichtet und betrieben werden.

(5) Das Bundesministerium der Verteidigung kann Ausnahmen von den Vorschriften dieser Verordnung zulassen, wenn zwingende Gründe der Verteidigung oder die Erfüllung zwischenstaatlicher Verpflichtungen der Bundesrepublik Deutschland dies erfordern und die Sicherheit auf andere Weise gewährleistet ist.

§ 2 Begriffsbestimmungen

(1) Arbeitsmittel sind Werkzeuge, Geräte, Maschinen oder Anlagen, die für die Arbeit verwendet werden, sowie überwachungsbedürftige Anlagen.

(2) Die Verwendung von Arbeitsmitteln umfasst jegliche Tätigkeit mit diesen. Hierzu gehören insbesondere das Montieren und Installieren, Bedienen, An- oder Abschalten oder Einstellen, Gebrauchen, Betreiben, Instandhalten, Reinigen, Prüfen, Umbauen, Erproben, Demontieren, Transportieren und Überwachen.

(3) Arbeitgeber ist, wer nach § 2 Absatz 3 des Arbeitsschutzgesetzes als solcher bestimmt ist. Dem Arbeitgeber steht gleich,

1. wer, ohne Arbeitgeber zu sein, zu gewerblichen oder wirtschaftlichen Zwecken eine überwachungsbedürftige Anlage verwendet, sowie
2. der Auftraggeber und der Zwischenmeister im Sinne des Heimarbeitsgesetzes.

(4) Beschäftigte sind Personen, die nach § 2 Absatz 2 des Arbeitsschutzgesetzes als solche bestimmt sind. Den Beschäftigten stehen folgende Personen gleich, sofern sie Arbeitsmittel verwenden:

1. Schülerinnen und Schüler sowie Studierende,
2. in Heimarbeit Beschäftigte nach § 1 Absatz 1 des Heimarbeitsgesetzes sowie
3. sonstige Personen, insbesondere Personen, die in wissenschaftlichen Einrichtungen tätig sind.

(5) Fachkundig ist, wer zur Ausübung einer in dieser Verordnung bestimmten Aufgabe über die erforderlichen Fachkenntnisse verfügt. Die Anforderungen an die Fachkunde sind abhängig von der jeweiligen Art der Aufgabe. Zu den Anforderungen zählen eine entsprechende Berufsausbildung, Berufserfahrung oder eine zeitnah ausgeübte entsprechende berufliche Tätigkeit. Die Fachkenntnisse sind durch Teilnahme an Schulungen auf aktuellem Stand zu halten.

(6) Zur Prüfung befähigte Person ist eine Person, die durch ihre Berufsausbildung, ihre Berufserfahrung und ihre zeitnahe berufliche Tätigkeit über die erforderlichen Kenntnisse zur Prüfung von Arbeitsmitteln verfügt; soweit hinsichtlich der Prüfung von Arbeitsmitteln in den Anhängen 2 und 3 weitergehende Anforderungen festgelegt sind, sind diese zu erfüllen.

(7) Instandhaltung ist die Gesamtheit aller Maßnahmen zur Erhaltung des sicheren Zustands oder der Rückführung in diesen. Instandhaltung umfasst insbesondere Inspektion, Wartung und Instandsetzung.

(8) Prüfung ist die Ermittlung des Istzustands, der Vergleich des Istzustands mit dem Sollzustand sowie die Bewertung der Abweichung des Istzustands vom Sollzustand.

(9) Prüfpflichtige Änderung ist jede Maßnahme, durch welche die Sicherheit eines Arbeitsmittels beeinflusst wird. Auch Instandsetzungsarbeiten können solche Maßnahmen sein.

(10) Stand der Technik ist der Entwicklungsstand fortschrittlicher Verfahren, Einrichtungen oder Betriebsweisen, der die praktische Eignung einer Maßnahme oder Vorgehensweise

zum Schutz der Gesundheit und zur Sicherheit der Beschäftigten oder anderer Personen gesichert erscheinen lässt. Bei der Bestimmung des Stands der Technik sind insbesondere vergleichbare Verfahren, Einrichtungen oder Betriebsweisen heranzuziehen, die mit Erfolg in der Praxis erprobt worden sind.

(11) Gefahrenbereich ist der Bereich innerhalb oder im Umkreis eines Arbeitsmittels, in dem die Sicherheit oder die Gesundheit von Beschäftigten und anderen Personen durch die Verwendung des Arbeitsmittels gefährdet ist.

(12) Errichtung umfasst die Montage und Installation am Verwendungsort.

(13) Überwachungsbedürftige Anlagen sind Anlagen nach § 2 Nummer 30 Satz 1 des Produktsicherheitsgesetzes, soweit sie nach dieser Verordnung in Anhang 2 genannt oder nach § 18 Absatz 1 erlaubnispflichtig sind. Zu den überwachungsbedürftigen Anlagen gehören auch Mess-, Steuer- und Regeleinrichtungen, die dem sicheren Betrieb dieser überwachungsbedürftigen Anlagen dienen.

(14) Zugelassene Überwachungsstellen sind die in Anhang 2 Abschnitt 1 genannten Stellen.

(15) Andere Personen sind Personen, die nicht Beschäftigte oder Gleichgestellte nach Absatz 4 sind und sich im Gefahrenbereich einer überwachungsbedürftigen Anlage innerhalb oder außerhalb eines Betriebsgeländes befinden.

Abschnitt 2
Gefährdungsbeurteilung und Schutzmaßnahmen

§ 3 Gefährdungsbeurteilung

(1) Der Arbeitgeber hat vor der Verwendung von Arbeitsmitteln die auftretenden Gefährdungen zu beurteilen (Gefährdungsbeurteilung) und daraus notwendige und geeignete Schutzmaßnahmen abzuleiten. Das Vorhandensein einer CE-Kennzeichnung am Arbeitsmittel entbindet nicht von der Pflicht zur Durchführung einer Gefährdungsbeurteilung. Für Aufzugsanlagen gilt Satz 1 nur, wenn sie von einem Arbeitgeber im Sinne des § 2 Absatz 3 Satz 1 verwendet werden.

(2) In die Beurteilung sind alle Gefährdungen einzubeziehen, die bei der Verwendung von Arbeitsmitteln ausgehen, und zwar von

1. den Arbeitsmitteln selbst,
2. der Arbeitsumgebung und
3. den Arbeitsgegenständen, an denen Tätigkeiten mit Arbeitsmitteln durchgeführt werden.

Bei der Gefährdungsbeurteilung ist insbesondere Folgendes zu berücksichtigen:

1. die Gebrauchstauglichkeit von Arbeitsmitteln einschließlich der ergonomischen, alters- und alternsgerechten Gestaltung,
2. die sicherheitsrelevanten einschließlich der ergonomischen Zusammenhänge zwischen Arbeitsplatz, Arbeitsmittel, Arbeitsverfahren, Arbeitsorganisation, Arbeitsablauf, Arbeitszeit und Arbeitsaufgabe,
3. die physischen und psychischen Belastungen der Beschäftigten, die bei der Verwendung von Arbeitsmitteln auftreten,
4. vorhersehbare Betriebsstörungen und die Gefährdung bei Maßnahmen zu deren Beseitigung.

(3) Die Gefährdungsbeurteilung soll bereits vor der Auswahl und der Beschaffung der Arbeitsmittel begonnen werden. Dabei sind insbesondere die Eignung des Arbeitsmittels für die geplante Verwendung, die Arbeitsabläufe und die Arbeitsorganisation zu berücksichtigen. Die Gefährdungsbeurteilung darf nur von fachkundigen Personen durchgeführt werden. Verfügt der Arbeitgeber nicht selbst über die entsprechenden Kenntnisse, so hat er sich fachkundig beraten zu lassen.

(4) Der Arbeitgeber hat sich die Informationen zu beschaffen, die für die Gefährdungsbeurteilung notwendig sind. Dies sind insbesondere die nach § 21 Absatz 4 Nummer 1 bekannt gegebenen Regeln und Erkenntnisse, Gebrauchs- und Betriebsanleitungen sowie die ihm zugänglichen Erkenntnisse aus der arbeitsmedizinischen Vorsorge. Der Arbeitgeber darf diese Informationen übernehmen, sofern sie auf die Arbeitsmittel, Arbeitsbedingungen und Verfahren in seinem Betrieb anwendbar sind. Bei der Informationsbeschaffung kann der Arbeitgeber davon ausgehen, dass die vom Hersteller des Arbeitsmittels mitgelieferten Informationen zutreffend sind, es sei denn, dass er über andere Erkenntnisse verfügt.

(5) Der Arbeitgeber kann bei der Festlegung der Schutzmaßnahmen bereits vorhandene Gefährdungsbeurteilungen, hierzu gehören auch gleichwertige Unterlagen, die ihm der Hersteller oder Inverkehrbringer mitgeliefert hat, übernehmen, sofern die Angaben und Festlegungen in dieser Gefährdungsbeurteilung den Arbeitsmitteln einschließlich der Arbeitsbedingungen und -verfahren, im eigenen Betrieb entsprechen.

(6) Der Arbeitgeber hat Art und Umfang erforderlicher Prüfungen von Arbeitsmitteln sowie die Fristen von wiederkehrenden Prüfungen nach den §§ 14 und 16 zu ermitteln und festzulegen, soweit diese Verordnung nicht bereits entsprechende Vorgaben enthält. Satz 1 gilt auch für Aufzugsanlagen. Die Fristen für die wiederkehrenden Prüfungen sind so festzulegen, dass die Arbeitsmittel bis zur nächsten festgelegten Prüfung sicher verwendet werden können. Bei der Festlegung der Fristen für die wiederkehrenden Prüfungen nach § 14 Absatz 4 dürfen die in Anhang 3 Abschnitt 1 Nummer 3, Abschnitt 2 Nummer 4.1 Tabelle 1 und Abschnitt 3 Nummer 3.2 Tabelle 1 genannten Höchstfristen nicht überschritten werden. Bei der Festlegung der Fristen für die wiederkehrenden Prüfungen nach § 16 dürfen die in Anhang 2 Abschnitt 2 Nummer 4.1 und 4.3, Abschnitt 3 Nummer 5.1 bis 5.3 und Abschnitt 4 Nummer 5.8 in Verbindung mit Tabelle 1 genannten Höchstfristen nicht überschritten werden, es sei denn, dass in den genannten Anhängen etwas anderes bestimmt ist. Ferner hat der Arbeitgeber zu ermitteln und festzulegen, welche Voraussetzungen die zur Prüfung befähigten Personen erfüllen müssen, die von ihm mit den Prüfungen von Arbeitsmitteln nach den §§ 14, 15 und 16 zu beauftragen sind.

(7) Die Gefährdungsbeurteilung ist regelmäßig zu überprüfen. Dabei ist der Stand der Technik zu berücksichtigen. Soweit erforderlich, sind die Schutzmaßnahmen bei der Verwendung von Arbeitsmitteln entsprechend anzupassen. Der Arbeitgeber hat die Gefährdungsbeurteilung unverzüglich zu aktualisieren, wenn

1. sicherheitsrelevante Veränderungen der Arbeitsbedingungen einschließlich der Änderung von Arbeitsmitteln dies erfordern,
2. neue Informationen, insbesondere Erkenntnisse aus dem Unfallgeschehen oder aus der arbeitsmedizinischen Vorsorge, vorliegen oder
3. die Prüfung der Wirksamkeit der Schutzmaßnahmen nach § 4 Absatz 5 ergeben hat, dass die festgelegten Schutzmaßnahmen nicht wirksam oder nicht ausreichend sind.

Ergibt die Überprüfung der Gefährdungsbeurteilung, dass keine Aktualisierung erforderlich ist, so hat der Arbeitgeber dies unter Angabe des Datums der Überprüfung in der Dokumentation nach Absatz 8 zu vermerken.

(8) Der Arbeitgeber hat das Ergebnis seiner Gefährdungsbeurteilung vor der erstmaligen Verwendung der Arbeitsmittel zu dokumentieren. Dabei sind mindestens anzugeben

1. die Gefährdungen, die bei der Verwendung der Arbeitsmittel auftreten,
2. die zu ergreifenden Schutzmaßnahmen,
3. wie die Anforderungen dieser Verordnung eingehalten werden, wenn von den nach § 21 Absatz 4 Nummer 1 bekannt gegebenen Regeln und Erkenntnissen abgewichen wird,
4. Art und Umfang der erforderlichen Prüfungen sowie die Fristen der wiederkehrenden Prüfungen (Absatz 6 Satz 1) und
5. das Ergebnis der Überprüfung der Wirksamkeit der Schutzmaßnahmen nach § 4 Absatz 5.

Die Dokumentation kann auch in elektronischer Form vorgenommen werden.

(9) Sofern der Arbeitgeber von § 7 Absatz 1 Gebrauch macht und die Gefährdungsbeurteilung ergibt, dass die Voraussetzungen nach § 7 Absatz 1 vorliegen, ist eine Dokumentation dieser Voraussetzungen und der gegebenenfalls getroffenen Schutzmaßnahmen ausreichend.

§ 4 Grundpflichten des Arbeitgebers

(1) Arbeitsmittel dürfen erst verwendet werden, nachdem der Arbeitgeber

1. eine Gefährdungsbeurteilung durchgeführt hat,
2. die dabei ermittelten Schutzmaßnahmen nach dem Stand der Technik getroffen hat und
3. festgestellt hat, dass die Verwendung der Arbeitsmittel nach dem Stand der Technik sicher ist.

(2) Ergibt sich aus der Gefährdungsbeurteilung, dass Gefährdungen durch technische Schutzmaßnahmen nach dem Stand der Technik nicht oder nur unzureichend vermieden werden können, hat der Arbeitgeber geeignete organisatorische und personenbezogene Schutzmaßnahmen zu treffen. Technische Schutzmaßnahmen haben Vorrang vor organisatorischen, diese haben wiederum Vorrang vor personenbezogenen Schutzmaßnahmen. Die Verwendung persönlicher Schutzausrüstung ist für jeden Beschäftigten auf das erforderliche Minimum zu beschränken.

(3) Bei der Festlegung der Schutzmaßnahmen hat der Arbeitgeber die Vorschriften dieser Verordnung einschließlich der Anhänge zu beachten und die nach § 21 Absatz 4 Nummer 1 bekannt gegebenen Regeln und Erkenntnisse zu berücksichtigen. Bei Einhaltung dieser Regeln und Erkenntnisse ist davon auszugehen, dass die in dieser Verordnung gestellten Anforderungen erfüllt sind. Von den Regeln und Erkenntnissen kann abgewichen werden, wenn Sicherheit und Gesundheit durch andere Maßnahmen zumindest in vergleichbarer Weise gewährleistet werden.

(4) Der Arbeitgeber hat dafür zu sorgen, dass Arbeitsmittel, für die in § 14 und im Abschnitt 3 dieser Verordnung Prüfungen vorgeschrieben sind, nur verwendet werden, wenn diese Prüfungen durchgeführt und dokumentiert wurden.

(5) Der Arbeitgeber hat die Wirksamkeit der Schutzmaßnahmen vor der erstmaligen Verwendung der Arbeitsmittel zu überprüfen. Satz 1 gilt nicht, soweit entsprechende Prüfungen nach § 14 oder § 15 durchgeführt wurden. Der Arbeitgeber hat weiterhin dafür zu sorgen,

dass Arbeitsmittel vor ihrer jeweiligen Verwendung durch Inaugenscheinnahme und erforderlichenfalls durch eine Funktionskontrolle auf offensichtliche Mängel kontrolliert werden und Schutz- und Sicherheitseinrichtungen einer regelmäßigen Funktionskontrolle unterzogen werden. Satz 3 gilt auch bei Arbeitsmitteln, für die wiederkehrende Prüfungen nach § 14 oder § 16 vorgeschrieben sind.

(6) Der Arbeitgeber hat die Belange des Arbeitsschutzes in Bezug auf die Verwendung von Arbeitsmitteln angemessen in seine betriebliche Organisation einzubinden und hierfür die erforderlichen personellen, finanziellen und organisatorischen Voraussetzungen zu schaffen. Insbesondere hat er dafür zu sorgen, dass bei der Gestaltung der Arbeitsorganisation, des Arbeitsverfahrens und des Arbeitsplatzes sowie bei der Auswahl und beim Zur-Verfügung-Stellen der Arbeitsmittel alle mit der Sicherheit und Gesundheit der Beschäftigten zusammenhängenden Faktoren, einschließlich der psychischen, ausreichend berücksichtigt werden.

§ 5 Anforderungen an die zur Verfügung gestellten Arbeitsmittel

(1) Der Arbeitgeber darf nur solche Arbeitsmittel zur Verfügung stellen und verwenden lassen, die unter Berücksichtigung der vorgesehenen Einsatzbedingungen bei der Verwendung sicher sind. Die Arbeitsmittel müssen

1. für die Art der auszuführenden Arbeiten geeignet sein,
2. den gegebenen Einsatzbedingungen und den vorhersehbaren Beanspruchungen angepasst sein und
3. über die erforderlichen sicherheitsrelevanten Ausrüstungen verfügen,

sodass eine Gefährdung durch ihre Verwendung so gering wie möglich gehalten wird. Kann durch Maßnahmen nach den Sätzen 1 und 2 die Sicherheit und Gesundheit nicht gewährleistet werden, so hat der Arbeitgeber andere geeignete Schutzmaßnahmen zu treffen, um die Gefährdung so weit wie möglich zu reduzieren.

(2) Der Arbeitgeber darf Arbeitsmittel nicht zur Verfügung stellen und verwenden lassen, wenn sie Mängel aufweisen, welche die sichere Verwendung beeinträchtigen.

(3) Der Arbeitgeber darf nur solche Arbeitsmittel zur Verfügung stellen und verwenden lassen, die den für sie geltenden Rechtsvorschriften über Sicherheit und Gesundheitsschutz entsprechen. Zu diesen Rechtsvorschriften gehören neben den Vorschriften dieser Verordnung insbesondere Rechtsvorschriften, mit denen Gemeinschaftsrichtlinien in deutsches Recht umgesetzt wurden und die für die Arbeitsmittel zum Zeitpunkt des Bereitstellens auf dem Markt gelten. Arbeitsmittel, die der Arbeitgeber für eigene Zwecke selbst hergestellt hat, müssen den grundlegenden Sicherheitsanforderungen der anzuwendenden Gemeinschaftsrichtlinien entsprechen. Den formalen Anforderungen dieser Richtlinien brauchen sie nicht zu entsprechen, es sei denn, es ist in der jeweiligen Richtlinie ausdrücklich anders bestimmt.

(4) Der Arbeitgeber hat dafür zu sorgen, dass Beschäftigte nur die Arbeitsmittel verwenden, die er ihnen zur Verfügung gestellt hat oder deren Verwendung er ihnen ausdrücklich gestattet hat.

§ 6 Grundlegende Schutzmaßnahmen bei der Verwendung von Arbeitsmitteln

(1) Der Arbeitgeber hat dafür zu sorgen, dass die Arbeitsmittel sicher verwendet und dabei die Grundsätze der Ergonomie beachtet werden. Dabei ist Anhang 1 zu beachten. Die Ver-

wendung der Arbeitsmittel ist so zu gestalten und zu organisieren, dass Belastungen und Fehlbeanspruchungen, die die Gesundheit und die Sicherheit der Beschäftigten gefährden können, vermieden oder, wenn dies nicht möglich ist, auf ein Mindestmaß reduziert werden. Der Arbeitgeber hat darauf zu achten, dass die Beschäftigten in der Lage sind, die Arbeitsmittel zu verwenden, ohne sich oder andere Personen zu gefährden. Insbesondere sind folgende Grundsätze einer menschengerechten Gestaltung der Arbeit zu berücksichtigen:

1. die Arbeitsmittel einschließlich ihrer Schnittstelle zum Menschen müssen an die körperlichen Eigenschaften und die Kompetenz der Beschäftigten angepasst sein sowie biomechanische Belastungen bei der Verwendung vermieden sein. Zu berücksichtigen sind hierbei die Arbeitsumgebung, die Lage der Zugriffstellen und des Schwerpunktes des Arbeitsmittels, die erforderliche Körperhaltung, die Körperbewegung, die Entfernung zum Körper, die benötigte persönliche Schutzausrüstung sowie die psychische Belastung der Beschäftigten,
2. die Beschäftigten müssen über einen ausreichenden Bewegungsfreiraum verfügen,
3. es sind ein Arbeitstempo und ein Arbeitsrhythmus zu vermeiden, die zu Gefährdungen der Beschäftigten führen können,
4. es sind Bedien- und Überwachungstätigkeiten zu vermeiden, die eine uneingeschränkte und dauernde Aufmerksamkeit erfordern.

(2) Der Arbeitgeber hat dafür zu sorgen, dass vorhandene Schutzeinrichtungen und zur Verfügung gestellte persönliche Schutzausrüstungen verwendet werden, dass erforderliche Schutz- oder Sicherheitseinrichtungen funktionsfähig sind und nicht auf einfache Weise manipuliert oder umgangen werden. Der Arbeitgeber hat ferner durch geeignete Maßnahmen dafür zu sorgen, dass Beschäftigte bei der Verwendung der Arbeitsmittel die nach § 12 erhaltenen Informationen sowie Kennzeichnungen und Gefahrenhinweise beachten.

(3) Der Arbeitgeber hat dafür zu sorgen, dass

1. die Errichtung von Arbeitsmitteln, der Auf- und Abbau, die Erprobung sowie die Instandhaltung und Prüfung von Arbeitsmitteln unter Berücksichtigung der sicherheitsrelevanten Aufstellungs- und Umgebungsbedingungen nach dem Stand der Technik erfolgen und sicher durchgeführt werden,
2. erforderliche Sicherheits- und Schutzabstände eingehalten werden und
3. alle verwendeten oder erzeugten Energieformen und Materialien sicher zu- und abgeführt werden können.

Werden Arbeitsmittel im Freien verwendet, hat der Arbeitgeber dafür zu sorgen, dass die sichere Verwendung der Arbeitsmittel ungeachtet der Witterungsverhältnisse stets gewährleistet ist.

§ 7 Vereinfachte Vorgehensweise bei der Verwendung von Arbeitsmitteln

(1) Der Arbeitgeber kann auf weitere Maßnahmen nach den §§ 8 und 9 verzichten, wenn sich aus der Gefährdungsbeurteilung ergibt, dass

1. die Arbeitsmittel mindestens den sicherheitstechnischen Anforderungen der für sie zum Zeitpunkt der Verwendung geltenden Rechtsvorschriften zum Bereitstellen von Arbeitsmitteln auf dem Markt entsprechen,
2. die Arbeitsmittel ausschließlich bestimmungsgemäß entsprechend den Vorgaben des Herstellers verwendet werden,

3. keine zusätzlichen Gefährdungen der Beschäftigten unter Berücksichtigung der Arbeitsumgebung, der Arbeitsgegenstände, der Arbeitsabläufe sowie der Dauer und der zeitlichen Lage der Arbeitszeit auftreten und
4. Instandhaltungsmaßnahmen nach § 10 getroffen und Prüfungen nach § 14 durchgeführt werden.

(2) Absatz 1 gilt nicht für überwachungsbedürftige Anlagen und die in Anhang 3 genannten Arbeitsmittel.

§ 8 Schutzmaßnahmen bei Gefährdungen durch Energien, Ingangsetzen und Stillsetzen

(1) Der Arbeitgeber darf nur solche Arbeitsmittel verwenden lassen, die gegen Gefährdungen ausgelegt sind durch

1. die von ihnen ausgehenden oder verwendeten Energien,
2. direktes oder indirektes Berühren von Teilen, die unter elektrischer Spannung stehen, oder
3. Störungen ihrer Energieversorgung.

Die Arbeitsmittel müssen ferner so gestaltet sein, dass eine gefährliche elektrostatische Aufladung vermieden oder begrenzt wird. Ist dies nicht möglich, müssen sie mit Einrichtungen zum Ableiten solcher Aufladungen ausgestattet sein.

(2) Der Arbeitgeber hat dafür zu sorgen, dass Arbeitsmittel mit den sicherheitstechnisch erforderlichen Mess-, Steuer- und Regeleinrichtungen ausgestattet sind, damit sie sicher und zuverlässig verwendet werden können.

(3) Befehlseinrichtungen, die Einfluss auf die sichere Verwendung der Arbeitsmittel haben, müssen insbesondere

1. als solche deutlich erkennbar, außerhalb des Gefahrenbereichs angeordnet und leicht und ohne Gefährdung erreichbar sein; ihre Betätigung darf zu keiner zusätzlichen Gefährdung führen,
2. sicher beschaffen und auf vorhersehbare Störungen, Beanspruchungen und Zwänge ausgelegt sein,
3. gegen unbeabsichtigtes oder unbefugtes Betätigen gesichert sein.

(4) Arbeitsmittel dürfen nur absichtlich in Gang gesetzt werden können. Soweit erforderlich, muss das Ingangsetzen sicher verhindert werden können oder müssen sich die Beschäftigten Gefährdungen durch das in Gang gesetzte Arbeitsmittel rechtzeitig entziehen können. Hierbei und bei Änderungen des Betriebszustands muss auch die Sicherheit im Gefahrenbereich durch geeignete Maßnahmen gewährleistet werden.

(5) Vom Standort der Bedienung des Arbeitsmittels aus muss dieses als Ganzes oder in Teilen so stillgesetzt und von jeder einzelnen Energiequelle dauerhaft sicher getrennt werden können, dass ein sicherer Zustand gewährleistet ist. Die hierfür vorgesehenen Befehlseinrichtungen müssen leicht und ungehindert erreichbar und deutlich erkennbar gekennzeichnet sein. Der Befehl zum Stillsetzen eines Arbeitsmittels muss gegenüber dem Befehl zum Ingangsetzen Vorrang haben. Können bei Arbeitsmitteln, die über Systeme mit Speicherwirkung verfügen, nach dem Trennen von jeder Energiequelle nach Satz 1 noch Energien gespeichert sein, so müssen Einrichtungen vorhanden sein, mit denen diese Systeme energiefrei gemacht werden können. Diese Einrichtungen müssen gekennzeichnet sein. Ist ein voll-

ständiges Energiefreimachen nicht möglich, müssen an den Arbeitsmitteln entsprechende Gefahrenhinweise vorhanden sein.

(6) Kraftbetriebene Arbeitsmittel müssen mit einer schnell erreichbaren und auffällig gekennzeichneten Notbefehlseinrichtung zum sicheren Stillsetzen des gesamten Arbeitsmittels ausgerüstet sein, mit der Gefahr bringende Bewegungen oder Prozesse ohne zusätzliche Gefährdungen unverzüglich stillgesetzt werden können. Auf eine Notbefehlseinrichtung kann verzichtet werden, wenn sie die Gefährdung nicht mindern würde; in diesem Fall ist die Sicherheit auf andere Weise zu gewährleisten. Vom jeweiligen Bedienungsort des Arbeitsmittels aus muss feststellbar sein, ob sich Personen oder Hindernisse im Gefahrenbereich befinden, oder dem Ingangsetzen muss ein automatisch ansprechendes Sicherheitssystem vorgeschaltet sein, das das Ingangsetzen verhindert, solange sich Beschäftigte im Gefahrenbereich aufhalten. Ist dies nicht möglich, müssen ausreichende Möglichkeiten zur Verständigung und Warnung vor dem Ingangsetzen vorhanden sein. Soweit erforderlich, muss das Ingangsetzen sicher verhindert werden können, oder die Beschäftigten müssen sich Gefährdungen durch das in Gang gesetzte Arbeitsmittel rechtzeitig entziehen können.

§ 9 Weitere Schutzmaßnahmen bei der Verwendung von Arbeitsmitteln

(1) Der Arbeitgeber hat dafür zu sorgen, dass Arbeitsmittel unter Berücksichtigung der zu erwartenden Betriebsbedingungen so verwendet werden, dass Beschäftigte gegen vorhersehbare Gefährdungen ausreichend geschützt sind. Insbesondere müssen

1. Arbeitsmittel ausreichend standsicher sein und, falls erforderlich, gegen unbeabsichtigte Positions- und Lageänderungen stabilisiert werden,
2. Arbeitsmittel mit den erforderlichen sicherheitstechnischen Ausrüstungen versehen sein,
3. Arbeitsmittel, ihre Teile und die Verbindungen untereinander den Belastungen aus inneren und äußeren Kräften standhalten,
4. Schutzeinrichtungen bei Splitter- oder Bruchgefahr sowie gegen herabfallende oder herausschleudernde Gegenstände vorhanden sein,
5. sichere Zugänge zu Arbeitsplätzen an und in Arbeitsmitteln gewährleistet und ein gefahrloser Aufenthalt dort möglich sein,
6. Schutzmaßnahmen getroffen werden, die sowohl einen Absturz von Beschäftigten als auch von Arbeitsmitteln sicher verhindern,
7. Maßnahmen getroffen werden, damit Personen nicht unbeabsichtigt in Arbeitsmitteln eingeschlossen werden; im Notfall müssen eingeschlossene Personen aus Arbeitsmitteln in angemessener Zeit befreit werden können,
8. Schutzmaßnahmen gegen Gefährdungen durch bewegliche Teile von Arbeitsmitteln und gegen Blockaden solcher Teile getroffen werden; hierzu gehören auch Maßnahmen, die den unbeabsichtigten Zugang zum Gefahrenbereich von beweglichen Teilen von Arbeitsmitteln verhindern oder die bewegliche Teile vor dem Erreichen des Gefahrenbereichs stillsetzen,
9. Maßnahmen getroffen werden, die verhindern, dass die sichere Verwendung der Arbeitsmittel durch äußere Einwirkungen beeinträchtigt wird,
10. Leitungen so verlegt sein, dass Gefährdungen vermieden werden, und
11. Maßnahmen getroffen werden, die verhindern, dass außer Betrieb gesetzte Arbeitsmittel zu Gefährdungen führen.

(2) Der Arbeitgeber hat Schutzmaßnahmen gegen Gefährdungen durch heiße oder kalte Teile, scharfe Ecken und Kanten und raue Oberflächen von Arbeitsmitteln zu treffen.

(3) Der Arbeitgeber hat weiterhin dafür zu sorgen, dass Schutzeinrichtungen

1. einen ausreichenden Schutz gegen Gefährdungen bieten,
2. stabil gebaut sind,
3. sicher in Position gehalten werden,
4. die Eingriffe, die für den Einbau oder den Austausch von Teilen sowie für Instandhaltungsarbeiten erforderlich sind, möglichst ohne Demontage der Schutzeinrichtungen zulassen,
5. keine zusätzlichen Gefährdungen verursachen,
6. nicht auf einfache Weise umgangen oder unwirksam gemacht werden können und
7. die Beobachtung und Durchführung des Arbeitszyklus nicht mehr als notwendig einschränken.

(4) Werden Arbeitsmittel in Bereichen mit gefährlicher explosionsfähiger Atmosphäre verwendet oder kommt es durch deren Verwendung zur Bildung gefährlicher explosionsfähiger Atmosphäre, müssen unter Beachtung der Gefahrstoffverordnung die erforderlichen Schutzmaßnahmen getroffen werden, insbesondere sind die für die jeweilige Zone geeigneten Geräte und Schutzsysteme im Sinne der Richtlinie 2014/34/EU des Europäischen Parlaments und des Rates vom 26. Februar 2014 zur Harmonisierung der Rechtsvorschriften der Mitgliedstaaten für Geräte und Schutzsysteme zur bestimmungsgemäßen Verwendung in explosionsgefährdeten Bereichen (ABl. L 96 vom 29.3.2014, S. 309) einzusetzen. Diese Schutzmaßnahmen sind vor der erstmaligen Verwendung der Arbeitsmittel im Explosionsschutzdokument nach § 6 Absatz 9 der Gefahrstoffverordnung zu dokumentieren.

(5) Soweit nach der Gefährdungsbeurteilung erforderlich, müssen an Arbeitsmitteln oder in deren Gefahrenbereich ausreichende, verständliche und gut wahrnehmbare Sicherheitskennzeichnungen und Gefahrenhinweise sowie Einrichtungen zur angemessenen, unmissverständlichen und leicht wahrnehmbaren Warnung im Gefahrenfall vorhanden sein.

§ 10 Instandhaltung und Änderung von Arbeitsmitteln

(1) Der Arbeitgeber hat Instandhaltungsmaßnahmen zu treffen, damit die Arbeitsmittel während der gesamten Verwendungsdauer den für sie geltenden Sicherheits- und Gesundheitsschutzanforderungen entsprechen und in einem sicheren Zustand erhalten werden. Dabei sind die Angaben des Herstellers zu berücksichtigen. Notwendige Instandhaltungsmaßnahmen nach Satz 1 sind unverzüglich durchzuführen und die dabei erforderlichen Schutzmaßnahmen zu treffen.

(2) Der Arbeitgeber hat Instandhaltungsmaßnahmen auf der Grundlage einer Gefährdungsbeurteilung sicher durchführen zu lassen und dabei die Betriebsanleitung des Herstellers zu berücksichtigen. Instandhaltungsmaßnahmen dürfen nur von fachkundigen, beauftragten und unterwiesenen Beschäftigten oder von sonstigen für die Durchführung der Instandhaltungsarbeiten geeigneten Auftragnehmern mit vergleichbarer Qualifikation durchgeführt werden.

(3) Der Arbeitgeber hat alle erforderlichen Maßnahmen zu treffen, damit Instandhaltungsarbeiten sicher durchgeführt werden können. Dabei hat er insbesondere

1. die Verantwortlichkeiten für die Durchführung der erforderlichen Sicherungsmaßnahmen festzulegen,
2. eine ausreichende Kommunikation zwischen Bedien- und Instandhaltungspersonal sicherzustellen,
3. den Arbeitsbereich während der Instandhaltungsarbeiten abzusichern,
4. das Betreten des Arbeitsbereichs durch Unbefugte zu verhindern, soweit das nach der Gefährdungsbeurteilung erforderlich ist,
5. sichere Zugänge für das Instandhaltungspersonal vorzusehen,
6. Gefährdungen durch bewegte oder angehobene Arbeitsmittel oder deren Teile sowie durch gefährliche Energien oder Stoffe zu vermeiden,
7. dafür zu sorgen, dass Einrichtungen vorhanden sind, mit denen Energien beseitigt werden können, die nach einer Trennung des instand zu haltenden Arbeitsmittels von Energiequellen noch gespeichert sind; diese Einrichtungen sind entsprechend zu kennzeichnen,
8. sichere Arbeitsverfahren für solche Arbeitsbedingungen festzulegen, die vom Normalzustand abweichen,
9. erforderliche Warn- und Gefahrenhinweise bezogen auf Instandhaltungsarbeiten an den Arbeitsmitteln zur Verfügung zu stellen,
10. dafür zu sorgen, dass nur geeignete Geräte und Werkzeuge und eine geeignete persönliche Schutzausrüstung verwendet werden,
11. bei Auftreten oder Bildung gefährlicher explosionsfähiger Atmosphäre Schutzmaßnahmen entsprechend § 9 Absatz 4 Satz 1 zu treffen,
12. Systeme für die Freigabe bestimmter Arbeiten anzuwenden.

(4) Werden bei Instandhaltungsmaßnahmen an Arbeitsmitteln die für den Normalbetrieb getroffenen technischen Schutzmaßnahmen ganz oder teilweise außer Betrieb gesetzt oder müssen solche Arbeiten unter Gefährdung durch Energie durchgeführt werden, so ist die Sicherheit der Beschäftigten während der Dauer dieser Arbeiten durch andere geeignete Maßnahmen zu gewährleisten.

(5) Werden Änderungen an Arbeitsmitteln durchgeführt, gelten die Absätze 1 bis 3 entsprechend. Der Arbeitgeber hat sicherzustellen, dass die geänderten Arbeitsmittel die Sicherheits- und Gesundheitsschutzanforderungen nach § 5 Absatz 1 und 2 erfüllen. Bei Änderungen von Arbeitsmitteln hat der Arbeitgeber zu beurteilen, ob es sich um prüfpflichtige Änderungen handelt. Er hat auch zu beurteilen, ob er bei den Änderungen von Arbeitsmitteln Herstellerpflichten zu beachten hat, die sich aus anderen Rechtsvorschriften, insbesondere dem Produktsicherheitsgesetz oder einer Verordnung nach § 8 Absatz 1 des Produktsicherheitsgesetzes ergeben.

§ 11 Besondere Betriebszustände, Betriebsstörungen und Unfälle

(1) Der Arbeitgeber hat Maßnahmen zu ergreifen, durch die unzulässige oder instabile Betriebszustände von Arbeitsmitteln verhindert werden. Können instabile Zustände nicht sicher verhindert werden, hat der Arbeitgeber Maßnahmen zu ihrer Beherrschung zu treffen. Die Sätze 1 und 2 gelten insbesondere für An- und Abfahr- sowie Erprobungsvorgänge.

(2) Der Arbeitgeber hat dafür zu sorgen, dass Beschäftigte und andere Personen bei einem Unfall oder bei einem Notfall unverzüglich gerettet und ärztlich versorgt werden können.

Dies schließt die Bereitstellung geeigneter Zugänge zu den Arbeitsmitteln und in diese sowie die Bereitstellung erforderlicher Befestigungsmöglichkeiten für Rettungseinrichtungen an und in den Arbeitsmitteln ein. Im Notfall müssen Zugangssperren gefahrlos selbsttätig in einen sicheren Bereich öffnen. Ist dies nicht möglich, müssen Zugangssperren über eine Notentriegelung leicht zu öffnen sein, wobei an der Notentriegelung und an der Zugangssperre auf die noch bestehenden Gefahren besonders hingewiesen werden muss. Besteht die Möglichkeit, in ein Arbeitsmittel eingezogen zu werden, muss die Rettung eingezogener Personen möglich sein.

(3) Der Arbeitgeber hat dafür zu sorgen, dass die notwendigen Informationen über Maßnahmen bei Notfällen zur Verfügung stehen. Die Informationen müssen auch Rettungsdiensten zur Verfügung stehen, soweit sie für Rettungseinsätze benötigt werden. Zu den Informationen zählen:

1. eine Vorabmitteilung über einschlägige Gefährdungen bei der Arbeit, über Maßnahmen zur Feststellung von Gefährdungen sowie über Vorsichtsmaßregeln und Verfahren, damit die Rettungsdienste ihre eigenen Abhilfe- und Sicherheitsmaßnahmen vorbereiten können,
2. Informationen über einschlägige und spezifische Gefährdungen, die bei einem Unfall oder Notfall auftreten können, einschließlich der Informationen über die Maßnahmen nach den Absätzen 1 und 2.

Treten durch besondere Betriebszustände oder Betriebsstörungen Gefährdungen auf, hat der Arbeitgeber dafür zu sorgen, dass dies durch Warneinrichtungen angezeigt wird.

(4) Werden bei Rüst-, Einrichtungs- und Erprobungsarbeiten oder vergleichbaren Arbeiten an Arbeitsmitteln die für den Normalbetrieb getroffenen technischen Schutzmaßnahmen ganz oder teilweise außer Betrieb gesetzt oder müssen solche Arbeiten unter Gefährdung durch Energie durchgeführt werden, so ist die Sicherheit der Beschäftigten während der Dauer dieser Arbeiten durch andere geeignete Maßnahmen zu gewährleisten. Die Arbeiten nach Satz 1 dürfen nur von fachkundigen Personen durchgeführt werden.

(5) Insbesondere bei Rüst- und Einrichtungsarbeiten, der Erprobung und der Prüfung von Arbeitsmitteln sowie bei der Fehlersuche sind Gefahrenbereiche festzulegen. Ist ein Aufenthalt im Gefahrenbereich von Arbeitsmitteln erforderlich, sind auf der Grundlage der Gefährdungsbeurteilung weitere Maßnahmen zu treffen, welche die Sicherheit der Beschäftigten gewährleisten.

§ 12 Unterweisung und besondere Beauftragung von Beschäftigten

(1) Bevor Beschäftigte Arbeitsmittel erstmalig verwenden, hat der Arbeitgeber ihnen ausreichende und angemessene Informationen anhand der Gefährdungsbeurteilung in einer für die Beschäftigten verständlichen Form und Sprache zur Verfügung zu stellen über

1. vorhandene Gefährdungen bei der Verwendung von Arbeitsmitteln einschließlich damit verbundener Gefährdungen durch die Arbeitsumgebung,
2. erforderliche Schutzmaßnahmen und Verhaltensregelungen und
3. Maßnahmen bei Betriebsstörungen, Unfällen und zur Ersten Hilfe bei Notfällen.

Der Arbeitgeber hat die Beschäftigten vor Aufnahme der Verwendung von Arbeitsmitteln tätigkeitsbezogen anhand der Informationen nach Satz 1 zu unterweisen. Danach hat er in regelmäßigen Abständen, mindestens jedoch einmal jährlich, weitere Unterweisungen durchzuführen. Das Datum einer jeden Unterweisung und die Namen der Unterwiesenen hat er schriftlich festzuhalten.

(2) Bevor Beschäftigte Arbeitsmittel erstmalig verwenden, hat der Arbeitgeber ihnen eine schriftliche Betriebsanweisung für die Verwendung des Arbeitsmittels in einer für die Beschäftigten verständlichen Form und Sprache an geeigneter Stelle zur Verfügung zu stellen. Satz 1 gilt nicht für Arbeitsmittel, für die keine Gebrauchsanleitung nach § 3 Absatz 4 des Produktsicherheitsgesetzes mitgeliefert werden muss. Anstelle einer Betriebsanweisung kann der Arbeitgeber auch eine bei der Bereitstellung des Arbeitsmittels auf dem Markt mitgelieferte Gebrauchsanleitung oder Betriebsanleitung zur Verfügung stellen, wenn diese Informationen enthalten, die einer Betriebsanweisung entsprechen. Die Betriebsanweisung ist bei sicherheitsrelevanten Änderungen der Arbeitsbedingungen zu aktualisieren und bei der regelmäßig wiederkehrenden Unterweisung nach § 12 des Arbeitsschutzgesetzes in Bezug zu nehmen.

(3) Ist die Verwendung von Arbeitsmitteln mit besonderen Gefährdungen verbunden, hat der Arbeitgeber dafür zu sorgen, dass diese nur von hierzu beauftragten Beschäftigten verwendet werden.

§ 13 Zusammenarbeit verschiedener Arbeitgeber

(1) Beabsichtigt der Arbeitgeber, in seinem Betrieb Arbeiten durch eine betriebsfremde Person (Auftragnehmer) durchführen zu lassen, so darf er dafür nur solche Auftragnehmer heranziehen, die über die für die geplanten Arbeiten erforderliche Fachkunde verfügen. Der Arbeitgeber als Auftraggeber hat die Auftragnehmer, die ihrerseits Arbeitgeber sind, über die von seinen Arbeitsmitteln ausgehenden Gefährdungen und über spezifische Verhaltensregeln zu informieren. Der Auftragnehmer hat den Auftraggeber und andere Arbeitgeber über Gefährdungen durch seine Arbeiten für Beschäftigte des Auftraggebers und anderer Arbeitgeber zu informieren.

(2) Kann eine Gefährdung von Beschäftigten anderer Arbeitgeber nicht ausgeschlossen werden, so haben alle betroffenen Arbeitgeber bei ihren Gefährdungsbeurteilungen zusammenzuwirken und die Schutzmaßnahmen so abzustimmen und durchzuführen, dass diese wirksam sind. Jeder Arbeitgeber ist dafür verantwortlich, dass seine Beschäftigten die gemeinsam festgelegten Schutzmaßnahmen anwenden.

(3) Besteht bei der Verwendung von Arbeitsmitteln eine erhöhte Gefährdung von Beschäftigten anderer Arbeitgeber, ist für die Abstimmung der jeweils erforderlichen Schutzmaßnahmen durch die beteiligten Arbeitgeber ein Koordinator/eine Koordinatorin schriftlich zu bestellen. Sofern aufgrund anderer Arbeitsschutzvorschriften bereits ein Koordinator/eine Koordinatorin bestellt ist, kann dieser/diese auch die Koordinationsaufgaben nach dieser Verordnung übernehmen. Dem Koordinator/der Koordinatorin sind von den beteiligten Arbeitgebern alle erforderlichen sicherheitsrelevanten Informationen sowie Informationen zu den festgelegten Schutzmaßnahmen zur Verfügung zu stellen. Die Bestellung eines Koordinators/einer Koordinatorin entbindet die Arbeitgeber nicht von ihrer Verantwortung nach dieser Verordnung.

§ 14 Prüfung von Arbeitsmitteln

(1) Der Arbeitgeber hat Arbeitsmittel, deren Sicherheit von den Montagebedingungen abhängt, vor der erstmaligen Verwendung von einer zur Prüfung befähigten Person prüfen zu

lassen. Die Prüfung umfasst Folgendes:

1. die Kontrolle der vorschriftsmäßigen Montage oder Installation und der sicheren Funktion dieser Arbeitsmittel,
2. die rechtzeitige Feststellung von Schäden,
3. die Feststellung, ob die getroffenen sicherheitstechnischen Maßnahmen wirksam sind.

Prüfinhalte, die im Rahmen eines Konformitätsbewertungsverfahrens geprüft und dokumentiert wurden, müssen nicht erneut geprüft werden. Die Prüfung muss vor jeder Inbetriebnahme nach einer Montage stattfinden.

(2) Arbeitsmittel, die Schäden verursachenden Einflüssen ausgesetzt sind, die zu Gefährdungen der Beschäftigten führen können, hat der Arbeitgeber wiederkehrend von einer zur Prüfung befähigten Person prüfen zu lassen. Die Prüfung muss entsprechend den nach § 3 Absatz 6 ermittelten Fristen stattfinden. Ergibt die Prüfung, dass ein Arbeitsmittel nicht bis zu der nach § 3 Absatz 6 ermittelten nächsten wiederkehrenden Prüfung sicher betrieben werden kann, ist die Prüffrist neu festzulegen.

(3) Arbeitsmittel sind nach prüfpflichtigen Änderungen vor ihrer nächsten Verwendung durch eine zur Prüfung befähigte Person prüfen zu lassen. Arbeitsmittel, die von außergewöhnlichen Ereignissen betroffen sind, die schädigende Auswirkungen auf ihre Sicherheit haben können, durch die Beschäftigte gefährdet werden können, sind vor ihrer weiteren Verwendung einer außerordentlichen Prüfung durch eine zur Prüfung befähigte Person unterziehen zu lassen. Außergewöhnliche Ereignisse können insbesondere Unfälle, längere Zeiträume der Nichtverwendung der Arbeitsmittel oder Naturereignisse sein.

(4) Bei der Prüfung der in Anhang 3 genannten Arbeitsmittel gelten die dort genannten Vorgaben zusätzlich zu den Vorgaben der Absätze 1 bis 3.

(5) Der Fälligkeitstermin von wiederkehrenden Prüfungen wird jeweils mit dem Monat und dem Jahr angegeben. Die Frist für die nächste wiederkehrende Prüfung beginnt mit dem Fälligkeitstermin der letzten Prüfung. Wird eine Prüfung vor dem Fälligkeitstermin durchgeführt, beginnt die Frist für die nächste Prüfung mit dem Monat und Jahr der Durchführung. Für Arbeitsmittel mit einer Prüffrist von mehr als zwei Jahren gilt Satz 3 nur, wenn die Prüfung mehr als zwei Monate vor dem Fälligkeitstermin durchgeführt wird. Ist ein Arbeitsmittel zum Fälligkeitstermin der wiederkehrenden Prüfung außer Betrieb gesetzt, so darf es erst wieder in Betrieb genommen werden, nachdem diese Prüfung durchgeführt worden ist; in diesem Fall beginnt die Frist für die nächste wiederkehrende Prüfung mit dem Termin der Prüfung. Eine wiederkehrende Prüfung gilt als fristgerecht durchgeführt, wenn sie spätestens zwei Monate nach dem Fälligkeitstermin durchgeführt wurde. Dieser Absatz ist nur anzuwenden, soweit es sich um Arbeitsmittel nach Anhang 2 Abschnitt 2 bis 4 und Anhang 3 handelt.

(6) Zur Prüfung befähigte Personen nach § 2 Absatz 6 unterliegen bei der Durchführung der nach dieser Verordnung vorgeschriebenen Prüfungen keinen fachlichen Weisungen durch den Arbeitgeber. Zur Prüfung befähigte Personen dürfen vom Arbeitgeber wegen ihrer Prüftätigkeit nicht benachteiligt werden.

(7) Der Arbeitgeber hat dafür zu sorgen, dass das Ergebnis der Prüfung nach den Absätzen 1 bis 4 aufgezeichnet und mindestens bis zur nächsten Prüfung aufbewahrt wird. Dabei hat er dafür zu sorgen, dass die Aufzeichnungen nach Satz 1 mindestens Auskunft geben über:

1. Art der Prüfung,

2. Prüfumfang,
3. Ergebnis der Prüfung und
4. Name und Unterschrift der zur Prüfung befähigten Person; bei ausschließlich elektronisch übermittelten Dokumenten elektronische Signatur.

Aufzeichnungen können auch in elektronischer Form aufbewahrt werden. Werden Arbeitsmittel nach den Absätzen 1 und 2 sowie Anhang 3 an unterschiedlichen Betriebsorten verwendet, ist am Einsatzort ein Nachweis über die Durchführung der letzten Prüfung vorzuhalten.

(8) Die Absätze 1 bis 3 gelten nicht für überwachungsbedürftige Anlagen, soweit entsprechende Prüfungen in den §§ 15 und 16 vorgeschrieben sind. Absatz 7 gilt nicht für überwachungsbedürftige Anlagen, soweit entsprechende Aufzeichnungen in § 17 vorgeschrieben sind.

Abschnitt 3
Zusätzliche Vorschriften für überwachungsbedürftige Anlagen

§ 15 Prüfung vor Inbetriebnahme und vor Wiederinbetriebnahme nach prüfpflichtigen Änderungen

(1) Der Arbeitgeber hat sicherzustellen, dass überwachungsbedürftige Anlagen vor erstmaliger Inbetriebnahme und vor Wiederinbetriebnahme nach prüfpflichtigen Änderungen geprüft werden. Bei der Prüfung ist festzustellen,

1. ob die für die Prüfung benötigten technischen Unterlagen, wie beispielsweise eine EG-Konformitätserklärung, vorhanden sind und ihr Inhalt plausibel ist und
2. ob die Anlage einschließlich der Anlagenteile entsprechend dieser Verordnung errichtet oder geändert worden ist und sich auch unter Berücksichtigung der Aufstellbedingungen in einem sicheren Zustand befindet.

Die Prüfung ist nach Maßgabe der in Anhang 2 genannten Vorgaben durchzuführen. Prüfinhalte, die im Rahmen von Konformitätsbewertungsverfahren geprüft und dokumentiert wurden, müssen nicht erneut geprüft werden.

(2) Bei den Prüfungen nach Absatz 1 ist auch festzustellen, ob die getroffenen sicherheitstechnischen Maßnahmen geeignet und funktionsfähig sind und ob die Frist für die nächste wiederkehrende Prüfung nach § 3 Absatz 6 zutreffend festgelegt wurde. Abweichend von Satz 1 ist die Feststellung der zutreffenden Prüffrist für Druckanlagen, deren Prüffrist nach Anhang 2 Abschnitt 4 Nummer 5.4 ermittelt wird, unmittelbar nach deren Ermittlung durchzuführen. Über die in den Sätzen 1 und 2 festgelegten Prüffristen entscheidet im Streitfall die zuständige Behörde. Satz 1 gilt ferner nicht für die Eignung der sicherheitstechnischen Maßnahmen, die Gegenstand einer Erlaubnis nach § 18 oder einer Genehmigung nach anderen Rechtsvorschriften sind.

(3) Die Prüfungen nach Absatz 1 sind von einer zugelassenen Überwachungsstelle nach Anhang 2 Abschnitt 1 durchzuführen. Sofern dies in Anhang 2 Abschnitt 2, 3 oder 4 vorgesehen ist, können die Prüfungen nach Satz 1 auch von einer zur Prüfung befähigten Person durchgeführt werden. Darüber hinaus können alle Prüfungen nach prüfpflichtigen Änderungen, die nicht die Bauart oder die Betriebsweise einer überwachungsbedürftigen

Anlage betreffen, von einer zur Prüfung befähigten Person durchgeführt werden. Bei überwachungsbedürftigen Anlagen, die für einen ortsveränderlichen Einsatz vorgesehen sind und nach der ersten Inbetriebnahme an einem neuen Standort aufgestellt werden, können die Prüfungen nach Absatz 1 durch eine zur Prüfung befähigte Person durchgeführt werden.

§ 16 Wiederkehrende Prüfung

(1) Der Arbeitgeber hat sicherzustellen, dass überwachungsbedürftige Anlagen nach Maßgabe der in Anhang 2 genannten Vorgaben wiederkehrend auf ihren sicheren Zustand hinsichtlich des Betriebs geprüft werden.

(2) Bei der wiederkehrenden Prüfung ist auch zu überprüfen, ob die Frist für die nächste wiederkehrende Prüfung nach § 3 Absatz 6 zutreffend festgelegt wurde. Im Streitfall entscheidet die zuständige Behörde.

(3) § 14 Absatz 5 gilt entsprechend. Ist eine behördlich angeordnete Prüfung durchgeführt worden, so beginnt die Frist für eine wiederkehrende Prüfung mit Monat und Jahr der Durchführung dieser Prüfung, wenn diese der wiederkehrenden Prüfung entspricht.

(4) § 15 Absatz 3 gilt entsprechend.

§ 17 Prüfaufzeichnungen und -bescheinigungen

(1) Der Arbeitgeber hat dafür zu sorgen, dass das Ergebnis der Prüfung nach den §§ 15 und 16 aufgezeichnet wird. Sofern die Prüfung von einer zugelassenen Überwachungsstelle durchzuführen ist, ist von dieser eine Prüfbescheinigung über das Ergebnis der Prüfung zu fordern. Aufzeichnungen und Prüfbescheinigungen müssen mindestens Auskunft geben über

1. Anlagenidentifikation,
2. Prüfdatum,
3. Art der Prüfung,
4. Prüfungsgrundlagen,
5. Prüfumfang,
6. Eignung und Funktion der technischen Schutzmaßnahmen sowie Eignung der organisatorischen Schutzmaßnahmen,
7. Ergebnis der Prüfung,
8. Frist bis zur nächsten wiederkehrenden Prüfung nach § 16 Absatz 2 und
9. Name und Unterschrift des Prüfers, bei Prüfung durch zugelassene Überwachungsstellen zusätzlich Name der zugelassenen Überwachungsstelle; bei ausschließlich elektronisch übermittelten Dokumenten die elektronische Signatur.

Aufzeichnungen und Prüfbescheinigungen sind während der gesamten Verwendungsdauer am Betriebsort der überwachungsbedürftigen Anlage aufzubewahren und der zuständigen Behörde auf Verlangen vorzulegen. Sie können auch in elektronischer Form aufbewahrt werden.

(2) Unbeschadet der Aufzeichnungen und Prüfbescheinigungen nach Absatz 1 muss in der Kabine von Aufzugsanlagen eine Kennzeichnung, zum Beispiel in Form einer Prüfplakette, deutlich sichtbar und dauerhaft angebracht sein, aus der sich Monat und Jahr der nächsten wiederkehrenden Prüfung sowie der prüfenden Stelle ergibt.

§ 18 Erlaubnispflicht

(1) Die Errichtung und der Betrieb sowie die Änderungen der Bauart oder Betriebsweise, welche die Sicherheit der Anlage beeinflussen, folgender Anlagen bedürfen der Erlaubnis der zuständigen Behörde:

1. Dampfkesselanlagen nach Anhang 2 Abschnitt 4 Nummer 2.1 Satz 1 Buchstabe a, die nach Artikel 13 in Verbindung mit Anhang II Diagramm 5 der Richtlinie 2014/68/EU des Europäischen Parlaments und des Rates vom 15. Mai 2014 zur Harmonisierung der Rechtsvorschriften der Mitgliedstaaten über die Bereitstellung von Druckgeräten auf dem Markt (ABl. L 189 vom 27.6.2014, S. 164) in die Kategorie IV einzustufen sind,
2. Anlagen mit Druckgeräten nach Anhang 2 Abschnitt 4 Nummer 2.1 Satz 1 Buchstabe c, in denen mit einer Füllkapazität von mehr als 10 Kilogramm je Stunde ortsbewegliche Druckgeräte im Sinne von Anhang 2 Abschnitt 4 Nummer 2.1 Satz 2 Buchstabe b mit Druckgasen zur Abgabe an Andere befüllt werden,
3. Anlagen einschließlich der Lager- und Vorratsbehälter zum Befüllen von Land-, Wasser- und Luftfahrzeugen mit entzündbaren Gasen im Sinne von Anhang 1 Nummer 2.2 der Verordnung (EG) Nr. 1272/2008 des Europäischen Parlaments und des Rates vom 16. Dezember 2008 über die Einstufung, Kennzeichnung und Verpackung von Stoffen und Gemischen, zur Änderung und Aufhebung der Richtlinien 67/548/EWG und 1999/45/EG und zur Änderung der Verordnung (EG) Nr. 1907/2006 (ABl. L 353 vom 31.12.2008, S. 1) zur Verwendung als Treib- oder Brennstoff (Gasfüllanlagen),
4. Räume oder Bereiche einschließlich der in ihnen vorgesehenen ortsfesten Behälter und sonstiger Lagereinrichtungen, die dazu bestimmt sind, dass in ihnen entzündbare Flüssigkeiten mit einem Gesamtrauminhalt von mehr als 10 000 Litern gelagert werden (Lageranlagen), soweit Räume oder Bereiche nicht zu Anlagen nach den Nummern 5 bis 7 gehören,
5. ortsfest errichtete oder dauerhaft am gleichen Ort verwendete Anlagen mit einer Umschlagkapazität von mehr als 1000 Litern je Stunde, die dazu bestimmt sind, dass in ihnen Transportbehälter mit entzündbaren Flüssigkeiten befüllt werden (Füllstellen),
6. ortsfeste Anlagen für die Betankung von Land-, Wasser- und Luftfahrzeugen mit entzündbaren Flüssigkeiten (Tankstellen),
7. ortsfeste Anlagen oder Bereiche auf Flugfeldern, in denen Kraftstoffbehälter von Luftfahrzeugen aus Hydrantenanlagen mit entzündbaren Flüssigkeiten befüllt werden (Flugfeldbetankungsanlagen),
8. (weggefallen)

Entzündbare Flüssigkeiten nach Satz 1 Nummer 4 bis 6 sind solche mit Stoffeigenschaften nach Anhang 1 Nummer 2.6 der Verordnung (EG) Nr. 1272/2008, sofern sie einen Flammpunkt von weniger als 23 Grad Celsius haben. Zu einer Anlage im Sinne des Satzes 1 gehören auch Mess-, Steuer- und Regeleinrichtungen, die dem sicheren Betrieb dieser Anlage dienen.

(2) Absatz 1 findet keine Anwendung auf

1. Anlagen, in denen Wasserdampf oder Heißwasser in einem Herstellungsverfahren durch Wärmerückgewinnung entsteht, es sei denn, Rauchgase werden gekühlt und der entstehende Wasserdampf oder das entstehende Heißwasser werden nicht überwiegend der Verfahrensanlage zugeführt, und

2. Anlagen zum Entsorgen von Kältemitteln, die einem Wärmetauscher entnommen und in ein ortsbewegliches Druckgerät gefüllt werden.

(3) Die Erlaubnis ist schriftlich oder elektronisch zu beantragen. Ein Antrag auf eine Teilerlaubnis ist möglich. Dem Antrag sind alle Unterlagen beizufügen, die für die Beurteilung des Antrages notwendig sind. Erfolgt die Antragstellung elektronisch, kann die zuständige Behörde Mehrfertigungen sowie die Übermittlung der dem Antrag beizufügenden Unterlagen auch in schriftlicher Form verlangen. Aus den Unterlagen muss hervorgehen, dass Aufstellung, Bauart und Betriebsweise den Anforderungen dieser Verordnung und hinsichtlich des Brand- und Explosionsschutzes auch der Gefahrstoffverordnung entsprechen und dass die vorgesehenen sicherheitstechnischen Maßnahmen geeignet sind. Aus den Unterlagen muss weiterhin hervorgehen, dass

1. auch die möglichen Gefährdungen, die sich aus der Arbeitsumgebung und durch Wechselwirkungen mit anderen Arbeitsmitteln, insbesondere anderen überwachungsbedürftigen Anlagen, die in einem räumlichen oder betriebstechnischen Zusammenhang mit der beantragten Anlage verwendet werden, betrachtet wurden und die Anforderungen und die vorgesehenen Schutzmaßnahmen geeignet sind, und
2. die sich aus der Zusammenarbeit verschiedener Arbeitgeber ergebenden Maßnahmen nach § 13 berücksichtigt wurden.

Den Unterlagen ist ein Prüfbericht einer zugelassenen Überwachungsstelle beizufügen, in dem bestätigt wird, dass die Anlage bei Einhaltung der in den Unterlagen genannten Maßnahmen einschließlich der Prüfungen nach Anhang 2 Abschnitt 3 und 4 sicher betrieben werden kann

(4) Die zuständige Behörde hat die Erlaubnis zu erteilen, wenn die vorgesehene Aufstellung, Bauart und Betriebsweise den sicherheitstechnischen Anforderungen dieser Verordnung und hinsichtlich des Brand- und Explosionsschutzes auch der Gefahrstoffverordnung entsprechen. Die Erlaubnis kann beschränkt, befristet, unter Bedingungen erteilt sowie mit Auflagen verbunden werden. Die nachträgliche Aufnahme, Änderung oder Ergänzung von Auflagen ist zulässig.

(5) Die zuständige Behörde hat über den Antrag innerhalb von drei Monaten, nachdem er bei ihr eingegangen ist, zu entscheiden. Die Frist kann in begründeten Fällen verlängert werden. Die verlängerte Frist ist zusammen mit den Gründen für die Verlängerung dem Antragsteller mitzuteilen.

Fußnote

(+++ § 18: Zur Anwendung vgl. § 20 Abs. 2 +++)

Abschnitt 4
Vollzugsregelungen und Ausschuss für Betriebssicherheit

§ 19 Mitteilungspflichten, behördliche Ausnahmen

(1) Der Arbeitgeber hat bei Arbeitsmitteln nach den Anhängen 2 und 3 der zuständigen Behörde folgende Ereignisse unverzüglich anzuzeigen:

1. jeden Unfall, bei dem ein Mensch getötet oder erheblich verletzt worden ist, und
2. jeden Schadensfall, bei dem Bauteile oder sicherheitstechnische Einrichtungen versagt haben.

(2) Die zuständige Behörde kann bei überwachungsbedürftigen Anlagen vom Arbeitgeber verlangen, dass dieser das nach Absatz 1 anzuzeigende Ereignis auf seine Kosten durch eine möglichst im gegenseitigen Einvernehmen bestimmte zugelassene Überwachungsstelle sicherheitstechnisch beurteilen lässt und ihr die Beurteilung schriftlich vorlegt. Die sicherheitstechnische Beurteilung hat sich insbesondere auf die Feststellung zu erstrecken,

1. worauf das Ereignis zurückzuführen ist,
2. ob sich die überwachungsbedürftige Anlage in einem nicht sicheren Zustand befand und ob nach Behebung des Mangels eine Gefährdung nicht mehr besteht und
3. ob neue Erkenntnisse gewonnen worden sind, die andere oder zusätzliche Schutzvorkehrungen erfordern.

(3) Unbeschadet des § 22 des Arbeitsschutzgesetzes hat der Arbeitgeber der zuständigen Behörde auf Verlangen Folgendes zu übermitteln:

1. die Dokumentation der Gefährdungsbeurteilung nach § 3 Absatz 8 und die ihr zugrunde liegenden Informationen,
2. einen Nachweis, dass die Gefährdungsbeurteilung entsprechend den Anforderungen nach § 3 Absatz 2 Satz
3. erstellt wurde,
4. Angaben zu den nach § 13 des Arbeitsschutzgesetzes verantwortlichen Personen,
5. Angaben zu den getroffenen Schutzmaßnahmen einschließlich der Betriebsanweisung.

(4) Die zuständige Behörde kann auf schriftlichen Antrag des Arbeitgebers Ausnahmen von den §§ 8 bis 11 und Anhang 1 zulassen, wenn die Anwendung dieser Vorschriften für den Arbeitgeber im Einzelfall zu einer unverhältnismäßigen Härte führen würde, die Ausnahme sicherheitstechnisch vertretbar und mit dem Schutz der Beschäftigten und, soweit überwachungsbedürftige Anlagen betroffen sind, auch mit dem Schutz anderer Personen vereinbar ist. Der Arbeitgeber hat der zuständigen Behörde im Antrag Folgendes darzulegen:

1. den Grund für die Beantragung der Ausnahme,
2. die betroffenen Tätigkeiten und Verfahren,
3. die Zahl der voraussichtlich betroffenen Beschäftigten,
4. die technischen und organisatorischen Maßnahmen, die zur Gewährleistung der Sicherheit und zur Vermeidung von Gefährdungen getroffen werden sollen.

Für ihre Entscheidung kann die Behörde ein Sachverständigengutachten verlangen, dessen Kosten der Arbeitgeber zu tragen hat.

(5) Die zuständige Behörde kann bei überwachungsbedürftigen Anlagen im Einzelfall eine außerordentliche Prüfung anordnen, wenn hierfür ein besonderer Anlass besteht. Ein solcher Anlass besteht insbesondere dann, wenn ein Schadensfall eingetreten ist. Der Arbeitgeber hat eine angeordnete Prüfung unverzüglich zu veranlassen.

(6) Die zuständige Behörde kann die in Anhang 2 Abschnitt 2 bis 4 und Anhang 3 genannten Fristen im Einzelfall verkürzen, soweit es zur Gewährleistung der Sicherheit der Anlagen erforderlich ist. Die zuständige Behörde kann die in Anhang 2 Abschnitt 2 bis 4 und Anhang 3 genannten Fristen im Einzelfall verlängern, soweit die Sicherheit auf andere Weise gewährleistet ist.

§ 20 Sonderbestimmungen für überwachungsbedürftige Anlagen des Bundes

(1) Aufsichtsbehörde für die in Anhang 2 Abschnitt 2 bis 4 genannten überwachungsbedürftigen Anlagen der Wasserstraßen- und Schifffahrtsverwaltung des Bundes, der Bundeswehr und der Bundespolizei ist das zuständige Bundesministerium oder die von ihm bestimmte Behörde. Dies gilt auch für alle in Anhang 2 Abschnitt 2 bis 4 genannten überwachungsbedürftigen Anlagen auf den von der Wasserstraßen- und Schifffahrtsverwaltung des Bundes, der Bundeswehr und der Bundespolizei genutzten Dienstliegenschaften. Für andere der Aufsicht der Bundesverwaltung unterliegende überwachungsbedürftige Anlagen nach Anhang 2 Abschnitt 2 bis 4 bestimmt sich die zuständige Aufsichtsbehörde nach § 26 Absatz 1 des Gesetzes über überwachungsbedürftige Anlagen.

(2) § 18 findet keine Anwendung auf die in Anhang 2 Abschnitt 2 bis 4 genannten überwachungsbedürftigen Anlagen der Wasserstraßen- und Schifffahrtsverwaltung des Bundes, der Bundeswehr und der Bundespolizei.

§ 21 Ausschuss für Betriebssicherheit

(1) Beim Bundesministerium für Arbeit und Soziales wird ein Ausschuss für Betriebssicherheit gebildet. Dieser Ausschuss soll aus fachkundigen Vertretern der Arbeitgeber, der Gewerkschaften, der Länderbehörden, der gesetzlichen Unfallversicherung und der zugelassenen Überwachungsstellen bestehen sowie aus weiteren fachkundigen Personen, insbesondere aus der Wissenschaft. Die Gesamtzahl der Mitglieder soll 21 Personen nicht überschreiten. Für jedes Mitglied ist ein stellvertretendes Mitglied zu benennen. Die Mitgliedschaft im Ausschuss für Betriebssicherheit ist ehrenamtlich.

(2) Das Bundesministerium für Arbeit und Soziales beruft die Mitglieder des Ausschusses und die stellvertretenden Mitglieder. Der Ausschuss gibt sich eine Geschäftsordnung und wählt die Vorsitzende oder den Vorsitzenden aus seiner Mitte. Die Geschäftsordnung und die Wahl der oder des Vorsitzenden bedürfen der Zustimmung des Bundesministeriums für Arbeit und Soziales.

(3) Das Arbeitsprogramm des Ausschusses für Betriebssicherheit wird mit dem Bundesministerium für Arbeit und Soziales abgestimmt. Der Ausschuss arbeitet eng mit den anderen Ausschüssen beim Bundesministerium für Arbeit und Soziales zusammen.

(4) Die Sitzungen des Ausschusses sind nicht öffentlich. Beratungs- und Abstimmungsergebnisse des Ausschusses sowie Niederschriften der Untergremien sind vertraulich zu behandeln, soweit die Erfüllung der Aufgaben, die den Untergremien oder den Mitgliedern des Ausschusses obliegen, dem nicht entgegenstehen.

(5) Zu den Aufgaben des Ausschusses gehört es,

1. den Stand von Wissenschaft und Technik, Arbeitsmedizin und Arbeitshygiene sowie sonstiger gesicherte arbeitswissenschaftlicher Erkenntnisse bei der Verwendung von Arbeitsmitteln zu ermitteln und dazu Empfehlungen auszusprechen,
2. zu ermitteln, wie die in dieser Verordnung gestellten Anforderungen erfüllt werden können, und dazu die dem jeweiligen Stand der Technik und der Arbeitsmedizin entsprechenden Regeln und Erkenntnisse zu erarbeiten,
3. das Bundesministerium für Arbeit und Soziales in Fragen von Sicherheit und Gesundheitsschutz bei der Verwendung von Arbeitsmitteln zu beraten und

4. die von den zugelassenen Überwachungsstellen nach § 13 Nummer 2 des Gesetzes über überwachungsbedürftige Anlagen gewonnenen Erkenntnisse auszuwerten und bei den Aufgaben nach den Nummern 1 bis 3 zu berücksichtigen.

(6) Nach Prüfung kann das Bundesministerium für Arbeit und Soziales

1. die vom Ausschuss für Betriebssicherheit ermittelten Regeln und Erkenntnisse nach Absatz 5 Nummer 2 im Gemeinsamen Ministerialblatt bekannt geben und
2. die Empfehlungen nach Absatz 5 Nummer 1 sowie die Beratungsergebnisse nach Absatz 5 Nummer 3 in geeigneter Weise veröffentlichen.

(7) Die Bundesministerien sowie die zuständigen obersten Landesbehörden können zu den Sitzungen des Ausschusses Vertreter entsenden. Diesen ist auf Verlangen in der Sitzung das Wort zu erteilen.

(8) Die Geschäfte des Ausschusses führt die Bundesanstalt für Arbeitsschutz und Arbeitsmedizin.

Abschnitt 5
Ordnungswidrigkeiten und Straftaten, Schlussvorschriften

§ 22 Ordnungswidrigkeiten

(1) Ordnungswidrig im Sinne des § 25 Absatz 1 Nummer 1 des Arbeitsschutzgesetzes handelt, wer vorsätzlich oder fahrlässig

1. entgegen § 3 Absatz 1 Satz 1 eine Gefährdung nicht, nicht richtig oder nicht rechtzeitig beurteilt,
2. entgegen § 3 Absatz 3 Satz 3 eine Gefährdungsbeurteilung durchführt,
3. (weggefallen)
4. (weggefallen)
5. entgegen § 3 Absatz 7 Satz 4 eine Gefährdungsbeurteilung nicht oder nicht rechtzeitig aktualisiert,
6. entgegen § 3 Absatz 8 Satz 1 ein dort genanntes Ergebnis nicht oder nicht rechtzeitig dokumentiert,
7. entgegen § 4 Absatz 1 ein Arbeitsmittel verwendet,
8. entgegen § 4 Absatz 4 nicht dafür sorgt, dass Arbeitsmittel, für die in § 14 oder in Abschnitt 3 dieser Verordnung Prüfungen vorgeschrieben sind, nur verwendet werden, wenn diese Prüfungen durchgeführt und dokumentiert wurden,
9. entgegen § 5 Absatz 2 ein Arbeitsmittel verwenden lässt,
10. entgegen § 5 Absatz 4 nicht dafür sorgt, dass ein Beschäftigter nur ein dort genanntes Arbeitsmittel verwendet,
11. entgegen § 6 Absatz 1 Satz 2 in Verbindung mit Anhang 1 Nummer 1.3 Satz 1 nicht dafür sorgt, dass ein Beschäftigter nur auf einem dort genannten Platz mitfährt,
12. entgegen § 6 Absatz 1 Satz 2 in Verbindung mit Anhang 1 Nummer 1.4 Satz 1 nicht dafür sorgt, dass eine dort genannte Einrichtung vorhanden ist,
13. entgegen § 6 Absatz 1 Satz 2 in Verbindung mit Anhang 1 Nummer 1.5 eine dort genannte Maßnahme nicht oder nicht rechtzeitig trifft,

14. entgegen § 6 Absatz 1 Satz 2 in Verbindung mit Anhang 1 Nummer 1.7 Satz 1 nicht dafür sorgt, dass die dort genannte Geschwindigkeit angepasst werden kann,
15. entgegen § 6 Absatz 1 Satz 2 in Verbindung mit Anhang 1 Nummer 1.8 Satz 1 Buchstabe a nicht dafür sorgt, dass eine Verbindungseinrichtung gesichert ist,
16. entgegen § 6 Absatz 1 Satz 2 in Verbindung mit Anhang 1 Nummer 2.1 Satz 1 nicht dafür sorgt, dass die Standsicherheit oder die Festigkeit eines dort genannten Arbeitsmittels sichergestellt ist,
17. entgegen § 6 Absatz 1 Satz 2 in Verbindung mit Anhang 1 Nummer 2.1 Satz 5 ein dort genanntes Arbeitsmittel nicht richtig aufstellt oder nicht richtig verwendet,
18. entgegen § 6 Absatz 1 Satz 2 in Verbindung mit Anhang 1 Nummer 2.2 Satz 1 nicht dafür sorgt, dass ein Arbeitsmittel mit einem dort genannten Hinweis versehen ist,
19. entgegen § 6 Absatz 1 Satz 2 in Verbindung mit Anhang 1 Nummer 2.3.2 nicht dafür sorgt, dass ein dort genanntes Arbeitsmittel abgebremst und eine ungewollte Bewegung verhindert werden kann,
20. entgegen § 6 Absatz 1 Satz 2 in Verbindung mit Anhang 1 Nummer 2.4 Satz 2 nicht dafür sorgt, dass das Heben eines Beschäftigten nur mit einem dort genannten Arbeitsmittel oder einer dort genannten Zusatzausrüstung erfolgt,
21. entgegen § 6 Absatz 1 Satz 2 in Verbindung mit Anhang 1 Nummer 2.5 Buchstabe b oder Buchstabe c nicht dafür sorgt, dass Lasten sicher angeschlagen werden oder Lasten oder Lastaufnahme- oder Anschlagmittel sich nicht unbeabsichtigt lösen oder verschieben können,
22. entgegen § 6 Absatz 1 Satz 2 in Verbindung mit Anhang 1 Nummer 3.2.3 Satz 2 nicht dafür sorgt, dass ein dort genanntes Gerüst verankert wird,
23. entgegen § 6 Absatz 1 Satz 2 in Verbindung mit Anhang 1 Nummer 3.2.6 Satz 1 nicht dafür sorgt, dass ein Gerüst nur in der dort genannten Weise auf-, ab- oder umgebaut wird,
24. entgegen § 6 Absatz 2 Satz 1 nicht dafür sorgt, dass eine Schutzeinrichtung verwendet wird,
25. entgegen § 12 Absatz 1 Satz 1 eine Information nicht, nicht richtig, nicht vollständig oder nicht rechtzeitig zur Verfügung stellt,
26. entgegen § 12 Absatz 1 Satz 2 einen Beschäftigten nicht, nicht richtig, nicht vollständig oder nicht rechtzeitig unterweist,
27. entgegen § 12 Absatz 2 Satz 1 eine Betriebsanweisung nicht, nicht richtig, nicht vollständig oder nicht rechtzeitig zur Verfügung stellt,
28. entgegen § 14 Absatz 1 Satz 1 oder Absatz 4 Satz 1 ein Arbeitsmittel nicht oder nicht rechtzeitig prüfen lässt,
29. entgegen § 14 Absatz 3 Satz 1 ein Arbeitsmittel einer außerordentlichen Überprüfung nicht oder nicht rechtzeitig unterziehen lässt,
30. entgegen § 14 Absatz 7 Satz 1 nicht dafür sorgt, dass ein Ergebnis aufgezeichnet und aufbewahrt wird,
31. entgegen § 14 Absatz 7 Satz 2 nicht dafür sorgt, dass eine Aufzeichnung eine dort genannte Auskunft gibt,

32. entgegen § 19 Absatz 1 bei einem Arbeitsmittel nach Anhang 3 Abschnitt 1 Nummer 1.1, Abschnitt 2 Nummer 1.1 Satz 1 oder Abschnitt 3 Nummer 1.1 Satz 1 eine Anzeige nicht, nicht richtig, nicht vollständig oder nicht rechtzeitig erstattet oder
33. entgegen § 19 Absatz 3 eine Dokumentation, eine Information, einen Nachweis oder eine Angabe nicht, nicht richtig, nicht vollständig oder nicht rechtzeitig übermittelt.

(2) Ordnungswidrig im Sinne des § 32 Absatz 1 Nummer 14 Buchstabe a des Gesetzes über überwachungsbedürftige Anlagen handelt, wer vorsätzlich oder fahrlässig

1. entgegen § 6 Absatz 1 Satz 2 in Verbindung mit Anhang 1 Nummer 4.1 Satz 1 nicht dafür sorgt, dass ein Kommunikationssystem wirksam ist,
2. entgegen § 6 Absatz 1 Satz 2 in Verbindung mit Anhang 1 Nummer 4.1 Satz 2 einen Notfallplan nicht oder nicht rechtzeitig zur Verfügung stellt,
3. entgegen § 6 Absatz 1 Satz 2 in Verbindung mit Anhang 1 Nummer 4.1 Satz 5 eine dort genannte Einrichtung nicht oder nicht rechtzeitig bereitstellt,
4. entgegen § 6 Absatz 1 Satz 2 in Verbindung mit Anhang 1 Nummer 4.1 Satz 6 nicht dafür sorgt, dass eine Person Hilfe herbeirufen kann,
5. entgegen § 6 Absatz 1 Satz 2 in Verbindung mit Anhang 1 Nummer 4.4 Satz 1 nicht dafür sorgt, dass ein Personenumlaufaufzug nur von Beschäftigten verwendet wird,
   a) entgegen § 6 Absatz 1 Satz 2 in Verbindung mit Anhang 1 Nummer 4.4 Satz 2 einen Personenumlaufaufzug durch eine andere Person verwenden lässt,
6. entgegen § 15 Absatz 1 Satz 1 nicht sicherstellt, dass eine überwachungsbedürftige Anlage geprüft wird,
7. entgegen § 16 Absatz 1 in Verbindung mit Anhang 2 Abschnitt 2 Nummer 4.1 oder 4.3, Abschnitt 3 Nummer 5.1 Satz 1 bis 3 oder 4, Nummer 5.2 Satz 1 oder Nummer 5.3 Satz 1 oder Abschnitt 4 Nummer 5.1 Satz 1, 2 oder 3, Nummer 5.2 bis 5.4 oder 5.5, Nummer 5.7 Satz 3, Nummer 5.8 oder Nummer 5.9 Satz 1 nicht sicherstellt, dass eine überwachungsbedürftige Anlage geprüft wird,
8. ohne Erlaubnis nach § 18 Absatz 1 Satz 1 eine dort genannte Anlage errichtet oder betreibt,
9. einer vollziehbaren Anordnung nach § 19 Absatz 5 Satz 1 zuwiderhandelt oder
10. eine in Absatz 1 Nummer 9 oder Nummer 24 bezeichnete Handlung in Bezug auf eine überwachungsbedürftige Anlage nach § 2 Nummer 30 des Produktsicherheitsgesetzes begeht.

(3) Ordnungswidrig im Sinne des § 32 Absatz 1 Nummer 14 Buchstabe b des Gesetzes über überwachungsbedürftige Anlagen handelt, wer vorsätzlich oder fahrlässig entgegen § 19 Absatz 1 bei einem Arbeitsmittel nach Anhang 2 Abschnitt 2 Nummer 2 Buchstabe a, Buchstabe b Satz 1 oder Buchstabe c, Abschnitt 3 Nummer 2 oder Abschnitt 4 Nummer 2.1, 2.2 oder 2.3 eine Anzeige nicht, nicht richtig, nicht vollständig oder nicht rechtzeitig erstattet.

§ 23 Straftaten

(1) Wer durch eine in § 22 Absatz 1 bezeichnete vorsätzliche Handlung Leben oder Gesundheit eines Beschäftigten gefährdet, ist nach § 26 Nummer 2 des Arbeitsschutzgesetzes strafbar.

(2) Wer eine in § 22 AbsaWer eine in § 22 Absatz 2 bezeichnete vorsätzliche Handlung beharrlich wiederholt oder durch eine solche vorsätzliche Handlung Leben oder Gesundheit eines anderen oder fremde Sachen von bedeutendem Wert gefährdet, ist nach § 33 des Gesetzes über überwachungsbedürftige Anlagen strafbar.

§ 24 Übergangsvorschriften

(1) Der Weiterbetrieb einer erlaubnisbedürftigen Anlage, die vor dem 1. Juni 2015 befugt errichtet und verwendet wurde, ist zulässig. Eine Erlaubnis, die nach dem bis dahin geltenden Recht erteilt wurde, gilt als Erlaubnis im Sinne dieser Verordnung. § 18 Absatz 4 Satz 3 ist auf Anlagen nach den Sätzen 1 und 2 anwendbar.

(2) Aufzugsanlagen nach Anhang 2 Abschnitt 2 Nummer 2 Buchstabe a, die vor dem 30. Juni 1999 erstmals zur Verfügung gestellt wurden, sowie Aufzugsanlagen nach Anhang 2 Abschnitt 2 Nummer 2 Buchstabe b, die vor dem 31. Dezember 1996 erstmals zur Verfügung gestellt wurden, müssen den Anforderungen des Anhangs 1 Nummer 4.1 spätestens am 31. Dezember 2020 entsprechen. Satz 1 gilt nicht für den Notfallplan gemäß Anhang 1 Nummer 4.1 Satz 2.

(3) Bei Aufzugsanlagen nach Anhang 2 Abschnitt 2 Nummer 2 Buchstabe b, die vor dem Inkrafttreten dieser Verordnung nach den Vorschriften der bis zum 31. Mai 2015 geltenden Betriebssicherheitsverordnung erstmalig oder wiederkehrend geprüft worden sind, ist die wiederkehrende Prüfung nach Anhang 2 Abschnitt 2 Nummer 4.1 und Nummer 4.3 dieser Verordnung erstmalig nach Ablauf der nach der Prüffrist nach der bis zum 31. Mai 2015 geltenden Betriebssicherheitsverordnung durchzuführen.

(4) Die Prüfung nach Anhang 2 Abschnitt 3 Nummer 5.1 Satz 1 ist erstmals 6 Jahre nach der Prüfung vor der erstmaligen Inbetriebnahme durchzuführen. Bei Anlagen, die vor dem 1. Juni 2012 erstmals in Betrieb genommen wurden, ist die Prüfung nach Satz 1 spätestens bis zum 1. Juni 2018 durchzuführen. Die Prüfung nach Anhang 2 Abschnitt 3 Nummer 5.2 Satz 1 ist erstmals drei Jahre nach der Prüfung vor der Inbetriebnahme oder nach der Prüfung nach § 15 Absatz 15 der bis zum 31. Mai 2015 geltenden Betriebssicherheitsverordnung durchzuführen.

(5) Abweichend von Anhang 2 Abschnitt 3 Nummer 3.1 Buchstabe b und Abschnitt 4 Nummer 3 Buchstabe b dürfen zur Prüfung befähigte Personen auch ohne die dort vorgeschriebene Erfahrung Prüfungen durchführen, wenn sie nach der bis zum 31. Mai 2015 geltenden Betriebssicherheitsverordnung entsprechende Prüfungen befugt durchgeführt haben.

(6) Die Prüfung nach Anhang 2 Abschnitt 4 Nummer 5.3 ist spätestens zehn Jahre nach der letzten Prüfung der Anlage durchzuführen. Bei Anlagen nach Satz 1, die nur aus einem Anlagenteil gemäß Anhang 2 Abschnitt 4 Nummer 2.2 und zugehörigen Sicherheitseinrichtungen bestehen, kann für die Festlegung der Prüffrist nach Satz 1 die letzte Prüfung des Anlagenteils zu Grunde gelegt werden, sofern die Prüfinhalte der Prüfung des Anlagenteils den Prüfinhalten der Anlagenprüfung gleichwertig sind. Bei Anlagen, die zuletzt vor dem 1. Juni 2008 geprüft wurden, ist die Prüfung nach Satz 1 spätestens bis zum 1. Juni 2018 durchzuführen.

(7) Die Prüfung nach Anhang 2 Abschnitt 4 Nummer 6.2.1 ist erstmals fünf Jahre nach der letzten Prüfung der Anlage durchzuführen. Bei Anlagen, die zuletzt vor dem 1. Juni 2012 geprüft wurden, ist die Prüfung nach Satz 1 spätestens bis zum 1. Juni 2017 durchzuführen.

Anhang 1 (zu § 6 Absatz 1 Satz 2) Besondere Vorschriften für bestimmte Arbeitsmittel

(Fundstelle: BGBl. I 2015, 63 – 69;
bzgl. der einzelnen Änderungen vgl. Fußnote)

Inhaltsübersicht

1. Besondere Vorschriften für die Verwendung von mobilen, selbstfahrenden oder nicht selbstfahrenden, Arbeitsmitteln
2. Besondere Vorschriften für die Verwendung von Arbeitsmitteln zum Heben von Lasten
3. Besondere Vorschriften für die Verwendung von Arbeitsmitteln bei zeitweiligem Arbeiten auf hoch gelegenen Arbeitsplätzen
4. Besondere Vorschriften für Aufzugsanlagen
5. Besondere Vorschriften für Druckanlagen

1. Besondere Vorschriften für die Verwendung von mobilen, selbstfahrenden oder nicht selbstfahrenden, Arbeitsmitteln

1.1 Mobile Arbeitsmittel müssen so ausgerüstet sein, dass die Gefährdung für mitfahrende Beschäftigte so gering wie möglich gehalten wird. Dies gilt auch für die Gefährdungen der Beschäftigten durch Kontakt mit Rädern und Ketten.

1.2 Gefährdungen durch plötzliches Blockieren von Energieübertragungsvorrichtungen zwischen mobilen Arbeitsmitteln und ihren technischen Zusatzausrüstungen oder Anhängern sind durch technische Maßnahmen zu vermeiden. Sofern dies nicht möglich ist, sind andere Maßnahmen zu ergreifen, die eine Gefährdung der Beschäftigten verhindern. Es sind Maßnahmen zu treffen, die die Beschädigung der Energieübertragungsvorrichtungen verhindern.

1.3 Der Arbeitgeber hat dafür zu sorgen, dass bei mobilen Arbeitsmitteln mitfahrende Beschäftigte nur auf sicheren und für diesen Zweck ausgerüsteten Plätzen mitfahren. Besteht die Möglichkeit des Kippens oder Überschlagens des Arbeitsmittels, hat der Arbeitgeber durch folgende Einrichtungen sicherzustellen, dass mitfahrende Beschäftigte nicht durch Überschlagen oder Kippen des Arbeitsmittels gefährdet werden:

a) eine Einrichtung, die verhindert, dass das Arbeitsmittel um mehr als eine Vierteldrehung kippt,

b) eine Einrichtung, die gewährleistet, dass ein ausreichender Freiraum um mitfahrende Beschäftigte erhalten bleibt, sofern die Kippbewegung mehr als eine Vierteldrehung ausmachen kann, oder

c) eine andere Einrichtung mit gleicher Schutzwirkung.

Falls beim Überschlagen oder Kippen des Arbeitsmittels ein mitfahrender Beschäftigter zwischen Teilen des Arbeitsmittels und dem Boden eingequetscht werden kann, muss ein Rückhaltesystem für den mitfahrenden Beschäftigten vorhanden sein.

1.4 Der Arbeitgeber hat dafür zu sorgen, dass bei Flurförderzeugen Einrichtungen vorhanden sind, die Gefährdungen aufsitzender Beschäftigter infolge Kippens oder Überschlagens der Flurförderzeuge verhindern. Solche Einrichtungen sind zum Beispiel

a) eine Fahrerkabine,
b) Einrichtungen, die das Kippen oder Überschlagen verhindern,
c) Einrichtungen, die gewährleisten, dass bei kippenden oder sich überschlagenden Flurförderzeugen für die aufsitzenden Beschäftigten zwischen Flur und Teilen der Flurförderzeuge ein ausreichender Freiraum verbleibt, oder
d) Einrichtungen, durch die die Beschäftigten auf dem Fahrersitz gehalten werden, sodass sie von Teilen umstürzender Flurförderzeuge nicht erfasst werden können.

1.5 Der Arbeitgeber hat vor der ersten Verwendung von mobilen selbstfahrenden Arbeitsmitteln Maßnahmen zu treffen, damit sie

a) gegen unerlaubtes Ingangsetzen gesichert werden können,
b) so ausgerüstet sind, dass das Ein- und Aussteigen sowie Auf- und Absteigen Beschäftigter gefahrlos möglich ist,
c) mit Vorrichtungen versehen sind, die den Schaden durch einen möglichen Zusammenstoß mehrerer schienengebundener Arbeitsmittel so weit wie möglich verringern,
d) mit einer Bremseinrichtung versehen sind; sofern erforderlich, muss zusätzlich eine Feststelleinrichtung vorhanden sein und eine über leicht zugängliche Befehlseinrichtungen oder eine Automatik ausgelöste Notbremsvorrichtung das Abbremsen und Anhalten im Fall des Versagens der Hauptbremsvorrichtung ermöglichen,
e) über geeignete Hilfsvorrichtungen, wie zum Beispiel Kamera-Monitor-Systeme verfügen, die eine Überwachung des Fahrwegs gewährleisten, falls die direkte Sicht des Fahrers nicht ausreicht, um die Sicherheit anderer Beschäftigter zu gewährleisten,
f) beim Einsatz bei Dunkelheit mit einer Beleuchtungsvorrichtung versehen sind, die für die durchzuführenden Arbeiten geeignet ist und ausreichend Sicherheit für die Beschäftigten bietet,
g) sofern durch sie selbst oder ihre Anhänger oder Ladungen eine Gefährdung durch Brand besteht, ausreichende Brandbekämpfungseinrichtungen besitzen, es sei denn, am Einsatzort sind solche Brandbekämpfungseinrichtungen in ausreichend kurzer Entfernung vorhanden,
h) sofern sie ferngesteuert sind, automatisch anhalten, wenn sie aus dem Kontrollbereich der Steuerung herausfahren,
i) sofern sie automatisch gesteuert sind und unter normalen Einsatzbedingungen mit Beschäftigten zusammenstoßen oder diese einklemmen können, mit entsprechenden Schutzvorrichtungen ausgerüstet sind, es sei denn, dass andere geeignete Vorrichtungen die Möglichkeiten eines Zusammenstoßes vermeiden, und
j) so ausgerüstet sind, dass mitzuführende Lasten und Einrichtungen gegen unkontrollierte Bewegungen gesichert werden können.

1.6 Der Arbeitgeber hat dafür zu sorgen, dass sich Beschäftigte nicht im Gefahrenbereich selbstfahrender Arbeitsmittel aufhalten. Ist die Anwesenheit aus betrieblichen Gründen unvermeidlich, hat der Arbeitgeber Maßnahmen zu treffen, um Gefährdungen der Beschäftigten so gering wie möglich zu halten.

1.7 Der Arbeitgeber hat dafür zu sorgen, dass die Geschwindigkeit von mobilen Arbeitsmitteln, die durch Mitgänger geführt werden, durch den Mitgänger angepasst werden kann. Sie müssen beim Loslassen der Befehlseinrichtungen selbsttätig unverzüglich zum Stillstand kommen.

1.8 Der Arbeitgeber hat dafür zu sorgen, dass Verbindungseinrichtungen mobiler Arbeitsmittel, die miteinander verbunden sind,

a) gegen unbeabsichtigtes Lösen gesichert sind und

b) sich gefahrlos und leicht betätigen lassen.

Der Arbeitgeber hat Vorkehrungen zu treffen, damit mobile Arbeitsmittel oder Zusatzausrüstungen miteinander verbunden oder voneinander getrennt werden können, ohne die Beschäftigten zu gefährden. Solche Verbindungen dürfen sich nicht unbeabsichtigt lösen können.

1.9 Der Arbeitgeber hat dafür zu sorgen, dass

a) selbstfahrende Arbeitsmittel nur von Beschäftigten geführt werden, die hierfür geeignet sind und eine angemessene Unterweisung erhalten haben,

b) für die Verwendung mobiler Arbeitsmittel in einem Arbeitsbereich geeignete Verkehrsregeln festgelegt und eingehalten werden,

c) bei der Verwendung von mobilen Arbeitsmitteln mit Verbrennungsmotor eine gesundheitlich unbedenkliche Atemluft vorhanden ist,

d) mobile Arbeitsmittel so abgestellt und beim Transport sowie bei der Be- und Entladung so gesichert werden, dass unbeabsichtigte Bewegungen der Arbeitsmittel, die zu Gefährdungen der Beschäftigten führen können, vermieden werden.

2. Besondere Vorschriften für die Verwendung von Arbeitsmitteln zum Heben von Lasten

2.1 Der Arbeitgeber hat dafür zu sorgen, dass die Standsicherheit und Festigkeit von Arbeitsmitteln zum Heben von Lasten, ihrer Lastaufnahmeeinrichtungen und gegebenenfalls abnehmbarer Teile jederzeit sichergestellt sind. Hierbei hat er auch besondere Bedingungen wie Witterung, Transport, Auf- und Abbau, mögliche Ausfälle und vorgesehene Prüfungen, auch mit Prüflast, zu berücksichtigen.
Sofern nach der Gefährdungsbeurteilung erforderlich, hat der Arbeitgeber Arbeitsmittel mit einer Einrichtung zu versehen, die ein Überschreiten der zulässigen Tragfähigkeit verhindert. Auch sind Belastungen der Aufhängepunkte oder der Verankerungspunkte an den tragenden Teilen zu berücksichtigen. Demontierbare und mobile Arbeitsmittel zum Heben von Lasten müssen so aufgestellt und verwendet werden, dass die Standsicherheit des Arbeitsmittels gewährleistet ist und dessen Kippen, Verschieben oder Abrutschen verhindert wird. Der Arbeitgeber hat dafür zu sorgen, dass die korrekte Durchführung der Maßnahmen von einem hierzu besonders eingewiesenen Beschäftigten kontrolliert wird.

2.2 Der Arbeitgeber hat dafür zu sorgen, dass Arbeitsmittel zum Heben von Lasten mit einem deutlich sichtbaren Hinweis auf die zulässige Tragfähigkeit versehen sind. Sofern unterschiedliche Betriebszustände möglich sind, ist die zulässige Tragfähigkeit für die einzelnen Betriebszustände anzugeben. Lastaufnahmeeinrichtungen sind so zu kennzeichnen, dass ihre für eine sichere Verwendung grundlegenden Eigenschaften zu erkennen sind. Arbeitsmittel zum Heben von Beschäftigten müssen hierfür geeignet sein sowie deutlich sichtbar mit Hinweisen auf diesen Verwendungszweck gekennzeichnet werden.

2.3 Der Arbeitgeber hat Maßnahmen zu treffen, die verhindern, dass Lasten

a) sich ungewollt gefährlich verlagern, herabstürzen oder

b) unbeabsichtigt ausgehakt werden können.

Wenn der Aufenthalt von Beschäftigten im Gefahrenbereich nicht verhindert werden kann, muss gewährleistet sein, dass Befehlseinrichtungen zur Steuerung von Bewegungen nach ihrer Betätigung von selbst in die Nullstellung zurückgehen und die eingeleitete Bewegung unverzüglich unterbrochen wird.

2.3.1 Das flurgesteuerte Arbeitsmittel zum Heben von Lasten muss für den steuernden Beschäftigten bei maximaler Fahrgeschwindigkeit jederzeit beherrschbar sein.

2.3.2 Der Arbeitgeber hat dafür zu sorgen, dass Arbeitsmittel zum Heben von Lasten bei Hub-, Fahr- und Drehbewegungen abgebremst und ungewollte Bewegungen des Arbeitsmittels verhindert werden können.

2.3.3 Kraftbetriebene Hubbewegungen des Arbeitsmittels zum Heben von Lasten müssen begrenzt sein. Schienenfahrbahnen müssen mit Fahrbahnbegrenzungen ausgerüstet sein.

2.3.4 Können beim Verwenden von Arbeitsmitteln zum Heben von Lasten Beschäftigte gefährdet werden und befindet sich die Befehlseinrichtung nicht in der Nähe der Last, müssen die Arbeitsmittel mit Warneinrichtungen ausgerüstet sein.

2.3.5 Der Rückschlag von Betätigungseinrichtungen handbetriebener Arbeitsmittel zum Heben von Lasten muss begrenzt sein.

2.4 Beim Heben oder Fortbewegen von Beschäftigten sind insbesondere die folgenden besonderen Maßnahmen zu treffen:

a) Gefährdungen durch Absturz eines Lastaufnahmemittels sind mit geeigneten Vorrichtungen zu verhindern. Lastaufnahmemittel sind an jedem Arbeitstag auf einwandfreien Zustand zu überprüfen.
b) Das Herausfallen von Beschäftigten aus dem Personenaufnahmemittel des Arbeitsmittels zum Heben von Lasten ist zu verhindern.
c) Gefährdungen durch Quetschen oder Einklemmen der Beschäftigten oder Zusammenstoß von Beschäftigten mit Gegenständen sind zu vermeiden.
d) Bei Störungen im Personenaufnahmemittel sind festsitzende Beschäftigte vor Gefährdungen zu schützen und müssen gefahrlos befreit werden können.

Der Arbeitgeber hat dafür zu sorgen, dass das Heben von Beschäftigten nur mit hierfür vorgesehenen Arbeitsmitteln und Zusatzausrüstungen erfolgt. Abweichend davon ist das Heben von Beschäftigten mit hierfür nicht vorgesehenen Arbeitsmitteln ausnahmsweise zulässig, wenn

a) die Sicherheit der Beschäftigten auf andere Weise gewährleistet ist,
b) bei der Tätigkeit eine angemessene Aufsicht durch einen anwesenden besonders eingewiesenen Beschäftigten sichergestellt ist,
c) der Steuerstand des Arbeitsmittels ständig besetzt ist,
d) der mit der Steuerung des Arbeitsmittels beauftragte Beschäftigte hierfür besonders eingewiesen ist,
e) sichere Mittel zur Verständigung zur Verfügung stehen und
f) ein Bergungsplan für den Gefahrenfall vorliegt.

2.5 Der Arbeitgeber hat dafür zu sorgen, dass

a) Beschäftigte nicht durch hängende Lasten gefährdet werden, insbesondere hängende Lasten nicht über ungeschützte Bereiche, an denen sich für gewöhnlich Beschäftigte aufhalten, bewegt werden,

b) Lasten sicher angeschlagen werden,

c) Lasten, Lastaufnahme- sowie Anschlagmittel sich nicht unbeabsichtigt lösen oder verschieben können,

d) den Beschäftigten bei der Verwendung von Lastaufnahme- und Anschlagmitteln angemessene Informationen über deren Eigenschaften und zulässigen Einsatzgebiete zur Verfügung stehen,

e) Verbindungen von Anschlagmitteln deutlich gekennzeichnet sind, sofern sie nach der Verwendung nicht getrennt werden,

f) Lastaufnahme- und Anschlagmittel entsprechend den zu handhabenden Lasten, den Greifpunkten, den Einhakvorrichtungen, den Witterungsbedingungen sowie der Art und Weise des Anschlagens ausgewählt werden und

g) Lasten nicht mit kraftschlüssig wirkenden Lastaufnahmemitteln über ungeschützte Beschäftigte geführt werden.

2.6 Lastaufnahme- und Anschlagmittel sind so aufzubewahren, dass sie nicht beschädigt werden könnenund ihre Funktionsfähigkeit nicht beeinträchtigt werden kann.

2.7 Besondere Vorschriften für die Verwendung von Arbeitsmitteln zum Heben von nicht geführten Lasten

2.7.1 Überschneiden sich die Aktionsbereiche von Arbeitsmitteln zum Heben von nicht geführten Lasten, sind geeignete Maßnahmen zu treffen, um Gefährdungen durch Zusammenstöße der Arbeitsmittel zu verhindern. Ebenso sind geeignete Maßnahmen zu treffen, um Gefährdungen von Beschäftigten durch Zusammenstöße von diesen mit nichtgeführten Lasten zu verhindern.

2.7.2 Es sind geeignete Maßnahmen gegen Gefährdungen von Beschäftigten durch Abstürzen von nicht geführten Lasten zu treffen. Kann der Beschäftigte, der ein Arbeitsmittel zum Heben von nicht geführten Lasten steuert, die Last weder direkt noch durch Zusatzgeräte über den gesamten Weg beobachten, ist er von einem anderen Beschäftigten einzuweisen.

2.7.3 Der Arbeitgeber hat dafür zu sorgen, dass

a) nicht geführte Lasten sicher von Hand ein- und ausgehängt werden können,

b) die Beschäftigten den Hebe- und Transportvorgang direkt oder indirekt steuern können,

c) alle Hebevorgänge mit nicht geführten Lasten so geplant und durchgeführt werden, dass die Sicherheit der Beschäftigten gewährleistet ist. Soll eine nicht geführte Last gleichzeitig durch zwei oder mehrere Arbeitsmittel angehoben werden, ist ein Verfahren festzulegen und zu überwachen, das die Zusammenarbeit der Beschäftigten sicherstellt,

d) nur solche Arbeitsmittel zum Heben von nicht geführten Lasten eingesetzt werden, die diese Lasten auch bei einem teilweisen oder vollständigen Energieausfall sicher halten; ist dies nicht möglich, sind geeignete Maßnahmen zu treffen, damit die Sicherheit der Beschäftigten gewährleistet ist. Hängende, nicht geführte Lasten müssen ständig beobachtet werden, es sei denn, der Zugang zum Gefahrenbereich wird verhindert, die Last wurde sicher eingehängt und wird im hängenden Zustand sicher gehalten,

e) die Verwendung von Arbeitsmitteln zum Heben von nicht geführten Lasten im Freien eingestellt wird, wenn die Witterungsbedingungen die sichere Verwendung des Arbeitsmittels beeinträchtigen, und
f) die vom Hersteller des Arbeitsmittels zum Heben nicht geführter Lasten vorgegebenen Maßnahmen getroffen werden; dies gilt insbesondere für Maßnahmen gegen das Umkippen des Arbeitsmittels.

3. Besondere Vorschriften für die Verwendung von Arbeitsmitteln bei zeitweiligem Arbeiten auf hoch gelegenen Arbeitsplätzen

3.1 Allgemeine Mindestanforderungen

3.1.1 Diese Anforderungen gelten bei zeitweiligen Arbeiten an hoch gelegenen Arbeitsplätzen unter Verwendung von

a) Gerüsten einschließlich deren Auf-, Um- und Abbau,
b) Leitern sowie
c) von Zugangs- und Positionierungsverfahren unter der Zuhilfenahme von Seilen.

3.1.2 Können zeitweilige Arbeiten an hoch gelegenen Arbeitsplätzen nicht auf sichere Weise und unter angemessenen ergonomischen Bedingungen von einer geeigneten Standfläche aus durchgeführt werden, sind Maßnahmen zu treffen, mit denen die Gefährdung der Beschäftigten so gering wie möglich gehalten wird. Bei der Auswahl der Zugangsmittel zu hoch gelegenen Arbeitsplätzen, an denen zeitweilige Arbeiten ausgeführt werden, sind der zu überwindende Höhenunterschied sowie Art, Dauer und Häufigkeit der Verwendung zu berücksichtigen. Arbeitsstelzen sind grundsätzlich nicht als geeignete Arbeitsmittel anzusehen. Die ausgewählten Zugangsmittel müssen auch die Flucht bei drohender Gefahr ermöglichen. Beim Zugang zum hoch gelegenen Arbeitsplatz sowie beim Abgang von diesem dürfen keine zusätzlichen Absturzgefährdungen entstehen.

3.1.3 Alle Einrichtungen, die als zeitweilige hoch gelegene Arbeitsplätze oder als Zugänge hierzu dienen, müssen insbesondere so beschaffen, bemessen, aufgestellt, unterstützt, ausgesteift und verankert sein, dass sie die bei der vorgesehenen Verwendung anfallenden Lasten aufnehmen und ableiten können. Die Einrichtungen dürfen nicht überlastet werden und müssen auch während der einzelnen Bauzustände und der gesamten Nutzungszeit standsicher sein.

3.1.4 Die Verwendung von Leitern als hoch gelegene Arbeitsplätze und von Zugangs- und Positionierungsverfahren unter Zuhilfenahme von Seilen ist nur in solchen Fällen zulässig, in denen

a) wegen der geringen Gefährdung und wegen der geringen Dauer der Verwendung die Verwendung anderer, sichererer Arbeitsmittel nicht verhältnismäßig ist und
b) die Gefährdungsbeurteilung ergibt, dass die Arbeiten sicher durchgeführt werden können.

3.1.5 An Arbeitsmitteln mit Absturzgefährdung sind Absturzsicherungen vorzusehen. Diese Vorrichtungen müssen so gestaltet und so beschaffen sein, dass Abstürze verhindert und Verletzungen der Beschäftigten so weit wie möglich vermieden werden. Feste Absturzsicherungen dürfen nur an Zugängen zu Leitern oder Treppen unterbrochen werden. Lassen sich im Einzelfall feste Absturzsicherungen nicht verwenden, müssen stattdessen andere Einrichtungen zum Auffangen abstürzender Beschäftigter vorhanden sein (zum Beispiel Auffangnetze). Individuelle Absturzsicherungen für die Beschäftigten sind nur ausnahmsweise im begründeten Einzelfall zulässig.

3.1.6 Kann eine Tätigkeit nur ausgeführt werden, wenn eine feste Absturzsicherung vorübergehend entfernt wird, so müssen wirksame Ersatzmaßnahmen für die Sicherheit der Beschäftigten getroffen werden. Die Tätigkeit darf erst ausgeführt werden, wenn diese Maßnahmen umgesetzt worden sind. Ist die Tätigkeit vorübergehend oder endgültig abgeschlossen, müssen die festen Absturzsicherungen unverzüglich wieder angebracht werden.

3.1.7 Beim Auf- und Abbau von Gerüsten sind auf der Grundlage der Gefährdungsbeurteilung geeignete Schutzmaßnahmen zu treffen, durch welche die Sicherheit der Beschäftigten stets gewährleistet ist.

3.1.8 Zeitweilige Arbeiten an hoch gelegenen Arbeitsplätzen dürfen im Freien unter Verwendung von Gerüsten einschließlich deren Auf-, Um- und Abbau sowie von Leitern und von Zugangs- und Positionierungsverfahren unter der Zuhilfenahme von Seilen nur dann ausgeführt werden, wenn die Witterungsverhältnisse die Sicherheit und die Gesundheit der Beschäftigten nicht beeinträchtigen. Insbesondere dürfen die Arbeiten nicht begonnen oder fortgesetzt werden, wenn witterungsbedingt, insbesondere durch starken oder böigen Wind, Vereisung oder Schneeglätte, die Möglichkeit besteht, dass Beschäftigte abstürzen oder durch herabfallende oder umfallende Teile verletzt werden.

3.2 Besondere Vorschriften für die Verwendung von Gerüsten

3.2.1 Kann das gewählte Gerüst nicht nach einer allgemein anerkannten Regelausführung errichtet werden, ist für das Gerüst oder einzelne Bereiche davon eine gesonderte Festigkeits- und Standfestigkeitsberechnung vorzunehmen.

3.2.2 Der für die Gerüstbauarbeiten verantwortliche Arbeitgeber oder eine von ihm bestimmte fachkundige Person hat je nach Komplexität des gewählten Gerüsts einen Plan für Aufbau, Verwendung und Abbau zu erstellen. Dabei kann es sich um eine allgemeine Aufbau- und Verwendungsanleitung handeln, die durch Detailangaben für das jeweilige Gerüst ergänzt wird.

3.2.3 Die Standsicherheit des Gerüsts muss sichergestellt sein. Der Arbeitgeber hat dafür zu sorgen, dass Gerüste, die freistehend nicht standsicher sind, vor der Verwendung verankert werden. Die Ständer eines Gerüsts sind vor der Möglichkeit des Verrutschens zu schützen, indem sie an der Auflagefläche durch eine Gleitschutzvorrichtung oder durch ein anderes, gleich geeignetes Mittel fixiert werden. Die belastete Fläche muss eine ausreichende Tragfähigkeit haben. Ein unbeabsichtigtes Fortbewegen von fahrbaren Gerüsten während der Arbeiten an hoch gelegenen Arbeitsplätzen muss durch geeignete Vorrichtungen verhindert werden. Während des Aufenthalts von Beschäftigten auf einem fahrbaren Gerüst darf dieses nicht vom Standort fortbewegt werden.

3.2.4 Die Abmessungen, die Form und die Anordnung der Lauf- und Arbeitsflächen auf Gerüsten müssen für die auszuführende Tätigkeit geeignet sein. Sie müssen an die zu erwartende Beanspruchung angepasst sein und ein gefahrloses Begehen erlauben. Sie sind dicht aneinander und so zu verlegen, dass sie bei normaler Verwendung nicht wippen und nicht verrutschen können. Zwischen den einzelnen Gerüstflächen und dem Seitenschutz darf kein Zwischenraum vorhanden sein, der zu Gefährdungen von Beschäftigten führen kann.

3.2.5 Sind bestimmte Teile eines Gerüsts nicht verwendbar, insbesondere während des Auf-, Ab- oder Umbaus, sind diese Teile mit dem Verbotszeichen !Zutritt verboten! zu kennzeichnen und durch Absperrungen, die den Zugang zu diesen Teilen verhindern, angemessen abzugrenzen.

3.2.6 Der Arbeitgeber hat dafür zu sorgen, dass Gerüste nur unter der Aufsicht einer fachkundigen Person und nach Unterweisung nach § 12 von fachlich hierfür geeigneten Beschäftigten auf-, ab- oder umgebaut werden. Die Unterweisung hat sich insbesondere zu erstrecken auf Informationen über

a) den Plan für den Auf-, Ab- oder Umbau des betreffenden Gerüsts,
b) den sicheren Auf-, Ab- oder Umbau des betreffenden Gerüsts,
c) vorbeugende Maßnahmen gegen Gefährdungen von Beschäftigten durch Absturz oder des Herabfallens von Gegenständen,
d) Sicherheitsvorkehrungen für den Fall, dass sich die Witterungsverhältnisse so verändern, dass die Sicherheit und Gesundheit der betroffenen Beschäftigten beeinträchtigt werden können,
e) zulässige Belastungen,
f) alle anderen, möglicherweise mit dem Auf-, Ab- oder Umbau verbundenen Gefährdungen.

Der fachkundigen Person, die die Gerüstarbeiten beaufsichtigt, und den betroffenen Beschäftigten muss der in Nummer 3.2.2 vorgesehene Plan mit allen darin enthaltenen Anweisungen vor Beginn der Tätigkeit vorliegen.

3.3 Besondere Vorschriften für die Verwendung von Leitern

3.3.1 Der Arbeitgeber darf Beschäftigten nur solche Leitern zur Verfügung stellen, die nach ihrer Bauart für die jeweils auszuführende Tätigkeit geeignet sind.

3.3.2 Leitern müssen während der Verwendung standsicher und sicher begehbar aufgestellt sein. Leitern müssen zusätzlich gegen Umstürzen gesichert werden, wenn die Art der auszuführenden Tätigkeit dies erfordert. Tragbare Leitern müssen so auf einem tragfähigen, unbeweglichen und ausreichend dimensionierten Untergrund stehen, dass die Stufen in horizontaler Stellung bleiben. Hängeleitern sind gegen unbeabsichtigtes Aushängen zu sichern. Sie müssen sicher und mit Ausnahme von Strickleitern so befestigt sein, dass sie nicht verrutschen oder in eine Pendelbewegung geraten können.

3.3.3 Das Verrutschen der Leiterfüße von tragbaren Leitern ist während der Verwendung dieser Leitern entweder durch Fixierung des oberen oder unteren Teils der Holme, durch eine Gleitschutzvorrichtung oder durch eine andere, gleich geeignete Maßnahme zu verhindern. Leitern, die als Aufstieg verwendet werden, müssen so beschaffen sein, dass sie weit genug über die Austrittsstelle hinausragen, sofern nicht andere Vorrichtungen ein sicheres Festhalten erlauben. Aus mehreren Teilen bestehende Steckleitern oder Schiebeleitern sind so zu verwenden, dass die Leiterteile unbeweglich miteinander verbunden bleiben. Fahrbare Leitern sind vor ihrer Verwendung so zu arretieren, dass sie nicht wegrollen können.

3.3.4 Leitern sind so zu verwenden, dass die Beschäftigten jederzeit sicher stehen und sich sicher festhalten können. Muss auf einer Leiter eine Last getragen werden, darf dies ein sicheres Festhalten nicht verhindern.

3.4 Besondere Vorschriften für Zugangs- und Positionierungsverfahren unter Zuhilfenahme von Seilen

3.4.1 Bei der Verwendung eines Zugangs- und Positionierungsverfahrens unter Zuhilfenahme von Seilen müssen folgende Bedingungen erfüllt sein:

a) Das System muss aus mindestens zwei getrennt voneinander befestigten Seilen bestehen, wobei eines als Zugangs-, Absenk- und Haltemittel (Arbeitsseil) und das andere als Sicherungsmittel (Sicherungsseil) dient.
b) Der Arbeitgeber hat dafür zu sorgen, dass die Beschäftigten geeignete Auffanggurte verwenden, über die sie mit dem Sicherungsseil verbunden sind.
c) In dem System ist ein Sitz mit angemessenem Zubehör vorzusehen, der mit dem Arbeitsseil verbunden ist.
d) Das Arbeitsseil muss mit sicheren Mitteln für das Auf- und Abseilen ausgerüstet werden. Hierzu gehört ein selbstsicherndes System, das einen Absturz verhindert, wenn Beschäftigte die Kontrolle über ihre Bewegungen verlieren. Das Sicherungsseil ist mit einer bewegungssynchron mitlaufenden, beweglichen Absturzsicherung auszurüsten.
e) Werkzeug und anderes Zubehör, das von den Beschäftigten verwendet werden soll, ist an deren Auffanggurt oder Sitz oder unter Rückgriff auf andere, gleich geeignete Mittel so zu befestigen, dass es nicht abfällt und leicht erreichbar ist.
f) Die Arbeiten sind sorgfältig zu planen und zu beaufsichtigen. Der Arbeitgeber hat dafür zu sorgen, dass den Beschäftigten bei Bedarf unmittelbar Hilfe geleistet werden kann.
g) Die Beschäftigten, die Zugangs- und Positionierungsverfahren unter Zuhilfenahme von Seilen verwenden, müssen in den vorgesehenen Arbeitsverfahren, insbesondere in Bezug auf die Rettungsverfahren, besonders eingewiesen sein.

3.4.2 Abweichend von Nummer 3.4.1 ist die Verwendung eines einzigen Seils zulässig, wenn die Gefährdungsbeurteilung ergibt, dass die Verwendung eines zweiten Seils eine größere Gefährdung bei den Arbeiten darstellen würde, und geeignete Maßnahmen getroffen werden, um die Sicherheit der Beschäftigten auf andere Weise zu gewährleisten. Dies ist in der Dokumentation der Gefährdungsbeurteilung darzulegen.

4. Besondere Vorschriften für Aufzugsanlagen

4.1 Wer eine Aufzugsanlage nach Anhang 2 Abschnitt 2 Nummer 2 Buchstabe a betreibt, hat dafür zu sorgen, dass im Fahrkorb der Aufzugsanlage ein Zweiwege-Kommunikationssystem wirksam ist, über das ein Notdienst ständig erreicht werden kann. Bei Aufzugsanlagen nach Satz 1 ist ein Notfallplan anzufertigen und einem Notdienst vor der Inbetriebnahme zur Verfügung zu stellen, damit dieser auf Notrufe unverzüglich angemessen reagieren und umgehend sachgerechte Hilfemaßnahmen einleiten kann. Sofern kein Notdienst vorhanden sein muss, ist der Notfallplan nach Satz 2 in der Nähe der Aufzugsanlage anzubringen. Der Notfallplan nach Satz 2 muss mindestens enthalten:

a) Standort der Aufzugsanlage,
b) Angaben zum verantwortlichen Arbeitgeber,
c) Angaben zu den Personen, die Zugang zu allen Einrichtungen der Anlage haben,
d) Angaben zu den Personen, die eine Befreiung Eingeschlossener vornehmen können,
e) Kontaktdaten der Personen, die Erste Hilfe leisten können (zum Beispiel Notarzt oder Feuerwehr),
f) Angaben zum voraussichtlichen Beginn einer Befreiung und
g) die Notbefreiungsanleitung für die Aufzugsanlage.

Die Notbefreiungsanleitung und die zur Befreiung Eingeschlossener erforderlichen Einrichtungen sind vor der Inbetriebnahme in unmittelbarer Nähe der Anlage bereitzustellen. Wer eine Aufzugsanlage nach Anhang 2 Abschnitt 2 Nummer 2 Buchstabe b betreibt, in der eine Person eingeschlossen werden kann, hat dafür zu sorgen, dass diese Hilfe herbeirufen kann. Bei diesen Aufzugsanlagen gelten die Sätze 2 bis 5 entsprechend.

4.2 Wer eine Aufzugsanlage nach Anhang 2 Abschnitt 2 Nummer 2 betreibt, hat Instandhaltungsmaßnahmen nach § 10 unter Berücksichtigung von Art und Intensität der Nutzung der Anlage zu treffen.

4.3 Im unmittelbaren Bereich einer Aufzugsanlage nach Anhang 2 Abschnitt 2 Nummer 2 dürfen keine Einrichtungen vorhanden sein, die den sicheren Betrieb gefährden können.

4.4 Der Arbeitgeber hat dafür zu sorgen, dass Personen-Umlaufaufzüge nur von durch ihn eingewiesenen Beschäftigten verwendet werden. Der Arbeitgeber darf Personenumlaufaufzüge von anderen Personen als Beschäftigten nur verwenden lassen, wenn er geeignete Maßnahmen zum Schutz anderer Personen vor Gefährdungen durch Personenumlaufaufzüge trifft. Soweit technische Schutzmaßnahmen nichtmöglich sind oder nicht ausreichen, hat der Arbeitgeber den erforderlichen Schutz dieser Personen durch andere Maßnahmen sicherzustellen; insbesondere hat er den anderen Personen mögliche Gefährdungen bei der Verwendung von Personenumlaufaufzügen bekannt zu machen, die notwendigen Verhaltensregeln für die Benutzung festzulegen und die erforderlichen Vorkehrungen dafür zu treffen, dass diese Verhaltensregeln von den anderen Personen beachtet werden.

4.5 Der Triebwerksraum einer Aufzugsanlage nach Anhang 2 Abschnitt 2 Nummer 2 darf nur zugangsberechtigten Personen zugänglich sein.

4.6 Wer eine Aufzugsanlage nach Anhang 2 Abschnitt 2 Nummer 2 betreibt, hat sie regelmäßig einer Inaugenscheinnahme und Funktionskontrolle nach § 4 Absatz 5 Satz 3 zu unterziehen.

5. Besondere Vorschriften für Druckanlagen

5.1 Für die Erprobung von Druckanlagen ist ein schriftliches Arbeitsprogramm aufzustellen. Darin sind die einzelnen Schritte und die hierfür aufgrund der Gefährdungsbeurteilung festzulegenden Maßnahmen aufzunehmen, damit die mit der Erprobung verbundenen Risiken so gering wie möglich bleiben.

5.2 Druckanlagen dürfen nur so aufgestellt und betrieben werden, dass Beschäftigte oder andere Personen nicht gefährdet werden.

5.3 Dampfkesseln muss die zum sicheren Betrieb erforderliche Speisewassermenge zugeführt werden, solange sie beheizt werden.

5.4 Druckgase dürfen nur in geeignete Behälter abgefüllt werden.

Anmerkung der Autoren
Auf einen Abdruck der weiteren Anhänge der BetrSichV wird an dieser Stelle verzichtet.

A.5 ArbStättV – Arbeitsstättenverordnung

Verordnung über Arbeitsstätten (Arbeitsstättenverordnung – ArbStättV)

ArbStättV

Ausfertigungsdatum: 12.08.2004

Vollzitat:

„Arbeitsstättenverordnung vom 12. August 2004 (BGBl. I S. 2179), die zuletzt durch Artikel 4 des Gesetzes vom 22. Dezember 2020 (BGBl. I S. 3334) geändert worden ist"

Stand: Zuletzt geändert durch Art. 4 G v. 22.12.2020 I 3334

Diese Verordnung dient der Umsetzung

1. der EG-Richtlinie 89/654/EWG des Rates vom 30. November 1989 über Mindestvorschriften für Sicherheit und Gesundheitsschutz in Arbeitsstätten (Erste Einzelrichtlinie im Sinne des Artikels 16 Absatz 1 der Richtlinie 89/391/EWG) (ABl. EG Nr. L 393 S. 1) und
2. der Richtlinie 92/58/EWG des Rates vom 24. Juni 1992 über Mindestvorschriften für die Sicherheits- und/ oder Gesundheitsschutzkennzeichnung am Arbeitsplatz (Neunte Einzelrichtlinie im Sinne des Artikels 16 Absatz 1 der Richtlinie 89/391/EWG) (ABl. EG Nr. L 245 S. 23) und
3. des Anhangs IV (Mindestvorschriften für Sicherheit und Gesundheitsschutz auf Baustellen) der Richtlinie 92/57/EWG des Rates vom 24. Juni 1992 über die auf zeitlich begrenzte oder ortsveränderliche Baustellen anzuwendenden Mindestvorschriften für die Sicherheit und den Gesundheitsschutz (Achte Einzelrichtlinie im Sinne des Artikels 16 Absatz 1 der Richtlinie 89/391/EWG) (ABl. EG Nr. L 245 S. 6).

Fußnote

(+++ Textnachweis ab: 25. 8.2004 +++)
(+++ Zur Anwendung vgl. § 1 +++)
Die V wurde als Artikel 1 d. V v. 12.8.2004 I 2179 von der Bundesregierung und dem Bundesministerium für Wirtschaft und Arbeit mit Zustimmung des Bundesrates erlassen. Sie ist gem. Artikel 4 Satz 1 dieser V am 25.8.2004 in Kraft getreten.
(+++ Amtlicher Hinweis des Normgebers auf EG-Recht:
Umsetzung der
EWGRL 654/89 (CELEX Nr: 389L0654)
EWGRL 58/92 (CELEX Nr: 392L0058)
EWGRL 57/92 (CELEX Nr: 392L0057)
EWGRL 270/90 (CELEX Nr: 31990L0270) vgl. V v. 18.10.2017 I 3584 EWGRL 269/90 (CELEX Nr: 31990L0269) vgl.

V v. 18.10.2017 I 3584 EGRL 10/2003 (CELEX Nr: 32003L0010) vgl.
V v. 18.10.2017 I 3584 EGRL 44/2002 (CELEX Nr: 32002L0044) vgl.
V v. 18.10.2017 I 3584 +++)

Inhaltsübersicht

§ 1 Ziel, Anwendungsbereich

(1) Diese Verordnung dient der Sicherheit und dem Schutz der Gesundheit der Beschäftigten beim Einrichten und Betreiben von Arbeitsstätten.

(2) Für folgende Arbeitsstätten gelten nur § 5 und der Anhang Nummer 1.3:

1. Arbeitsstätten im Reisegewerbe und im Marktverkehr,
2. Transportmittel, die im öffentlichen Verkehr eingesetzt werden,
3. Felder, Wälder und sonstige Flächen, die zu einem land- oder forstwirtschaftlichen Betrieb gehören, aber außerhalb der von ihm bebauten Fläche liegen.

(3) Für Gemeinschaftsunterkünfte außerhalb des Geländes eines Betriebes oder einer Baustelle gelten nur

1. § 3,
2. § 3a und
3. Nummer 4.4 des Anhangs.

(4) Für Telearbeitsplätze gelten nur

1. § 3 bei der erstmaligen Beurteilung der Arbeitsbedingungen und des Arbeitsplatzes,
2. § 6 und der Anhang Nummer 6,

soweit der Arbeitsplatz von dem im Betrieb abweicht. Die in Satz 1 genannten Vorschriften gelten, soweit Anforderungen unter Beachtung der Eigenart von Telearbeitsplätzen auf diese anwendbar sind.

(5) Der Anhang Nummer 6 gilt nicht für

1. Bedienerplätze von Maschinen oder Fahrerplätze von Fahrzeugen mit Bildschirmgeräten,
2. tragbare Bildschirmgeräte für die ortsveränderliche Verwendung, die nicht regelmäßig an einem Arbeitsplatz verwendet werden,

3. Rechenmaschinen, Registrierkassen oder andere Arbeitsmittel mit einer kleinen Daten- oder Messwertanzeigevorrichtung, die zur unmittelbaren Benutzung des Arbeitsmittels erforderlich ist und
4. Schreibmaschinen klassischer Bauart mit einem Display.

(6) Diese Verordnung ist für Arbeitsstätten in Betrieben, die dem Bundesberggesetz unterliegen, nur für Bildschirmarbeitsplätze einschließlich Telearbeitsplätze anzuwenden.

(7) Das Bundeskanzleramt, das Bundesministerium des Innern, für Bau und Heimat, das Bundesministerium für Verkehr und digitale Infrastruktur, das Bundesministerium für Umwelt, Naturschutz und nukleare Sicherheit, das Bundesministerium der Verteidigung oder das Bundesministerium der Finanzen können, soweit sie hierfür jeweils zuständig sind, im Einvernehmen mit dem Bundesministerium für Arbeit und Soziales und, soweit nicht das Bundesministerium des Innern, für Bau und Heimat selbst zuständig ist, im Einvernehmen mit dem Bundesministerium des Innern, für Bau und Heimat Ausnahmen von den Vorschriften dieser Verordnung zulassen, soweit öffentliche Belange dies zwingend erfordern, insbesondere zur Aufrechterhaltung oder Wiederherstellung der öffentlichen Sicherheit. In diesem Fall ist gleichzeitig festzulegen, wie die Sicherheit und der Schutz der Gesundheit der Beschäftigten nach dieser Verordnung auf andere Weise gewährleistet werden.

§ 2 Begriffsbestimmungen

(1) Arbeitsstätten sind:

1. Arbeitsräume oder andere Orte in Gebäuden auf dem Gelände eines Betriebes,
2. Orte im Freien auf dem Gelände eines Betriebes,
3. Orte auf Baustellen,

sofern sie zur Nutzung für Arbeitsplätze vorgesehen sind.

(2) Zur Arbeitsstätte gehören insbesondere auch:

1. Orte auf dem Gelände eines Betriebes oder einer Baustelle, zu denen Beschäftigte im Rahmen ihrer Arbeit Zugang haben,
2. Verkehrswege, Fluchtwege, Notausgänge, Lager-, Maschinen- und Nebenräume, Sanitärräume, Kantinen, Pausen- und Bereitschaftsräume, Erste-Hilfe-Räume, Unterkünfte sowie
3. Einrichtungen, die dem Betreiben der Arbeitsstätte dienen, insbesondere Sicherheitsbeleuchtungen, Feuerlöscheinrichtungen, Versorgungseinrichtungen, Beleuchtungsanlagen, raumlufttechnische Anlagen, Signalanlagen, Energieverteilungsanlagen, Türen und Tore, Fahrsteige, Fahrtreppen, Laderampen und Steigleitern.

(3) Arbeitsräume sind die Räume, in denen Arbeitsplätze innerhalb von Gebäuden dauerhaft eingerichtet sind.

(4) Arbeitsplätze sind Bereiche, in denen Beschäftigte im Rahmen ihrer Arbeit tätig sind.

(5) Bildschirmarbeitsplätze sind Arbeitsplätze, die sich in Arbeitsräumen befinden und die mit Bildschirmgeräten und sonstigen Arbeitsmitteln ausgestattet sind.

(6) Bildschirmgeräte sind Funktionseinheiten, zu denen insbesondere Bildschirme zur Darstellung von visuellen Informationen, Einrichtungen zur Datenein- und -ausgabe, sonstige Steuerungs- und Kommunikationseinheiten (Rechner) sowie eine Software zur Steuerung und Umsetzung der Arbeitsaufgabe gehören.

(7) Telearbeitsplätze sind vom Arbeitgeber fest eingerichtete Bildschirmarbeitsplätze im Privatbereich der Beschäftigten, für die der Arbeitgeber eine mit den Beschäftigten vereinbarte wöchentliche Arbeitszeit und die Dauer der Einrichtung festgelegt hat. Ein Telearbeitsplatz ist vom Arbeitgeber erst dann eingerichtet, wenn Arbeitgeber und Beschäftigte die Bedingungen der Telearbeit arbeitsvertraglich oder im Rahmen einer Vereinbarung festgelegt haben und die benötigte Ausstattung des Telearbeitsplatzes mit Mobiliar, Arbeitsmitteln einschließlich der Kommunikationseinrichtungen durch den Arbeitgeber oder eine von ihm beauftragte Person im Privatbereich des Beschäftigten bereitgestellt und installiert ist.

(8) Gemeinschaftsunterkünfte im Sinne dieser Verordnung sind Unterkünfte innerhalb oder außerhalb des Geländes eines Betriebes oder einer Baustelle, die

1. den Beschäftigten durch den Arbeitgeber oder auf dessen Veranlassung durch Dritte entgeltlich oder unentgeltlich zur Verfügung gestellt werden und
2. von mehreren Beschäftigten und insgesamt von mindestens vier Personen gemeinschaftlich genutzt werden.

(9) Einrichten ist das Bereitstellen und Ausgestalten der Arbeitsstätte. Das Einrichten umfasst insbesondere:

1. bauliche Maßnahmen oder Veränderungen,
2. das Ausstatten mit Maschinen, Anlagen, anderen Arbeitsmitteln und Mobiliar sowie mit Beleuchtungs-, Lüftungs-, Heizungs-, Feuerlösch- und Versorgungseinrichtungen,
3. das Anlegen und Kennzeichnen von Verkehrs- und Fluchtwegen sowie das Kennzeichnen von Gefahrenstellen und brandschutztechnischen Ausrüstungen und
4. das Festlegen von Arbeitsplätzen.

(10) Das Betreiben von Arbeitsstätten umfasst das Benutzen, Instandhalten und Optimieren der Arbeitsstätten sowie die Organisation und Gestaltung der Arbeit einschließlich der Arbeitsabläufe in Arbeitsstätten.

(11) Instandhalten ist die Wartung, Inspektion, Instandsetzung oder Verbesserung der Arbeitsstätten zum Erhalt des baulichen und technischen Zustandes.

(12) Stand der Technik ist der Entwicklungsstand fortschrittlicher Verfahren, Einrichtungen oder Betriebsweisen, der die praktische Eignung einer Maßnahme zur Gewährleistung der Sicherheit und zum Schutz der Gesundheit der Beschäftigten gesichert erscheinen lässt. Bei der Bestimmung des Stands der Technik sind insbesondere vergleichbare Verfahren, Einrichtungen oder Betriebsweisen heranzuziehen, die mit Erfolg in der Praxis erprobt worden sind. Gleiches gilt für die Anforderungen an die Arbeitsmedizin und die Hygiene.

(13) Fachkundig ist, wer über die zur Ausübung einer in dieser Verordnung bestimmten Aufgabe erforderlichen Fachkenntnisse verfügt. Die Anforderungen an die Fachkunde sind abhängig von der jeweiligen Art der Aufgabe. Zu den Anforderungen zählen eine entsprechende Berufsausbildung, Berufserfahrung oder eine zeitnah ausgeübte entsprechende berufliche Tätigkeit. Die Fachkenntnisse sind durch Teilnahme an Schulungen auf aktuellem Stand zu halten.

§ 3 Gefährdungsbeurteilung

(1) Bei der Beurteilung der Arbeitsbedingungen nach § 5 des Arbeitsschutzgesetzes hat der Arbeitgeber zunächst festzustellen, ob die Beschäftigten Gefährdungen beim Einrichten und Betreiben von Arbeitsstätten ausgesetzt sind oder ausgesetzt sein können. Ist dies

der Fall, hat er alle möglichen Gefährdungen der Sicherheit und der Gesundheit der Beschäftigten zu beurteilen und dabei die Auswirkungen der Arbeitsorganisation und der Arbeitsabläufe in der Arbeitsstätte zu berücksichtigen. Bei der Gefährdungsbeurteilung hat er die physischen und psychischen Belastungen sowie bei Bildschirmarbeitsplätzen insbesondere die Belastungen der Augen oder die Gefährdung des Sehvermögens der Beschäftigten zu berücksichtigen. Entsprechend dem Ergebnis der Gefährdungsbeurteilung hat der Arbeitgeber Maßnahmen zum Schutz der Beschäftigten gemäß den Vorschriften dieser Verordnung einschließlich ihres Anhangs nach dem Stand der Technik, Arbeitsmedizin und Hygiene festzulegen. Sonstige gesicherte arbeitswissenschaftliche Erkenntnisse sind zu berücksichtigen.

(2) Der Arbeitgeber hat sicherzustellen, dass die Gefährdungsbeurteilung fachkundig durchgeführt wird. Verfügt der Arbeitgeber nicht selbst über die entsprechenden Kenntnisse, hat er sich fachkundig beraten zu lassen.

(3) Der Arbeitgeber hat die Gefährdungsbeurteilung vor Aufnahme der Tätigkeiten zu dokumentieren. In der Dokumentation ist anzugeben, welche Gefährdungen am Arbeitsplatz auftreten können und welche Maßnahmen nach Absatz 1 Satz 4 durchgeführt werden müssen.

§ 3a Einrichten und Betreiben von Arbeitsstätten

(1) Der Arbeitgeber hat dafür zu sorgen, dass Arbeitsstätten so eingerichtet und betrieben werden, dass Gefährdungen für die Sicherheit und die Gesundheit der Beschäftigten möglichst vermieden und verbleibende Gefährdungen möglichst gering gehalten werden. Beim Einrichten und Betreiben der Arbeitsstätten hat der Arbeitgeber die Maßnahmen nach § 3 Absatz 1 durchzuführen und dabei den Stand der Technik, Arbeitsmedizin und Hygiene, die ergonomischen Anforderungen sowie insbesondere die vom Bundesministerium für Arbeit und Soziales nach § 7 Absatz 4 bekannt gemachten Regeln und Erkenntnisse zu berücksichtigen. Bei Einhaltung der bekannt gemachten Regeln ist davon auszugehen, dass die in dieser Verordnung gestellten Anforderungen diesbezüglich erfüllt sind. Wendet der Arbeitgeber diese Regeln nicht an, so muss er durch andere Maßnahmen die gleiche Sicherheit und den gleichen Schutz der Gesundheit der Beschäftigten erreichen.

(2) Beschäftigt der Arbeitgeber Menschen mit Behinderungen, hat er die Arbeitsstätte so einzurichten und zu betreiben, dass die besonderen Belange dieser Beschäftigten im Hinblick auf die Sicherheit und den Schutz der Gesundheit berücksichtigt werden. Dies gilt insbesondere für die barrierefreie Gestaltung von Arbeitsplätzen, Sanitär-, Pausen- und Bereitschaftsräumen, Kantinen, Erste-Hilfe-Räumen und Unterkünften sowie den zugehörigen Türen, Verkehrswegen, Fluchtwegen, Notausgängen, Treppen und Orientierungssystemen, die von den Beschäftigten mit Behinderungen benutzt werden.

(3) Die zuständige Behörde kann auf schriftlichen Antrag des Arbeitgebers Ausnahmen von den Vorschriften dieser Verordnung einschließlich ihres Anhanges zulassen, wenn

1. der Arbeitgeber andere, ebenso wirksame Maßnahmen trifft oder
2. die Durchführung der Vorschrift im Einzelfall zu einer unverhältnismäßigen Härte führen würde und die Abweichung mit dem Schutz der Beschäftigten vereinbar ist.

Der Antrag des Arbeitgebers kann in Papierform oder elektronisch übermittelt werden. Bei der Beurteilung sind die Belange der kleineren Betriebe besonders zu berücksichtigen.

(4) Anforderungen in anderen Rechtsvorschriften, insbesondere im Bauordnungsrecht der Länder, gelten vorrangig, soweit sie über die Anforderungen dieser Verordnung hinausgehen.

§ 4 Besondere Anforderungen an das Betreiben von Arbeitsstätten

(1) Der Arbeitgeber hat die Arbeitsstätte instand zu halten und dafür zu sorgen, dass festgestellte Mängel unverzüglich beseitigt werden. Können Mängel, mit denen eine unmittelbare erhebliche Gefahr verbunden ist, nicht sofort beseitigt werden, hat er dafür zu sorgen, dass die gefährdeten Beschäftigten ihre Tätigkeit unverzüglich einstellen.

(2) Der Arbeitgeber hat dafür zu sorgen, dass Arbeitsstätten den hygienischen Erfordernissen entsprechend gereinigt werden. Verunreinigungen und Ablagerungen, die zu Gefährdungen führen können, sind unverzüglich zu beseitigen.

(3) Der Arbeitgeber hat die Sicherheitseinrichtungen, insbesondere Sicherheitsbeleuchtung, Brandmelde- und Feuerlöscheinrichtungen, Signalanlagen, Notaggregate und Notschalter sowie raumlufttechnische Anlagen instand zu halten und in regelmäßigen Abständen auf ihre Funktionsfähigkeit prüfen zu lassen.

(4) Der Arbeitgeber hat dafür zu sorgen, dass Verkehrswege, Fluchtwege und Notausgänge ständig freigehalten werden, damit sie jederzeit benutzbar sind. Der Arbeitgeber hat Vorkehrungen so zu treffen, dass die Beschäftigten bei Gefahr sich unverzüglich in Sicherheit bringen und schnell gerettet werden können. Der Arbeitgeber hat einen Flucht- und Rettungsplan aufzustellen, wenn Lage, Ausdehnung und Art der Benutzung der Arbeitsstätte dies erfordern. Der Plan ist an geeigneten Stellen in der Arbeitsstätte auszulegen oder auszuhängen. In angemessenen Zeitabständen ist entsprechend diesem Plan zu üben.

(5) Der Arbeitgeber hat beim Einrichten und Betreiben von Arbeitsstätten Mittel und Einrichtungen zur Ersten Hilfe zur Verfügung zu stellen und regelmäßig auf ihre Vollständigkeit und Verwendungsfähigkeit prüfen zu lassen.

§ 5 Nichtraucherschutz

(1) Der Arbeitgeber hat die erforderlichen Maßnahmen zu treffen, damit die nicht rauchenden Beschäftigten in Arbeitsstätten wirksam vor den Gesundheitsgefahren durch Tabakrauch geschützt sind. Soweit erforderlich, hat der Arbeitgeber ein allgemeines oder auf einzelne Bereiche der Arbeitsstätte beschränktes Rauchverbot zu erlassen.

(2) In Arbeitsstätten mit Publikumsverkehr hat der Arbeitgeber beim Einrichten und Betreiben von Arbeitsräumen der Natur des Betriebes entsprechende und der Art der Beschäftigung angepasste technische oder organisatorische Maßnahmen nach Absatz 1 zum Schutz der nicht rauchenden Beschäftigten zu treffen.

§ 6 Unterweisung der Beschäftigten

(1) Der Arbeitgeber hat den Beschäftigten ausreichende und angemessene Informationen anhand der Gefährdungsbeurteilung in einer für die Beschäftigten verständlichen Form und Sprache zur Verfügung zu stellen über

1. das bestimmungsgemäße Betreiben der Arbeitsstätte,
2. alle gesundheits- und sicherheitsrelevanten Fragen im Zusammenhang mit ihrer Tätigkeit,

3. Maßnahmen, die zur Gewährleistung der Sicherheit und zum Schutz der Gesundheit der Beschäftigten durchgeführt werden müssen, und
4. arbeitsplatzspezifische Maßnahmen, insbesondere bei Tätigkeiten auf Baustellen oder an Bildschirmgeräten,

und sie anhand dieser Informationen zu unterweisen.

(2) Die Unterweisung nach Absatz 1 muss sich auf Maßnahmen im Gefahrenfall erstrecken, insbesondere auf

1. die Bedienung von Sicherheits- und Warneinrichtungen,
2. die Erste Hilfe und die dazu vorgehaltenen Mittel und Einrichtungen und
3. den innerbetrieblichen Verkehr.

(3) Die Unterweisung nach Absatz 1 muss sich auf Maßnahmen der Brandverhütung und Verhaltensmaßnahmen im Brandfall erstrecken, insbesondere auf die Nutzung der Fluchtwege und Notausgänge. Diejenigen Beschäftigten, die Aufgaben der Brandbekämpfung übernehmen, hat der Arbeitgeber in der Bedienung der Feuerlöscheinrichtungen zu unterweisen.

(4) Die Unterweisungen müssen vor Aufnahme der Tätigkeit stattfinden. Danach sind sie mindestens jährlich zu wiederholen. Sie haben in einer für die Beschäftigten verständlichen Form und Sprache zu erfolgen. Unterweisungen sind unverzüglich zu wiederholen, wenn sich die Tätigkeiten der Beschäftigten, die Arbeitsorganisation, die Arbeits- und Fertigungsverfahren oder die Einrichtungen und Betriebsweisen in der Arbeitsstätte wesentlich verändern und die Veränderung mit zusätzlichen Gefährdungen verbunden ist.

§ 7 Ausschuss für Arbeitsstätten

(1) Beim Bundesministerium für Arbeit und Soziales wird ein Ausschuss für Arbeitsstätten gebildet, in dem fachkundige Vertreter der Arbeitgeber, der Gewerkschaften, der Länderbehörden, der gesetzlichen Unfallversicherung und weitere fachkundige Personen, insbesondere der Wissenschaft, in angemessener Zahl vertreten sein sollen. Die Gesamtzahl der Mitglieder soll 16 Personen nicht überschreiten. Für jedes Mitglied ist ein stellvertretendes Mitglied zu benennen. Die Mitgliedschaft im Ausschuss für Arbeitsstätten ist ehrenamtlich.

(2) Das Bundesministerium für Arbeit und Soziales beruft die Mitglieder des Ausschusses und die stellvertretenden Mitglieder. Der Ausschuss gibt sich eine Geschäftsordnung und wählt den Vorsitzenden aus seiner Mitte. Die Geschäftsordnung und die Wahl des Vorsitzenden bedürfen der Zustimmung des Bundesministeriums für Arbeit und Soziales.

(3) Zu den Aufgaben des Ausschusses gehört es,

1. dem Stand der Technik, Arbeitsmedizin und Hygiene entsprechende Regeln und sonstige gesicherte wissenschaftliche Erkenntnisse für die Sicherheit und Gesundheit der Beschäftigten in Arbeitsstätten zu ermitteln,
2. Regeln und Erkenntnisse zu ermitteln, wie die Anforderungen dieser Verordnung erfüllt werden können, sowie Empfehlungen für weitere Maßnahmen zur Gewährleistung der Sicherheit und zum Schutz der Gesundheit der Beschäftigten auszuarbeiten und
3. das Bundesministerium für Arbeit und Soziales in allen Fragen der Sicherheit und der Gesundheit der Beschäftigten in Arbeitsstätten zu beraten.

Bei der Wahrnehmung seiner Aufgaben soll der Ausschuss die allgemeinen Grundsätze des Arbeitsschutzes nach § 4 des Arbeitsschutzgesetzes berücksichtigen. Das Arbeitsprogramm des Ausschusses für Arbeitsstätten wird mit dem Bundesministerium für Arbeit und Soziales abgestimmt. Der Ausschuss arbeitet eng mit den anderen Ausschüssen beim Bundesministerium für Arbeit und Soziales zusammen. Die Sitzungen des Ausschusses sind nicht öffentlich. Beratungs- und Abstimmungsergebnisse des Ausschusses sowie Niederschriften der Untergremien sind vertraulich zu behandeln, soweit die Erfüllung der Aufgaben, die den Untergremien oder den Mitgliedern des Ausschusses obliegen, dem nicht entgegenstehen.

(4) Das Bundesministerium für Arbeit und Soziales kann die vom Ausschuss nach Absatz 3 ermittelten Regeln und Erkenntnisse sowie Empfehlungen im Gemeinsamen Ministerialblatt bekannt machen.

(5) Die Bundesministerien sowie die zuständigen obersten Landesbehörden können zu den Sitzungen des Ausschusses Vertreter entsenden. Diesen ist auf Verlangen in der Sitzung das Wort zu erteilen.

(6) Die Geschäfte des Ausschusses führt die Bundesanstalt für Arbeitsschutz und Arbeitsmedizin.

§ 8 Übergangsvorschriften

(1) Soweit für Arbeitsstätten,

1. die am 1. Mai 1976 eingerichtet waren oder mit deren Einrichtung vor diesem Zeitpunkt begonnen worden war oder
2. die am 20. Dezember 1996 eingerichtet waren oder mit deren Einrichtung vor diesem Zeitpunkt begonnen worden war und für die zum Zeitpunkt der Einrichtung die Gewerbeordnung keine Anwendung fand,

in dieser Verordnung Anforderungen gestellt werden, die umfangreiche Änderungen der Arbeitsstätte, der Betriebseinrichtungen, Arbeitsverfahren oder Arbeitsabläufe notwendig machen, gelten hierfür bis zum 31. Dezember 2020 mindestens die entsprechenden Anforderungen des Anhangs II der Richtlinie 89/654/EWG des Rates vom 30. November 1989 über Mindestvorschriften für Sicherheit und Gesundheitsschutz in Arbeitsstätten (ABl. EG Nr. L 393 S. 1). Soweit diese Arbeitsstätten oder ihre Betriebseinrichtungen wesentlich erweitert oder umgebaut oder die Arbeitsverfahren oder Arbeitsabläufe wesentlich umgestaltet werden, hat der Arbeitgeber die erforderlichen Maßnahmen zu treffen, damit diese Änderungen, Erweiterungen oder Umgestaltungen mit den Anforderungen dieser Verordnung übereinstimmen.

(2) Bestimmungen in den vom Ausschuss für Arbeitsstätten ermittelten und vom Bundesministerium für Arbeit und Soziales im Gemeinsamen Ministerialblatt bekannt gemachten Regeln für Arbeitsstätten, die Anforderungen an den Arbeitsplatz enthalten, gelten unter Berücksichtigung der Begriffsbestimmung des Arbeitsplatzes in § 2 Absatz 2 der Arbeitsstättenverordnung vom 12. August 2004 (BGBl. I S. 2179), die zuletzt durch Artikel 282 der Verordnung vom 31. August 2015 (BGBl. I S. 1474) geändert worden ist, solange fort, bis sie vom Ausschuss für Arbeitsstätten überprüft und erforderlichenfalls vom Bundesministerium für Arbeit und Soziales im Gemeinsamen Ministerialblatt neu bekannt gemacht worden sind.

§ 9 Straftaten und Ordnungswidrigkeiten

(1) Ordnungswidrig im Sinne des § 25 Absatz 1 Nummer 1 des Arbeitsschutzgesetzes handelt, wer vorsätzlich oder fahrlässig

1. entgegen § 3 Absatz 3 eine Gefährdungsbeurteilung nicht richtig, nicht vollständig oder nicht rechtzeitig dokumentiert,
2. entgegen § 3a Absatz 1 Satz 1 nicht dafür sorgt, dass eine Arbeitsstätte in der dort vorgeschriebenen Weise eingerichtet ist oder betrieben wird,
3. entgegen § 3a Absatz 1 Satz 2 in Verbindung mit Nummer 4.1 Absatz 1 des Anhangs einen dort genannten Toilettenraum oder eine dort genannte mobile, anschlussfreie Toilettenkabine nicht oder nicht in der vorgeschriebenen Weise zur Verfügung stellt,
4. entgegen § 3a Absatz 1 Satz 2 in Verbindung mit Nummer 4.2 Absatz 1 des Anhangs einen dort genannten Pausenraum oder einen dort genannten Pausenbereich nicht oder nicht in der vorgeschriebenen Weise zur Verfügung stellt,

4a entgegen § 3a Absatz 1 Satz 2 in Verbindung mit Nummer 4.4 Absatz 1 Satz 1 des Anhangs eine Unterkunft in den Fällen der Nummer 4.4 Absatz 1 Satz 3 des Anhangs nicht oder nicht rechtzeitig zur Verfügung stellt,

4b entgegen § 3a Absatz 1 Satz 2 in Verbindung mit Nummer 4.4 Absatz 4 Satz 1 des Anhangs eine Unterbringung in einer Gemeinschaftsunterkunft nicht, nicht richtig, nicht vollständig oder nicht rechtzeitig dokumentiert,

5. entgegen § 3a Absatz 2 eine Arbeitsstätte nicht in der dort vorgeschriebenen Weise einrichtet oder betreibt,
6. entgegen § 4 Absatz 1 Satz 2 nicht dafür sorgt, dass die gefährdeten Beschäftigten ihre Tätigkeit unverzüglich einstellen,
7. entgegen § 4 Absatz 4 Satz 1 nicht dafür sorgt, dass Verkehrswege, Fluchtwege und Notausgänge freigehalten werden,
8. entgegen § 4 Absatz 5 ein Mittel oder eine Einrichtung zur Ersten Hilfe nicht zur Verfügung stellt,
9. entgegen § 6 Absatz 4 Satz 1 nicht sicherstellt, dass die Beschäftigten vor Aufnahme der Tätigkeit unterwiesen werden.

(2) Wer durch eine in Absatz 1 bezeichnete vorsätzliche Handlung das Leben oder die Gesundheit von Beschäftigten gefährdet, ist nach § 26 Nummer 2 des Arbeitsschutzgesetzes strafbar.

Anhang Anforderungen und Maßnahmen für Arbeitsstätten nach § 3 Absatz 1

Inhaltsübersicht

(Fundstelle des Originaltextes: BGBl. I 2004, 2182 – 2188; bzgl. der einzelnen Änderungen vgl. Fußnote)

1 Allgemeine Anforderungen

1.1 Anforderungen an Konstruktion und Festigkeit von Gebäuden

Gebäude für Arbeitsstätten müssen eine der Nutzungsart entsprechende Konstruktion und Festigkeit aufweisen.

1.2 Abmessungen von Räumen, Luftraum

(1) Arbeitsräume, Sanitär-, Pausen- und Bereitschaftsräume, Kantinen, Erste-Hilfe-Räume und Unterkünfte müssen eine ausreichende Grundfläche und eine, in Abhängigkeit von der Größe der Grundfläche der Räume, ausreichende lichte Höhe aufweisen, so dass die Beschäftigten ohne Beeinträchtigung ihrer Sicherheit, ihrer Gesundheit oder ihres Wohlbefindens die Räume nutzen oder ihre Arbeit verrichten können.

(2) Die Abmessungen der Räume richten sich nach der Art ihrer Nutzung.

(3) Die Größe des notwendigen Luftraumes ist in Abhängigkeit von der Art der physischen Belastung und der Anzahl der Beschäftigten sowie der sonstigen anwesenden Personen zu bemessen.

1.3 Sicherheits- und Gesundheitsschutzkennzeichnung

(1) Unberührt von den nachfolgenden Anforderungen sind Sicherheits- und Gesundheitsschutzkennzeichnungen einzusetzen, wenn Gefährdungen der Sicherheit und Gesundheit der Beschäftigten nicht durch technische oder organisatorische Maßnahmen vermieden oder ausreichend begrenzt werden können. Das Ergebnis der Gefährdungsbeurteilung und die Maßnahmen nach § 3 Absatz 1 sind dabei zu berücksichtigen.

(2) Die Kennzeichnung ist nach der Art der Gefährdung dauerhaft oder vorübergehend nach den Vorgaben der Richtlinie 92/58/EWG des Rates vom 24. Juni 1992 über Mindestvorschriften für die Sicherheits- und/ oder Gesundheitsschutzkennzeichnung am Arbeitsplatz (Neunte Einzelrichtlinie im Sinne des Artikels 16 Absatz 1 der Richtlinie 89/391/EWG) (ABl. EG Nr. L 245 S. 23) auszuführen. Diese Richtlinie gilt in der jeweils aktuellen Fassung. Wird diese Richtlinie geändert oder nach den in dieser Richtlinie vorgesehenen Verfahren an den technischen Fortschritt angepasst, gilt sie in der geänderten im Amtsblatt der Europäischen Gemeinschaften veröffentlichten Fassung nach Ablauf der in der Änderungs- oder Anpassungsrichtlinie festgelegten Umsetzungsfrist. Die geänderte Fassung kann bereits ab Inkrafttreten der Änderungs- oder Anpassungsrichtlinie angewendet werden.

(3) (weggefallen)

1.4 Energieverteilungsanlagen

Anlagen, die der Versorgung der Arbeitsstätte mit Energie dienen, müssen so ausgewählt, installiert und betrieben werden, dass die Beschäftigten vor dem direkten oder indirekten Berühren spannungsführender Teile geschützt sind und dass von den Anlagen keine Brand- oder Explosionsgefahren ausgehen. Bei der Konzeption und der Ausführung sowie der Wahl des Materials und der Schutzvorrichtungen sind Art und Stärke der verteilten Energie, die äußeren Einwirkbedingungen und die Fachkenntnisse der Personen zu berücksichtigen, die zu Teilen der Anlage Zugang haben.

1.5 Fußböden, Wände, Decken, Dächer

(1) Die Oberflächen der Fußböden, Wände und Decken der Räume müssen so gestaltet sein, dass sie den Erfordernissen des sicheren Betreibens entsprechen sowie leicht und sicher zu reinigen sind. Arbeitsräume müssen unter Berücksichtigung der Art des Betriebes und der physischen Belastungen eine angemessene Dämmung gegen Wärme und Kälte sowie eine ausreichende Isolierung gegen Feuchtigkeit aufweisen. Auch Sanitär-, Pausen-

und Bereitschaftsräume, Kantinen, Erste-Hilfe-Räume und Unterkünfte müssen über eine angemessene Dämmung gegen Wärme und Kälte sowie eine ausreichende Isolierung gegen Feuchtigkeit verfügen.

(2) Die Fußböden der Räume dürfen keine Unebenheiten, Löcher, Stolperstellen oder gefährlichen Schrägen aufweisen. Sie müssen gegen Verrutschen gesichert, tragfähig, trittsicher und rutschhemmend sein.

(3) Durchsichtige oder lichtdurchlässige Wände, insbesondere Ganzglaswände in Arbeitsräumen oder im Bereich von Verkehrswegen, müssen deutlich gekennzeichnet sein. Sie müssen entweder aus bruchsicherem Werkstoff bestehen oder so gegen die Arbeitsplätze in Arbeitsräumen oder die Verkehrswege abgeschirmt sein, dass die Beschäftigten nicht mit den Wänden in Berührung kommen und beim Zersplittern der Wände nicht verletzt werden können.

(4) Dächer aus nicht durchtrittsicherem Material dürfen nur betreten werden, wenn Ausrüstungen benutzt werden, die ein sicheres Arbeiten ermöglichen.

1.6 Fenster, Oberlichter

(1) Fenster, Oberlichter und Lüftungsvorrichtungen müssen sich von den Beschäftigten sicher öffnen, schließen, verstellen und arretieren lassen. Sie dürfen nicht so angeordnet sein, dass sie in geöffnetem Zustand eine Gefahr für die Beschäftigten darstellen.

(2) Fenster und Oberlichter müssen so ausgewählt oder ausgerüstet und eingebaut sein, dass sie ohne Gefährdung der Ausführenden und anderer Personen gereinigt werden können.

1.7 Türen, Tore

(1) Die Lage, Anzahl, Abmessungen und Ausführung insbesondere hinsichtlich der verwendeten Werkstoffe von Türen und Toren müssen sich nach der Art und Nutzung der Räume oder Bereiche richten.

(2) Durchsichtige Türen müssen in Augenhöhe gekennzeichnet sein.

(3) Pendeltüren und -tore müssen durchsichtig sein oder ein Sichtfenster haben.

(4) Bestehen durchsichtige oder lichtdurchlässige Flächen von Türen und Toren nicht aus bruchsicherem Werkstoff und ist zu befürchten, dass sich die Beschäftigten beim Zersplittern verletzen können, sind diese Flächen gegen Eindrücken zu schützen.

(5) Schiebetüren und -tore müssen gegen Ausheben und Herausfallen gesichert sein. Türen und Tore, die sich nach oben öffnen, müssen gegen Herabfallen gesichert sein.

(6) In unmittelbarer Nähe von Toren, die vorwiegend für den Fahrzeugverkehr bestimmt sind, müssen gut sichtbar gekennzeichnete, stets zugängliche Türen für Fußgänger vorhanden sein. Diese Türen sind nicht erforderlich, wenn der Durchgang durch die Tore für Fußgänger gefahrlos möglich ist.

(7) Kraftbetätigte Türen und Tore müssen sicher benutzbar sein. Dazu gehört, dass sie

a) ohne Gefährdung der Beschäftigten bewegt werden oder zum Stillstand kommen können,

b) mit selbsttätig wirkenden Sicherungen ausgestattet sind,

c) auch von Hand zu öffnen sind, sofern sie sich bei Stromausfall nicht automatisch öffnen.

(8) Besondere Anforderungen gelten für Türen im Verlauf von Fluchtwegen (Nummer 2.3).

1.8 Verkehrswege

(1) Verkehrswege, einschließlich Treppen, fest angebrachte Steigleitern und Laderampen müssen so angelegt und bemessen sein, dass sie je nach ihrem Bestimmungszweck leicht und sicher begangen oder befahren werden können und in der Nähe Beschäftigte nicht gefährdet werden.

(2) Die Bemessung der Verkehrswege, die dem Personenverkehr, Güterverkehr oder Personen- und Güterverkehr dienen, muss sich nach der Anzahl der möglichen Benutzer und der Art des Betriebes richten.

(3) Werden Transportmittel auf Verkehrswegen eingesetzt, muss für Fußgänger ein ausreichender Sicherheitsabstand gewahrt werden.

(4) Verkehrswege für Fahrzeuge müssen an Türen und Toren, Durchgängen, Fußgängerwegen und Treppenaustritten in ausreichendem Abstand vorbeiführen.

(5) Soweit Nutzung und Einrichtung der Räume es zum Schutz der Beschäftigten erfordern, müssen die Begrenzungen der Verkehrswege gekennzeichnet sein.

(6) Besondere Anforderungen gelten für Fluchtwege (Nummer 2.3).

1.9 Fahrtreppen, Fahrsteige

Fahrtreppen und Fahrsteige müssen so ausgewählt und installiert sein, dass sie sicher funktionieren und sicher benutzbar sind. Dazu gehört, dass die Notbefehlseinrichtungen gut erkennbar und leicht zugänglich sind und nur solche Fahrtreppen und Fahrsteige eingesetzt werden, die mit den notwendigen Sicherheitsvorrichtungen ausgestattet sind.

1.10 Laderampen

(1) Laderampen sind entsprechend den Abmessungen der Transportmittel und der Ladung auszulegen.

(2) Sie müssen mindestens einen Abgang haben; lange Laderampen müssen, soweit betriebstechnisch möglich, an jedem Endbereich einen Abgang haben.

(3) Sie müssen einfach und sicher benutzbar sein. Dazu gehört, dass sie nach Möglichkeit mit Schutzvorrichtungen gegen Absturz auszurüsten sind; das gilt insbesondere in Bereichen von Laderampen, die keine ständigen Be- und Entladestellen sind.

1.11 Steigleitern, Steigeisengänge

Steigleitern und Steigeisengänge müssen sicher benutzbar sein. Dazu gehört, dass sie

a) nach Notwendigkeit über Schutzvorrichtungen gegen Absturz, vorzugsweise über Steigschutzeinrichtungen verfügen,
b) an ihren Austrittsstellen eine Haltevorrichtung haben,
c) nach Notwendigkeit in angemessenen Abständen mit Ruhebühnen ausgerüstet sind.

2 Maßnahmen zum Schutz vor besonderen Gefahren

2.1 Schutz vor Absturz und herabfallenden Gegenständen, Betreten von Gefahrenbereichen

(1) Arbeitsplätze und Verkehrswege, bei denen eine Absturzgefahr für Beschäftigte oder die Gefahr des Herabfallens von Gegenständen besteht, müssen mit Schutzvorrichtungen

versehen sein, die verhindern, dass Beschäftigte abstürzen oder durch herabfallende Gegenstände verletzt werden können. Sind aufgrund der Eigenart des Arbeitsplatzes oder der durchzuführenden Arbeiten Schutzvorrichtungen gegen Absturz nicht geeignet, muss der Arbeitgeber die Sicherheit der Beschäftigten durch andere wirksame Maßnahmen gewährleisten. Eine Absturzgefahr besteht bei einer Absturzhöhe von mehr als 1 Meter.

(2) Arbeitsplätze und Verkehrswege, die an Gefahrenbereiche grenzen, müssen mit Schutzvorrichtungen versehen sein, die verhindern, dass Beschäftigte in die Gefahrenbereiche gelangen.

(3) Die Arbeitsplätze und Verkehrswege nach den Absätzen 1 und 2 müssen gegen unbefugtes Betreten gesichert und gut sichtbar als Gefahrenbereiche gekennzeichnet sein. Zum Schutz derjenigen, die diese Bereiche betreten müssen, sind geeignete Maßnahmen zu treffen.

2.2 Maßnahmen gegen Brände

(1) Arbeitsstätten müssen je nach

a) Abmessung und Nutzung,

b) der Brandgefährdung vorhandener Einrichtungen und Materialien,

c) der größtmöglichen Anzahl anwesender Personen

mit einer ausreichenden Anzahl geeigneter Feuerlöscheinrichtungen und erforderlichenfalls Brandmeldern und Alarmanlagen ausgestattet sein.

(2) Nicht selbsttätige Feuerlöscheinrichtungen müssen als solche dauerhaft gekennzeichnet, leicht zu erreichen und zu handhaben sein.

(3) Selbsttätig wirkende Feuerlöscheinrichtungen müssen mit Warneinrichtungen ausgerüstet sein, wenn bei ihrem Einsatz Gefahren für die Beschäftigten auftreten können.

2.3 Fluchtwege und Notausgänge

(1) Fluchtwege und Notausgänge müssen

a) sich in Anzahl, Anordnung und Abmessung nach der Nutzung, der Einrichtung und den Abmessungen der Arbeitsstätte sowie nach der höchstmöglichen Anzahl der dort anwesenden Personen richten,

b) auf möglichst kurzem Weg ins Freie oder, falls dies nicht möglich ist, in einen gesicherten Bereich führen,

c) in angemessener Form und dauerhaft gekennzeichnet sein.

Sie sind mit einer Sicherheitsbeleuchtung auszurüsten, wenn das gefahrlose Verlassen der Arbeitsstätte für die Beschäftigten, insbesondere bei Ausfall der allgemeinen Beleuchtung, nicht gewährleistet ist.

(2) Türen im Verlauf von Fluchtwegen oder Türen von Notausgängen müssen

a) sich von innen ohne besondere Hilfsmittel jederzeit leicht öffnen lassen, solange sich Beschäftigte in der Arbeitsstätte befinden,

b) in angemessener Form und dauerhaft gekennzeichnet sein.

Türen von Notausgängen müssen sich nach außen öffnen lassen. In Notausgängen, die ausschließlich für den Notfall konzipiert und ausschließlich im Notfall benutzt werden, sind Karussell- und Schiebetüren nicht zulässig.

3 Arbeitsbedingungen

3.1 Bewegungsfläche

(1) Die freie unverstellte Fläche am Arbeitsplatz muss so bemessen sein, dass sich die Beschäftigten bei ihrer Tätigkeit ungehindert bewegen können.

(2) Ist dies nicht möglich, muss den Beschäftigten in der Nähe des Arbeitsplatzes eine andere ausreichend große Bewegungsfläche zur Verfügung stehen.

3.2 Anordnung der Arbeitsplätze

Arbeitsplätze sind in der Arbeitsstätte so anzuordnen, dass Beschäftigte

a) sie sicher erreichen und verlassen können,

b) sich bei Gefahr schnell in Sicherheit bringen können,

c) durch benachbarte Arbeitsplätze, Transporte oder Einwirkungen von außerhalb nicht gefährdet werden.

3.3 Ausstattung

(1) Jedem Beschäftigten muss mindestens eine Kleiderablage zur Verfügung stehen, sofern keine Umkleideräume vorhanden sind.

(2) Kann die Arbeit ganz oder teilweise sitzend verrichtet werden oder lässt es der Arbeitsablauf zu, sich zeitweise zu setzen, sind den Beschäftigten am Arbeitsplatz Sitzgelegenheiten zur Verfügung zu stellen. Können aus betriebstechnischen Gründen keine Sitzgelegenheiten unmittelbar am Arbeitsplatz aufgestellt werden, obwohl es der Arbeitsablauf zulässt, sich zeitweise zu setzen, müssen den Beschäftigten in der Nähe der Arbeitsplätze Sitzgelegenheiten bereitgestellt werden.

3.4 Beleuchtung und Sichtverbindung

(1) Der Arbeitgeber darf als Arbeitsräume nur solche Räume betreiben, die möglichst ausreichend Tageslicht erhalten und die eine Sichtverbindung nach außen haben.
Dies gilt nicht für

1. Räume, bei denen betriebs-, produktions- oder bautechnische Gründe Tageslicht oder einer Sichtverbindung nach außen entgegenstehen,
2. Räume, in denen sich Beschäftigte zur Verrichtung ihrer Tätigkeit regelmäßig nicht über einen längeren Zeitraum oder im Verlauf der täglichen Arbeitszeit nur kurzzeitig aufhalten müssen, insbesondere Archive, Lager-, Maschinen- und Nebenräume, Teeküchen,
3. Räume, die vollständig unter Erdgleiche liegen, soweit es sich dabei um Tiefgaragen oder ähnliche Einrichtungen, um kulturelle Einrichtungen, um Verkaufsräume oder um Schank- und Speiseräume handelt,
4. Räume in Bahnhofs- oder Flughafenhallen, Passagen oder innerhalb von Kaufhäusern und Einkaufszentren,
5. Räume mit einer Grundfläche von mindestens 2000 Quadratmetern, sofern Oberlichter oder andere bauliche Vorrichtungen vorhanden sind, die Tageslicht in den Arbeitsraum lenken.

(2) Pausen- und Bereitschaftsräume sowie Unterkünfte müssen möglichst ausreichend mit Tageslicht beleuchtet sein und eine Sichtverbindung nach außen haben. Kantinen sollen möglichst ausreichend Tageslicht erhalten und eine Sichtverbindung nach außen haben.

(3) Räume, die bis zum 3. Dezember 2016 eingerichtet worden sind oder mit deren Einrichtung begonnen worden war und die die Anforderungen nach Absatz 1 Satz 1 oder Absatz 2 nicht erfüllen, dürfen ohne eine Sichtverbindung nach außen weiter betrieben werden, bis sie wesentlich erweitert oder umgebaut werden.

(4) In Arbeitsräumen muss die Stärke des Tageslichteinfalls am Arbeitsplatz je nach Art der Tätigkeit reguliert werden können.

(5) Arbeitsstätten müssen mit Einrichtungen ausgestattet sein, die eine angemessene künstliche Beleuchtung ermöglichen, so dass die Sicherheit und der Schutz der Gesundheit der Beschäftigten gewährleistet sind.

(6) Die Beleuchtungsanlagen sind so auszuwählen und anzuordnen, dass dadurch die Sicherheit und die Gesundheit der Beschäftigten nicht gefährdet werden.

(7) Arbeitsstätten, in denen bei Ausfall der Allgemeinbeleuchtung die Sicherheit der Beschäftigten gefährdet werden kann, müssen eine ausreichende Sicherheitsbeleuchtung haben.

3.5 Raumtemperatur

(1) Arbeitsräume, in denen aus betriebstechnischer Sicht keine spezifischen Anforderungen an die Raumtemperatur gestellt werden, müssen während der Nutzungsdauer unter Berücksichtigung der Arbeitsverfahren und der physischen Belastungen der Beschäftigten eine gesundheitlich zuträgliche Raumtemperatur haben.

(2) Sanitär-, Pausen- und Bereitschaftsräume, Kantinen, Erste-Hilfe-Räume und Unterkünfte müssen während der Nutzungsdauer unter Berücksichtigung des spezifischen Nutzungszwecks eine gesundheitlich zuträgliche Raumtemperatur haben.

(3) Fenster, Oberlichter und Glaswände müssen unter Berücksichtigung der Arbeitsverfahren und der Art der Arbeitsstätte eine Abschirmung gegen übermäßige Sonneneinstrahlung ermöglichen.

3.6 Lüftung

(1) In Arbeitsräumen, Sanitär-, Pausen- und Bereitschaftsräumen, Kantinen, Erste-Hilfe-Räumen und Unterkünften muss unter Berücksichtigung des spezifischen Nutzungszwecks, der Arbeitsverfahren, der physischen Belastungen und der Anzahl der Beschäftigten sowie der sonstigen anwesenden Personen während der Nutzungsdauer ausreichend gesundheitlich zuträgliche Atemluft vorhanden sein.

(2) Ist für das Betreiben von Arbeitsstätten eine raumlufttechnische Anlage erforderlich, muss diese jederzeit funktionsfähig sein und die Anforderungen nach Absatz 1 erfüllen. Bei raumlufttechnischen Anlagen muss eine Störung durch eine selbsttätige Warneinrichtung angezeigt werden. Es müssen Vorkehrungen getroffen sein, durch die die Beschäftigten im Fall einer Störung gegen Gesundheitsgefahren geschützt sind.

(3) Werden raumlufttechnische Anlagen verwendet, ist sicherzustellen, dass die Beschäftigten keinem störenden Luftzug ausgesetzt sind.

(4) Ablagerungen und Verunreinigungen in raumlufttechnischen Anlagen, die zu einer unmittelbaren Gesundheitsgefährdung durch die Raumluft führen können, müssen umgehend beseitigt werden.

3.7 Lärm

In Arbeitsstätten ist der Schalldruckpegel so niedrig zu halten, wie es nach der Art des Betriebes möglich ist. Der Schalldruckpegel am Arbeitsplatz in Arbeitsräumen ist in Abhängigkeit von der Nutzung und den zu verrichtenden Tätigkeiten so weit zu reduzieren, dass keine Beeinträchtigungen der Gesundheit der Beschäftigten entstehen.

4 Sanitär-, Pausen- und Bereitschaftsräume, Kantinen, Erste-Hilfe-Räume und Unterkünfte

4.1 Sanitärräume

(1) Der Arbeitgeber hat Toilettenräume zur Verfügung zu stellen. Toilettenräume sind für Männer und Frauen getrennt einzurichten oder es ist eine getrennte Nutzung zu ermöglichen. Toilettenräume sind mit verschließbaren Zugängen, einer ausreichenden Anzahl von Toilettenbecken und Handwaschgelegenheiten zur Verfügung zu stellen. Sie müssen sich sowohl in der Nähe der Arbeitsräume als auch in der Nähe von Kantinen, Pausen- und Bereitschaftsräumen, Wasch- und Umkleideräumen befinden. Bei Arbeiten im Freien und auf Baustellen mit wenigen Beschäftigten sind mobile, anschlussfreie Toilettenkabinen in der Nähe der Arbeitsplätze ausreichend.

(2) Der Arbeitgeber hat – wenn es die Art der Tätigkeit oder gesundheitliche Gründe erfordern – Waschräume zur Verfügung zu stellen. Diese sind für Männer und Frauen getrennt einzurichten oder es ist eine getrennte Nutzung zu ermöglichen. Bei Arbeiten im Freien und auf Baustellen mit wenigen Beschäftigten sind Waschgelegenheiten ausreichend. Waschräume sind

a) in der Nähe von Arbeitsräumen und sichtgeschützt einzurichten„

b) so zu bemessen, dass die Beschäftigten sich den hygienischen Erfordernissen entsprechend und ungehindert reinigen können; dazu müssen fließendes warmes und kaltes Wasser, Mittel zum Reinigen und gegebenenfalls zum Desinfizieren sowie zum Abtrocknen der Hände vorhanden sein,

c) mit einer ausreichenden Anzahl geeigneter Duschen zur Verfügung zu stellen, wenn es die Art der Tätigkeit oder gesundheitliche Gründe erfordern.

Sind Waschräume nicht erforderlich, müssen in der Nähe des Arbeitsplatzes und der Umkleideräume ausreichende und angemessene Waschgelegenheiten mit fließendem Wasser (erforderlichenfalls mit warmem Wasser), Mitteln zum Reinigen und zum Abtrocknen der Hände zur Verfügung stehen.

(3) Der Arbeitgeber hat geeignete Umkleideräume zur Verfügung zu stellen, wenn die Beschäftigten bei ihrer Tätigkeit besondere Arbeitskleidung tragen müssen und es ihnen nicht zuzumuten ist, sich in einem anderen Raum umzukleiden. Umkleideräume sind für Männer und Frauen getrennt einzurichten oder es ist eine getrennte Nutzung zu ermöglichen. Umkleideräume müssen

a) leicht zugänglich und von ausreichender Größe und sichtgeschützt eingerichtet werden; entsprechend der Anzahl gleichzeitiger Benutzer muss genügend freie Bodenfläche für ungehindertes Umkleiden vorhanden sein,
b) mit Sitzgelegenheiten sowie mit verschließbaren Einrichtungen ausgestattet sein, in denen jeder Beschäftigte seine Kleidung aufbewahren kann.

Kleiderschränke für Arbeitskleidung und Schutzkleidung sind von Kleiderschränken für persönliche Kleidung und Gegenstände zu trennen, wenn die Umstände dies erfordern.

(4) Wasch- und Umkleideräume, die voneinander räumlich getrennt sind, müssen untereinander leicht erreichbar sein.

4.2 Pausen- und Bereitschaftsräume

(1) Bei mehr als zehn Beschäftigten oder wenn die Sicherheit und der Schutz der Gesundheit es erfordern, ist den Beschäftigten ein Pausenraum oder ein entsprechender Pausenbereich zur Verfügung zu stellen. Dies gilt nicht, wenn die Beschäftigten in Büroräumen oder vergleichbaren Arbeitsräumen beschäftigt sind und dort gleichwertige Voraussetzungen für eine Erholung während der Pause gegeben sind. Fallen in die Arbeitszeit regelmäßig und häufig Arbeitsbereitschaftszeiten oder Arbeitsunterbrechungen und sind keine Pausenräume vorhanden, so sind für die Beschäftigten Räume für Bereitschaftszeiten einzurichten. Schwangere Frauen und stillende Mütter müssen sich während der Pausen und, soweit es erforderlich ist, auch während der Arbeitszeit unter geeigneten Bedingungen hinlegen und ausruhen können.

(2) Pausenräume oder entsprechende Pausenbereiche sind

a) für die Beschäftigten leicht erreichbar an ungefährdeter Stelle und in ausreichender Größe bereitzustellen,
b) entsprechend der Anzahl der gleichzeitigen Benutzer mit leicht zu reinigenden Tischen und Sitzgelegenheiten mit Rückenlehne auszustatten,
c) als separate Räume zu gestalten, wenn die Beurteilung der Arbeitsbedingungen und der Arbeitsstätte dies erfordern.

(3) Bereitschaftsräume und Pausenräume, die als Bereitschaftsräume genutzt werden, müssen dem Zweck entsprechend ausgestattet sein.

4.3 Erste-Hilfe-Räume

(1) Erste-Hilfe-Räume oder vergleichbare Bereiche sind entsprechend der Art der Gefährdungen in der Arbeitsstätte oder der Anzahl der Beschäftigten, der Art der auszuübenden Tätigkeiten sowie der räumlichen Größe der Betriebe zur Verfügung zu stellen.

(2) Erste-Hilfe-Räume müssen an ihren Zugängen als solche gekennzeichnet und für Personen mit Rettungstransportmitteln leicht zugänglich sein.

(3) Sie sind mit den erforderlichen Mitteln und Einrichtungen zur Ersten Hilfe auszustatten. An einer deutlich gekennzeichneten Stelle müssen Anschrift und Telefonnummer der örtlichen Rettungsdienste angegeben sein.

(4) Darüber hinaus sind überall dort, wo es die Arbeitsbedingungen erfordern, Mittel und Einrichtungen zur Ersten Hilfe aufzubewahren. Sie müssen leicht zugänglich und einsatzbereit sein. Die Aufbewahrungsstellen müssen als solche gekennzeichnet und gut erreichbar sein.

4.4 Unterkünfte

(1) Der Arbeitgeber hat angemessene Unterkünfte für Beschäftigte zur Verfügung zu stellen, gegebenenfalls auch außerhalb des Geländes eines Betriebes oder einer Baustelle, wenn es aus Gründen der Sicherheit, zum Schutz der Gesundheit oder aus Gründen der menschengerechten Gestaltung der Arbeit erforderlich ist. Die Bereitstellung angemessener Unterkünfte kann insbesondere wegen der Abgelegenheit der Arbeitsstätte, der Art der auszuübenden Tätigkeiten oder der Anzahl der im Betrieb beschäftigten Personen erforderlich sein. Sie ist stets erforderlich, wenn den Beschäftigten im Zusammenhang mit der Anwerbung oder Entsendung zur zeitlich befristeten Erbringung einer vertraglich geschuldeten Arbeitsleistung die Bereitstellung oder Vermittlung einer Unterbringung in Gemeinschaftsunterkünften in Aussicht gestellt wird und zu erwarten ist, dass der Beschäftigte die Verpflichtung zur Erbringung seiner Arbeitsleistung anderenfalls nicht eingehen würde. Kann der Arbeitgeber erforderliche Unterkünfte innerhalb des Geländes eines Betriebes oder einer Baustelle nicht zur Verfügung stellen, hat er für eine andere angemessene Unterbringung der Beschäftigten außerhalb des Geländes eines Betriebes oder einer Baustelle zu sorgen. Wird die Unterkunft als Gemeinschaftsunterkunft außerhalb des Geländes eines Betriebes oder einer Baustelle durch den Arbeitgeber oder auf dessen Veranlassung durch Dritte zur Verfügung gestellt, so hat der Arbeitgeber auch in diesem Fall für die Angemessenheit der Unterkunft zu sorgen.

(2) Unterkünfte müssen entsprechend ihrer Belegungszahl und der Dauer der Unterbringung ausgestattet sein mit:

a) Wohn- und Schlafbereich (Betten, Schränken, Tischen, Stühlen),

b) Essbereich,

c) Sanitäreinrichtungen.

(3) Wird die Unterkunft von Männern und Frauen gemeinsam genutzt, ist dies bei der Zuteilung der Räume zu berücksichtigen.

(4) Der Arbeitgeber hat die Unterbringung von Beschäftigten in Gemeinschaftsunterkünften innerhalb oder außerhalb des Geländes eines Betriebes oder einer Baustelle nach den Sätzen 2 und 3 zu dokumentieren. In der Dokumentation sind anzugeben:

1. die Adressen der Gemeinschaftsunterkünfte,
2. die Unterbringungskapazitäten der Gemeinschaftsunterkünfte,
3. die Zuordnung der untergebrachten Beschäftigten zu den Gemeinschaftsunterkünften sowie
4. der zugehörige Zeitraum der Unterbringung der jeweiligen Beschäftigten.

Die Dokumentation muss ab Beginn der Bereitstellung der Gemeinschaftsunterkünfte am Ort der Leistungserbringung verfügbar sein. Die Dokumentation ist nach Beendigung der Unterbringung vier Wochen aufzubewahren.

5 Ergänzende Anforderungen und Maßnahmen für besondere Arbeitsstätten und Arbeitsplätze

5.1 Arbeitsplätze in nicht allseits umschlossenen Arbeitsstätten und Arbeitsplätze im Freien

Arbeitsplätze in nicht allseits umschlossenen Arbeitsstätten und Arbeitsplätze im Freien sind so einzurichten und zu betreiben, dass sie von den Beschäftigten bei jeder Witterung

sicher und ohne Gesundheitsgefährdung erreicht, benutzt und wieder verlassen werden können. Dazu gehört, dass diese Arbeitsplätze gegen Witterungseinflüsse geschützt sind oder den Beschäftigten geeignete persönliche Schutzausrüstungen zur Verfügung gestellt werden.
Werden die Beschäftigten auf Arbeitsplätzen im Freien beschäftigt, so sind die Arbeitsplätze nach Möglichkeit so einzurichten, dass die Beschäftigten nicht gesundheitsgefährdenden äußeren Einwirkungen ausgesetzt sind.

5.2 Baustellen

(1) Die Beschäftigten müssen

a) sich gegen Witterungseinflüsse geschützt umkleiden, waschen und wärmen können,

b) über Einrichtungen verfügen, um ihre Mahlzeiten einnehmen und gegebenenfalls auch zubereiten zu können,

c) in der Nähe der Arbeitsplätze über Trinkwasser oder ein anderes alkoholfreies Getränk verfügen können.

Weiterhin sind auf Baustellen folgende Anforderungen umzusetzen:

d) Sind Umkleideräume nicht erforderlich, muss für jeden regelmäßig auf der Baustelle anwesenden Beschäftigten eine Kleiderablage und ein abschließbares Fach vorhanden sein, damit persönliche Gegenstände unter Verschluss aufbewahrt werden können.

e) Unter Berücksichtigung der Arbeitsverfahren und der physischen Belastungen der Beschäftigten ist dafür zu sorgen, dass ausreichend gesundheitlich zuträgliche Atemluft vorhanden ist.

f) Beschäftigte müssen die Möglichkeit haben, Arbeitskleidung und Schutzkleidung außerhalb der Arbeitszeit zu lüften und zu trocknen.

g) In regelmäßigen Abständen sind geeignete Versuche und Übungen an Feuerlöscheinrichtungen und Brandmelde- und Alarmanlagen durchzuführen.

(2) Schutzvorrichtungen, die ein Abstürzen von Beschäftigten an Arbeitsplätzen und Verkehrswegen auf Baustellen verhindern, müssen vorhanden sein:

1. unabhängig von der Absturzhöhe bei
   a) Arbeitsplätzen am und über Wasser oder an und über anderen festen oder flüssigen Stoffen, in denen man versinken kann,
   b) Verkehrswegen über Wasser oder anderen festen oder flüssigen Stoffen, in denen man versinken kann,
2. bei mehr als 1 Meter Absturzhöhe an Wandöffnungen, an freiliegenden Treppenläufen und -absätzen sowie
3. bei mehr als 2 Meter Absturzhöhe an allen übrigen Arbeitsplätzen.

Bei einer Absturzhöhe bis zu 3 Metern ist eine Schutzvorrichtung entbehrlich an Arbeitsplätzen und Verkehrswegen auf Dächern und Geschossdecken von baulichen Anlagen mit bis zu 22,5 Grad Neigung und nicht mehr als 50 Quadratmeter Grundfläche, sofern die Arbeiten von hierfür fachlich qualifizierten und körperlich geeigneten Beschäftigten ausgeführt werden und diese Beschäftigten besonders unterwiesen sind. Die Absturzkante muss für die Beschäftigten deutlich erkennbar sein.

(3) Räumliche Begrenzungen der Arbeitsplätze, Materialien, Ausrüstungen und ganz allgemein alle Elemente, die durch Ortsveränderung die Sicherheit und die Gesundheit der Beschäftigten beeinträchtigen können, müssen auf geeignete Weise stabilisiert werden. Hierzu zählen auch Maßnahmen, die verhindern, dass Fahrzeuge, Erdbaumaschinen und Förderzeuge abstürzen, umstürzen, abrutschen oder einbrechen.

(4) Werden Beförderungsmittel auf Verkehrswegen verwendet, so müssen für andere, den Verkehrsweg nutzende Personen ein ausreichender Sicherheitsabstand oder geeignete Schutzvorrichtungen vorgesehen werden. Die Wege müssen regelmäßig überprüft und gewartet werden.

(5) Bei Arbeiten, aus denen sich im besonderen Maße Gefährdungen für die Beschäftigten ergeben können, müssen geeignete Sicherheitsvorkehrungen getroffen werden. Dies gilt insbesondere für Abbrucharbeiten sowie Montage- oder Demontagearbeiten. Zur Erfüllung der Schutzmaßnahmen des Satzes 1 sind

a) bei Arbeiten an erhöhten oder tiefer gelegenen Standorten Standsicherheit und Stabilität der Arbeitsplätze und ihrer Zugänge auf geeignete Weise zu gewährleisten und zu überprüfen, insbesondere nach einer Veränderung der Höhe oder Tiefe des Arbeitsplatzes,
b) bei Aushubarbeiten, Brunnenbauarbeiten, unterirdischen oder Tunnelarbeiten die Erd- oder Felswände so abzuböschen, zu verbauen oder anderweitig so zu sichern, dass sie während der einzelnen Bauzustände standsicher sind; vor Beginn von Erdarbeiten sind geeignete Maßnahmen durchzuführen, um die Gefährdung durch unterirdisch verlegte Kabel und andere Versorgungsleitungen festzustellen und auf ein Mindestmaß zu verringern,
c) bei Arbeiten, bei denen Sauerstoffmangel auftreten kann, geeignete Maßnahmen zu treffen, um einer Gefahr vorzubeugen und eine wirksame und sofortige Hilfeleistung zu ermöglichen; Einzelarbeitsplätze in Bereichen, in denen erhöhte Gefährdung durch Sauerstoffmangel besteht, sind nur zulässig, wenn diese ständig von außen überwacht werden und alle geeigneten Vorkehrungen getroffen sind, um eine wirksame und sofortige Hilfeleistung zu ermöglichen,
d) beim Auf-, Um- sowie Abbau von Spundwänden und Senkkästen angemessene Vorrichtungen vorzusehen, damit sich die Beschäftigten beim Eindringen von Wasser und Material retten können,
e) bei Laderampen Absturzsicherungen vorzusehen,
f) bei Arbeiten, bei denen mit Gefährdungen aus dem Verkehr von Land-, Wasser- oder Luftfahrzeugen zu rechnen ist, geeignete Vorkehrungen zu treffen.

Abbrucharbeiten, Montage- oder Demontagearbeiten, insbesondere der Auf- oder Abbau von Stahl- oder Betonkonstruktionen, die Montage oder Demontage von Verbau zur Sicherung von Erd- oder Felswänden oder Senkkästen sind fachkundig zu planen und nur unter fachkundiger Aufsicht sowie nach schriftlicher Abbruch-, Montage- oder Demontageanweisung durchzuführen; die Abbruch-, Montage- oder Demontageanweisung muss die erforderlichen sicherheitstechnischen Angaben enthalten; auf die Schriftform kann verzichtet werden, wenn für die jeweiligen Abbruch-, Montage- oder Demontagearbeiten besondere sicherheitstechnische Angaben nicht erforderlich sind.

(6) Vorhandene elektrische Freileitungen müssen nach Möglichkeit außerhalb des Baustellengeländes verlegt oder freigeschaltet werden. Wenn dies nicht möglich ist, sind geeignete

Abschrankungen, Abschirmungen oder Hinweise anzubringen, um Fahrzeuge und Einrichtungen von diesen Leitungen fern zu halten.

6 Maßnahmen zur Gestaltung von Bildschirmarbeitsplätzen

6.1 Allgemeine Anforderungen an Bildschirmarbeitsplätze

(1) Bildschirmarbeitsplätze sind so einzurichten und zu betreiben, dass die Sicherheit und der Schutz der Gesundheit der Beschäftigten gewährleistet sind. Die Grundsätze der Ergonomie sind auf die Bildschirmarbeitsplätze und die erforderlichen Arbeitsmittel sowie die für die Informationsverarbeitung durch die Beschäftigten erforderlichen Bildschirmgeräte entsprechend anzuwenden.

(2) Der Arbeitgeber hat dafür zu sorgen, dass die Tätigkeiten der Beschäftigten an Bildschirmgeräten insbesondere durch andere Tätigkeiten oder regelmäßige Erholungszeiten unterbrochen werden.

(3) Für die Beschäftigten ist ausreichend Raum für wechselnde Arbeitshaltungen und -bewegungen vorzusehen.

(4) Die Bildschirmgeräte sind so aufzustellen und zu betreiben, dass die Oberflächen frei von störenden Reflexionen und Blendungen sind.

(5) Die Arbeitstische oder Arbeitsflächen müssen eine reflexionsarme Oberfläche haben und so aufgestellt werden, dass die Oberflächen bei der Arbeit frei von störenden Reflexionen und Blendungen sind.

(6) Die Arbeitsflächen sind entsprechend der Arbeitsaufgabe so zu bemessen, dass alle Eingabemittel auf der Arbeitsfläche variabel angeordnet werden können und eine flexible Anordnung des Bildschirms, des Schriftguts und der sonstigen Arbeitsmittel möglich ist. Die Arbeitsfläche vor der Tastatur muss ein Auflegen der Handballen ermöglichen.

(7) Auf Wunsch der Beschäftigten hat der Arbeitgeber eine Fußstütze und einen Manuskripthalter zur Verfügung zu stellen, wenn eine ergonomisch günstige Arbeitshaltung auf andere Art und Weise nicht erreicht werden kann.

(8) Die Beleuchtung muss der Art der Arbeitsaufgabe entsprechen und an das Sehvermögen der Beschäftigten angepasst sein; ein angemessener Kontrast zwischen Bildschirm und Arbeitsumgebung ist zu gewährleisten. Durch die Gestaltung des Bildschirmarbeitsplatzes sowie der Auslegung und der Anordnung der Beleuchtung sind störende Blendungen, Reflexionen oder Spiegelungen auf dem Bildschirm und den sonstigen Arbeitsmitteln zu vermeiden.

(9) Werden an einem Arbeitsplatz mehrere Bildschirmgeräte oder Bildschirme betrieben, müssen diese ergonomisch angeordnet sein. Die Eingabegeräte müssen sich eindeutig dem jeweiligen Bildschirmgerät zuordnen lassen.

(10) Die Arbeitsmittel dürfen nicht zu einer erhöhten, gesundheitlich unzuträglichen Wärmebelastung am Arbeitsplatz führen.

6.2 Allgemeine Anforderungen an Bildschirme und Bildschirmgeräte

(1) Die Text- und Grafikdarstellungen auf dem Bildschirm müssen entsprechend der Arbeitsaufgabe und dem Sehabstand scharf und deutlich sowie ausreichend groß sein. Der Zeichen-

und der Zeilenabstand müssen angemessen sein. Die Zeichengröße und der Zeilenabstand müssen auf dem Bildschirm individuell eingestellt werden können.

(2) Das auf dem Bildschirm dargestellte Bild muss flimmerfrei sein. Das Bild darf keine Verzerrungen aufweisen.

(3) Die Helligkeit der Bildschirmanzeige und der Kontrast der Text- und Grafikdarstellungen auf dem Bildschirm müssen von den Beschäftigten einfach eingestellt werden können. Sie müssen den Verhältnissen der Arbeitsumgebung individuell angepasst werden können.

(4) Die Bildschirmgröße und -form müssen der Arbeitsaufgabe angemessen sein.

(5) Die von den Bildschirmgeräten ausgehende elektromagnetische Strahlung muss so niedrig gehalten werden, dass die Sicherheit und die Gesundheit der Beschäftigten nicht gefährdet werden.

6.3 Anforderungen an Bildschirmgeräte und Arbeitsmittel für die ortsgebundene Verwendung an Arbeitsplätzen

(1) Bildschirme müssen frei und leicht dreh- und neigbar sein sowie über reflexionsarme Oberflächen verfügen. Bildschirme, die über reflektierende Oberflächen verfügen, dürfen nur dann betrieben werden, wenn dies aus zwingenden aufgabenbezogenen Gründen erforderlich ist.

(2) Tastaturen müssen die folgenden Eigenschaften aufweisen:

1. sie müssen vom Bildschirm getrennte Einheiten sein,
2. sie müssen neigbar sein,
3. die Oberflächen müssen reflexionsarm sein,
4. die Form und der Anschlag der Tasten müssen den Arbeitsaufgaben angemessen sein und eine ergonomische Bedienung ermöglichen,
5. die Beschriftung der Tasten muss sich vom Untergrund deutlich abheben und bei normaler Arbeitshaltung gut lesbar sein.

(3) Alternative Eingabemittel (zum Beispiel Eingabe über den Bildschirm, Spracheingabe, Scanner) dürfen nur eingesetzt werden, wenn dadurch die Arbeitsaufgaben leichter ausgeführt werden können und keine zusätzlichen Belastungen für die Beschäftigten entstehen.

6.4 Anforderungen an tragbare Bildschirmgeräte für die ortsveränderliche Verwendung an Arbeitsplätzen

(1) Größe, Form und Gewicht tragbarer Bildschirmgeräte müssen der Arbeitsaufgabe entsprechend angemessen sein.

(2) Tragbare Bildschirmgeräte müssen

1. über Bildschirme mit reflexionsarmen Oberflächen verfügen und
2. so betrieben werden, dass der Bildschirm frei von störenden Reflexionen und Blendungen ist.

(3) Tragbare Bildschirmgeräte ohne Trennung zwischen Bildschirm und externem Eingabemittel (insbesondere Geräte ohne Tastatur) dürfen nur an Arbeitsplätzen betrieben werden, an denen die Geräte nur kurzzeitig verwendet werden oder an denen die Arbeitsaufgaben mit keinen anderen Bildschirmgeräten ausgeführt werden können.

(4) Tragbare Bildschirmgeräte mit alternativen Eingabemitteln sind den Arbeitsaufgaben angemessen und mit dem Ziel einer optimalen Entlastung der Beschäftigten zu betreiben.

(5) Werden tragbare Bildschirmgeräte ortsgebunden an Arbeitsplätzen verwendet, gelten zusätzlich die Anforderungen nach Nummer 6.1.

6.5 Anforderungen an die Benutzerfreundlichkeit von Bildschirmarbeitsplätzen

(1) Beim Betreiben der Bildschirmarbeitsplätze hat der Arbeitgeber dafür zu sorgen, dass der Arbeitsplatz den Arbeitsaufgaben angemessen gestaltet ist. Er hat insbesondere geeignete Softwaresysteme bereitzustellen.

(2) Die Bildschirmgeräte und die Software müssen entsprechend den Kenntnissen und Erfahrungen der Beschäftigten im Hinblick auf die jeweilige Arbeitsaufgabe angepasst werden können.

(3) Das Softwaresystem muss den Beschäftigten Angaben über die jeweiligen Dialogabläufe machen.

(4) Die Bildschirmgeräte und die Software müssen es den Beschäftigten ermöglichen, die Dialogabläufe zu beeinflussen. Sie müssen eventuelle Fehler bei der Handhabung beschreiben und eine Fehlerbeseitigung mit begrenztem Arbeitsaufwand erlauben.

(5) Eine Kontrolle der Arbeit hinsichtlich der qualitativen oder quantitativen Ergebnisse darf ohne Wissen der Beschäftigten nicht durchgeführt werden.

Abkürzungsverzeichnis

AC	Alternating Current
AEUV	Vertrag über die Arbeitsweise der Europäischen Union
AGW	Arbeitsplatzgrenzwert
ArbSchG	Arbeitsschutzgesetz
ASiG	Arbeitssicherheitsgesetz
ASITA	Arbeitssituationsanalyse
BAuA	Bundesanstalt für Arbeitsschutz und Arbeitsmedizin
BELS	Belastungssystem
BetrSichV	Betriebssicherheitsverordnung
BG	Berufsgenossenschaft
BG ETEM	Berufsgenossenschaft Energie Textil Elektro Medienerzeugnisse
BGW	Biologischer Grenzwert
BK	Berufskrankheit
BKK	Betriebskrankenkasse
CE	Communauté Européenne
CEN	Comité Européen de Normalisation
CLP	Classification, Labelling and Packaging
dB	Dezibel
DC	Direct Current
DGUV	Deutsche Gesetzliche Unfallversicherung
ECHA	Europäische Chemikalien Agentur
EFTA	Europäische Freihandelsassoziation
EG	Europäische Gemeinschaft
EGW	Expositionsgrenzwert
ELV	Extra Low Voltage
EMKG	Einfaches Maßnahmenkonzept Gefahrstoffe
EmpfBS	Empfehlungen zur Betriebssicherheit
EU	Europäische Union
EWR	Europäischer Wirtschaftsraum
FELV	Functional Extra Low Voltage
FMEA	Failure Mode and Effects Analysis
GefStoffV	Gefahrstoffverordnung
GG	Grundgesetz
GHS	Globalisiert Harmonisiertes System
GPSG	Geräte- und Produktsicherheitsgesetz

GS	Geprüfte Sicherheit
HV	High Voltage
IFA	Institut für Arbeitsschutz
IP	International Protection Code
KMR	krebserzeugend, erbgutverändernd oder fortpflanzungsgefährdend
LärmVibrationsArbSchV	Lärm- und Vibrations-Arbeitsschutzverordnung
LASI	Länderausschuss für Arbeitsschutz und Sicherheitstechnik
LV	Low Voltage
MdE	Minderung der Erwerbsfähigkeit
MRL	Maschinenrichtlinie
NAK	Nationale Arbeitsschutzkonferenz
nB	negative Beanspruchungsfolgen
NspRL	Niederspannungsrichtlinie
OstrV	Verordnung zum Schutz der Beschäftigten vor Gefährdungen durch künstliche optische Strahlung
OWiR	Ordnungswidrigkeitsrecht
PBT	Persistent, Bioakkumulativ, Toxisch
PELV	Protective Extra Low Voltage
PL	Performance Level
ProdSV	Verordnung zum Produktsicherheitsgesetz
PSA	Persönliche Schutzausrüstung
ProdSG	Produktsicherheitsgesetz
RAPEX	Community Rapid Information System
RCD	Residual Current Protective Devices
REACH	Registrierung, Evaluierung und Autorisierung von Chemikalien
RPZ	Risikoprioritätszahl
SDB	Sicherheitsdatenblatt
SELV	Safety Extra Low Voltage
SiFa	Fachkraft für Arbeitssicherheit
SIL	Sicherheitsintegritätslevel
StGB	Strafgesetzbuch
STOT	Specific Target Organ Toxicity
TOP	Technisch, Organisatorisch, Persönlich
TRBS	Technische Regeln für Betriebssicherheit
TRGS	Technische Regeln für Gefahrstoffe
TROS Laserstrahlung	Technische Regeln zur Arbeitsschutzverordnung zu künstlicher optischer Strahlung
TRLV	Technische Regel zur Lärm- und Vibrations-Arbeitsschutzverordnung
UVT	Unfallversicherungsträger
UVV	Unfallverhütungsvorschrift
VMB	Vorhersehbare Maximalbestrahlung
vPvB	sehr persistent und sehr bioakkumulierbar
WpF	Eintrittswahrscheinlichekeit eines psychischen Faktors in kritischer Ausprägung
ZED	Zentrale Expositionsdatenbank

Glossar

Arbeitsschutz ist die Gesamtheit aller Maßnahmen, Mittel und Methoden, die der Herstellung der Arbeitssicherheit dienen.

Arbeitssicherheit ist der Zustand eines Arbeitssystems, bei dem Verletzungen, Unfälle, Berufskrankheiten und sonstige arbeitsbedingte Gesundheitsschäden im Arbeitsprozess ausgeschlossen sind.

Beanspruchung ist die Auswirkung der Belastung auf eine Person in Abhängigkeit von ihren individuellen Eigenschaften und Fähigkeiten.

Belastung ist die äußere Bedingung und Anforderung bei der Arbeit, die den physischen und/oder psychischen Zustand einer Person ändern.

Gefahr ist das Überschreiten eines akzeptablen Grenzrisikos.

Gefährdung ist die einer Sache (z. B. einen Werkstoff, ein Arbeitsmittel oder ein Arbeitsverfahren) innewohnende Eigenschaft oder Fähigkeit, potentiellen Schaden zu verursachen.

Grenzrisiko ist das höchste akzeptable Risiko.

Photonik ist eine Bezeichnung für das Fachgebiet, das sich mit der kontrollierten Erzeugung, Ausbreitung und Detektion von (vor allem kohärentem) Licht beschäftigt.

Risiko ist der Grad einer Gefährdung. Das Risiko hängt von der Eintrittswahrscheinlichkeit und der möglichen Schwere des Schadens ab.

Risikoanalyse ist die Kombination aus der Festlegung der Grenzen einer Maschine, der Identifizierung der Gefährdungen und der Risikoeinschätzung.

Risikobeurteilung ist die Gesamtheit des Verfahrens, das eine Risikoanalyse und eine Risikobewertung umfasst.

Risikobewertung ist eine auf der Risikoanalyse beruhende Beurteilung, inwiefern die Ziele zur Risikominderung erreicht wurden.

Risikoeinschätzung ist die Bestimmung des wahrscheinlichen Ausmaßes eines Schadens und der Wahrscheinlichkeit seines Eintritts.

Verzeichnis der lateinischen Formelzeichen

A	—	Auftretenswahrscheinlichkeit
A_{Aeq}	m^2	Äquivalente Absorptionsfläche
B	—	Bedeutung
E	—	Entdeckungswahrscheinlichkeit
F	—	Häufigkeit und Dauer der Exposition
I	A	Stromstärke
K	—	Schadenswahrscheinlichkeit
K_{I}	dB	Zuschlag für Impulshaltigkeit
K_{S}	dB	Praxiskorrekturwert
K_{T}	dB	Zuschlag für Tonhaltigkeit
L	dB	Schalldruckpegel
L_{Aeq}	dB	Äquivalenter Dauerschallpegel
L_{AIeq}	dB	Äquivalenter Dauerschallpegel in der Zeitbewertung
$L_{\mathrm{EX,8\,h}}$	dB(A)	Tages-Lärmexpositionswert
$L'_{\mathrm{EX,8\,h}}$	dB(A)	Restschallpegel
$L_{\mathrm{EX,40\,h}}$	dB(A)	Wochen-Lärmexpositionswert
L_p	dB	Schalldruckpegel
L_{p_0}	dB	Hörschwelle
$L_{p\mathrm{A}}$	dB	Arbeitsplatzbezogener Emissionswert
$L_{p(A)}$	dB(A)	Schalldruckpegel, gemessen mit der Frequenzbewertung A
$L_{p(C)}$	dB(C)	Schalldruckpegel, gemessen mit der Frequenzbewertung C
$L_{pC,\mathrm{peak}}$	dB(C)	Spitzenschalldruckpegel
$L'_{pC,\mathrm{peak}}$	dB(C)	Restspitzenschalldruckpegel
$L_{p\mathrm{s}}$	dB	Schmerzgrenze
L_r	dB	Beurteilungspegel
L_S	dB	Messflächenmaß
L_{Schutz}	dB	Dämmwert für tiefe Frequenzen
L_{WA}	dB	Schallleistungspegel
M	dB	Dämmwert für mittlere Frequenzen
P	—	Schadensbegrenzung oder Schadensvermeidung
P_{Schall}	W	Schallleistung

p	Pa	Momentaner Schalldruck
p_0	20 µPa	Hörschwelle des Schalldrucks
R	Ω	Widerstand
R_S	dB	Schalldämmungsmaß
S	—	Schadensschwere
S_{Mess}	m^2	Messfläche
S_0	$1\ m^2$	Bezugsfläche
T	s	Nachhallzeit
t	s	Zeit
U	V	Stromspannung
U_{eff}	V	Effektive Stromspannung bei Wechselstrom
V	m^3	Raumvolumen
v	m/s	Geschwindigkeit
ΔL	m	Pegelabnahme je Abstandsverdoppelung
W	—	Auftretenswahrscheinlichkeit

Verzeichnis der griechischen Formelzeichen

α	—	Schallabsorptionsgrad
$\bar{\alpha}$	—	Mittlerer Schallabsorptionsgrad

Tabellenverzeichnis

Literatur

DIN VDE 1000-10
Anforderungen an die im Bereich der Elektrotechnik tätigen Personen (2021). DKE Deutsche Kommission Elektrotechnik Elektronik Informationstechnik in DIN und VDE.

ArbSchG
ArbSchG: Gesetz über die Durchführung von Maßnahmen des Arbeitsschutzes zur Verbesserung der Sicherheit und des Gesundheitsschutzes der Beschäftigten bei der Arbeit (1996). URL: *https://www.gesetze-im-internet.de/arbschg/ArbSchG.pdf* (besucht am 18. 02. 2022).

ArbStättV
ArbStättV: Verordnung über Arbeitsstätten (Arbeitsstättenverordnung – (ArbStättV) (2016). Bundesministeriums der Justiz und für Verbraucherschutz. URL: *https://www.gesetze-im-internet.de/bundesrecht/arbst_ttv_2004/gesamt.pdf* (besucht am 21. 02. 2022).

ASiG
ASiG: Gesetz über Betriebsärzte, Sicherheitsingenieure und andere Fachkräfte für Arbeitssicherheit (2013). URL: *http://www.gesetze-im-internet.de/asig/* (besucht am 20. 02. 2022).

ASR A1.2
ASR A1.2: Raumabmessungen und Bewegungsflächen (2021): Lärm. Bundesanstalt für Arbeitsschutz und Arbeitsmedizin (BAuA). URL: *https://www.baua.de/DE/Angebote/Rechtstexte-und-Technische-Regeln/Regelwerk/ASR/pdf/ASR-A1-2.pdf?__blob=publicationFile&v=7* (besucht am 26. 12. 2021).

ASR V3
ASR A3.7: Technische Regeln für Arbeitsstätten (2017): Gefährdungsbeurteilung. Bundesanstalt für Arbeitsschutz und Arbeitsmedizin (BAuA). URL: *https://www.baua.de/DE/Angebote/Rechtstexte-und-Technische-Regeln/Regelwerk/ASR/pdf/ASR-V3.pdf?__blob=publicationFile&v=3* (besucht am 28. 12. 2021).

ASR A3.7
ASR A3.7: Technische Regeln für Arbeitsstätten (2021): Lärm. Bundesanstalt für Arbeitsschutz und Arbeitsmedizin (BAuA). URL: *https://www.baua.de/DE/Angebote/Rechtstexte-und-Technische-Regeln/Regelwerk/ASR/pdf/ASR-A3-7.pdf?__blob=publicationFile&v=3* (besucht am 11. 08. 2021).

AUSTRIAN NEARMISS ASSOCIATION 2012
Austrian Nearmiss Association: Unfallpyramide. URL: *http://www.anma.at/nearmiss/unfallpyramide/* (besucht am 20.02.2022).

BACHER et al. 2017
Bacher, I.; Köster, M.; Weimar, A.: Die Arbeitssituationsanalyse. Berufsgenossenschaft Nahrungsmittel und Gastgewerbe (BGN). URL: *https://www.bgn.de/?storage=3&identifier=%5C%2F394893&eID=sixomc_filecontent&hmac=c79e004faf615e6419408ca5ccfbf018a63704d3* (besucht am 21.11.2021).

BAYERISCHES STAATSMINISTERIUM FÜR UMWELT UND VERBRAUCHERSCHUTZ 2021
Bayerisches Staatsministerium für Umwelt und Verbraucherschutz: Musterdokumentationshilfe für die betriebliche Gefährdungsbeurteilung psychischer Belastungen. URL: *https://www.gewerbeaufsicht.bayern.de/arbeitsmedizin/arbeitspsychologie/doc/dokumentationshilfe.pdf* (besucht am 29.12.2021).

BECK et al. 2017
Beck, D.; Berger, S.; Breutmann, N.; Fergen, A.; Gregersen, S.; Martina, M.; Reddehase, B.; Ruck, Y. R.; Sandrock, S.; Splittgerber, B.; Theiler, A.: Empfehlungen zur Umsetzung der Gefährdungsbeurteilung psychischer Belastung. Hrsg. von Leitung des GDA-Programms Psyche c/o Bundesministerium für Arbeit und Soziales. URL: *www.gda-psyche.de/SharedDocs/Publikationen/DE/broschuere-empfehlung-gefaehrdungsbeurteilung.html* (besucht am 13.11.2021).

BERUFSGENOSSENSCHAFT DER BAUWIRTSCHAFT (BG BAU) 2021
Berufsgenossenschaft der Bauwirtschaft (BG BAU): Zusammenstellung potenzieller Maßnahmen zur Verhinderung und Minderung von Gefährdungen durch psychische Belastungen bei der Arbeit. URL: *https://www.bgbau.de/fileadmin/Themen/Arbeitsschutz/Psychische_Belastungen/Massnahmen.pdf* (besucht am 27.12.2021).

BERUFSGENOSSENSCHAFT ENERGIE TEXTIL ELEKTRO MEDIENERZEUGNISSE (BG ETEM) 2017
Berufsgenossenschaft Energie Textil Elektro Medienerzeugnisse (BG ETEM): Vorschriften und Maßnahmen zur Lasersicherheit. URL: *https://medien.bgetem.de/medienportal/artikel/UDAwTC8yMDE3* (besucht am 06.01.2022).

BERUFSGENOSSENSCHAFT ENERGIE TEXTIL ELEKTRO MEDIENERZEUGNISSE (BG ETEM) 2018a
Berufsgenossenschaft Energie Textil Elektro Medienerzeugnisse (BG ETEM): Leitfaden zur Gefärdungsbeurteilung nach Gefahrstoffverordnung (S017).

BERUFSGENOSSENSCHAFT ENERGIE TEXTIL ELEKTRO MEDIENERZEUGNISSE (BG ETEM) 2018b
Berufsgenossenschaft Energie Textil Elektro Medienerzeugnisse (BG ETEM): Statistik der Stomunfälle. Webcode 12853537. URL: *https://www.bgetem.de/arbeitssicherheit-gesundheitsschutz/institute/institut-zur-erforschung-elektrischer-unfaelle/statistik-der-stromunfaelle* (besucht am 06.01.2022).

BERUFSGENOSSENSCHAFT ENERGIE TEXTIL ELEKTRO MEDIENERZEUGNISSE (BG ETEM) 2019
Berufsgenossenschaft Energie Textil Elektro Medienerzeugnisse (BG ETEM): Stromunfälle

von Elektrofachrkräften bei elektrotechnischen Arbeiten und Verstoß gegen die 5 Sicherheitsregeln. Webcode 12853537. URL: *https://www.bgetem.de/redaktion/arbeitssicherheit-gesundheitsschutz/bilder/statistik-stromunfaelle/stromunfaelle-verstoss-gegen-die-5-sicherheitsregeln* (besucht am 06. 01. 2022).

BERUFSGENOSSENSCHAFT ENERGIE TEXTIL ELEKTRO MEDIENERZEUGNISSE (BG ETEM) 2020a
Berufsgenossenschaft Energie Textil Elektro Medienerzeugnisse (BG ETEM): Jahresbericht 2019. URL: *https://www.bgetem.de/medien-service/jahresbericht/jahresbericht-2019/view* (besucht am 18. 01. 2022).

BERUFSGENOSSENSCHAFT ENERGIE TEXTIL ELEKTRO MEDIENERZEUGNISSE (BG ETEM) 2020b
Berufsgenossenschaft Energie Textil Elektro Medienerzeugnisse (BG ETEM): Statistik der Stomunfälle der Versicherten der BG ETEM 2015–2020. Webcode 12853537. URL: *https://www.bgetem.de/arbeitssicherheit-gesundheitsschutz/institute/institut-zur-erforschung-elektrischer-unfaelle/statistik-der-stromunfaelle* (besucht am 06. 01. 2022).

BERUFSGENOSSENSCHAFT ENERGIE TEXTIL ELEKTRO MEDIENERZEUGNISSE (BG ETEM) 2021a
Berufsgenossenschaft Energie Textil Elektro Medienerzeugnisse (BG ETEM): S282. URL: *https://medien.bgetem.de/medienportal/artikel/U1owMjY-* (besucht am 17. 02. 2022).

BERUFSGENOSSENSCHAFT ENERGIE TEXTIL ELEKTRO MEDIENERZEUGNISSE (BG ETEM) 2021b
Berufsgenossenschaft Energie Textil Elektro Medienerzeugnisse (BG ETEM): Arbeitspsychologie. URL: *https://www.bgetem.de/arbeitssicherheit-gesundheitsschutz/themen-von-a-z-1/arbeitsmedizin-arbeitspsychologie-ergonomie/psychische-belastung-und-beanspruchung* (besucht am 02. 01. 2022).

BERUFSGENOSSENSCHAFT ENERGIE TEXTIL ELEKTRO MEDIENERZEUGNISSE (BG ETEM) 2021c
Berufsgenossenschaft Energie Textil Elektro Medienerzeugnisse (BG ETEM): Jahresbericht 2020. URL: *https://www.bgetem.de/medien-service/jahresbericht/jahresbericht_2020.pdf/view* (besucht am 18. 01. 2022).

BERUFSGENOSSENSCHAFT ENERGIE TEXTIL ELEKTRO MEDIENERZEUGNISSE (BG ETEM) 2022a
Berufsgenossenschaft Energie Textil Elektro Medienerzeugnisse (BG ETEM): Arbeiten mit Laserstrahlung (B201). URL: *https://medien.bgetem.de/medienportal/artikel/QlowMjQ-* (besucht am 20. 02. 2022).

BERUFSGENOSSENSCHAFT ENERGIE TEXTIL ELEKTRO MEDIENERZEUGNISSE (BG ETEM) 2022b
Berufsgenossenschaft Energie Textil Elektro Medienerzeugnisse (BG ETEM): Betriebsanweisungen für Tätigkeiten mit Gefahrstoffen (MB029). URL: *https://medien.bgetem.de/medienportal/artikel/TUIwMjk-* (besucht am 05. 01. 2022).

Berufsgenossenschaft Energie Textil Elektro Medienerzeugnisse (BG ETEM) 2022c
Berufsgenossenschaft Energie Textil Elektro Medienerzeugnisse (BG ETEM): Gefährdungsbeurteilung. Gefährdungen und Belastungen am Arbeitsplatz – Handlungshilfe zur Gefährdungsbeurteilung. URL: *https://medien.bgetem.de/medienportal/artikel/RDAxNA--* (besucht am 16. 02. 2022).

Berufsgenossenschaft Holz Metall (BGHM) 2020
Berufsgenossenschaft Holz Metall (BGHM): Arbeitsblatt: Gefährdungen und Schutzziele: Draht- und Senkerodiermaschine. URL: *https://www.bghm.de/arbeitsschuetzer/gefaehrdungsbeurteilungen/maschinenbau/musterbetrieb-maschinenbau* (besucht am 17. 02. 2022).

Berufsgenossenschaft Nahrungsmittel und Gastgewerbe (BGN) 2021
Berufsgenossenschaft Nahrungsmittel und Gastgewerbe (BGN): Brandschutz im Kleinbetrieb. URL: *https://www.bgn.de/?storage=3&identifier=%5C%2F395584&eID=sixomc_filecontent&hmac=8474a186c7cd0eaa3325700f8dd52cd3f0ffdda1* (besucht am 02. 01. 2022).

Berufsgenossenschaft Rohstoffe und chemische Industrie (BG RCI) 2016
Berufsgenossenschaft Rohstoffe und chemische Industrie (BG RCI): Merkblatt A 006 Verantwortung im Arbeitsschutz – Rechtspflichten, Rechtsfolgen, Rechtsgrundlagen. URL: *https://downloadcenter.bgrci.de/resource/downloadcenter/downloads/A006_Gesamtdokument.pdf* (besucht am 18. 02. 2022).

DIN VDE 0105-100
Betrieb von elektrischen Anlagen – Teil 100: Allgemeine Festlegungen (2015). DKE Deutsche Kommission Elektrotechnik Elektronik Informationstechnik in DIN und VDE.

BetrSichV
BetrSichV: Verordnung über Sicherheit und Gesundheitsschutz bei der Verwendung von Arbeitsmitteln (Betriebssicherheitsverordnung – BetrSichV) (2015). Bundesministeriums der Justiz und für Verbraucherschutz. URL: *http://www.gesetze-im-internet.de/bundesrecht/betrsichv_2015/gesamt.pdf* (besucht am 20. 02. 2022).

BetrVG
BetrVG: Betriebsverfassungsgesetz (2020). URL: *https://www.gesetze-im-internet.de/betrvg/BetrVG.pdf* (besucht am 10. 08. 2021).

BGB
BGB: Bürgerliches Gesetzbuch (2021). Bundesministerium der Justiz für Verbraucherschutz. URL: *http://www.gesetze-im-internet.de/bgb/* (besucht am 18. 02. 2022).

BGFE 2004
BGFE: Präsentation zur Laserschutzunterweisung.

BMBF 2014
BMBF: Photonik Branchenreport 2013. URL: *https://www.bmbf.de/files/Photonik-Branchenreport-2013_A4-Druck%5C%281%5C%29.pdf* (besucht am 15. 01. 2015).

BOCK 2018
Bock, D.: *Strafrecht Allgemeiner Teil.* Berlin: Springer. 2018.

BÖGE 2004
Böge, W. H., Hrsg. (2004): *Vieweg-Handbuch Elektrotechnik: mit 273 Tabellen.* 3., verb. und erg. Aufl. Wiesbaden: Vieweg. 2004. ISBN: 3-528-24944-7.

BRIESELANG 2015
Brieselang: Physiologische Wirkung. URL: *http://www.brieselang.net/images/wirkungsbereich_strom.gif* (besucht am 21. 02. 2022).

BROCK 2012
Brock, G. B.: Das neue Produktsicherheitsgesetz. URL: *http://www.arbeitssicherheit.de/de/html/fachbeitraege/anzeigen/703/Produktsicherheitsgesetz/* (besucht am 17. 02. 2022).

BUNDESANSTALT FÜR ARBEITSSCHUTZ UND ARBEITSMEDIZIN 2020
Bundesanstalt für Arbeitsschutz und Arbeitsmedizin: Erzeugnisse. Anforderungen an Produzenten, Importeure und Händler. URL: *https://www.baua.de/DE/Angebote/Publikationen/Praxis/REACH-Info/REACH-Info-06.pdf?__blob=publicationFile* (besucht am 05. 01. 2022).

BUNDESANSTALT FÜR ARBEITSSCHUTZ UND ARBEITSMEDIZIN (BAUA) 2008
Bundesanstalt für Arbeitsschutz und Arbeitsmedizin (BAuA): REACH-Info 1. Erste Schritte unter der neuen EU-Verordnung REACH – Informationen für Hersteller, Importeure und Verwender von Chemikalien. URL: *https://www.baua.de/DE/Angebote/Publikationen/Praxis/REACH-Info/REACH-Info-01.pdf?__blob=publicationFile* (besucht am 05. 01. 2022).

BUNDESANSTALT FÜR ARBEITSSCHUTZ UND ARBEITSMEDIZIN (BAUA) 2017
Bundesanstalt für Arbeitsschutz und Arbeitsmedizin (BAuA): Psychische Gesundheit in der Arbeitwelt – Wissenschaftliche Standortbestimmung. URL: *https://www.baua.de/DE/Angebote/Publikationen/Berichte/Psychische-Gesundheit.pdf?__blob=publicationFile&v=14* (besucht am 26. 12. 2021).

BUNDESANSTALT FÜR ARBEITSSCHUTZ UND ARBEITSMEDIZIN (BAUA) 2020a
Bundesanstalt für Arbeitsschutz und Arbeitsmedizin (BAuA): Das Global Harmonisierte System (GHS) in der EU. 3: Orientierungshilfe – Gesundheitsgefahren: Die Einstufung und Kennzeichnung nach Verordnung (EG) Nr. 1272/2008 (CLP-VO). Dortmund. DOI: *10.21934/baua:praxis20200130.* URL: *https://www.baua.de/DE/Angebote/Publikationen/Praxis/Poster/GHS-03.pdf?__blob=publicationFile&v=16* (besucht am 17. 02. 2022).

BUNDESANSTALT FÜR ARBEITSSCHUTZ UND ARBEITSMEDIZIN (BAUA) 2020b
Bundesanstalt für Arbeitsschutz und Arbeitsmedizin (BAuA): Stressreport Deutschland 2019 – Psychische Anforderungen, Ressourcen, Befinden. URL: *https://www.baua.de/DE/Angebote/Publikationen/Berichte/Stressreport-2019.pdf?__blob=publicationFile&v=8* (besucht am 25. 12. 2021).

BUNDESANSTALT FÜR ARBEITSSCHUTZ UND ARBEITSMEDIZIN (BAUA) 2021a
Bundesanstalt für Arbeitsschutz und Arbeitsmedizin (BAuA): Die Zulassung unter REACH. REACH-Info. URL: *https://www.baua.de/DE/Angebote/Publikationen/Praxis/REACH-Info/REACH-Info-10.pdf?__blob=publicationFile* (besucht am 05. 01. 2022).

BUNDESANSTALT FÜR ARBEITSSCHUTZ UND ARBEITSMEDIZIN (BAUA) 2021b
Bundesanstalt für Arbeitsschutz und Arbeitsmedizin (BAuA): Registrieren unter REACH. DOI: *10.21934/helpdeskfokus:reach20210211*. URL: *https://www.baua.de/DE/Angebote/Publikationen/Fokus/REACH-Registrieren.pdf?__blob=publicationFile&v=2* (besucht am 05.01.2022).

BUNDESANSTALT FÜR ARBEITSSCHUTZ UND ARBEITSMEDIZIN (BAUA) 2021c
Bundesanstalt für Arbeitsschutz und Arbeitsmedizin (BAuA): Volkswirtschaftliche Kosten durch Arbeitsunfähigkeit 2019. URL: *www.baua.de/DE/Themen/Arbeitswelt-und-Arbeitsschutz-im-Wandel/Arbeitsweltberichterstattung/Kosten-der-AU/pdf/Kosten-2019.pdf?__blob=publicationFile&v=3* (besucht am 07.11.2021).

BUNDESANSTALT FÜR ARBEITSSCHUTZ UND ARBEITSMEDIZIN (BAUA) 2021d
Bundesanstalt für Arbeitsschutz und Arbeitsmedizin (BAuA): Einfaches Maßnahmenkonzept Gefahrstoffe – EMKG-Drehscheiben und App. URL: *https://www.baua.de/DE/Themen/Arbeitsgestaltung-im-Betrieb/Gefahrstoffe/EMKG/EMKG-Drehscheiben-und-App.html* (besucht am 14.11.2021).

BUNDESANSTALT FÜR ARBEITSSCHUTZ UND ARBEITSMEDIZIN (BAUA) 2022
Bundesanstalt für Arbeitsschutz und Arbeitsmedizin (BAuA): Einfaches Maßnahmenkonzept Gefahrstoffe – EMKG-Software. URL: *https://www.baua.de/DE/Themen/Arbeitsgestaltung-im-Betrieb/Gefahrstoffe/EMKG/EMKG-Software.html* (besucht am 02.01.2022).

BUNDESANSTALT FÜR ARBEITSSCHUTZ UND ARBEITSMEDIZIN (BAUA) ca. 2015
Bundesanstalt für Arbeitsschutz und Arbeitsmedizin (BAuA): Maschinen. URL: *http://www.baua.de/de/Produktsicherheit/Produktgruppen/Maschinen/Maschinen.html* (besucht am 17.02.2022).

BGBl. I 2021, 3161
Bundesgesetzblatt Jahrgang 2021 Teil I Nr. 49 vom 30. Juli 2021 (2021). Bundesanzeiger Verlag. URL: *http://www.bgbl.de/xaver/bgbl/start.xav?startbk=Bundesanzeiger_BGBl&jumpTo=bgbl121s3146.pdf* (besucht am 17.02.2022).

BUNDESMINISTERIUM FÜR ARBEIT UND SOZIALES (BMAS) 2011
Bundesministerium für Arbeit und Soziales (BMAS): Interpretationspapier zum Thema Gesamtheit von Maschinen. URL: *https://www.bmas.de/SharedDocs/Downloads/DE/interpretationspapier-gesamtheit-von-maschinen.pdf* (besucht am 17.02.2022).

BUNDESMINISTERIUM FÜR ARBEIT UND SOZIALES (BMAS) 2015
Bundesministerium für Arbeit und Soziales (BMAS): Interpretationspapier zum Thema Wesentliche Veränderung von Maschinen. URL: *https://www.bmas.de/SharedDocs/Downloads/DE/Arbeitsschutz/interpretationspapier-veraenderung-maschinen.pdf* (besucht am 17.02.2022).

BUNDESMINISTERIUM FÜR ARBEIT UND SOZIALES (BMAS); BUNDESANSTALT FÜR ARBEITSSCHUTZ UND ARBEITSMEDIZIN (BAUA) 2020a
Bundesministerium für Arbeit und Soziales (BMAS); Bundesanstalt für Arbeitsschutz und Arbeitsmedizin (BAuA): Sicherheit und Gesundheit bei der Arbeit – Berichtsjahr 2018. URL:

https://www.baua.de/DE/Angebote/Publikationen/Berichte/Suga-2018.pdf?__blob=publicationFile&v=9 (besucht am 08.08.2021).

BUNDESMINISTERIUM FÜR ARBEIT UND SOZIALES (BMAS); BUNDESANSTALT FÜR ARBEITSSCHUTZ UND ARBEITSMEDIZIN (BAUA) 2020b
Bundesministerium für Arbeit und Soziales (BMAS); Bundesanstalt für Arbeitsschutz und Arbeitsmedizin (BAuA): Sicherheit und Gesundheit bei der Arbeit – Berichtsjahr 2019. URL: *https://www.baua.de/DE/Angebote/Publikationen/Berichte/Suga-2019.pdf?__blob=publicationFile&v=9* (besucht am 08.08.2021).

CHITTKA & BROCKMANN 2005
Chittka, L.; Brockmann, A.: Äußeres Ohr, Mittelohr und Innenohr mit Hörschnecke, Sacculus, Utriculus und Bogengängen (Das Trommelfell gehört zum Mittelohr). Perception Space – The Final Frontier. Lizenz: CC-BY-2.5. DOI: *10.1371/journal.pbio.0030137*. URL: *https://commons.wikimedia.org/w/index.php?curid=5957984* (besucht am 27.02.2022).

DEUTSCHE GESETZLICHE UNFALLVERSICHERUNG E. V. (DGUV) 2015
Deutsche Gesetzliche Unfallversicherung e. V. (DGUV): Gebrauchtmaschinen und Umbau von Maschinen. URL: *https://www.dguv.de/dguv-test/prod-pruef-zert/konform-prod/maschinen/gebrauchte-masch/index.jsp* (besucht am 17.02.2022).

DEUTSCHE GESETZLICHE UNFALLVERSICHERUNG E. V. (DGUV) 2016
Deutsche Gesetzliche Unfallversicherung e. V. (DGUV): Präventionsleistungen der Unfallversicherungsträger der Deutschen Gesetzlichen Unfallversicherung. Berlin. URL: *www.dguv.de/rundschreiben/dokcenterimport/2016/0485_2016_p_12471_anlage.pdf* (besucht am 10.08.2021).

DEUTSCHE GESETZLICHE UNFALLVERSICHERUNG E. V. (DGUV) 2017
Deutsche Gesetzliche Unfallversicherung e. V. (DGUV): DGUV Information 204-001. Erste Hilfe. URL: *https://publikationen.dguv.de/widgets/pdf/download/article/760* (besucht am 18.01.2022).

DEUTSCHE GESETZLICHE UNFALLVERSICHERUNG E. V. (DGUV) 2019
Deutsche Gesetzliche Unfallversicherung e. V. (DGUV): Kurzanleitung zur Nutzung der ZED. URL: *https://dguv.de/medien/ifa/de/gestis/zed/kurzanleitung-zur-nutzung-der-zed.pdf* (besucht am 14.11.2021).

DEUTSCHE GESETZLICHE UNFALLVERSICHERUNG E. V. (DGUV) 2021
Deutsche Gesetzliche Unfallversicherung e. V. (DGUV): Psyche und Gesundheit in der Arbeitswelt. URL: *https://www.dguv.de/fb-gesundheitimbetrieb/sachgebiete/sg-psyche/index.jsp* (besucht am 02.01.2022).

DEUTSCHE GESETZLICHE UNFALLVERSICHERUNG E. V. (DGUV) ca. 2017
Deutsche Gesetzliche Unfallversicherung e. V. (DGUV): Maschinenrichtlinie in Europa. URL: *http://www.dguv.de/dguv-test/prod-pruef-zert/konform-prod/maschinen/index.jsp* (besucht am 17.02.2022).

DEUTSCHE GESETZLICHE UNFALLVERSICHERUNG E.V. (DGUV) 2020
Deutsche Gesetzliche Unfallversicherung e.V. (DGUV): Arbeitsunfallgeschehen 2019. URL: *https://publikationen.dguv.de/widgets/pdf/download/article/3893* (besucht am 08. 08. 2021).

DGUV Information 203-001
DGUV Information 203-001 (2015): Sicherheit beim Arbeiten an elektrischen Anlagen. Deutsche Gesetzliche Unfallversicherung e. V. (DGUV). URL: *https://medien.bgetem.de/medienportal/artikel/TUIwMDY-* (besucht am 16. 02. 2022).

DGUV Information 203-002
DGUV Information 203-002: Elektrofachkräfte (2012). Deutsche Gesetzliche Unfallversicherung e.V. (DGUV). URL: *https://publikationen.dguv.de/widgets/pdf/download/article/313* (besucht am 18. 02. 2022).

DGUV Information 203-070
DGUV Information 203-070: Wiederkehrende Prüfungen ortsveränderlicher elektrischer Arbeitsmittel (2016): Fachwissen für Prüfpersonen. Deutsche Gesetzliche Unfallversicherung e. V. (DGUV). URL: *https://publikationen.dguv.de/widgets/pdf/download/article/246* (besucht am 21. 02. 2022).

DGUV Information 204-006
DGUV Information 204-006 (2017): Anleitung zur Ersten Hilfe. Deutsche Gesetzliche Unfallversicherung e. V. (DGUV). URL: *https://medien.bgetem.de/medienportal/artikel/MjA0LTAwNg--* (besucht am 16. 02. 2022).

DGUV Information 206-026
DGUV Information 206-026: Psychische Belastung – der Schritt der Risikobeurteilung (2019). Deutsche Gesetzliche Unfallversicherung e. V. (DGUV). URL: *https://publikationen.dguv.de/widgets/pdf/download/article/3476* (besucht am 13. 11. 2021).

DGUV Information 209-023
DGUV Information 209-023: Lärm am Arbeitsplatz (2017). Deutsche Gesetzliche Unfallversicherung e.V. (DGUV). URL: *https://publikationen.dguv.de/widgets/pdf/download/article/445* (besucht am 11. 08. 2021).

DGUV Information 213-026
DGUV Information 213-026: Sicherheit im chemischen Hochschulpraktkum (2009): Eine Einführung für Studierende. Deutsche Gesetzliche Unfallversicherung e.V. (DGUV). URL: *http://publikationen.dguv.de/dguv/pdf/10002/i-8553.pdf* (besucht am 21. 02. 2022).

DGUV Information 213-106
DGUV Information 213-106 (2021): Explosionsschutzdokument. Deutsche Gesetzliche Unfallversicherung e. V. (DGUV). URL: *https://publikationen.dguv.de/widgets/pdf/download/article/3360* (besucht am 04. 01. 2022).

DGUV TEST 2015
DGUV Test: Wesentliche Veränderung von Proukten. URL: *http://www.dguv.de/medien/DGUV-Test-Medien/_pdf_zip_doc_ppt/dguv_test_info/13_DGUV_Test_Info.pdf* (besucht am 17. 02. 2022).

DGUV Vorschrift 1
DGUV Vorschrift 1: Unfallverhütungsvorschrift – Grundsätze der Prävention (2013). Deutsche Gesetzliche Unfallversicherung. URL: *https://publikationen.dguv.de/regelwerk/dguv-vorschriften/2909/dguv-vorschrift-1* (besucht am 21. 02. 2022).

DGUV Vorschrift 2
DGUV Vorschrift 2: Unfallverhütungsvorschrift DGUV Vorschrift 2 für Betriebsärzte und Fachkräfte für Arbeitssicherheit (2009). Deutsche Gesetzliche Unfallversicherung. URL: *https://www.dguv.de/medien/inhalt/praevention/vorschriften_regeln/dguv-vorschrift_2/muster_vorschr_2.pdf* (besucht am 21. 02. 2022).

DGUV Vorschrift 3
DGUV Vorschrift 3: Elektrische Anlagen und Betriebsmittel (1997). Deutsche Gesetzliche Unfallversicherung e.V. (DGUV). URL: *https://publikationen.dguv.de/widgets/pdf/download/article/1052* (besucht am 21. 02. 2022).

DIN 45641
DIN 45641: Mittelung von Schallpegeln (1990). Berlin: Beuth.

DIN 45645-2
DIN 45645-2: Ermittlung von Beurteilungspegeln aus Messungen – Teil 2: Ermittlung des Beurteilungspegels am Arbeitsplatz bei Tätigkeiten unterhalb des Pegelbereiches der Gehörgefährdung (2012). Berlin: Beuth.

DIN EN 60825-1
DIN EN 60825-1: Sicherheit von Lasereinrichtungen – Teil 1: Klassifizierung von Anlagen und Anforderungen (IEC 60825-1:2014); Deutsche Fassung EN 60825-1:2014 (2015). Berlin: Beuth.

DIN EN 60825-4
DIN EN 60825-4 Sicherheit von Lasereinrichtungen – Teil 4: Laserschutzwände (IEC 60825-4:2006 + A1:2008 + A2:2011); Deutsche Fassung EN 60825-4:2006 + A1:2008 + A2:2011 (2011). Berlin: Beuth.

DIN EN ISO 10075-1
DIN EN ISO 10075-1: Ergonomische Grundlagen bezüglich psychischer Arbeitsbelastung – Teil 1: Allgemeine Aspekte und Konzepte und Begriffe (ISO 10075-1:2017); Deutsche Fassung EN ISO 10075-1:2017 (2018). Berlin: Beuth.

DIN EN ISO 6385
DIN EN ISO 10075-1: Grundsätze der Ergonomie für die Gestaltung von Arbeitssystemen (ISO 6385:2016); Deutsche Fassung EN ISO 6385:2016 (2016). Berlin: Beuth.

DIN EN ISO 13849-1
DIN EN ISO 13849-1: Sicherheit von Maschinen – Sicherheitsbezogene Teile von Steuerungen – Teil 1: Allgemeine Gestaltungsleitsätze (ISO 13849-1:2006); Deutsche Fassung EN ISO 13849-1:2008 (2008). Normenausschuss Sicherheitstechnische Grundsätze (NASG) im DIN Normenausschuss Maschinenbau (NAM) im DIN.

DOBRINSKI et al. 2010
Dobrinski, P.; Krakau, G.; Vogel, A.: *Physik für Ingenieure.* 12., aktual. Aufl. Studium. Wiesbaden: Vieweg und Teubner. 2010, 703 Seiten, 1 Faltbl.: Ill., graph. Darst. ISBN: 978-3-8348-0580-5.

2006/42/EG
EG Maschinenrichtlinie 2006/42/EG (2006): Maschinen und zur Änderung der Richtlinie 95/16/EG. Das europäische Parlament und der Rat der europäischen Union. URL: *https://eur-lex.europa.eu/legal-content/DE/TXT/PDF/?uri=CELEX:32006L0042&from=DE* (besucht am 17.02.2022).

EGGENSCHWILER 2015
Eggenschwiler, K.: Nachhall, Nachhalldauer, Nachhallzeit. URL: *http://www.eggenschwiler.arch.ethz.ch/nachhall2.gif* (besucht am 21.02.2022).

EmpfBS1114
Empfehlungen zur Betriebssicherheit – Anpassung an den Stand der Technik bei der Verwendung von Arbeitsmitteln (2019): EmpfBS. Bundesanstalt für Arbeitsschutz und Arbeitsmedizin (BAuA). URL: *https://www.baua.de/DE/Angebote/Rechtstexte-und-Technische-Regeln/Regelwerk/TRBS/pdf/EmpfBS-1114.pdf?__blob=publicationFile&v=5* (besucht am 20.02.2022).

EN 60529
EN 60529: Schutzarten durch Gehäuse (IP-Code) (2014). Deutsches Institut für Normung.

DIN VDE 0100-410
Errichten von Niederspannungsanlagen Teil 4-41: Schutzmaßnahmen – Schutz gegen elektrischen Schlag (2018). DKE Deutsche Kommission Elektrotechnik Elektronik Informationstechnik in DIN und VDE.

DIN EN 60812
Fehlzustandsart- und -auswirkungsanalyse (FMEA) (2015). DIN Deutsches Institut für Normung e. V.

FELDMANN 2010
Feldmann, J.: *Messtechnik der Akustik. Schallpegelmesstechnik und ihre Anwendung.* Hrsg. von M. Möser. Berlin [u. a.]: Springer. 2010, XXIV, 730 S. : Ill., graph. Darst. ISBN: 978-3-540-68086-4 - 978-3-540-68087-1.

FERGEN et al. 2019
Fergen, A.; Salomon, L.; Scherbaum, M.; Tiedemann, M.-B.: Stressbarometer – Psychische Belastungen ermitteln und Gefährdungen beseitigen. IG Metall Vorstand.

FREEDE 2021
Freede, J.: Was bedeutet Verantwortung? -- Definition, Bedeutung und Auffassungen. URL: *https://www.juraforum.de/lexikon/verantwortung* (besucht am 18.02.2022).

GABLER WIRTSCHAFTSLEXIKON 2015
Gabler Wirtschaftslexikon: EWR. URL: *http://wirtschaftslexikon.gabler.de/Definition/ewr.html* (besucht am 17. 02. 2022).

GABLER WIRTSCHAFTSLEXIKON 2018
Gabler Wirtschaftslexikon: Aufbauorganisation. URL: *https://wirtschaftslexikon.gabler.de/definition/aufbauorganisation-31264/version-254826* (besucht am 21. 02. 2022).

GABLER WIRTSCHAFTSLEXIKON ca. 2014
Gabler Wirtschaftslexikon: Haftung. URL: *http://wirtschaftslexikon.gabler.de/Definition/haftung.html* (besucht am 18. 02. 2022).

GEMEINSAME DEUTSCHE ARBEITSSCHUTZSTRATEGIE – LEITLINIEN GEFÄHRDUNGSBEURTEILUNG UND DOKUMENTATION 2017
Gemeinsame Deutsche Arbeitsschutzstrategie – Leitlinien Gefährdungsbeurteilung und Dokumentation: Leitlinien Gefährdunhsbeurteilung und Dokumentation. URL: *https://www.gda-portal.de/DE/Downloads/pdf/Leitlinie-Gefaehrdungsbeurteilung.pdf?__blob=publicationFile&v=1* (besucht am 18. 02. 2022).

GESCHÄFTSSTELLE DER NATIONALEN ARBEITSSCHUTZKONFERENZ 2018
Geschäftsstelle der Nationalen Arbeitsschutzkonferenz: Leitlinie Beratung und Überwachung bei psychischer Belastung am Arbeitsplatz. Berlin: Geschäftsstelle der Nationalen Arbeitsschutzkonferenz. URL: *https://www.gda-portal.de/DE/Downloads/pdf/Leitlinie-Psych-Belastung.pdf?__blob=publicationFile&v=5* (besucht am 21. 08. 2021).

GESCHÄFTSSTELLE DER NATIONALEN ARBEITSSCHUTZKONFERENZ C/O BUNDESANSTALT FÜR ARBEITSSCHUTZ UND ARBEITSMEDIZIN 2017
Geschäftsstelle der Nationalen Arbeitsschutzkonferenz c/o Bundesanstalt für Arbeitsschutz und Arbeitsmedizin, Hrsg. (2017): Leitlinie Gefährdungsbeurteilung und Dokumentation. URL: *www.gda-portal.de/DE/Downloads/pdf/Leitlinie-Gefaehrdungsbeurteilung.pdf?__blob=publicationFile&v=2* (besucht am 13. 11. 2021).

MüG
Gesetz zur Marktüberwachung und zur Sicherstellung der Konformität von Produkten (Marktüberwachungsgesetz – MüG) (2021). Bundesministeriums der Justiz und für Verbraucherschutz. URL: *https://www.gesetze-im-internet.de/m_g_2021/M%5C%C3%5C%BCG.pdf* (besucht am 17. 02. 2022).

GILBERT 2016
Gilbert, K.: BGM – Betrichliches Gesundheitsmanagement bei Merck. In: *So.WIN 2016 – Sozialpartner-Werkstatt für Innovation und Nachhaltigkeit.* 2016.

GREVERS et al. 2015
Grevers, G.; Koch, U.; Schä, A.: Aufbau und Funktion des Gehörs. URL: *http://www.apotheken.de/gesundheit-heute-news/article/aufbau-des-ohrs-und-funktion-des-gehoers/* (besucht am 21. 02. 2022).

GROTZ 2015
Grotz, B.: Schallquellen und Ausbreitung von Schall. URL: *https://www.grund-wissen.de/physik/akustik/eigenschaften-von-schall.html* (besucht am 21. 02. 2022).

GÜNTHER 2013
Günther, C.: Arbeitsschutz vernachlässigt – Arbeitgeber haften. URL: *https://www.anwalt.de/rechtstipps/arbeitsschutz-vernachlaessigt-arbeitgeber-haften_050208.html* (besucht am 18. 02. 2022).

HESSE 1958
Hesse, R.: *Praktische Regeln für den Elektroschweißer: Anleitungen und Winke aus der Praxis für die Praxis.* Vierte verbesserte Auflage. Werkstattbücher, Für Betriebsfachleute, Konstrukteure und Studierende; 74. Berlin/Heidelberg: Springer Berlin Heidelberg. 1958. ISBN: 978-3-642-99865-2 - 978-3-540-02350-0.

HGB
HGB: Handelsgesetzbuch (2020). Bundesministerium der Justiz für Verbraucherschutz. URL: *http://www.gesetze-im-internet.de/hgb/* (besucht am 18. 02. 2022).

HÜGEL & GRAF 2009
Hügel, H.; Graf, T.: *Laser in der Fertigung Strahlquellen, Systeme, Fertigungsverfahren.* 2., neu bearb. Aufl. Wiesbaden: Vieweg und Teubner. 2009, IX, 404 S. ISBN: 978-3-8351-0005-3.

INSTITUT FÜR ARBEITSSCHUTZ DER DEUTSCHEN GESETZLICHEN UNFALLVERSICHERUNG 2022
Institut für Arbeitsschutz der Deutschen Gesetzlichen Unfallversicherung: Erläuterungen zum Regelwerk. Webcode d978083. URL: *hhttps://dguv.de/ifa/fachinfos/regeln-und-vorschriften/erlaeuterungen-zum-regelwerk/index.jsp* (besucht am 20. 04. 2022).

INSTITUT FÜR ARBEITSSCHUTZ DER DEUTSCHEN GESETZLICHEN UNFALLVERSICHERUNG 2020
Institut für Arbeitsschutz der Deutschen gesetzlichen Unfallversicherung: GHS-Spaltenmodell. Eine Hilfestellung zur Substitutionsprüfung nach Gefahrstoffverordnung. URL: *https://publikationen.dguv.de/widgets/pdf/download/article/3736* (besucht am 29. 08. 2021).

ISO 3864
ISO 3864: Graphische Symbole – Sicherheitsfarben und Sicherheitszeichen – Teil 1: Gestaltungsgrundlagen für Sicherheitszeichen und Sicherheitsmarkierungen (2012). Deutsches Institut für Normung.

JArbSchG
JArbSchG: Gesetz zum Schutz der arbeitenden Jugend (2015). Bundesministerium der Justiz. URL: *http://www.gesetze-im-internet.de/jarbschg/* (besucht am 28. 09. 2015).

KAHL et al. 2014
Kahl, A.; Wilmes, A.; Guhe, C.; Packroff, R.; Lotz, G.; Tischer, M.: EMKG-Leitfaden. Einfaches Maßnahmenkonzept Gefahrstoffe Version 2.2: Eine Handlungsanleitung zur Gefährdungsbeurteilung. Dortmund/Berlin/Dresden: Bundesanstalt für Arbeitsschutz und Arbeitsmedizin (BAuA). URL: *https://www.baua.de/DE/Angebote/Publikationen/Berichte/Gd64.pdf?__blob=publicationFile&v=12* (besucht am 14. 11. 2021).

KAMOLZ 2009
Kamolz, L.-P., Hrsg. (2009): *Verbrennungen : Diagnose, Therapie und Rehabilitation des thermischen Traumas.* Wien [u. a.]: Springer. 2009. ISBN: 978-3-211-79895-9 - 978-3-211-79896-6.

KITTELMANN et al. 2015
Kittelmann, M.; Mössner, T.; Ott, G.; Romanus, E.; Brose, M.; Gomolka, M.; Stommel, S.: Laserprodukte als Maschinen im Sinne der Maschinenrichtlinie. Bundesanstalt für Arbeitsschutz und Arbeitsmedizin (BAuA) & Berufsgenossenschaft Energie Textil Elektro Medienerzeugnisse (BG ETEM). URL: *https://www.baua.de/DE/Themen/Anwendungssichere-Chemikalien-und-Produkte/Produktsicherheit/Laserprodukte/Laserprodukte-als-Maschinen.html* (besucht am 06. 01. 2022).

KNIEPS & PFAFF 2020
Knieps, F.; Pfaff, H., Hrsg. (2020): *Mobilität – Arbeit – Gesundheit. BKK Gesundheitsreport 2020.* Wiesbaden: MWV Medizinisch Wissenschaftliche Verlagsgesellschaft & BKK Dachverband e. V. 2020. ISBN: 978-3-95466-559-4. URL: *www.bkk-dachverband.de/fileadmin/Artikelsystem/Publikationen/2020/Gesundheitsreport_2020/BKK_Gesundheitsreport_2020_web.pdf* (besucht am 07. 11. 2021).

KUCHLING 2004
Kuchling, H.: *Taschenbuch der Physik.* 18., neu bearb. Aufl. München [u. a.]: Fachbuchverl. Leipzig im Carl-Hanser-Verl. 2004, zahlr. graph. Darst. ISBN: 3446228837.

LärmVibrationsArbSchV
LärmVibrationsArbSchV: Verordnung zum Schutz der Beschäftigten vor Gefährdungen durch Lärm und Vibrationen (2010). Bundesministerium der Justiz und für Verbraucherschutz. URL: *http://www.gesetze-im-internet.de/bundesrecht/l_rmvibrationsarbschv/gesamt.pdf* (besucht am 07. 12. 2015).

LAURIG 1980
Laurig, W.: *Grundzüge der Ergonomie.* Berlin: Beuth. 1980. ISBN: 3-410-36567-2.

LAZARUS & LAUNIER 1981
Lazarus, R. S.; Launier, R.: Stressbezogene Transaktionen zwischen Person und Umwelt. In: *Stress – Theorien, Untersuchungen, Maßnahmen.* Hrsg. von J. R. Nitsch. Bern: Hogrefe AG. 1981, S. 213–260. ISBN: 978-3456806990.

LEO 2015
LEO: Englisch-Deutsche Übersetzung. URL: *http://dict.leo.org/englisch-deutsch/near%20miss.html* (besucht am 11. 12. 2015).

LUCZAK 1989
Luczak, H.: Wesen menschlicher Leisung. In: *Arbeitsgestaltung in Produktion und Verwaltung.* Hrsg. von Institut für angewandte Arbeitswissenschaft e. V. Köln: Wirtschaftsverlag Bachem. 1989, S. 39–65. ISBN: 3-89172-151-X.

LUGAUER 2014
Lugauer, F.: Sicherheit bei Hochleistungslasern im industriellen Einsatz. *Laser und Photonik* 3 (2014).

MONASCH 1904
Monasch, B.: *Der elektrische Lichtbogen bei Gleichstrom und Wechselstrom und seine Anwendungen.* Berlin: Springer. 1904, XI, 288 Seiten : Ill., graph. Darst.

MÖSSNER 2012
Mössner, T.: Risikobeurteilung im Maschinenbau. Dortmund. URL: *http://www.baua.de/de/Publikationen/Fachbeitraege/F2216.pdf?__blob=publicationFile* (besucht am 17. 02. 2022).

MuSchG
MuSchG: Gesetz zum Schutz von Müttern bei der Arbeit, in der Ausbildung und im Studium (Mutterschutzgesetz – MuSchG) (2017). Bundesministerium der Justiz für Verbraucherschutz. URL: *https://www.gesetze-im-internet.de/muschg_2018/index.html#BJNR122810017BJNE000900000* (besucht am 21. 02. 2022).

9.ProdSV
Neunte Verordnung zum Produktsicherheitsgesetz (Maschinenverordnung) (9. ProdSV) (1993). Bundesministerium der Justiz. URL: *https://www.gesetze-im-internet.de/gsgv_9/9._ProdSV.pdf* (besucht am 17. 02. 2022).

NIEBER 2015
Nieber, M.: Psychische Belastungen in der Arbeitswelt und am Beispiel Merck. In: *Tagung der Betriebsräte BG RCI.* 2015.

2014/35/EU
Niederspannungsrichtlinie 2014/35/EU (2014): zur Harmonisierung der Rechtsvorschriften der Mitgliedstaaten über die Bereitstellung elektrischer Betriebsmittel zur Verwendung innerhalb bestimmter Spannungsgrenzen auf dem Markt. Das europäische Parlament und der Rat der europäischen Union. URL: *https://eur-lex.europa.eu/legal-content/DE/TXT/PDF/?uri=CELEX:32014L0035&from=DE* (besucht am 17. 02. 2022).

NIMA et al. 2016
Nima, K.; Mizutari, K.; Matsui, T.; Kurioka, T.; Matsunobu, T.; Kawauchi, S.; Satoh, Y.; Sato, S.; Shiotani, A.; Kobayashi, Y.: Pathophysiology of the inner ear after blast injury caused by laser-induced schock wave. *Scientific Reports* 6 (2016).

OBERLIES 2013
Oberlies, D.: *Strafrecht und Kriminologie für die Soziale Arbeit.* Stuttgart: Kohlhammer. 2013.

OPENJUR GUG (HAFTUNGSBESCHRÄNKT) 2013
openJur gUG (haftungsbeschränkt): LG Osnabrück, Urteil vom 20.09.2013 – 10 KLs 16/13. URL: *https://openjur.de/u/682895.html* (besucht am 18. 02. 2022).

OPTECH CONSULTING 2009
Optech Consulting: Optech Consulting: Laser materials processing market data. URL: *http://www.optech-consulting.com/html/laserprocessingmarkets.html* (besucht am 06. 08. 2015).

OPTECH CONSULTING 2015
Optech Consulting: Global Market for Laser Materials Processing Systems. URL: *http://www.optech-consulting.com/assets/images/autogen/Industrial-Laser-Systems-Global-Market.jpg* (besucht am 03. 06. 2015).

OPTECH CONSULTING 2022
Optech Consulting: Optech Consulting: Laser Market Data. URL: *https://optech-consulting.com/laser-market-data/#lasersandsystems2021* (besucht am 21. 02. 2022).

OstrV
OstrV: Verordnung zum Schutz der Beschäftigten vor Gefährdungen durch künstliche optische Strahlung (Arbeitsschutzverordnung zu künstlicher optischer Strahlung) (2010). Bundesministerium der Justiz für Verbraucherschutz. URL: *http://www.gesetze-im-internet.de/ostrv/BJNR096010010.html* (besucht am 19. 11. 2015).

OWiG
OWiG: Gesetz über Ordnungswidrigkeiten (1968). Bundesministerium der Justiz für Verbraucherschutz. URL: *http://www.gesetze-im-internet.de/owig_1968/* (besucht am 18. 02. 2022).

ProdSG
ProdSG: Gesetz über die Bereitstellung von Produkten auf dem Markt (Produktsicherheitsgesetz – ProdSG) (2021). Bundesministerium der Justiz. URL: *http://www.gesetze-im-internet.de/prodsg_2021/ProdSG.pdf* (besucht am 17. 02. 2022).

PSA-BV
PSA-BV: Verordnung über Sicherheit und Gesundheitsschutz bei der Benutzung persönlicher Schutzausrüstungen bei der Arbeit (PSA-BV) (1996). Bundesministeriums der Justiz und für Verbraucherschutz. URL: *https://www.gesetze-im-internet.de/psa-bv/PSA-BV.pdf* (besucht am 10. 08. 2021).

PSCHYREMBEL 2013
Pschyrembel, W., Hrsg. (2013): *Pschyrembel Klinisches Wörterbuch : 2014.* 265., überarb. Aufl. Berlin [u. a.]: De Gruyter. 2013. ISBN: 978-3-11-030509-8 - 978-3-11-030509-7.

RAU 2015
Rau, R.: iga.Report 31 – Risikobereiche für psychische Belastungen. Initiative Gesundheit und Arbeit (iga). URL: *https://www.iga-info.de/index.php?eID=dumpFile&t=f&f=1716&token=5ac815dd571d14c3a8a3f81bc5cde224c9a9bf32* (besucht am 26. 12. 2021).

RAULIN 2013
Raulin, C., Hrsg. (2013): *Lasertherapie der Haut.* Berlin [u. a.]: Springer. 2013. ISBN: 978-3-642-29909-4 - 978-3-642-29910-0.

RECHTSINDEX 2014
Rechtsindex: Urteil Arbeitsunfall: Versicherungsschutz beim Weg zur Toilette? URL: *http://www.rechtsindex.de/sozialrecht/4939-urteil-arbeitsunfall-versicherungsschutz-beim-weg-zur-toilette* (besucht am 18. 02. 2022).

RECHTSINDEX 2015
Rechtsindex: Urteil: Anerkennung als Arbeitsunfall nach Flucht vor einem Gummispritztier? URL: *http://www.rechtsindex.de/sozialrecht/5104-urteil-anerkennung-als-arbeitsunfall-nach-flucht-vor-einem-gummispritztier* (besucht am 18. 02. 2022).

RECHTSLEXIKON 2014
Rechtslexikon: Fahrlässigkeit. URL: *http://www.rechtslexikon.net/d/fahrlaessigkeit/fahrlaessigkeit.htm* (besucht am 18. 02. 2022).

RECHTSLEXIKON 2015
Rechtslexikon: Rechtswidrigkeit. URL: *http://www.rechtslexikon.net/d/rechtswidrigkeit/rechtswidrigkeit.htm* (besucht am 22. 02. 2022).

RECHTSWÖRTERBUCH 2015
Rechtswörterbuch: Privatrecht Definition. URL: *http://www.rechtswoerterbuch.de/recht/p/privatrecht/* (besucht am 18. 02. 2022).

REITER 2006
Reiter, T.: Nomogramme für Normalverteilung, Binomialverteilung und Poissonverteilung mit Beispielen. URL: *http://www.reiter1.com/Glossar/Nomograme.htm* (besucht am 21. 02. 2022).

REUDENBACH & KÄLBLE 2014
Reudenbach, R.; Kälble, B.: *Sichere Maschinen in Europa – Teil 3 – Risikobeurteilung: Risikobeurteilung und Sicherheitskonzept, Anleitung für die praktische Durchführung.* 6. Ausgabe. DC Verlag. 2014. ISBN: 978-394-348-835-7.

2009/104/EG
Richtlinie 2009/104/EG: Arbeitsmittelrichtlinie (2009): Richtlinie des europäischen Parlaments und des Rates vom 16. September 2009 über Mindestvorschriften für Sicherheit und Gesundheitsschutz bei Benutzung von Arbeitsmitteln durch Arbeitnehmer bei der Arbeit. Das europäische Parlament und der Rat der europäischen Union. URL: *http://eur-lex.europa.eu/LexUriServ/LexUriServ.do?uri=OJ:L:2009:260:0005:0019:DE:PDF* (besucht am 21. 02. 2022).

Richtlinie 91/477/EWG
Richtlinie 91/477/EWG des Rates vom 18. Juni 1991 über die Kontrolle des Erwerbs und des Besitzes von Waffen (1991). Rat der europäischen Gemeinschaft. URL: *http://eur-lex.europa.eu/LexUriServ/LexUriServ.do?uri=CELEX:31991L0477:de:HTML* (besucht am 21. 02. 2022).

RODER 2015
Roder, K.: Erweiterung eines Prüfstandskonzepts für passive Laserschutzwände und Umsetzung in Form einer verbesserten Prüfeinheit. SA. München: Institut für Werkzeugmaschinen und Betriebswissenschaften, Technische Universität München. 2015.

SCHMID-GAISER 2022
Schmid-Gaiser, S.: FI-Schutzschalter (RCD. URL: *http://elektro-wissen.de/Elektroinstallation/FI-Schutzschalter.php* (besucht am 21. 02. 2022).

SCHMIDT 2011
Schmidt, M.: Methoden zur Einhaltung von Auslöse- und maximalen Expositionswerten zum Lärm. URL: *http://www.baua.de/de/Publikationen/Fachbeitraege/F1898.html?nn=667378* (besucht am 21. 02. 2022).

SCHMITT 2022
Schmitt, E.: Neue EU-Maschinenverordnung – Was ändert sich? Online-Vortrag vom 17.02.2022. VDI Bezirksverein Bayern Nordost – VDI-Netzwerk Produkt-und Prozessgestaltung.

SCHNEEWEISS et al. 2017
Schneeweiss, C.; Eichler, J.; Brose, M.: *Leitfaden für Laserschutzbeauftragte.* Berlin: Springer Spektrum. 2017. ISBN: 978-3-662-53523-3.

SGB I
SGB I: Erstes Buch Sozialgesetzbuch – Allgemeiner Teil (1975). Bundesministerium der Justiz für Verbraucherschutz. URL: *https://www.gesetze-im-internet.de/sgb_1/SGB_1.pdf* (besucht am 21. 02. 2022).

SGB VII
SGB VII: Siebtes Buch Sozialgesetzbuch – Gesetzliche Unfallversicherung (1996). Bundesministerium der Justiz für Verbraucherschutz. URL: *http://www.gesetze-im-internet.de/sgb_7/* (besucht am 18. 02. 2022).

DIN EN 62061
Sicherheit von Maschinen – Funktionale Sicherheit sicherheitsbezogener elektrischer, elektronischer und programmierbarer elektronischer Steuerungssysteme (2017). DIN Deutsches Institut für Normung e. V.

SPEKTRUM AKADEMISCHER VERLAG 1999
Spektrum Akademischer Verlag: Lexikon der Biologie. Rundes Fenster. Heidelberg. URL: *http://www.spektrum.de/lexikon/biologie/rundes-fenster/57878* (besucht am 21. 02. 2022).

STATISTISCHES BUNDESAMT 2021
Statistisches Bundesamt: Bruttoinlandsprodukt 2011 – für Deutschland. URL: *%5Ctextbf%7Bhttps://www.destatis.de/DE/PresseService/Presse/Pressekonferenzen/2012/BIP2011/Pressebroschuere_BIP2011.pdf?__blob=publicationFile%7D* (besucht am 08. 08. 2021).

STEUERKREIS DES GDA-ARBEITSPROGRAMMS „PSYCHE“ 2017
Steuerkreis des GDA-Arbeitsprogramms „Psyche“: Instrumente und Verfahren zur Gefährdungsbeurteilung psychischer Belastung. *sicher ist sicher* 68 (2017) 4, S.194–196.

StGB
StGB: Strafgesetzbuch (1998). Bundesministerium der Justiz für Verbraucherschutz. URL: *http://www.gesetze-im-internet.de/stgb/* (besucht am 18. 02. 2022).

StPO
StPO: Strafprozessordnung (2015). Bundesministerium der Justiz für Verbraucherschutz. URL: *http://www.gesetze-im-internet.de/stpo/* (besucht am 23. 09. 2015).

Strobel & Krause 1997
Strobel, G.; Krause, J. von: *Psychische Belastung von Bauleitern.* Bremerhaven: Wirtschaftsverlag NW. 1997. ISBN: 3897010402.

Techniker Krankenkasse 2021
Techniker Krankenkasse: Psychische Gefährdungsbeurteilung als Teil des BGM. URL: *https://www.tk.de/firmenkunden/service/gesund-arbeiten/betriebliche-gesundheitsfoerderung/betriebliches-gesundheitsmanagement/psychische-gefaehrdungsbeurteilung-als-teil-des-bgm-2047514* (besucht am 02. 01. 2022).

TROS Laserstrahlung
Technische Regel zur Arbeitsschutzverordnung zu künstlicher optischer Strahlung (2018). Bundesanstalt für Arbeitsschutz und Arbeitsmedizin (BAuA). URL: *https://www.baua.de/DE/Angebote/Rechtstexte-und-Technische-Regeln/Regelwerk/TROS/pdf/TROS-Laser-Allgemeines.pdf?__blob=publicationFile&v=3* (besucht am 21. 02. 2022).

Tiedemann 2020
Tiedemann, M.-B.: StressBarometer – Instrument für gute Arbeit. *Gute Arbeit* 32 (2020) 1, S. 16 ff.

TRBS 1001
TRBS 1001: Technische Regeln für Betriebssicherheit (2006): Struktur und Anwendung der Technischen Regeln für Betriebssicherheit. Bundesanstalt für Arbeitsschutz und Arbeitsmedizin (BAuA). URL: *http://www.baua.de/de/Themen-von-A-Z/Anlagen-und-Betriebssicherheit/TRBS/pdf/TRBS-1001.pdf?__blob=publicationFile&v=3* (besucht am 21. 02. 2022).

TRBS 1111
TRBS 1111: Technische Regeln für Betriebssicherheit (2018): Gefährdungsbeurteilung. Bundesanstalt für Arbeitsschutz und Arbeitsmedizin (BAuA). URL: *https://www.baua.de/DE/Angebote/Rechtstexte-und-Technische-Regeln/Regelwerk/TRBS/pdf/TRBS-1111.pdf?__blob=publicationFile&v=6* (besucht am 28. 12. 2021).

TRGS 220
TRGS 220: Technische Regeln für Gefahrstoffe (2017): Nationale Aspekte beim Erstellen von Sicherheitsdatenblättern. Bundesanstalt für Arbeitsschutz und Arbeitsmedizin (BAuA). URL: *https://www.baua.de/DE/Angebote/Rechtstexte-und-Technische-Regeln/Regelwerk/TRGS/pdf/TRGS-220.pdf?__blob=publicationFile&v=3* (besucht am 05. 01. 2022).

TRGS 400
TRGS 400: Technische Regeln für Gefahrstoffe (2017): Gefährdungsbeurteilung für Tätigkeiten mit Gefahrstoffen. Bundesanstalt für Arbeitsschutz und Arbeitsmedizin (BAuA). URL: *https://www.baua.de/DE/Angebote/Rechtstexte-und-Technische-Regeln/Regelwerk/TRGS/pdf/TRGS-400.pdf?__blob=publicationFile&v=7* (besucht am 08. 08. 2021).

TRGS 410
TRGS 410: technische Regeln für Gefahrstoffe (2015): Expositionsverzeichnis bei Gefährdung gegenüber krebserzeugenden oder keimzellmutagenen Gefahrstoffen der Kategorien 1A oder 1B. Bundesanstalt für Arbeitsschutz und Arbeitsmedizin (BAuA). URL: *https://www.*

baua.de/DE/Angebote/Rechtstexte-und-Technische-Regeln/Regelwerk/TRGS/pdf/TRGS-410.pdf?__blob=publicationFile&v=4 (besucht am 08. 08. 2021).

TRGS 500
TRGS 500: Technische Regeln für Gefahrstoffe (2019): Schutzmaßnahmen. Bundesanstalt für Arbeitsschutz und Arbeitsmedizin (BAuA). URL: *https://www.baua.de/DE/Angebote/Rechtstexte-und-Technische-Regeln/Regelwerk/TRGS/pdf/TRGS-500.pdf?__blob=publicationFile&v=3* (besucht am 14. 11. 2021).

TRGS 510
TRGS 510: Technische Regeln für Gefahrstoffe (2020): Lagerung von Gefahrstoffen in ortsbeweglichen Behältern. Bundesanstalt für Arbeitsschutz und Arbeitsmedizin (BAuA). URL: *https://www.baua.de/DE/Angebote/Rechtstexte-und-Technische-Regeln/Regelwerk/TRGS/pdf/TRGS-510.pdf?__blob=publicationFile* (besucht am 14. 11. 2021).

TRGS 600
TRGS 600: Technische Regeln für Gefahrstoffe (2020): Substitution. Bundesanstalt für Arbeitsschutz und Arbeitsmedizin (BAuA). URL: *https://www.baua.de/DE/Angebote/Rechtstexte-und-Technische-Regeln/Regelwerk/TRGS/pdf/TRGS-600.pdf?__blob=publicationFile* (besucht am 29. 08. 2021).

TRGS 910
TRGS 910: Technische Regeln für Gefahrstoffe (2014): Risikobezogenes Maßnahmenkonzept für Tätigkeiten mit krebserzeugenden Gefahrstoffen. Bundesanstalt für Arbeitsschutz und Arbeitsmedizin (BAuA). URL: *https://www.baua.de/DE/Angebote/Rechtstexte-und-Technische-Regeln/Regelwerk/TRGS/pdf/TRGS-910.pdf?__blob=publicationFile&v=10* (besucht am 14. 11. 2021).

TRLV Lärm Teil 1
TRLV Lärm Teil 1: Technische Regel zur Vibrations- und Lärmschutzverordnung (2010): Beurteilung der Gefährdung durch Lärm. Bundesanstalt für Arbeitsschutz und Arbeitsmedizin (BAuA). URL: *http://www.baua.de/de/Themen-von-A-Z/Anlagen-und-Betriebssicherheit/TRLV/TRLV-Laerm-Teil-1.html* (besucht am 21. 02. 2022).

TRLV Lärm Teil 2
TRLV Lärm Teil 2: Technische Regel zur Vibrations- und Lärmschutzverordnung (2010): Messung von Lärm. Bundesanstalt für Arbeitsschutz und Arbeitsmedizin (BAuA). URL: *http://www.baua.de/de/Themen-von-A-Z/Anlagen-und-Betriebssicherheit/TRLV/TRLV-Laerm-Teil-2.html* (besucht am 21. 02. 2022).

TRLV Lärm Teil 3
TRLV Lärm Teil 3: Technische Regel zur Vibrations- und Lärmschutzverordnung (2010): Lärmschutzmaßnahmen. Bundesanstalt für Arbeitsschutz und Arbeitsmedizin (BAuA). URL: *http://www.baua.de/de/Themen-von-A-Z/Anlagen-und-Betriebssicherheit/TRLV/pdf/TRLV-Laerm-Teil-3.pdf?__blob=publicationFile&v=3* (besucht am 21. 02. 2022).

TRLV Lärm Teil Allgemeines
TRLV Lärm Teil Allgemeines: Technische Regel zur Vibrations- und Lärmschutzverordnung (2017). Bundesanstalt für Arbeitsschutz und Arbeitsmedizin (BAuA). URL: *https://www.baua.*

de/DE/Angebote/Rechtstexte-und-Technische-Regeln/Regelwerk/TRLV/pdf/TRLV-Laerm-Allgemeines.pdf?__blob=publicationFile&v=3 (besucht am 10. 08. 2021).

UDOVIÖCIC et al. 2013
Udoviöcic, L.; Mainusch, F.; Janßen, M.; Nowack, D.; Ott, G.: Photobiologische Sicherheit von Licht emittierenden Dioden (LED). Dortmund, Berlin, Dresden.

UMWELTBUNDESAMT 2009
Umweltbundesamt: Das neue Einstufungs- und Kennzeichnungssystem für Chemikalien nach GHS. URL: *http://www.reach-info.de/dokumente/Leitfadenbroschuere_GHS-Verordnung.pdf* (besucht am 21. 02. 2022).

1272/2008/EG
Verordnung (EG) Nr. 1272/2008 des Europäischen Parlaments und des Rates vom 16. Dezember 2008 über die Einstufung, Kennzeichnung und Verpackung von Stoffen und Gemischen, zur Änderung und Aufhebung der Richtlinien 67/548/EWG und 1999/45/EG und zur Änderung der Verordnung (EG) Nr. 1907/2006 (2008): Maschinen und zur Änderung der Richtlinie 95/16/EG. Das europäische Parlament und der Rat der europäischen Union. URL: *https://eur-lex.europa.eu/legal-content/DE/TXT/PDF/?uri=CELEX:32008R1272&from=DE* (besucht am 23. 08. 2021).

Verordnung (EU) 2019/1020
Verordnung (EU) 2019/1020 vom 20. Juni 2019 über Marktüberwachung und die Konformität von Produkten sowie zur Änderung der Richtlinie 2004/42/EG und der Verordnungen (EG) Nr. 765/2008 und (EU) Nr. 305/2011 (2019). Das europäischen Parlaments und des Rates. URL: *https://eur-lex.europa.eu/legal-content/DE/TXT/PDF/?uri=CELEX:32019R1020&from=DE* (besucht am 17. 02. 2022).

1907/2006/EG
Verordnung 1907/2006/EG: Schaffung einer Europäischen Chemikalienagentur, zur Änderung der Richtlinie 1999/45/EG und zur Aufhebung der Verordnung (EWG) Nr. 793/93 des Rates, der Verordnung (EG) Nr. 1488/94 der Kommission, der Richtlinie 76/769/EWG des Rates sowie der Richtlinien 91/155/EWG, 93/67/EWG, 93/105/EG und 2000/21/EG der Kommission (2006). Das europäische Parlament und der Rat der europäischen Union. URL: *http://eur-lex.europa.eu/LexUriServ/LexUriServ.do?uri=CONSLEG:2006R1907:20121009:DE:PDF* (besucht am 21. 02. 2022).

GefStoffV
Verordnung zum Schutz vor Gefahrstoffen (Gefahrstoffverordnung – GefStoffV) (2010). Bundesministerium der Justiz. URL: *https://www.gesetze-im-internet.de/gefstoffv_2010/GefStoffV.pdf* (besucht am 20. 02. 2022).

WIKIPEDIA 2021
Wikipedia: Niederspannungsanlagen. URL: *https://de.wikipedia.org/wiki/Niederspannungsanlage* (besucht am 21. 02. 2022).

WILMES et al. 2020
Wilmes, A.; Berghaus, M.; Braesch, K.; Lott, R.; Wiechen, K.; Schweitzer-Karababa, I.; Trofimtschuk, A.: EMKG-Drehscheiben. Für die Module Brand und Explosion, Einatmen, Haut.

Dortmund: Bundesanstalt für Arbeitsschutz und Arbeitsmedizin (BAuA). DOI: *10.21934/baua:praxis20170808.* URL: *https://www.baua.de/DE/Angebote/Publikationen/Praxis/Sonderformate/EMKG-Drehscheiben.html* (besucht am 14. 11. 2021).

WILMES et al. 2021
Wilmes, A.; Berghaus, M.; Braesch, K.; Wolf, E.: EMKG – Einfaches Maßnahmenkonzept Gefahrstoffe. Dortmund: Bundesanstalt für Arbeitsschutz und Arbeitsmedizin (BAuA). DOI: *10.21934/baua:praxis20210730.* URL: *https://www.baua.de/DE/Angebote/Publikationen/Praxis/Poster/EMKG.html* (besucht am 14. 11. 2021).

Stichwortverzeichnis